家禽疫病防控

张春杰　主编

中国农业出版社

编著人员名单

主　编： 张春杰

副主编： 吴庭才　李银聚

编　委：（按姓氏笔画排序）

丁　轲　王　臣　王天奇　李银聚

吴庭才　张春杰　赵战勤

主　审： 程相朝

本书有关用药的声明

兽医学是一门不断发展的科学。标准用药安全注意事项必须遵守，但随着最新研究及临床经验的发展，知识也不断更新。因此，治疗方法及用药也必须或有必要做相应的调整。建议读者在使用每一种药物之前，参阅厂家提供的产品说明以确认推荐的药物用量、用药方法、所需用药的时间及禁忌等。医生有责任根据经验和对患病动物的了解决定用药量及选择最佳治疗方案。出版社和作者对任何在治疗中所发生的对患病动物和/或财产所造成的伤害或损害不承担任何责任。

中国农业出版社

前　言

近20年来，随着规模化养禽业的快速发展，家禽饲养量不断增加。同时，随着国际间交流和国内外禽产品贸易往来的日益频繁，家禽疫病也日益严重和复杂。禽病已由20世纪80年代的30多种猛增到目前的80多种，不仅严重地威胁着我国养禽业的发展，而且某些疫病还给人类健康和公共卫生带来了极大的潜在危害。因此，家禽疫病的防控已成为养禽业兴衰成败的关键和保障人类健康的必需。在实际生产中，对禽病做出快速准确的诊断是及时有效控制禽病流行的关键。为此，我们广泛参考有关资料，并结合多年来在教学、科研、生产、技术服务和推广工作中的实践经验编写了本书。

全书共分12章，从家禽的解剖生理、疫病防治的基本知识、禽用药物学基础、常用的实验室诊断技术，到常见的及新近发现的病毒性传染病、细菌性传染病、寄生虫病、营养代谢性疾病、普通病及家禽的胚胎性疾病，本书都作了较为详细的介绍。尤其是家禽胚胎性疾病是一般同类书籍所未涉及的。同时，对几个危害较大传染病的防控技术进行了详细的阐述，并对其最新流行特点、防制情况及生产中存在的问题，结合作者近年来在禽病方面所取得的科研成果进行了专题论述。此外，本书也汇入了一些新型的药品、生物制品等最新实用的科研成果，以尽量真实地反映我国养禽业的现状。

全书在内容安排上注重实用性，兼顾理论性，又注意内容的系统性、先进性和科学性。力求使其既符合生产厂家、养殖专业户的实际需要，又有一定的深度和广度，对畜牧兽医工作者和该专业学生的学习有较大的参考价值。但书中缺点、疏漏与不妥之处在所难免，敬请同行专家和广大读者不吝指正！

本书在编写过程中，得到了河南科技大学郑祥海教授的大力支持与帮助，也得到了河南科技大学学术著作出版基金的资助，在此一并感谢！

作　者

2009.6

目 录

第一章 家禽的解剖生理学特征

家禽属鸟类，它的形态结构和生理机能虽然与哺乳动物有相同的地方，但禽类最突出的特征是能够在空中飞翔。因此，它的外部形态、内部器官的构造和机能都有它自己的特点。了解家禽的解剖生理特点，对正确饲养家禽、认识家禽疾病、分析家禽致病原因以及提出合理的治疗方案和有效预防措施都具有重要的意义。

一、运动系统

(一) 骨骼

家禽骨骼的进化与飞翔能力、后肢支持、后肢运动及栖息的习性有关。骨的特点是坚硬而轻便。坚硬性表现在：一方面，骨密质非常致密和关节坚固；另一方面，一些骨互相愈合，如颅、腰荐骨和骨盆带互相愈合等。轻便性表现在大多数骨髓腔内充满空气，代替了骨髓，并与肺及气囊相通，成为含气骨。到成年时，除翼和后肢下段外，大部分骨的骨髓被吸收而填充空气（叫气骨）。因而骨骼既能保持其原有的形状，又能减轻其重量，以适应飞翔。但在雏禽，几乎所有的骨都具有骨髓。

禽骨分为皮质骨和髓质骨。皮质骨是雄雌两性的长骨，分为密质骨和松质骨。禽骨在骨骺处无骺软骨。

髓质骨是在繁殖期存在于雌性骨骼中的一种易变的骨质，位于长骨骨干的骨髓腔内面，由骨内膜向骨髓腔突出一些互相交错的骨小针，与皮质骨的松质骨相连称髓质骨。在髓质骨间隙充以红骨髓和血窦。在骨小针表面分布着成骨细胞和破细胞，在骨小针内没有哈氏系统和骨板。髓质骨不承受机械力的作用，只作为无机盐（钙磷）的代谢库，对钙的取舍比皮质骨快，钙化程度也比皮质骨高。主要是因为钙质转移到蛋壳而降解，以补充消化道钙磷吸收的不足。

髓质骨的形成是雌禽在产蛋期前两周，在雄、雌激素共同作用下发生的。一直存在整个产蛋期，是提供蛋壳形成的贮钙装置。

禽类的全身骨骼分为躯干骨、头骨、前肢骨（翼骨）和后肢骨。

1. 头骨 家禽的头骨呈圆锥形，也由颅骨和面骨构成。由于大多数头骨在早期就互相愈合，各骨的界线不清。

上颌各骨联合形成上喙的骨架，与颅骨间具有活动性，下颌骨形成下喙的基础。不同的禽类由于采食习性不同，喙的形状变化较大。下颌骨不直接与颅骨形成关节，中间还有一块特殊的方骨，这种结构能使家禽的喙张得很大。

2. 躯干骨 颈椎的数目较多，鸡有13～14枚，鸭有14～15枚，鹅有17～18枚，形成乙字弯曲，运动灵活。胸椎的数目较少，鸡有7枚，鸭和鹅各有9枚，且大部分互相愈合。肋骨的对数与胸椎的数目相同，除第一、第二对肋骨和最后一对肋骨不与胸骨相连外，其他各对均与胸骨相连。每一肋骨又分为椎骨肋和胸骨肋两段，呈直角相连接。大部分椎骨肋有一扁平而向后上方延伸的钩状突，与后面的肋骨接触以增强胸廓的坚固性。胸骨（龙骨）极大，构成胸腔的底壁和腹腔的大部分底壁。下方正中具有发达的胸骨嵴（龙骨突），以增强胸肌在胸骨上的附着面。

腰荐部骨骼有11～14枚，由腰椎、荐骨、前数个尾椎和髋骨愈合而成。因此，禽类脊柱的胸部和腰荐部几乎没有活动性。游离的尾椎向上弯曲，鸡有5～6枚，鸭和鹅有7～8枚。最后1枚尾椎很发达，形状特殊叫综骨，活动性很大，是尾上腺和尾羽的支架。

3. 前肢骨 肩带部由3块骨组成。肩胛骨狭长，一端与乌喙骨相连。乌喙骨粗壮，其上端与肩胛骨、锁骨和臂骨成关节，下端与胸骨相连。锁骨呈下垂的杆状，其上端与肩胛骨和乌喙骨相连，左右锁骨在下端合在一起，并以韧带与胸骨相连。这种结构不但坚固，而且能使肩带富有弹性，飞翔时可以缓和强烈而连续的振动。

前肢的游离部演变成翼，分3段，平时折叠成乙字形，紧贴胸廓。第一段是臂骨，较粗大，近端有一大的气孔，与锁骨间气囊相通；第二段是前臂骨，尺骨比桡骨发达，前臂骨间隙很大；第三段相当于前足，由于适应飞翔，各骨均退化，数目也减少。

4. 后肢骨 后肢骨非常发达，是支持体重和运动的重要部分。骨盆带也由髂骨、坐骨和耻骨组成。髂骨很发达，与腰荐骨形成骨性结合，两侧的耻骨和坐骨分离，形成开放性骨盆，以便于产卵。

后肢的游离部，即腿，也由3段构成。第一段是股骨，下端有一膝盖骨；第二段是小腿骨，胫骨发达，腓骨退化；第三段相当于后足，其跗骨已分别与胫骨及跖骨愈合。跖骨发达，由第二、第三、第四跖骨愈合而成，公鸡的跖骨上有一发达的距骨。趾有4支，第一趾向后面不与地面接触，第二、第三、第四趾向前。

(二) 肌肉

禽类肌肉的肌纤维较细，肌肉无脂肪沉积。肌肉的颜色有2种，鸭、鹅等水禽和飞翔的禽类，肌肉为暗红色；飞翔困难或不能飞的禽类，胸肌颜色较淡，如鸡的呈白色。红肌有较丰富的血管，肌纤维内含肌红蛋白。

家禽的皮肌薄而分布广泛，主要与皮肤的羽区相联系。因此，家禽的皮肤及羽毛活动能力强。胸肌特别发达，可占全身肌肉总重的一半以上，以适应飞翔的需要。膈肌不发达，是一层极薄的腱样膜，贴于肺的腹面。脊柱的胸部和腰荐部因活动性小，肌肉也不发达。股部和小腿部的肌肉多而发达，在趾部的肌腱常发生骨化。又由于位于股前内侧的耻骨肌，以细长的腱向下绕过膝关节的外侧面而转到小腿后面，并入趾浅屈肌。因此，当膝关节屈曲时，通过耻骨肌和趾屈肌使趾关节也作机械性的屈曲。所以，栖息时能牢牢抓着栖架，并不费劲，睡眠时也不会跌落。

二、被皮系统

被皮系统包括皮肤和由皮肤演化来的衍生物。皮肤的衍生物有羽毛、冠、肉髯（肉垂）、耳叶（耳垂）、喙、爪、鳞片、距和尾脂腺等。

（一）禽类的皮肤

禽类皮肤很薄，也很娇嫩，其厚度在羽区较薄、裸区较厚。皮肤在翼区形成皮肤褶，即翼膜。翼膜分为前翼膜和后翼膜。前翼膜是肩部与腕关节之间的皮肤褶。后翼膜是腕关节后方的皮肤褶。

1. 皮肤的构造 皮肤由表皮、真皮和皮下层构成。表皮的角质层由含有角蛋白的角化细胞构成。死亡的角化细胞不断脱落，由角质层深面的生发层细胞不断增殖的新细胞来补充，其浅层细胞能合成角蛋白，逐渐移行变为角质层的各层细胞。故生发层不形成颗粒层。真皮可分为浅、深2层。浅层在羽区薄，在裸区厚。深层又分为致密层、疏松层和弹力纤维层。致密层较厚，羽区的平滑肌分布于此层。疏松层较薄，裸区的平滑肌分布于此层。弹力纤维层介于真皮与皮下层之间，很薄。皮下层是浅筋膜，有些部位如龙骨部较厚，一般较疏松，便于羽毛活动。禽类皮肤很少与肌肉附着，但在掌部和足部与骨骼的附着较广泛。

2. 羽区和裸区 禽类皮肤表面被羽毛所覆盖，这些羽毛着生在皮肤的一定区域，有规律的生长。有羽毛植入皮肤的部位称为羽区。没有羽毛植入皮肤的部位称为裸区，其中包括羽区之间的裸区和羽区内的裸区。裸区的存在便于禽体在运动时皮肤的活动和肌肉收缩。羽区和裸区的分布形状和大小是鸟类分类学上的一个依据。

3. 羽肌 羽肌有 3 种类型，即竖肌、降肌和缩肌，起着竖羽的作用。在羽区和裸区分布稍有差异。羽区的羽肌束较长，主要位于真皮的致密层。竖肌和降肌的肌束在相邻的羽束之间呈对角线分布，即肌束的一端附着于羽根的末端，另一端附着于另一羽根的颈部。因此，竖肌和降肌呈 X 状交叉排列。在每个羽根的四壁都有这两束肌束附着，导致在羽根之间羽肌排列成近似四边形的网格。羽肌并不直接附着于羽根的外表面，而是通过弹性纤维腱插入肌束与羽根之间。缩肌的附着点是在羽根与其皮层的同一平面处，它的作用是使羽根相互接近。纤羽无羽肌。

（二）皮肤的衍生物

1. 羽毛 羽毛是禽类皮肤特有的衍生物，覆盖于全身。它不仅对飞翔有重要意义，而且也有保温作用。

根据羽毛形态，主要可分为被羽、绒羽和纤羽。

（1）被羽 又称正羽或翼，覆盖于体表的绝大部分。它是形成禽体外形的基础，构成了流线型轮廓，故又称为廓羽。翼部的翼羽、尾部的尾羽（舵羽）及覆盖在头、颈、躯干的羽毛，都是被羽。它在防止机械伤害和体热散失方面起着重要作用。

（2）绒羽 绒羽只有短而细的羽茎，柔软蓬松的长羽枝直接从羽根发出，呈放射状，分出的小羽枝无小钩。绒羽由被羽覆盖，密生于皮肤表面，外表见不到。刚孵出的雏禽羽类似绒羽。绒羽构成隔热层，起保温作用。

（3）纤羽 又称巨状羽，长短不一，细小如毛发状。此绒毛细小，只在羽干顶端有少数短羽枝，分布整个羽区。在喙基部和眼周围最多。

2. 羽毛的颜色 家禽羽毛有不同颜色，羽毛的不同颜色形成一定的图案。羽色和图案是由遗传决定的，因此可作为某些品种的外貌特征。雌、雄之间的羽毛形态、颜色的差异还与性激素有关。目前，养禽界正在探索以幼雏羽色和图案作为鉴别雄、雌的依据。

3. 皮肤腺 禽类皮肤无汗腺。其体温调节主要依靠呼吸散热以及体表散热。禽类也没有与皮脂腺作用相同的尾脂腺。

尾脂腺（glandulac uvopyrous） 位于尾综骨背侧，有两叶。鸡较小，呈豌豆形；水禽的较发达，如鸭的呈卵圆形。每叶腺体中央有一小腔，四周的分泌部属于单管状全浆分泌腺，有1～2个导管开口于尾根背侧的小乳头上。分泌物含有脂肪、卵磷脂和高级醇，但无胆固醇。禽类在整梳羽毛时，用喙压迫尾脂腺，挤出分泌物，用喙涂于羽毛上，起着润泽羽毛使羽毛不被水浸湿的作用。因此，尾脂腺对水禽最为重要。

4. 冠、肉垂、耳垂 冠、肉垂和耳垂都位于头部，是由皮肤褶衍变而成。

（1）冠 附着于头的额部，公鸡的特别发达、直立；母鸡冠偏向一侧。冠的质地细致、柔润光滑，呈鲜红色。冠的结构与皮肤相似，但表皮很薄，真皮厚。真皮可分为浅层、中层和中央层。浅层含有丰富的毛细血管丛，故冠呈鲜红色；中层是厚的纤维黏性组织，充填于中层的所有间隙内，以维持冠的直立。去势公鸡或停产母鸡的冠内黏性物质消失，故冠倾倒。冠的中央层由致密结缔组织构成，也来源于真皮，内含较大的血管。冠可作为辨别鸡的品种、成熟程度和健康情况的标志。

（2）肉垂或髯 位于喙的下方，左右各一，两侧对称。结构与冠相似。呈红色时，真皮浅层含有毛细血管丛，缺血时呈其他颜色。真皮缺纤维黏液性组织，但中央部为疏松结缔组织。

（3）耳垂　位于耳孔开口的下方，呈椭圆形，多为红色或白色，左右各一。结构特点为缺少纤维黏液层。红色者真皮浅层内含有丰富的毛细血管丛，白色者相反。

5. 喙、鳞片、爪和距

（1）喙　包围于颌前骨和齿骨，是皮肤表皮形成的厚而粗糙的角质套。喙分上喙和下喙。其外形随采食方式不同而有很大差异。鸡喙呈圆锥形，鸭、鹅喙长而宽，末端钝圆，含有大量感觉神经末梢。

新孵出的雏鸡在上喙的前端有一小的尖突，称破卵齿。在孵出时，具有打开蛋壳的作用，之后很快脱落。

（2）爪　家禽每一趾端有一个角质的爪，呈弓形的角质鞘，由坚硬的背板和软角质的腹板组成。家鸡的爪经过演变而适应扒地，比栖木鸟的爪短而弯曲度小。

（3）距　在鸡的跗跖部的远端内侧有距，距包括一个骨性核心和尖形的角质鞘。雄性的很发达，而雌性的较小。

（4）鳞片　鳞片是跖趾区的皮肤衍生物，为高度角质化外凸的表皮区，间以角质化程度较少的皮皱。大鳞片分布于跖骨背面、腹面和趾的背面，中鳞片分布于跖部和趾部的侧面，小鳞片分布于趾的腹面。扁平细胞一层层排成角质板覆盖于鳞片区，一般不重叠，只在下部略有重叠。

三、消化系统

（一）口咽

禽类没有唇、齿，颊也极短，被上、下颌形成的喙所代替。家禽喙的形态各异，颌前骨和下颌骨是喙的支架，外被皮肤，角质层特别发达，形成坚硬的角质套。鸡的上、下喙相合呈尖端向前的圆锥形，坚硬，边缘光滑，适于啄取细小饲料和撕裂大块食物。上喙短狭且尖，后部与鼻后孔相连。上喙背侧中线是尖锐的嵴，腹缘平直。刚孵出的雏鸡在上喙背侧耳中嵴的前部有个小的尖突，用以啄破蛋壳，故又称蛋齿，但不久即消失。

鹅、鸭的喙长宽而末端钝圆。上缘包围颌前骨、部分鼻骨和上颌骨，其后方围绕鼻外孔。上喙形成柔软的蜡膜。在上喙尖端的中央区有硬化角蛋白。上喙的腹内侧缘形成许多横褶的角质板。下喙包围整个下颌骨体，前端正中央也有硬化的角蛋白。在下喙缘背侧和外侧形成具有许多横褶的背角质板和外角质板。上、下喙的角质板与口咽内的各种乳头相咬合，形成过滤结构，使鹅、鸭在水中采食时有滤水留食的作用。

鹅、鸭的舌长而软，比较灵活，游离的前端略为缩小。舌背前方有正中沟，当口腔闭合时，容纳硬腭黏膜纵行正中嵴。在正中纵沟后方的两侧有纵行排列的细小乳头，其后方与黏膜宽嵴相连。在这些乳头与黏膜宽嵴的外侧有许多宽底短乳头。在舌背的侧缘分布着许多大小不一的乳头。在舌根与咽部交界处，有两排尖端横行乳头。在该乳头的后方有喉的入口。在喉入口前方两侧有许多尖端向后的咽乳头。在喉后和食管入口之间有许多喉乳头。

舌是肌质性器官，表面被覆黏膜。鸡的整个舌黏膜均覆有厚的复层扁平上皮，呈高度角质化程度。固有膜内有舌腺。舌根内有纵行的舌内骨。鸭的黏膜上皮角质化不如鸡，只局限于舌背边缘和乳头和舌背的最前方。

禽类的舌黏膜上分布有少量和结构简单的味蕾，因而味觉不敏感。鸡的味蕾分布于舌基部和咽底壁横排舌乳头后方的上皮内，能感受咸、苦、酸3种感觉。家禽对水温极为敏感，不喜欢饮用高于气温的水，但不拒绝饮冰冷的水。

禽类唾液腺较发达，种类多，体积小，分布于口咽黏膜上皮深层，几乎形成一连续层，它们的导管很多开口于黏膜上。它们分泌黏液，润滑口腔黏膜，并使食团滑润，便于吞咽。

在咽部黏膜内血管丰富，可使大量血液冷却，有参与散发体热的作用。

（二）食管

禽类食管管腔大，壁层易于扩散，便于吞咽较大的食团。食管的长度随禽类颈部长短而异。位于咽与腺骨之间，分颈部和胸部食管。

成鸡的食管长20～30厘米，以嗉囊为界，可分颈、胸两段。颈段较长，起始于咽后的食管口，沿喉和气管的背侧后行，约在第五颈椎后方与气管一起转向颈部右侧。其背侧是颈静脉、迷走神经和胸腺；腹侧是气管。靠近胸腔入口处，食管又回到颈腹侧中线，并在该处膨大形成嗉囊。胸段食管较短，位于左、右肺之间的腹侧、气管和心脏基部的背侧，食管后行至肝左叶脏面，稍变细与腺胃相连。在食管背侧是颈气囊，腹外侧是锁骨气囊，胸段食管完全被气囊所包围。在第五肋后方，则伸延于前胸气囊之间。

鹅、鸭颈长，食管也长，其位置与鸡相似。

（三）嗉囊

鸡的颈段食管在进入胸腔之前，其腹外侧形成的一膨大囊，称嗉囊，位于胸腔入口、锁骨和胸肌右前方的皮下。其表面有皮肌或由邻近肌肉而来的横纹肌纤维附着，起固定作用。

鹅、鸭没有真正的嗉囊，只是在颈段食管形成纺锤形膨大部。

嗉囊的结构与食管相似，黏膜皱襞在大弯处特别高，其他部位较低。大弯黏膜上皮厚，浅层角质化。固有膜内富含淋巴组织，仅在其与食管衔接处分布有囊状黏液腺。肌层明显分为内环肌和外纵肌，有的可见到肌纤维排列成3层。鹅、鸭的所谓嗉囊在黏膜固有层内，分布有黏液腺。

嗉囊是食物的暂时贮存处，食物有唾液和食管黏液的渗入，有利于饲料进一步发酵和软化。鸽子在哺育期间嗉囊能分泌乳汁液体，用以哺育幼鸽，叫嗉囊乳。其中含大量的脂肪、蛋白质和酶等。

(四) 胃

1. 腺胃　鸡的腺胃又称前胃，是前后延长的纺锤形体，长约5厘米，最宽处约1.5厘米。位于胸段食管与肌胃之间，略偏于体正中线的左腹侧，在肝左、右叶之间的背侧。公鸡的腺胃，位于第五胸椎至第三腰荐椎之间；母鸡位于第4～7胸椎之间。

腺胃黏膜内存在大量腺体，所以胃壁很厚。黏膜表面分布有30～40个圆形短宽的乳头，其中央有深层复管状腺的开口。开口周围是同心圆排列的皱襞和沟。黏膜上皮是单层柱状上皮，在生理状态下，黏膜上皮有显著的脱落现象。鹅、鸭的腺胃乳头数量多，体积小，肉眼也可见到。在固有膜内含有大量淋巴组织和浅层单管腺，开口于黏膜皱襞之间的沟内，分泌黏液。在黏膜肌之间有深层复管腺，也称前胃腺，体积大，导管开口于黏膜乳头中央孔。深层复管腺有分泌盐酸和蛋白酶的功能。

腺胃黏膜下层不发达，有的部位缺。肌层很薄，它是由较厚的中环肌和薄的内、外纵肌组成的。外膜是浆膜。

2. 肌胃　肌胃又称砂囊，位于腺胃后方，呈扁圆形或椭圆形的双凸体，质地坚实，斜位于腹腔的左下部，其腹缘可越过体中线至右侧。公鸡的肌胃位于第三至最后腰荐椎之间。母鸡的肌胃位于第七胸椎至最后腰椎之间。肌胃的前缘上部是腺胃的开口，下部是与十二指肠相通的幽门，这两个口距离很近。肌胃的肌层是平滑肌，呈暗红色，由一对强大的背侧肌和腹侧肌与一较薄的中间肌组成。背侧肌和腹侧肌呈半球形，分别位于肌胃的背侧和腹侧，构成肌胃壁的绝大部分。肌胃中间肌位于前背部的称为前背中间肌，位于后腹部的称为后腹中肌。前背中间肌与背侧肌相接，后腹中间肌与腹第四肌相接。4 种肌肉在肌胃两侧，以发达的腱组织相接，形成闪光的中央腱膜，称腱镜。肌胃与十二指肠连接处，是长约 0.5 厘米的过渡区，即幽门。在此区的上皮表面覆有一层厚的黏液，对十二指肠来说，可能有防止从肌胃来的强酸物质腐蚀的作用。

肌胃的黏膜层以薄的黏膜下层与肌层相连接，没有黏膜肌层。在黏膜固有层里有肌胃腺，10～30 个单管状腺形成一簇，共同开口于黏膜隐窝内，分泌嗜酸性物质。腺和隐窝由一种细胞构成。肌胃腺的分泌物、黏膜上皮分泌物和脱落上皮共同在酸性环境中黏合在一起，硬化后形成类角质膜，俗称肫皮，中药称鸡内金。其新鲜时厚约1毫米，类角质膜对黏膜有保护作用，表面有许多皱褶。它对蛋白酶、稀酸、稀碱和有机溶剂都有抗性。类角质膜表面不断磨损，而由深部新形成的类角质膜推向表层，并逐渐变得更加坚韧。在肌胃与十二指肠连接处约 0.5 厘米区域的黏膜表面覆有一层厚的黏液，以防止强酸物质侵蚀十二指肠。

肌胃的外表面覆盖着浆膜。

(五) 肠

禽类的肠管较短。鸡肠约为体长的 6 倍，鹅、鸭约为体长的 4～5 倍。肠也分大肠和小肠，在大、小肠黏膜上均有肠绒毛，但无中央乳糜管。在大、小肠黏膜内有肠腺，但在十二指肠内无十二指肠腺。

1. 小肠　分为十二指肠、空肠和回肠。

(1) 十二指肠　比空肠、回肠略大。鸡的十二指肠呈淡灰红色，长 22～35 厘米，直径 0.8～1.2 厘米，沿着肌胃右侧和右腹壁形成一长 U 形袢，分为近端的降袢和远端的升袢，其间夹有胰腺。十二指肠降袢靠近腹底壁，自肌胃的右侧前端，沿肌胃右侧后行，至肌胃后端时，越过体右侧后弯向背侧，在此反折，转为十二指肠升袢。升袢位于降袢背侧，前行到肌胃前背侧时又弯向背侧，绕过肠系膜前动脉，在右肾腹侧转为空肠。在体右侧，大部分升袢与空肠相邻，背侧是回肠和左盲肠；左侧为左腹气囊与肌胃隔开。胰管和胆囊升口于十二指肠升袢末端。十二指肠U形袢的前部有2条韧带分别与肌胃及肝相连，其后部是游离的。

鹅、鸭的十二指肠比鸡长，为22～38厘米，直径0.4～1.1厘米。北京鸭的十二指肠长为36～42厘米。雏鸭的十二指肠呈双层马蹄状弯曲，降袢自肌胃发出在肌胃右侧和肝脏面之前后行，至肌胃后缘弯向左背侧，到达最后肋骨中部后缘，反折成升袢，与降袢伴行返回至起始部。降升袢之间的系膜比鸡的宽大，胰腺是悬吊在肠系膜的分离襞内。

（2）空肠　颜色较暗，长85～120厘米，直径0.7～1.4厘米，中央大部分形成花环状肠环。空肠悬吊于腹腔右侧，其近端和远端较平直。右侧紧靠右腹气囊，左侧是性腺、盲肠、十二指肠升袢和胰腺，腹侧是肝脏。在公鸡和产蛋母鸡，部分空肠位于肌胃背侧。空肠近端在肠系膜前动脉、胆囊管和胰管开口处附近，作为与十二指肠的界限。空肠远端在直肠和泄殖腔的腹侧与回肠相接。在空肠的中部，即肠系膜前动脉相对处，60%的鸡常有一尖形小突起，称卵黄囊憩室，是胚胎时卵黄囊柄的遗迹。

鹅、鸭的空肠，长90～190厘米，直径0.4～0.9厘米，大部分位于腹腔的右侧，由背肠系膜吊于腹腔脊柱腹侧，右侧与右肋、右腹壁、耻骨和坐骨相接触。鹅、鸭的空肠在背系膜游离缘形成5～8个回肠袢。80%有卵囊憩室，位于最长肠袢（辅袢）的顶端。北京鸭的空肠，由于其前后管径不同，可人为分成前、后两段，前段空肠袢管径较小，为0.6～0.8厘米，自十二指肠远端起形成3个圆肠袢；后段空肠袢管径较大，为0.7～0.9厘米，形成4个圆肠袢，管壁较薄，外观色泽也和前段空肠袢有所不同。

（3）回肠　短而直，长13～18厘米，直径0.7～1.0厘米。回肠与空肠连接处约在直肠和泄殖腔的背侧；回肠从脾脏相对处，弯向背侧，约在第七腰荐椎处与直肠连接，紧靠回肠两侧是左、右盲肠。回肠左侧是肌胃和左腹气囊，右侧是空肠，腹侧是脾和十二指肠袢。回肠背系膜向盲肠伸延，形成两条宽约1厘米的回盲韧带。

鸭、鹅的回肠只是肠壁略厚些。在回肠与直肠连接处有一环形括约肌，此处黏膜形成一环行皱襞。

2. 大肠　分为盲肠和直肠，无结肠。

(1) 盲肠　盲肠为1对，鸡的长14～23厘米，在第七腰椎腹侧，起自回、盲、直肠接合部的两侧，以两条短的回盲系膜附着于回肠两侧。在肝脏和肌胃的后方，其前半段先沿回肠逆行向前；后半段与空肠伴行向后伸延。盲肠分近侧部、中间部和远侧部。近侧部又称基部，起自回、盲、直肠接合部，呈淡红色，管径较小，肠壁厚。在回、盲、直肠接合部有括约肌中间部又称体部，较长，呈灰绿色，管径最大而管壁薄；远侧部又称尖部，短而色淡，末端尖，盲端位于泄殖腔腹侧，位置不固定。鹅的盲肠较长，可达23～38厘米。

黏膜上皮为单层柱状上皮，有皱襞和肠绒毛，固有膜内有淋巴组织。特别是基部较发达，形成盲肠扁桃体。局部缺黏膜肌层。

(2) 直肠　禽类直肠呈直形管道，长8～10厘米，淡灰绿色，在第七腰椎腹侧，前接回、盲、直肠接合部，向后逐渐变粗，接泄殖腔。左腹侧为左盲肠，右背侧为右盲肠。产蛋母鸡的直肠位于体中线，背侧紧靠左输卵管，腹侧为肌胃，右侧为空肠。直肠自短的背系膜悬吊于腹腔背侧。直肠与泄殖腔相接处稍窄。直肠的结构与小肠相似，管壁厚，肠绒毛短而宽。禽类的直肠很短，食糜在其中停留时间不长。因此，消化作用不重要，主要是吸收一部分水和盐类，形成粪便后经泄殖腔与尿混合排出体外。

大肠的分泌物不含消化酶。饲料由小肠进入直肠后，通过直肠的蠕动把食糜推向盲肠，同时回盲瓣关闭，饲料不能逆流回小肠。盲肠的主要作用是将饲料中的粗纤维在微生物的作用下进行发酵，分解成挥发性脂肪酸，在盲肠吸收，经血液循环输送入肝内代谢。此外，还产生二氧化碳等气体排出体外。盲肠还可以吸收水分、含氮物质以及由细菌合成一些维生素。

（六）泄殖腔

泄殖腔是消化、泌尿和生殖的共同通道。成体鸡泄殖腔最宽部位的横径约为2.5厘米，背侧径约为2.0厘米，前后长约2.5厘米。其中，贮有粪便时体积扩大。泄殖腔腹侧与十二指肠升袢、盲肠尖部和空肠袢相接触。腹气囊的最后端也靠近泄殖腔。泄殖腔大部分位于肠体腔内，只有其背侧和后端以结缔组织与腹壁相联系。公鸡泄殖腔从外形看，像是直肠末端的膨大，以泄殖孔与外界相通。成年母鸡，因输卵管末端的膨大改变了直肠与泄殖腔间的连接位置。泄殖腔背侧壁是腔上囊，在性未成熟的禽类，发育完全的腔上囊体积比泄殖腔大，随着年龄的增长而逐渐退化。泄殖腔内有两个不完全环形黏膜皱襞，把泄殖腔分隔成粪道、泄殖道和肛道三部分。

（七）肝脏

1. 肝脏的形态和位置 家禽的肝脏相对体积很大，位于腹腔前腹部的胸骨背侧，前接心脏。家禽的肝脏仅含少量结缔组织，所以质地脆弱。成年禽的肝脏正常时呈红褐色。鸡肝脏分为左、右两大叶，由浆膜悬吊于左、右背侧肝腔和腹侧肝腔之间。左叶较小，呈菱形，其后缘被切迹分成后背部和后腹部。右叶呈心形，较大，其前部比左叶更突向背侧。肝左、右两叶的前腹侧部凹陷，包围心壁后部，两叶背部在前方相接。壁面凸而平滑，朝向胸骨，与体壁外侧和腹侧以及胸气囊相接；脏面有许多内脏器官压迹，故呈不规则凹陷。两叶在横切迹处各有一肝门，有肝管和血管进出肝脏。鸭肝脏的右叶比左叶约大1倍，右叶前端达第二肋，后缘到腹腔底壁中央。左叶前端与右叶齐平，后缘到达第八肋间隙。肝脏的重量从孵出到性成熟约增加33.9倍。健康家禽肝脏的再生能力相当大，当部分切除时，肝功能不发生明显变化。

2. 胆囊和胆囊管　肝右叶脏面有胆囊，鸡胆囊呈长椭圆形，鸭胆囊呈三角形。由小叶间胆管向肛门汇合，在肛门处形成左、右肝管。胆囊和胆囊管与肝右叶的肝管汇合成胆管；肝左叶的肝管直接与肝右叶的胆管共同开口于十二指肠升袢末端。左、右肝管在肝实质内有交通支相通连。

（八）胰腺

家禽胰腺是长条分叶状腺体，为淡黄色或淡红色，位于十二指肠降袢和升袢之间的系膜内。鸡的胰腺通常分背叶、腹叶和脾叶（或小的中间叶），有2～3条导管，开口于十二指肠升袢末端。鹅、鸭两条导管开口于十二指肠末端。

胰腺分为外分泌部和内分泌部。外分泌部占绝大部分，是消化腺，属于管泡腺，能分泌胰液。每一腺泡是一个功能单位，轮流分泌，以保持腺体继续分泌。内分泌部形成胰岛，散布于胰腺泡之间。胰岛在脾中分布较多，分为亮胰岛和暗胰岛两类。亮胰岛在胰的3个叶中都有，暗胰岛主要分布于脾叶。

四、呼吸系统

（一）鼻腔

鸡的鼻腔短而狭，呈尖端向前的不正锥形体，占据面部的后半部，被纵行的软骨性鼻中隔分为左、右鼻腔，鼻中隔与后方的眶间隔相接。鼻腔底壁大部分是软组织，其前方由上颌骨和颌前的腭突形成支架，后方由细长的腭骨和犁骨作为支架。鼻腔顶壁前部是颌前骨和鼻骨，后方是泪骨。鼻腔外侧壁是鼻骨和泪骨。

鼻外孔是每侧鼻腔前部与外界相通的口，位于上喙基部背侧。鸡的鼻外孔呈狭长缝状，其骨性开口是由颌前骨和鼻骨围成的。在鼻外孔入口处及鼻腔前庭由3块弯曲的软骨围成。最外层是角质性的皮肤鞘，形成不动的鼻盖，又称鼻瓣，其周围有小羽毛覆盖，以防止尘埃和昆虫的进入；中间层是软骨性的前鼻甲垂直板，从鼻外孔的腹侧向背侧弯曲；最内层是前鼻甲。鹅、鸭的鼻外孔略偏于后方，呈狭长的椭圆形，无鼻盖。在鼻孔四周有柔软的蜡膜包围着，缺前鼻甲垂直板。

每侧的鼻腔几乎被覆有黏膜的软骨性鼻甲骨所占据。前鼻甲骨（腹或下鼻甲）位于鼻前庭近喙处，呈尖端向前的圆锥体，横断面呈C形；中鼻甲最大，几乎伸展于整个鼻腔内；后鼻甲（背或上鼻甲）位于鼻腔后部背侧，呈半球状泡，从侧壁突出于鼻腔。鼻甲骨与鼻中隔之间平行的腔是鼻总道，其两侧由鼻甲骨隔成上、中、下3个鼻道。鼻泪管口较大，呈裂隙状，位于鼻腔中部与鼻后孔侧缘附近。

鼻后孔位于鼻腔后部腹侧，全长约22毫米。前部呈狭而长裂缝状；后部较宽，呈菱形，位于上颌骨腭突后方与两侧腭骨之间，开口于咽腔后部顶壁正中线上。鼻后孔后部由犁骨和鼻中隔在背侧中线处分开。鸭鼻后孔全长约30毫米，后部较宽，呈纺锤形；前部也呈裂缝状，周围有角质乳头。

（二）喉

家禽的喉分为前喉和后喉。前喉位于气管的起始部；后喉即鸣管，位于气管末端的分叉处。

前喉通常称为喉，位于咽腔底壁、气管起始部和食管口的前方。喉向背侧显著地突起，称为喉突。鸡的喉突呈尖端向前的圆锥形，由两片呈唇形的肌肉瓣所组成。此瓣平时开放，仰头时关闭。鸡在吞咽时仰头下咽，方能防止食物误入喉内，并控制空气流动。喉突后方有一列尖端明显向后的前横排乳头。喉裂为喉入口后部的狭窄部分，其两侧分布有 5～6 个纵行的两排乳头，覆盖于杓状软骨后突处。在喉入口周围分布有环杓腺。鹅、鸭的喉突较长而宽，呈长菱形。

喉入口是纵行的狭裂，两侧各由环杓软骨支持着。喉入口的后方连接喉裂，向后到喉突后缘。

禽的喉没有声带，喉腔呈上下侧压扁状结构。喉腔内黏膜为假复层柱状纤毛上皮，固有层有黏液腺和淋巴组织。喉主要由喉软骨和喉肌构成。

禽类只有环状软骨和杓状软骨，没有甲状软骨和会厌软骨。喉软骨间借韧带连接，构成喉的支架。

(1) 环状软骨　环状软骨是喉的主要骨性基础，为不成对环状体，与气管相接。环状软骨相当于哺乳动物的环状软骨和甲状软骨的并合体，是由环状软骨体、环状软骨翼和原环状软骨构成。环状软骨体（腹板）位于腹侧正中，背侧凹陷呈槽板状，向前呈铲状突出，其尖端与舌骨重叠。左、右环状软骨翼（侧板）以软骨与环状软骨体紧接，内侧缘与原环状软骨形成动关节，前缘与杓状软骨体的后缘成滑动连接。原环状软骨很小，位于背侧正中，呈逗点状与杓状软骨和环状软骨翼形成关节

(2) 杓状软骨　亦称披裂软骨，成对，位于环状软骨背侧，均由软骨体、前突和后突构成。杓状软骨体成鸡已骨化，其后内侧以滑动连接与原环状软骨形成关节。前突和后突在成体仍保持软骨性。

鹅、鸭的喉软骨比鸡的圆而长。

(三) 气管

禽类颈部较长，气管也长，其前接喉、后连鸣管。起始部位于食管的腹侧正中，气管伴随食管下行，约在颈上 1/3 处。随同

食管移至颈右侧，接近胸腔入口处下转至颈腹侧，嗉囊在其右侧。气管进入胸腔内，仍位于食管的腹侧，气管越过锁骨气囊，在心肺基部止于鸣管。鸡的气管长而细，长 15～17 厘米；鸭的长约 18 厘米，鹅的更长。

气管的黏膜上皮为假复层柱状纤毛上皮。固有膜内有单泡状黏液腺、纵行弹性纤维和毛细血管等，无黏膜肌层。气管是借蒸发散热而调节体温的。气管的支架是由 O 字形的气管软骨环构成的。鸡的气管是由 108～126 个完整的软骨环构成，第一气管环紧接环状软骨。第一和最后 4 个气管环呈单环状，其余气管环的背腹侧中央增厚并有小的缺核。相邻软骨环之间前后相互交错，相互重叠。软骨环之间有膜状韧带连接，气管肌又沿气管纵行。这种结构可防止气管受到挤压而塌陷，同时也适应于颈部的伸屈运动。幼禽软骨环呈片状，随着年龄增长而愈合成完整的环状；老龄则部分骨化。鸭的几乎全部骨化。在气管的两侧附着狭而长的胸骨气管肌和气管喉肌。胸骨气管肌又称胸骨喉肌，起自胸骨肋突和后部气管，止于气管两侧软骨环和喉，使气管和鸣管位于胸腔入口前后。气管喉肌起于气管末端，起始部分位于气管的背外侧和腹外侧并向前延伸，之后与胸骨气管肌融合，止于环状软骨体的两侧。这些肌肉可使气管和喉前后颤动，在啼鸣时更为显著。

(四) 鸣管

禽鸣管又称后喉，是禽类的发音器官，位于气管末端分叉处、心脏基部背侧，悬吊于左、右锁骨气囊间。

1. 鸡的鸣管 由鸡管软骨和鸣膜构成。

(1) 鸡的管软骨 分为前软骨、鸡骨、中间软骨和后软骨。前软骨是由气管末端 3～4 个直径较大的软骨环，通过致密结缔组织紧密连接所构成的。鸣骨（pessulus）是一楔形软骨，呈背腹方向排列，位于左、右支气管分叉处。其尖端缘将气管腔分成左、右2个支气管，中间软骨每侧有4个，均呈C形，其腹端与鸣骨愈合、背端游离。后软骨每侧3个，均呈C形。第一后软骨附着于鸣骨背腹端，第二后软骨的腹端与第一后软骨的腹端愈合、背端游离，第三后软骨的背腹端均游离。

（2）鸡的鸣膜　由内、外2对薄的震动膜组成。外鸣膜　位于鸣管外侧，内鸣膜形成支气管起始部的内壁。

2. 鸭的鸣管　雌雄不同，成年公鸭鸣管上有一特殊的向左侧突出的骨性鸣腔泡，具有共鸣作用；成年母鸭没有鸣腔泡。鸭的鸣管由3种软骨构成，其数目在公、母鸭是相同的。

前软骨共6个，呈环状。鸣管膨大部的软骨环是由左、右两侧4个支气管半软骨环构成，其腹侧壁相互愈合为正中软骨腹板。公鸭的膨大骨质鸣泡是从此处向左侧膨大所形成的，背壁不膨大，软骨弓在脊中线愈合。鸣骨位于正中平面处，把左、右支气管隔开，腹侧附着于正中软骨腹板两端，脊侧至鸣管脊壁。

（五）支气管

气管进入胸腔后，分为左、右支气管。肺外部支气管很短，位于心脏基部的脊侧，气管软骨环不完整，呈C形，内侧开放，支气管内侧壁是结缔组织膜。

（六）肺

鸡肺分为左肺和右肺。两肺均呈扁平的四边形，长约7厘米，宽约5厘米。一般不分叶，呈粉红色。位于胸腔背侧壁，背侧面约有1/3嵌入肋间隙内。背面称为肋面，与肋骨及肋间肌相贴。腹面称为膈面，平而微凹，与肺膈相邻。腹面中点稍前是肺门，支气管位于肺门中央，肺动脉在前，肺静脉在后。内侧面扁平，与胸椎椎体相邻。外侧缘薄，位于肋骨与肺膈所形成的夹角内。背内侧缘位于胸椎椎体与横突所形成的夹角内。肺的前端与第一胸椎及第一肋相邻，后端达第六肋，前后端都有气囊的开口。鸭肺的内侧缘比外侧缘长2倍，呈尖端向前内侧的斜方体形。禽肺的气体交换面积大，具有很高的气体代谢能力。

肺表面被覆以浆膜，其深层含有较多的弹性结缔组织膜。被膜结缔组织向肺实质内伸入，形成肺小叶间结缔组织和呼吸毛细管间结缔组织，形成了肺的支架。

肺的实质由气导管和呼吸性管道构成。支气管入肺后纵贯全肺，称为初级支气管。其黏膜被覆假复层扁平上皮，仅在起始部有软骨，其他无软骨的部位被平滑肌纤维所代替。管径逐渐变细，后端出肺与腹气囊相接。从初级支气管前后的腹内侧、背内侧、腹外侧及背外侧发出粗细不同的次级支气管，其中较大的次级支气管黏膜被覆假复层柱状纤毛上皮；较细的次级支气管是单层扁平上皮。平滑肌呈螺旋状排列，随着次级支气管口径变小而愈发达。在上述两级支气管具有黏液腺，其中口径较小的次级支气管没有黏液腺。由次级支气管发出的大量口径相似的三级支气管（又称副支气管），遍及全肺。次级支气管还与部分的气囊相通。三级支气管间可相互吻合，头尾相连，形成环状的支气管环路，并有吻合支与支气管吻合。由此可见，禽肺的支气管不形成支气管树，而是形成互相通连的管道。三级支气管被以单层扁平上皮，其外层有少量弹性纤维。平滑肌呈螺旋形肌束，在近肺房口处排列成网。这两种结构既保持三级支气管的长形状态，又可缩小其口径。每个三级支气管形成一个肺小叶的中心，管壁分出许多辐射状排列的肺房，成为呼吸毛细管网的通路，它们的外面被覆毛细血管。肺小叶呈五角形或六角形的柱状体。肺小叶之间由结缔组织紧密连接，形成肺小叶间隔，亦即构成肺实质的支架。

肺房是不规则的球形腔，从肺房的底部分出一些漏斗，由漏斗分出吻合的呼吸毛细管网。呼吸毛细管被以单层扁平上皮，没有弹力纤维，而以网状纤维为支架。毛细血管丰富，与呼吸毛细管紧密缠绕在一起。因而，呼吸毛细血管相当于肺泡部分，是气体交换部分。

（七）气囊

气囊是禽类特有的器官，实际上是支气管分支出肺后形成的黏膜囊，外面大部分只被覆一层浆膜，因此囊壁很薄。气囊共有9个：1个锁骨间气囊，位于胸腔前部腹侧，有分支还伸到胸肌之间、腋部和臂骨内；1对颈气囊，位于胸腔前部背侧，有分支沿颈椎向前延伸；1对前胸气囊，位于两肺腹侧；1对后胸气囊，最小；1对最大的腹气囊，位于腹腔内脏两侧。有些气囊还有分支深入含气骨内和肌肉之间。

禽类气囊具有多种生理功能，主要是作为贮气装置而参与肺的呼吸作用。在吸气时，新鲜空气进入肺的呼吸毛细管和后气囊，而通过气体交换后的空气，由肺的呼吸毛细管进入前气囊；在呼气时，前气囊里的空气经支气管、气管排出体外，而后气囊里的新鲜空气，则送入肺内的呼吸毛细管。因此，不论在吸气或呼气时，肺内均可进行气体交换，以适应禽体强烈的新陈代谢。当潜水或飞翔时，气囊的空气可以在肺内进行代谢作用；可减轻体重，适于飞翔或游水；还有调节体温的作用。

（八）家禽呼吸生理特点

由于家禽胸腔不发达，肺的弹性小，并固定于肋骨上，又没有明显而发达的膈，主要靠肋骨的运动引起胸腔的扩张和收缩以进行呼吸。当肋间外肌收缩时，椎骨肋与胸骨肋之间的角度增大，使胸骨向下移，体腔容积增加，气囊和肺的容积随之增加，于是内压降低，产生吸气。当肋间内肌收缩时，体腔容积缩小，于是引起呼气。

吸气时，空气进入各级支气管，并充满肺和气囊，呼气时气体往相反方向流动。因此，家禽的肺虽小，但不论在吸气或呼气，肺内均可进行气体交换，以适应禽体强烈的新陈代谢。家禽的呼吸频率常因家禽个体大小、品种、性别、年龄、环境温度和生理状态的不同而有较大差异。在常温下，成年家禽的呼吸频率如表1-1。

表1-1　家禽的呼吸频率（次/分）

性　别	鸡	鸭	鹅
雄	12～20	42	20
雌	20～40	110	40

五、循环系统

循环系统包括心血管系统和淋巴系统。

心血管系统是一个密闭式的管道系统，包括心脏、血管和血液。心脏是血液循环的中枢，是动力器官；血管是血液流动的管道；血液是心脏和血管的内容物。

（一）心脏

在大小和重量方面，禽类的心脏相对比例较大。鸡的心脏占体重的4%～8%，大家畜仅占0.7%～1.5%。

1. 心脏的形态和位置　家禽的心脏是呈圆锥形的肌质器官，位于胸腔前下部的心包内。前上端与第一肋骨相对，心脏的长轴与胸骨体背缘几乎平行，只有后下端的心尖向后腹侧并略偏左。前腹侧面稍圆而凸，称胸骨面；背侧面为心基部，有血管出入心脏，与肺相邻，称肺面；后背侧面较平，夹于肝脏左、右两叶之间，称肝面。左侧缘稍圆，右侧缘略凹。在心房和心室之间有一环形的冠状沟，是房室的分界线。上部小是心房，下部大是心室。冠状沟内有血管和脂肪。心室的背腹侧面均有不明显的纵行的室间沟，它与室间隔相对应。腹侧室间沟（锥下室间沟）起自于动脉圆锥左侧，从肺动脉根沿右心室左侧面向心尖伸延；背侧室间沟（窦下室间沟）向心尖伸延到心尖切迹处。左心室构成整个心尖部。

2. 心包 心包是包绕于心脏的浆腹腔，为薄而半透明的强韧纤维囊。浆膜分为脏层和壁层。脏层即心外膜，紧贴于心肌层外面；壁层是心包的内层，与外面强韧的纤维层紧密贴连。纤维层在心基部与大血管根部的外膜融合，并与胸腹膈及胸骨连接。心包的后尖部夹在肝脏左、右叶腹壁之间。心包壁层与脏层之间的狭隙称为心包腔，内含少量心包液，起润滑和减少摩擦的作用。

3. 心脏的内部结构 心脏分为心房和心室两部分，其位置以冠状沟为界。这两部分心腔被房中隔和室中隔分开，成为互不相通的右心房及右心室和左心房及左心室两半，4个心腔。在同侧的房室之间有房室口相通，心室与动脉起点之间有动脉口相通。在这些口处有瓣膜装置，防止血液逆流。左侧心腔是属于体循环的心，即是动脉心；右侧心腔是肺循环的心，即是静脉心。

（二）血管

全身血管可分为肺循环血管和体循环血管。

1. 肺循环血管

（1）肺动脉 肺动脉总干起于右心室动脉圆锥的漏斗前部，向左背侧延伸于主动脉根左腹侧，其右侧与右臂头动脉相邻。在臂头动脉背侧，总干分成左、右肺动脉。

（2）肺静脉 起于呼吸毛细管口集成的静脉，肺静脉与肺动脉相伴而行，最后汇成左、右肺静脉。左、右肺静脉出肺门后，在左前腔静脉前方进入右心房。

2. 体循环血管

（1）体循环动脉 体循环动脉主干称为主动脉。主动脉起于左心室基部的主动脉前庭，起始部有3个主动脉窦所形成膨大的主动球。主动脉可分为体主动脉、主动脉弓和降主动脉。体主动脉向前右侧倾斜，继而向后上方弯曲；主动脉弓由体主动脉向后背侧弯曲，到达胸椎腹嵴下缘处过渡为主动脉弓；主动脉弓在脊柱腹侧中线后行，再延续为降主动脉。到腰荐骨末端分左、右髂内动脉后，主干延续为尾中动脉。

（2）体循环的静脉　禽类的静脉有以下特点：①有左、右两条前腔静脉；②除有肝门静脉系统外，还有肾门静脉系统；③右肝门静脉发达，而小的左肝门静脉成为附属支；④右颈静脉明显比左侧大，在颅底部颈静脉间有大的横吻后支，称桥静脉，通过肠系膜后静脉，使体壁静脉与内脏静脉之间发生广泛联系。

（三）淋巴器官

1. 胸腺　家禽的胸腺位于颈部两侧的皮下，每侧有3～8叶，鸡每侧有7叶，鹅、鸭每侧有5叶，呈黄色或灰红色，从颈部沿颈静脉延伸到胸前部，呈一长串。后部胸腺常与甲状腺、甲状旁腺和腮后腺紧密相接，有时胸腺组织可伸入甲状腺和甲状旁腺内。胸腺是胚胎发生时首先出现的淋巴器官，体积逐渐增大，到接近性成熟时体积最大，性成熟时开始由前向后逐渐退化，到成年时仅留下遗迹。

发育过程中的胸腺，外面包着薄层的结缔组织被膜。被膜的结缔组织向腺体内分出许多隔，将胸腺分隔成许多小叶，血管随其进入胸腺内。从结缔组织隔上又分出许多短的小隔，把小叶分成许多节段。每个胸腺小叶分为皮质和髓质。皮质由密集的淋巴细胞和分散的网状细胞构成；髓质由较疏散的淋巴细胞、网状细胞和上皮细胞岛体构成。胸腺退化时，皮质消失，只遗留部分髓质，含有少量的淋巴细胞。

胸腺的功能，过去认为，家禽的胸腺是内分泌腺，分泌胸腺激素；现在认为，主要功能是产生与细胞免疫活动有关的T细胞。造血干细胞经血液进入胸腺后，经过繁殖，发育成近于成熟的T淋巴细胞。这些细胞可以转移到脾脏、盲肠扁桃体和其他淋巴组织中，在特定的区域定居、繁殖，并参与细胞免疫活动。

2. 腔上囊　腔上囊是鸟类特有的淋巴上皮器官，又称法氏囊。它位于泄殖腔背侧，幼龄发达，到性成熟前发育最大。鸡4～5月龄时腔上囊最大，呈球形或椭圆形囊，长约3厘米、宽约2厘米，背腹厚1厘米，重约3毫克，以短柄开口于肛道。鹅、鸭腔上囊呈圆筒形囊，3～4月龄时发育最大。腔上囊到性成熟后开始退化，鸡10月龄，鸭1年，鹅更迟，几乎完全消失。腔上囊退化进程的迟早和快慢可能与家禽的品种、性别及饲养方法等有关。在肛道背顶壁，腔上囊柄后部两侧壁内有一对副腔上囊，长约3毫米。其功能是否与腔上囊相同，有待进一步研究。

腔上囊的囊壁保留着管状器官的结构。黏膜形成许多初级和次级纵行皱褶，鸡腔上囊黏膜皱褶多，鹅、鸭仅有2条。黏膜上皮为假复层柱状上皮或单层柱状上皮。固有膜由结缔组织构成，其中含有大量的淋巴小结，缺黏膜肌层。黏膜下层较薄，由疏松结缔组织构成。肌层为内环外纵两层平滑肌构成，最外层为浆膜。

腔上囊的功能主要与体液免疫有关，是产生B淋巴细胞的初级淋巴器官。造血干细胞经血液进入腔上囊，在腔上囊激素的影响下，迅速增殖和分化成为腔上囊依赖细胞，即家禽的B淋巴细胞。B淋巴细胞随血流迁移到脾脏、盲肠扁桃体和其他淋巴组织中，受到抗原刺激后，迅速增生后转变为浆细胞，产生抗体。

3. 脾脏　家禽脾脏较小，鸡脾呈球形（鸭脾呈钝三角形），棕红色，在腺胃和肌胃交界处的右背侧。

家禽脾脏的基本结构与哺乳动物相似。结缔组织支架不发达，红髓和白髓分界不甚明显，特别在鹅、鸭更不明显。脾小结的中央动脉，有的不止一条，血管则属于开放式循环。

脾脏的功能主要参与免疫，还有造血和滤血作用，储血作用不大。

4. 淋巴结 鸡无淋巴结，多见于鹅、鸭等水禽，一般有2对。一对颈胸淋巴结，呈纺锤形，长1.5～3厘米，宽2～5毫米，位于颈基部，胸腔入口的两旁，在颈静脉与椎静脉之间的夹角内，常紧靠颈静脉；一对腰淋巴结，呈长条状，长约2.5厘米，宽约5毫米，位于肾脏与腰荐骨之间的降主动脉两侧、胸导管起始部附近，常被肾前部所掩盖，后端达坐骨动脉。另有报道，鸭另有4条较小的淋巴结，即颈面淋巴结、肠系膜淋巴结、腹壁淋巴结和腹股沟淋巴结。

淋巴结由被膜的结缔组织向内伸入形成不发达的小梁。淋巴结实质的结构与哺乳动物略有差异，在淋巴结的中央贯穿有不规则的中央窦，可直接与输出和输入淋巴管通连。淋巴小结分布不均匀，但多位于中央窦附近。淋巴小结的大小和数量，在不同的淋巴结中有明显差异。淋巴组织和淋巴窦分布于淋巴小结之间。

（四）淋巴组织

1. 消化管内的淋巴组织 从咽部到泄殖腔的消化管黏膜固有膜和黏膜下层中几乎都有淋巴组织，其中，回肠淋巴集结和盲肠扁桃体大而明显。

（1）回肠淋巴集结 位于鸡的回肠后段，可见直径约1厘米的弥散性淋巴团，有局部免疫作用。

（2）盲肠扁桃体 位于鸡盲肠的基部，在回盲直肠交界附近的黏膜固有膜和黏膜下层中，淋巴组织发达，稍凸于黏膜面。盲肠扁桃体是抗体的一个重要来源，对肠道内的细菌和其他抗原物质起局部免疫作用。

2. 其他器官内的淋巴组织 鸡的淋巴组织团分散于体内许多器官和组织内，通常都是没有被膜包着的弥散性淋巴组织。其界限有时很清楚，或浸润于周围细胞之间，局部还可见到生发中心，具有产生淋巴细胞的功能。这些淋巴团分布于眼旁器官、鼻旁器官、骨髓、皮肤、心脏、肝脏、胰腺、喉、气管、肺、肾脏以及内分泌腺和周围神经等处。

3. 淋巴管的壁内淋巴小结　在鸡、鸭及其他一些禽类，淋巴管管壁内有小的淋巴组织团，称为淋巴管壁内淋巴小结，也是弥散性淋巴组织。壁内淋巴小结呈圆形、卵圆形或长形的褐色小体，无被膜，周界明显或呈弥散性，大多数的直径为0.3～0.5毫米，肉眼可见。在成体鸡的淋巴管上平均每隔1.25厘米即有一个壁内淋巴小结，主要是由小淋巴细胞构成，可有3～4个生发中心。淋巴管的壁内淋巴小结的功能不详。

六、泌尿系统

(一) 肾

禽肾具有较低等脊椎动物肾的特征，即肾门静脉系统有不发达的髓质、肾单位有皮质型和髓质型。肾重量占体重的0.3%～0.7%，个别禽类可占1%以上。

禽肾脏呈红褐色长豆荚形，质软而脆，易于破碎。位于腰荐骨和髂骨所形成的凹陷内，但在腹膜之外，在肺后由第六肋后方沿主动脉两侧后行，一直延伸到腰荐骨的后端。它的背侧壁与骨骼之间被腹气囊隔开。每侧肾脏可分为前、中、后3部，肾前部较圆，中部狭长，后部略膨大。禽肾无肾盏和肾盂，也无明显的肾门，血管、神经和输尿管也不在同一位置进出肾脏。鹅、鸭的肾前部最狭，肾后部最宽。

禽肾表面被以结缔组织构成的薄膜，局部区域包有浆膜。不发达的结缔组织伸入肾小叶之间，形成小叶间结缔组织和肾小管间结缔组织。

1. 肾小叶　禽肾由许多肾小叶构成，肾小叶呈梨形，上部宽似梨体，为皮质；下部狭小，似梨蒂，为髓质。肾小叶之间被肾门静脉的终末分支（即小叶间静脉构成的复杂网）所隔开。肾小叶分为皮质和髓质两部分，同时也由于肾小叶的位置有深浅不同，浅者可突出于肾表面，使肾表面凹凸不平，深者埋藏在肾内部。

2. 肾单位 肾单位是肾脏的结构和功能单位，是由肾小体和上皮性肾小管共同组成。禽类肾单位有两种类型：皮质型肾单位和髓质型肾单位。皮质型肾单位和髓质型肾单位的基本区别在于有无明显的髓袢。皮质型肾单位有一近曲小管，呈N字形弯曲，占整个肾单位一半长。接着有很短的迂曲部，继而形成密集迂曲的远曲小管，不形成髓袢。髓质型肾单位在髓质区内，在近曲小管和远曲小管之间，形成髓袢。

3. 集合小管 集合小管是肾的排泄部，将尿液从肾单位运送到输尿管。由小叶周集合小管和髓质集合管组成。小叶周集合小管排列在每一个肾小叶的外周，每个肾小叶有12～14条。从肾小叶顶部开始，沿着小叶周围向髓质延伸，沿途有许多连接小管（即远曲小管的末端）汇入，小叶周集合小管最后与髓质集合管连接，再由髓质集合管汇成输尿管。

4. 肾脏的血管 禽类肾脏由双重血液供给：一是通过肾动脉系统的动脉血，二是通过肾门静脉系的静脉血，最后形成肾前、后静脉，尔后汇入后腔静脉。

（二）输尿管

禽类的输尿管是两侧对称的，是把尿液导入泄殖腔内的管道。输尿管的前段位于肾前部靠近腹侧面的深部，自肾前部和中部之间走出后，沿肾中部和后部腹侧面向后延伸，直达骨盆腔，开口于泄殖腔的背侧。在输尿管延伸过程中，公禽与输精管、母禽则与输卵管（左侧）一起位于腹膜内。在肾腹侧的输尿管沿途，接受每一肾小叶的髓质集合管直接连于输尿管的分支。输尿管管腔内因含有尿酸盐结晶，故呈白色。

输尿管黏膜形成皱襞，上皮是假复层柱状上皮。黏膜下层厚度不一，除结缔组织和血管外，还有明显的淋巴集结。肌层由内间肌和外纵肌组成，最外层是浆膜。

（三）尿的生成

禽类尿生成的过程与哺乳动物基本相同。经肾小球滤过作用生成原尿，经过肾小管时，其中约 99％水分、全部葡萄糖、部分氯、钠、碳酸氢盐及其他血浆成分被完全吸收。

禽类肾小管的分泌和排泄作用在尿生成过程中较为重要。禽类蛋白质代谢最终产物是尿酸而不是尿素，大部分尿酸是由肾小管分泌和排泄的。

七、生殖系统

（一）公禽生殖系统

由睾丸、附睾、输精管和阴茎突等器官组成。

1. 睾丸和附睾　睾丸 1 对，呈豆形或椭圆形，左右对称，位于腹腔内，以睾丸系膜悬挂于同侧肾前叶腹侧，其体表投影在公鸡最后两肋骨间上端。睾丸的大小和颜色随品种、年龄和性活动周期不同而有很大变化。幼禽只有米粒或黄豆大，呈淡黄色，带有其他色斑；到成禽特别是在配种季节，可达橄榄大，颜色也因形成大量精子而呈白色。

附睾较小，位于睾丸的内侧缘。睾丸的系膜与大血管邻近，阉割时要注意。

2. 输精管　输精管是 2 条弯曲的细管，沿肾的腹面向后伸延与输尿管并行，呈乳头状突出于泄殖道内，开口于输尿管口的下方。禽类没有副性腺。精液主要由精曲细管的支持细胞以及输出管、附睾管和输精管的上皮细胞所分泌。

3. 交配器官　公鸡的交配器官不发达，位于泄殖腔肛道底壁正中近肛门处，为一小隆起叫阴茎乳头。刚孵出的雏鸡较明显，可用来鉴别雌雄。

公鸭和公鹅的交配器官比较发达，又叫阴茎。阴茎表面有一略呈螺旋形的精沟，勃起时边缘闭合而成管，将精液导入雌性生殖道内。

4. 公禽生殖生理 公鸡一般在10～12周龄时可采到精液，但到22～26周龄在自然交配中才可获得满意的受精力。

精子在精曲细管形成后，须在附睾和输精管内完成成熟过程。鸡一次射精量为0.6～0.8毫升，每立方毫米精液有精子310万～340万个。新鲜精液呈弱碱性，pH在7.0～7.6之间。交配时，精子靠其本身的游动和输卵管的运动，约经1小时达到输卵管漏斗部，存于皱褶中。鸡的精子能存活32天。

（二）母禽生殖系统

母禽生殖器官由卵巢和输卵管组成。仅左侧发育正常，右侧在早期个体发育过程中退化。

1. 卵巢 位于左肾前叶的下方，一端以卵巢韧带悬挂于腹腔的背侧壁，一端以腹膜褶与输卵管相连接，幼禽的卵巢呈扁平椭圆形，内含许多卵泡，表面上看呈粒状。随着年龄的增长，卵泡不断生长发育，成熟的卵泡富有卵黄，体积很大，悬挂在浆膜形成的细柄上。因此，卵巢像一串成熟的葡萄。成熟的卵泡破裂后，将卵子排出。

2. 输卵管 输卵管是一条长而弯曲的管道，沿左侧腹腔的背侧面向后行，后端开口于泄殖腔中，以输卵管韧带悬挂于腹腔顶壁。输卵管根据构造和机能可顺次分为输卵管漏斗部、蛋白分泌部、峡部、子宫和阴道五部分。

（1）输卵管漏斗部 输卵管的起始部，呈漏斗状。中央有一宽的输卵管腹腔口，四周有一游离的浆膜褶，叫输卵管伞。它有攫取排出的卵子的功能，也是卵子和精子进行受精的部位。

（2）蛋白分泌部　蛋白分泌部是输卵管最长、弯曲最多的部分。在产卵期中的雌禽特别发达，壁很肥厚，黏膜内含有大量的腺体，能分泌蛋白，当卵通过此处时即被蛋白包裹起来。

（3）峡部　峡部是蛋白分泌部和子宫交界处较狭窄的部分。这部分的作用主要是形成部分蛋白和纤维性的壳膜。

（4）子宫　子宫是峡部之后较宽的部分。卵在这里停留的时间最长，黏膜含有壳腺，分泌物沉积形成卵壳。

（5）阴道　阴道是子宫后部变窄弯曲成S形的地方，是输卵管的末端，开口于泄殖腔的左侧。蛋通过阴道产出时，在卵壳上被覆一层薄的壳角质。

3. 母禽生殖生理　处于性活动期的雌禽卵巢产生许多发育程度不同的卵泡，每一卵泡有一个卵。在卵泡发育过程中，大量贮积卵黄。当卵泡发育到充分成熟时，卵泡壁被挤破裂，于是排卵。排卵后，卵泡很快萎缩，不形成黄体。蛋除卵黄外，其他成分在输卵管中形成，卵通过整个输卵管的时间约为25小时，在各段发育过程及所需时间大致如表1-4。

表1-4　禽蛋各部分形成所需的时间

生殖系统部位	鸡蛋的形成	需要时间
卵巢	蛋黄	7～9天
输卵管	所有非蛋黄部分	24～25小时
漏斗部	受精部位	15分钟
蛋白分泌部	蛋白	3小时
峡部	内外蛋壳膜	75分钟
子宫	蛋壳、蛋壳色素	19～20小时
阴道	蛋的排出	1～10分钟

排卵时间是按规律进行的，鸡、鸭一般于前枚蛋产后的半小时排卵。这种现象可能与垂体分泌的促黄体生成素一般于排卵前6～8小时周期性释放有关。排卵受神经—激素特别是在促黄体生成素和促卵泡激素共同作用下引起母禽排卵。

光照可通过刺激丘脑下部而影响垂体的内分泌活动。在自然条件下，禽类有明显的生殖季节。一般都在春季光照逐渐增长时进行生殖活动，而在秋季光照逐渐缩短时生殖活动减退。养禽业中可运用人工延长光照的办法来提高家禽的产蛋率。家禽由于长期驯化及选育，繁殖的季节性不明显，有些良种母鸡整年都可产卵。

母鸡两次产蛋的间隔时间通常是24～25小时。由于子宫收缩，蛋经阴道和泄殖腔排出。现已证明，产蛋受神经垂体产生的8-精催产素和垂体后分泌的催产素激发子宫收缩而进行的。

母禽产蛋一段时间后，表现愿意孵卵或育雏的现象叫就巢或抱窝。就巢是受内分泌所控制的。实验证明，垂体所分泌的催乳素增加能导致抱窝，注射雌激素（或雄激素）能终止母鸡的就巢性。

八、体　温

（一）正常体温

成年家禽正常体温（直肠温度）为：鸡39.6～43.6℃；鸭41.0～42.5℃；鹅40.0～41.3℃。

刚孵化出壳的雏禽绒毛还潮湿时，体温不到30℃，以后逐渐升高，第2～3周达到成年鸡水平。

（二）体温调节

体温调节中枢位于丘脑下部，接受来自体内外的刺激，调节禽体的产热和散热过程。禽类的喙部和胸部存在有温热感受器，当外界温度升高时能反射性地加速散热过程。如家禽在日光暴晒下，直肠温度升高前就出现热性喘息和张口动作。

禽体的散热过程一般是通过辐射、传导、对流和蒸发等物理方法。当外界温度升高时，家禽表现为站立和翅膀下垂，以增加散热表面积和降低羽毛的绝热效能；禽体裸露部分的血管舒张，使血液流向体表便于散热；同时，出现呼吸频率增加、张口和咽喉颤动等反应，以增加热的蒸发。当外界温度降低时，羽毛蓬松以增加绝热的保护层；群禽互相挤聚在一起、伏坐和头部藏于翼下，以减少散热面积；同时，肌肉寒战以增加产热。

（三）环境因素与体温关系

家禽耐冷能力较强。耐受高温环境在很大程度受湿度的影响，因禽体主要靠蒸发散热，湿度过高妨碍热的蒸发。羽毛颜色对耐热亦起一定作用，白色羽毛较黑色羽毛耐热。

家禽处在新环境时，生理出现较大的变化，但经一段时间驯化后，家禽又能适应新的环境。如将家禽暴露于寒冷的环境中，首先反应是心率减少和全身血流外周阻力增加。经驯化后，心率逐渐恢复正常，同时甲状腺素和去甲肾上腺素分泌增加，提高基础代谢。

九、内分泌系统

（一）甲状腺

甲状腺1对，位于胸腔入口处附近，在气管两旁，邻近颈总动脉和颈静脉，大小如赤豆，但变化较大。

甲状腺分泌甲状腺素，是一种含碘的氨基酸。它的主要功能是促进禽体的新陈代谢和生长发育。

正常的周期性换羽是由于甲状腺活动增强的结果。如给予大剂量甲状腺素，可引起换羽。雏鸡切除甲状腺则生长延迟，生殖系统发育受到阻抑；成年母鸡切除甲状腺后，产蛋率明显下降，体内有过度脂肪沉积。

（二）甲状旁腺

甲状旁腺2对，很小，位于甲状腺之后，常被结缔组织一起连接于甲状腺后端或颈总动脉外膜上。甲状旁腺分泌甲状旁腺素。它能调节钙磷代谢、维持血钙和血磷浓度的相对稳定。切除禽类的甲状旁腺会引起血钙下降和神经肌肉兴奋性增加，出现抽搐。

（三）腮后腺

腮后腺1对，很小，位于甲状腺之后，与甲状旁腺邻近，呈粉红色的小圆形体。腮后腺分泌降钙素，参与禽体内钙的代谢。鸡产卵期血浆钙水平增加，腮后腺内降钙素含量减少。

（四）肾上腺

肾上腺1对，位于中线两侧，两肾前端，大多数为扁平的不规则形，呈乳白色或橙黄色。禽肾上腺的皮质和髓质较分散，无截然分界。但两部分分泌不同的激素，具有完全不同的生理功能。

肾上腺皮质主要分泌的激素是糖皮质激素，调节糖代谢和脂肪代谢。在一般情况下，禽类血液内未发现醛固酮。双侧肾上腺摘除后，通常于6～20小时内死亡。

肾上腺髓质分泌肾上腺素和去甲肾上腺素。它对机体的作用与哺乳动物相同。

（五）脑垂体

脑垂体为扁平长卵圆形红褐色小腺体，位于颅底蝶骨垂体窝内，借漏斗与丘脑下部相连。脑垂体只有前叶（远侧部）和神经叶，没有中间叶。

1. 脑垂体前叶的生理功能 脑垂体前叶分泌生长激素、促甲状腺激素、促肾上腺皮质激素以及促性腺激素中的卵泡刺激素，它们的生理作用与哺乳动物相同。此外，垂体还分泌黄体生成素（排卵激素），它的作用不是促进黄体生成，而是促进卵泡成熟和排卵。同时，促进卵巢分泌催乳激素，对禽类主要是促使鸡抱窝和促使雏鸡或成年鸡换羽，对鸽能促使嗉囊分泌嗉囊乳。

2. 神经垂体的生理功能　神经垂体能分泌催产素和8-精催产素。催产素能激发禽类子宫收缩，是引起产卵的主要激素。8-精催产素为禽类所特有，与繁殖有密切关系。

（六）胰岛

胰岛是散在胰腺中大小不等的细胞群，它能分泌2种激素。

1. 胰岛素　主要作用是降低血糖浓度。不过，禽类对胰岛素反应的敏感性远比哺乳类动物低。

2. 胰岛血糖素　能使血糖升高。

（七）性腺

性腺是指雄性的睾丸和雌性的卵巢。它们除产生生殖细胞——精子和卵子外，还具有分泌性激素的机能。

1. 雄性激素的生理机能　雄性激素由睾丸的间质细胞所分泌，主要能促进雄性生殖器官发育，促进精子的发育成熟和促进第二性征出现。

2. 雌性激素的生理机能　卵巢分泌2种激素：

（1）雌激素　主要是促进输卵管发育、耻骨分离，以利于产卵；促使蛋白分泌增加；使血中脂肪、钙及磷的水平增高，为蛋的形成提供原料；促进第二性征的出现。

（2）孕酮　禽类不形成黄体，所以孕酮不是由黄体产生而是由卵巢产生。它的主要作用是能引起鸡的排卵和释放黄体生成素。但如大剂量注射孕酮，反而可阻断排卵和产蛋。

十、神经系统

神经系统分为中枢神经和周围神经两部分。中枢神经包括脑和脊髓。周围神经则包括从脑和脊髓发出的脑神经、脊神经以及它们的神经节。其中，分布于骨骼肌和皮肤的神经又称为脑脊神经；分布于内脏、心血管和腺的神经又称为植物性神经。植物性神经又分为交感神经和副交感神经。神经系统是机体的重要调节系统，对内、外环境的各种刺激，通过神经和神经体液调节，以保证机体各器官系统功能的协调和统一，以适应于内外环境的变化。

（一）中枢神经系统

1. 脊髓

（1）脊髓的形态　禽类的脊髓为粗细不等、上下稍扁的长圆柱状，位于椎管内，前端在枕骨大孔处与延髓连接，向后延伸，后端至尾综骨的椎管，其后端不形成马尾。鸡的脊髓长约 35 厘米，平均重量约 200 毫克。脊髓分颈、胸、腰荐和尾 4 段。颈段脊髓最长，超过脊髓全长的一半；胸段脊髓与腰荐段脊髓几乎等长；尾段脊髓最短，体积最小。禽类的脊髓有颈膨大和腰荐膨大。从腰荐膨大向后，脊髓逐渐变小。从颈膨大处发出的神经根组成臂神经丛，支配骨盆肢。禽类的腰荐膨大较发达，其背侧两半向左、右分开，形成长的菱形窝，其内有向上凸出的膜质细胞团，称胶状体，又称糖原体。腰荐段脊髓两侧的前后相邻神经根之间存在有明显的节段性突出物，称副叶。其他节段脊髓缺副叶或不明显。

脊髓被 3 层纤维性脊膜包围着。外层是强韧的纤维性硬膜；内层是细密的脉络性软膜，紧贴于脊髓表面，并深入腹正中裂内，中层是介于硬膜与软膜之间的蛛网膜。在颈、胸段的脊硬膜与椎管的骨膜之间，形成脊硬膜外腔以适应颈部活动；从胸段以后至尾段，脊硬膜与骨膜融合成一层（除静脉窦处外），故无脊硬膜外腔，在蛛网膜下腔有脑脊髓液。

（2）脊髓的内部结构　脊髓的中央有一细小的脊髓中央管，前端与脑室连通。脊髓背侧正中（除菱形窝外）有一浅纵沟，即背正中隔；腹侧正中线是腹正中裂，脊软膜深入其中。在脊髓横切面上，可见内部的灰质和外周的白质。

2. 脑　成体禽脑由延髓、小脑、中脑、间脑和大脑组成，禽类无明显的桥脑。

（1）延髓　延髓比脊髓粗，在枕骨大孔处，与脊髓相连接，前部较粗，后部变细。延髓突向腹侧形成延髓的桥曲，鸡的延髓形成一个不明显的项曲。延髓背壁构成第四脑室底，向前延续为大脑。延髓腹面有第 5～12 对脑神经根发出。

（2）小脑　禽类小脑发达，呈长椭圆形，位于延髓和中脑背侧并与其相连。前方伸入大脑两半球后极的凹陷内。松果体位于小脑与大脑两半球正中沟后端之间。小脑蚓部发达。小脑蚓部两侧有一对小脑绒球，分灰质和白质，小脑的灰质在表面，白质在深部。

（3）中脑　禽类中脑发达，位于延髓的前方，两者之间的浅沟被三叉神经根覆盖。中脑背侧被大脑半球后极和小脑前腹侧覆盖。中脑由大视叶和大脑脚构成。视叶（二叠体）发达，位于背侧和外侧，在大脑脚和大脑半球之间。大脑脚位于腹侧。由中脑发出第 2～4 对脑神经。

（4）间脑　较短，位于中脑的前方潮束交叉的背后侧。丘脑为两个小的圆形隆突。丘脑上部有松果体，丘脑下部是间脑最腹侧的部分。由视神经形成视束交叉后，与视叶相连接。脑垂体位于视叶的下方和视束交叉的后方，以漏斗柄与丘脑腹侧连接。

（5）大脑　较小，前端小而尖，嗅球从脑的前端伸出。第一对嗅神经由此进入。两大脑半球后端呈 V 形与小脑相接触，大脑半球背面隆起，后方变得扁宽，形成脑的最宽部分。大脑两半球紧密并列，接触面平坦，有明显的正中沟。大脑半球表面光滑，但背侧面有一脑谷。在正中沟与脑谷之间为光滑略为隆起的矢状隆凸，向后融入半球后极。大脑视叶发达。大脑皮层不发达，很薄，覆盖于半球的背面和外侧面。纹状体发达，构成大脑半球的大部分，是脑中枢的所在地。本能性活动（如行动、防御、觅食、求偶等）多依赖于纹状体。海马位于侧脑室内侧，正中裂的两旁。胼胝体很不发达。

（二）周围神经系统

1. 脊神经 脊神经分节段地排列于脊髓的两侧。每对脊神经都由背根和腹根组成。背根是感觉根，接受来自脊神经节感觉神经元发出的感觉纤维；腹根为运动根，是脊髓腹角运动神经原发出的运动纤维。背根与腹根在靠近椎间孔处合成脊神经。脊神经内含有感觉和运动两种神经纤维，故是混合性神经。脊神经出椎间孔后，立即分为背侧支和腹侧支。背侧支较小，腹侧支较大。

鸡的脊神经与椎骨数目大致相同，其中颈神经 13～14 对，胸神经 7 对，腰荐神经 11～14 对，尾神经 5～6 对。在成体，第一对颈神经无脊神经节，第二对颈神经节留有残迹。颈段和胸段的脊神经节通常位于椎间孔内，而腰荐段和尾段的脊神经节常位于椎间孔附近的外侧。

2. 脑神经 禽类有 12 对脑神经，分别为嗅神经、视神经、动眼神经、滑车神经、三叉神经、外展神经、面神经、位听神经、舌咽神经、迷走神经、副神经和舌下神经。

（三）植物性神经系统

植物性神经由交感神经和副交感神经组成，是周围神经的一部分，又称内脏神经。植物性神经的传出神经，即运动神经，除分布于体壁和内脏的血管平滑肌外，还分布于被皮、消化、呼吸、泌尿及生殖等器官的平滑肌、心肌和腺体。而植物性神经的传入神经，即感觉神经，也是脑脊神经的感觉神经。大部分内脏器官是由交感神经和副交感神经双重分布和双重支配，少部分器官只是由交感神经或副交感神经单一分布和单一支配。

交感神经的节前神经元位于最后颈段和胸段及第一、第二腰荐段脊髓内灰质背侧，即脊髓中央管背外侧的特尼（Terni）氏柱；副交感神经的节前神经元位于脑干（中脑和延髓）及后腰荐段脊髓灰质细胞柱内。交感神经和副交感神经的节后神经元位于各自的植物性神经节内。从节前神经元发出的纤维称节前纤维，延伸到植物性神经节内，与节后神经元形成突触。从节后神经元发出的纤维称节后纤维，延伸至效应器。由于交感神经节离效应器远，所以，交感神经的节前纤维短，节后纤维长。由于副交感神经节在效应器附近或在器官壁内，所以，副交感神经的节前纤维长，节后纤维短。

第二章 禽病防治的基本知识

一、禽病免疫防治基础

（一）禽类免疫力的建立

家禽自然感染了某种病原微生物或是人工接种了某种疫（菌）苗，体内的免疫功能细胞就会产生一种能够杀死这种病原微生物的化学物质即抗体，禽体就获得了特异性的免疫力，从而能够抵抗相应病原微生物的再次感染。凡是能够刺激机体产生特异性免疫力的物质，都称做抗原。病原微生物和疫（菌）苗都是抗原物质。抗体和抗原之间的作用是高度特异性的，一种抗原只能刺激机体产生针对这种抗原的抗体，所产生的抗体也只能对这种抗原产生作用。如抗鸡新城疫病毒的抗体只能中和鸡新城疫病毒，对其他病毒则无作用。这种抗病能力可以不同程度地遗传给后代，禽类这些免疫力的建立，是通过其特异性的免疫系统来完成的。

1. 禽类特有的体液免疫中枢——法氏囊 法氏囊是禽类特有的免疫器官，位于肠末端泄殖腔的背侧，又称为腔上囊，属于与肠有关的淋巴系组织。鸡的腔上囊呈梨状，幼稚时期极为发达，然后随着个体的成熟受激素的影响而退缩。法氏囊是禽类体液免疫的中枢器官，从骨髓和卵黄囊生成的未成熟的淋巴细胞，一部分进入家禽的法氏囊，在囊激素等的作用下进行分化、成熟，成为B淋巴细胞，并随血液被大部分运送至脾脏、淋巴小结等末梢淋巴组织。B淋巴细胞在接受到抗原信息的刺激后就转化成浆细胞（抗体产生细胞），从而产生特异性抗体来完成特定的体液免疫应答。

2. 胸腺依赖淋巴细胞系统　胸腺是禽类的细胞免疫中枢，位于颈部两侧，由 14 个小叶排列组成。在很幼龄的雏禽，从骨髓和卵黄囊中生成的未成熟淋巴细胞，一部分通过胸腺，称为 T 淋巴细胞或简称 T 细胞，它们在胸腺内转化和成熟，以后再分布到其他淋巴器官和全身去。当病原微生物或其他抗原物质侵入机体，首先被体内的巨噬细胞吞噬和消化降解，释放出有效的抗原成分，并将抗原信息传递给 T 细胞。T 细胞接受到抗原刺激后就发生转化和增殖，进一步转变成致敏淋巴细胞。当机体再次受到同一抗原刺激时，这种致敏的 T 淋巴细胞就会产生出各种淋巴因子，能够清除被病原微生物感染的细胞以及肿瘤细胞等。这种以 T 细胞的活动为主的免疫功能，称为细胞免疫。T 细胞不能产生抗体，但能够协助 B 细胞产生抗体。

3. 家禽被动免疫力的获得　禽类的卵黄和卵白，从母子免疫观点看，具有相当于哺乳类动物通过胎盘的血清成分或者相当于母乳。卵黄由卵巢所生成，所含的抗体受体液免疫的直接支配，而卵清蛋白由输卵管所分泌，所含的抗体是通过输卵管黏膜上皮分泌的物质。禽类的胚胎或初生雏，在免疫系统还未发育完善的阶段，则借卵黄及卵白获取从母体所得到的各种抗体，以对抗最初所遭遇的病原微生物。

4. 家禽的局部免疫　禽类器官黏膜的免疫应答和哺乳类同样不是依赖于体液免疫而是属于局部免疫。如将鸡新城疫病毒直接投入鸡体内，血液中的抗体效价虽然上升，但是，从气管和肺的黏液中所检出抗体只是少量；肌肉注射灭活疫苗后血清中可出现很高的 HI 及中和抗体价，但如将活毒疫苗经鼻接种则黏液中的抗体效价上升，而血清中的抗体效价则比较低；经鼻投给时，灭活病毒则不形成充分的抗原刺激，因为灭活病毒即使通过黏膜上皮，也不能在细胞内增殖。实验表明，较好的局部免疫力可完全抑制病毒感染黏膜，但经肌肉接种获得很高水平的抗 ND 和

IB血清抗体价的鸡群，仍不能有效地预防新城疫病毒或鸡传染性支气管炎病毒对黏膜的感染，不过血液中的抗体可抑制发病的程度。

（二）影响禽类免疫及免疫失败的因素

1. 科学的免疫程序是免疫成功的关键 要实现免疫程序的科学性，疫（菌）苗必须安全有效，免疫途径必须正确，防疫时机更应适当。由于当地禽病流行的情况不一样，各养禽场的家禽群体抗体水平不一致。而且，目前尚未有适合各个禽场的通用免疫程序。所以，每个禽场都要制定适合本场实际的免疫程序。制定免疫程序时，主要应考虑以下几个方面的因素：当地家禽疾病的流行情况及严重程度；母源抗体水平；上次免疫接种后存余抗体的水平；鸡的免疫应答能力；疫苗的种类；免疫接种的方法；各种疫苗接种的配合；免疫对家禽健康及生产能力的影响等。

2. 遗传因素的影响 疫苗接种的免疫反应在一定程度上是受遗传控制的。因此，不同品种的家禽对疾病的易感性、抵抗力和疫苗的反应能力均有差异。即使同一品种不同个体之间，对免疫的反应也有强弱。

3. 营养因素的影响 饲料中的很多成分如维生素、微量元素、氨基酸等与禽的免疫能力有关。这些营养成分的缺乏与过量，都可导致家禽的免疫功能下降，从而使疫苗接种达不到应有的免疫效果。

4. 环境因素的影响 动物机体的免疫功能在一定程度上受到神经、体液、内分泌的调节。因此，家禽处于应激状态，如过冷、过热、通风不良、潮湿等，均会不同程度地导致家禽的免疫反应下降。

5. 疫苗质量的好坏直接决定着免疫效果 免疫所用疫苗必须安全有效，并通过合理的使用才能确保免疫效果。若疫苗的保存、运输不当，使用的时间、方式、方法等不合理，都可直接导致免疫失败。

6. 病原微生物的抗原变异性与血清型 病原微生物的抗原变异造成病原微生物的多血清型。针对多血清型的疾病，使用单一血清型疫苗通常很难获得理想的免疫效果。因此，在生产上应考虑多价疫苗的使用。另外，一些病原的疫苗株与流行毒株在抗原性上有差异，也是影响免疫效果的因素。

7. 疾病对免疫的影响 疾病对免疫接种效果的影响是一个不可忽视的因素，如免疫缺陷病、中毒病，特别是一些传染病（如传染性法氏囊病、马立克氏病、传染性贫血）所引起的免疫抑制更应重视。因为这类疾病会导致免疫系统破坏，使机体对多种疫苗的免疫应答能力严重下降或消失。

8. 母源抗体对免疫的影响 母源抗体（雏鸡从卵黄中吸收的抗体）在雏鸡的被动免疫中占有相当重要的地位，但也给疫苗接种带来不利的一面，特别是弱毒疫苗的免疫接种。雏鸡体内的母源抗体会对弱毒疫苗产生明显的影响，因为弱毒疫苗中活病毒进入体内后需要一个生长、繁殖过程。若雏鸡体内已有相应的高滴度的母源抗体，则可中和疫苗毒，使其不能感染细胞进行复制，从而影响免疫效果。鸡新城疫、传染性法氏囊病、马立克氏病等疫苗的接种均存在母源抗体干扰现象。因此，在进行这些弱毒疫苗接种时要考虑到这一点。通过监测雏鸡体内的母源抗体水平，选择适宜的首免日龄，可减少母源抗体对疫苗免疫的影响。

9. 病原微生物之间的干扰 病原微生物之间存在着干扰现象，表现为一种病毒复制可干扰另一种病毒的复制（包括免疫用的活毒株之间），从而会导致某一种病原诱导机体产生免疫应答能力的减弱。特别是使用弱毒联苗时，如传染性支气管炎病毒（IBV）与新城疫病毒（NDV）弱毒二联苗，在实际生产中已发现 IBV 对 NDV 抗体的产生有干扰作用。尤其是 IBV 量大时，这种干扰作用尤为明显。IBV 干扰 NDV 的繁殖在鸡胚上可得到证实。干扰的原因可能有两方面：一是两种病毒感染细胞的受体相同或相近，当一种病毒量大时，竞争细胞上的受体能力就强，另一病毒的感染就会受到影响；二是一种病毒感染细胞后产生干扰素，然后干扰另一病毒的复制。

二、禽病的发生及传播

（一）禽病发生的原因

家禽疾病的发生是由一定的原因作用于机体而引起的，这些原因包括存在于外界环境中的各种致病因素和家禽机体的某些内在因素两大部分，前者称为疾病的外因，后者则称为疾病的内因。如病原微生物的感染和寄生虫的侵袭，是传染病和寄生虫病发生的外因；而家禽机体的易感性较高，抵抗力较差，则是发病的内因。除了内、外因之外，影响家禽疾病发生的还有一些辅助因素，通常称之为诱因，如气候骤变、环境改变等。

家禽疾病的发生既受外界致病因素和周围环境条件（外因）的影响，又与家禽机体本身的特性（内因）有关。外界致病因素的存在和环境因素的影响，是引起家禽疾病的必需条件。但是，有了上述外因的作用是否一定引起疾病，则决定于家禽机体抵抗力（内因）的强弱。如没有新城疫病毒（外因）存在，鸡不会患新城疫。而有新城疫病毒存在，鸡也不一定患新城疫，这主要取决于机体的内因。由此可见，外因是家禽疾病发生的条件，内因是家禽疾病发生的基础。外因往往通过内因而起致病作用，但有时外因也起致病的决定作用，如机械力作用引起外伤等。因此，我们既要重视外因，把它清除或消灭，又要调动家禽机体的内因来防御疾病的发生，促使疾病尽早康复。

1. 家禽发病的内因 家禽疾病发生的内因包括家禽机体防御机能的降低、机体应激机能的降低和机体反应性的改变等因素。

（1）机体防御机能的降低

机体屏障机能的降低：家禽的羽毛、皮肤、黏膜、骨骼、肌肉、淋巴结等有保护内脏器官和防止病原体入侵的机能。当这些组织器官受到损伤、生理机能出现障碍时，机体的屏障机能即可降低或消失，从而有利于外界致病因素对机体的作用，由此容易引起疾病的发生。

吞噬细胞机能的降低：家禽体内的吞噬细胞和血液中的白细胞能吞噬和杀灭突破机体屏障结构而侵入体内的病原微生物。当家禽机体的骨髓造血机能遭到破坏时，白细胞生成减少或使单核巨噬系统的机能降低，易于发生全身性感染。

淋巴细胞机能的改变：淋巴细胞是家禽特异性免疫机能的基础，当家禽的免疫器官（如法氏囊等）受到损伤时，淋巴细胞的产生和功能受到影响，家禽的特异性免疫机能降低，易引起传染性疾病的发生。

（2）机体应激机能的降低　在生理状态下，家禽机体的各器官系统在神经及体液的调节下协调活动，与外界环境保持平衡状态。当家禽受到创伤、中毒、惊群、过冷、过热等强烈应激因子刺激时，引起各种机能和代谢的改变，并出现一系列的神经内分泌反应来适应应激因子的刺激，维护机体的平衡，这就是所谓应激机能反应。这是家禽机体的一种适应能力，是一种非特异性防御反应。当家禽机体的神经调节机能和内分泌机能出现障碍或紊乱时，机体的应激机能降低，容易发生疾病。

（3）机体反应性的改变　家禽机体的反应性是机体对各种刺激的反应能力，是家禽在长期进化过程中形成的遗传、免疫等方面的特性。家禽机体的反应性，一方面表现为对各种刺激的抵抗力，另一方面表现为对各种致病因素的感受性。不同品种的家禽对同种致病因素的抵抗力和感受性不同；同种家禽，因品种、年龄、性别和个体的不同，对同种致病因素的感受性和抵抗力也不同。家禽机体的抵抗力和感受性发生改变，对疾病的发生将产生不同的影响。

2. 家禽发病的外因　造成家禽疾病发生的外因很多，概括起来有生物性致病因素和非生物性致病因素2类。

（1）生物性致病因素

病原微生物：自然界的微生物种类很多，能使家禽机体致病的微生物称为病原微生物。有些病原微生物只能在家禽组织细胞内生活，如病毒等；有些病原微生物只有在家禽机体抵抗力降低时才有致病作用，通常称之为条件性致病菌，如巴氏杆菌等。但大多数病原微生物既能在家禽体内生存，又能在适宜的外界环境中生长繁殖。病原微生物引起家禽的传染病，常见的主要有病毒病、细菌病、支原体病及真菌病等。

寄生虫：生活在家禽体表或体内、靠吸取家禽的营养生活并给家禽造成损伤和危害的较小的动物称为寄生虫。由其所引起的家禽疾病称为寄生虫病。寄生虫的种类很多，所有的寄生虫都可给家禽造成危害。家禽常见的寄生虫包括吸虫、绦虫、线虫、棘头虫、原虫、蜘蛛虫和昆虫，其中原虫和绦虫的危害较大，可引起家禽的大批死亡。

其他动物：由于饲养管理不善，一些野生动物如野猫、狐狸、鼠类等，也可能咬伤家禽而致病。

（2）非生物性致病因素　非生物性致病因素种类很多，包括物理性、化学性、机械性及营养代谢性致病因素等。非生物性致病因素引起家禽的普通病，主要有营养代谢病、中毒病、泌尿消化系统疾病及与管理因素有关的其他疾病。

营养代谢病：主要由于营养物质缺乏或过多，引起禽体营养物质平衡失调，导致新陈代谢障碍，从而造成禽体发育不良、生产能力下降和抗病能力降低，甚至危及生命的一类疾病。

中毒病：主要有霉菌和肉毒梭菌毒素中毒以及食盐、农药、杀虫剂、灭鼠药和治疗时药物过量而引起的中毒。

科学的饲养管理是保证家禽健康的根本因素，不良的管理则可能引起禽的大批发病。不良的管理因素包括不适当的温度、湿度、光照、通风和垫料等。

不同的病因可引起不同类型的疾病。在实践中，病因往往不是单一的，有时一开始就是多种病因；有时是随着病情的不断发展，机体抵抗力降低，很容易伴发或继发多种疾病。例如，发生传染病或寄生虫病时，由于禽体采食、消化、吸收以及代谢障碍，虽然饲料是全价的，也很容易继发代谢病。同时，也可继发其他传染病或其他寄生虫病。

（二）禽类疾病的特征

随着养禽业集约化饲养的发展，家禽个体之间接触频繁，加之病原的广泛存在，导致了禽病的发生有着群发性、并发性、继发性和症状类同性的一般特征。

1. 群发性　专业化饲养禽群，家禽的来源一般是一致的，生产性能和抗病能力基本接近；日粮供应、免疫程序和药物预防、饲养管理及其他外部条件完全一样；家禽个体间距离小、密集、接触频繁。这些因素决定了禽病发生的重要特征之一是群发性。尤其是传染病和代谢病，往往会在很短的时间内全群发生。

2. 并发性　由于禽种的不断引进，新的疫病也随之引入。加之病原体的种类繁多及广泛存在，一旦禽舍的周围环境消毒不严，很容易引起多种病原微生物或寄生虫同时侵入禽体，使家禽感染 2 种或 2 种以上的疾病。在诊断时，往往只注意一种有特征症状的病，而忽视了并发的其他疾病，从而贻误防治机会，造成很大的经济损失。

3. 继发性　当家禽患传染病、代谢病和寄生虫病时，由于精神不振，采食减少，机体抵抗力下降，一些在正常条件下不能致病的因素这时也能致病。而且，不仅仅是继发同类疾病，还常常继发另一类疾病。如家禽发生传染病时，随着病情的发展，可能继发其他传染病、代谢病或寄生虫病。因此，在治疗某一种原发病的开始，就要采取有效措施预防继发感染的发生。

4. 症状类同性 当家禽发生疾病时，不同疾病在症状方面特异性差，类同性强。这就要求在诊断时综合分析，充分应用病理解剖和实验室检验等手段，以求得出正确的诊断。

（三）禽病的传播

凡是由致病性生物因素引起的禽病，都有一定的传染性。这类禽病的传播必须具备3个基本环节：一是传染源，具体来说就是受病原微生物感染的禽只，包括病禽和带菌（毒）禽以及一些能带菌（毒）的鸟、鼠等。二是传播途径，指病原微生物由传染源排出后，经一定的方式再侵入其他易感动物所经的途径，如消化道、呼吸道等。空气、水、饲料、饲养管理用具、昆虫、其他动物及人类等，都可成为传播媒介。三是易感禽体，指对某种传染病缺乏抵抗力的禽群。

上述三个基本环节一旦联系起来，就构成了传染病的流行链。随着易感禽群变为传染源这一过程的发展，传染源越来越多，传播面也越来越大。如果采取措施切断其中任何一个环节，传染病的流行就不能发生。在禽类传染病的传播中，起作用的主要媒介有以下几种：

1. 卵源传播 有的病原体存在于病禽或感染禽的卵巢或输卵管内，在蛋的形成过程中进入蛋内；有的种蛋经泄殖腔排出时，病原体附着在蛋壳上。还有一些通过被病原体污染的各种用具和人员的手而带菌带毒。细菌或病毒进入蛋内的多少，主要取决于病变器官病原体数量、蛋的污染程度、蛋的储存温度、蛋壳的完好情况、气温高低、空气湿度大小以及病原体的种类等条件。现已知由蛋传递的疾病有鸡白痢、禽伤寒、禽大肠杆菌病、鸡毒支原体病、禽脑脊髓炎、禽白血病、病毒性肝炎和包涵体肝炎等。

2. 孵化室传播 主要发生在雏鸡开始啄壳至出壳期间。这时的雏鸡开始呼吸和接触周围环境，就会加重附着在蛋壳碎屑和绒毛中的病原体的传播。通过这一途径传播的疾病有禽曲霉菌病、脐炎、沙门氏菌病等。

3. 空气传播　存在于家禽呼吸道中的病原，通过喷嚏或咳嗽排到空气里，被健康家禽吸入而发生感染。有些病原体随分泌物、排泄物排出，干燥后可形成微小粒子或附着在尘埃上，经空气传播到较远的地方。经这种方式传播的疾病主要有鸡败血性支原体病、鸡传染性支气管炎、鸡传染性喉气管炎、鸡新城疫、禽流感、禽霍乱、鸡传染性鼻炎、鸡痘、鸡马立克氏病、禽大肠杆菌病、禽曲霉菌病等。

4. 饲料和饮水传播　病禽的分泌物、排泄物可直接进入饲料和饮水中，也可以通过污染的加工、贮存和运输工具、设备、场所及工作人员而间接进入饲料和饮水中，禽摄入被污染的饲料或饮水而引起疾病的传播。

5. 垫料和粪便传播　病禽（或某些健康禽）的粪便中含有大量的病原体，而病禽使用过的垫料常被含有各种各样病原体的粪便、分泌物和排泄物污染。如果不及时清除粪便和更换这些垫料，不进行严格消毒，家禽的健康就难以保证，同时还会殃及相邻的禽群。

6. 羽毛传播　鸡马立克氏病等病毒存在于病鸡的羽毛中。如果对这种羽毛处理不当，就可以成为该病的重要传播因素。

7. 设备和用具传播　养禽场的一些设备和用具，尤其是几个鸡群共用的设备和用具，如饲料箱、蛋箱、装禽箱、运输车等，往往由于管理不善和消毒不严而成为传播疾病的重要媒介。

8. 混群传播　某些病原体往往不使成年禽发病，但它们仍然是带菌、带毒和带虫者，具有很强的传染性。假如把后备鸡群或新购入的鸡群与成年鸡群混合饲养，往往会造成许多传染病的暴发流行。由健康带菌、带毒和带虫的家禽而传播的疾病有鸡沙门氏菌病、鸡毒支原体病、禽霍乱、鸡传染性鼻炎、禽结核、鸡传染性支气管炎、鸡传染性喉气管炎、鸡马立克氏病、淋巴细胞性白血病、球虫病、组织滴虫病等。

9. 其他动物和人传播 自然界中的一些动物（狗、猫、鼠、各种飞禽）和昆虫（蚊、蝇、蠓、蚂蚁、蜻蜓）、蜱、甲壳虫、蚯蚓等，都是鸡传染病活的媒介。它们既可以起到机械地传播作用，又可以让一些病原体在自身体内寄生繁殖而发挥其传染源的作用。如绦虫的发育，必须经过蚂蚁、甲壳动物的体内寄生才能完成；而人常常在鸡病传播中起着十分重要的作用，当经常接触鸡群的人所穿衣服、鞋袜以及他们的体表和手被病原体污染后，如不彻底消毒就会把病菌（毒）带进健康鸡舍引起发病，这种情况在农村养鸡专业户中是较常见的。

三、家禽的防疫卫生

传染病的流行是由传染源、传播途径和易感群体 3 个环节相互联系而形成的。因此，针对这 3 个环节采取相应的综合性措施（即消灭传染源、切断传播途径和提高易感机体的抵抗力）就可以预防和控制传染病的发生。综合性防制措施的内容有以下几点：

（一）加强饲养管理，增强禽体的非特异性抗病能力

1. 提供营养全面的全价饲料 根据家禽不同生长时期的营养需要供给配合饲料，这不仅是保证禽类正常生长和发育的需要，也是预防禽病的基础。目前，禽的饲料种类繁多，选择配方总的原则是：全价、适口、易消化、低成本。需要强调的是，所谓配合饲料是根据不同用途、不同品种、不同生长阶段的营养需要全面考虑、加以配制而成的饲料。如肉鸡饲料一般分为小鸡前期料（1～21 日龄）、小鸡料（22～42 日龄）和后期料（43 日龄至出栏）。前期料要求含有较高的蛋白质，以加速其生长；而后

期料则要求含有较高的能量和较低的蛋白质，以达到储存脂肪育肥的目的。

2. 保证适宜温湿度和合理光照 温湿度和光照对保证禽的正常发育、增强体质和促进代谢是至关重要的。尤其是雏禽，温度过低就会诱发很多疾病（如白痢、球虫病）；光照不足会引起钙的代谢障碍；产蛋禽光照不足和温度过低会直接降低产蛋率。必须根据禽的生长发育需要，保证适宜温度和合理的光照。在改变温度和光照时，应遵守循序渐进的原则，不能猛增猛减，以免破坏禽的生理平衡。

3. 建立严格的兽医卫生制度 这是一个养禽场必须做到的。

（1）要保证饮水、饲料、食具（料槽和饮水器）、工具和垫料干净 保持禽舍、育雏室、孵化室及运动场地清洁干燥，经常清扫、刷洗和消毒。饲料的提供除了合理的营养需要外，在卫生上要特别注意。在收购、配制、贮存、运输等环节中，要防止污染、霉变、生虫等。饲喂之前，应仔细检查。禽舍、育雏室在做好清洁消毒的基础上，应保持良好的通风，并认真做好防鸟类、防昆虫、防鼠害和防人为污染的工作。禽舍和运动场上的粪便应每天清除，垫料也必须经常翻晒和更换。清出的粪便和垫料，应集中堆放在远离禽舍的地方进行无害化处理。运动场的表土应结合积肥，定期更换新土或每年至少把场地耕翻一次，以减少土壤污染，有利于消灭病原微生物和寄生虫虫卵。

（2）除饲养人员外，其他人员未经同意一律不得进入禽舍 工作人员进入禽场要换鞋、洗手，进出种禽舍要淋浴和更换衣服。禽舍中做到人员固定、工具固定，不能乱拿乱用。各个禽舍的饲养工人不许互相串门。

（3）有条件的场，应坚持“自繁自养”的原则 尽量不从外地购进禽只，若必须从外地引入种禽时，需隔离观察一段时间，确实无病才可放入禽群，不能把来源不清的家禽带进饲养场。禽舍应采取“全进全出”制，以防止因批次不同造成疾病传染的机会。

4. 禽场的选择和布局 在禽舍建筑方面，从防病角度应注意的是：各个棚舍要保持一定的距离，种禽舍与舍之间的距离最好有 30 米，以减少传播疫病的机会；每一棚舍应饲养同一年龄的禽，以防带菌者传染，且较易实行全进全出，搞好棚舍消毒；禽舍应保持通风良好、地面和墙壁表面光洁，以便于冲洗和消毒，且能防止野鸟飞入和兽类进入；禽舍周围严禁放养家禽。

5. 建立经常的观察和登记制度 饲养人员要对禽群进行经常的、仔细的观察和登记，以便尽早发现疫情，把损失减少到最低限度。观察的主要内容：舍内温度、湿度；禽的饮水和采食量；禽群的精神状态、被毛光泽度、粪便的性状、颜色和气味、呼吸的动作和声音；产蛋禽每天的产蛋量等。每天将观察的情况进行登记，从中找出规律。一旦发现异常，应详细观察，落实到具体禽只。如果采取预防和治疗措施，应详细登记用药时间、用药种类和剂量、给药途径、用药后的情况等。如果发现死禽，应立即送检，查找原因。

（二）严格执行消毒制度，定期杀虫、灭鼠，进行粪便无害化处理，以切断一切传播途径

1. 消毒 消毒的目的是消灭被传染源散播于外界环境中的病原体，以切断传播途径。这是阻止疫病继续传播蔓延和防止疫病发生的最重要措施之一。

（1）常用的消毒方法 常用的消毒方法可归纳为以下几种：

①机械性清除。用机械的方法如清扫、洗刷、通风等减少或清除病原微生物，但并不能消灭病原微生物。

②物理消毒法。常用的方法有：

阳光消毒法：利用太阳光的紫外线来杀灭细菌和病毒，这是一种既经济又实用的消毒方法。养禽的用具、垫草等均可于太阳光下暴晒，这些都有一定的消毒作用。

火焰消毒法：被病禽分泌物污染的垫草、饲料、垃圾等，可用火烧掉；被污染的食槽、用具等，放在火焰上反复烘烤，可以杀死其上的病原微生物。

煮沸消毒法：工作服、注射器和手术用具等，放在锅里煮沸30～60分钟，可以达到消毒的目的；鸡舍内一些不能搬动的东西，也可用开水反复冲洗消毒。

③化学消毒法。应用化学药品（即消毒剂）的溶液或蒸汽进行消毒的一种方法。常用的消毒剂种类见第三章。化学消毒的效果取决于多种因素，如病原体的抵抗力、所处环境的情况、消毒的时间、温度、药物浓度等。所以，在选择消毒药物时应根据不同情况，选择不同特点的化学消毒药，力求选择针对该病原体消毒力强、对人和禽毒性小、不损害被消毒物品、易溶于水、于消毒的环境中性状稳定、价廉易得和使用方便的消毒剂。

④生物热消毒法。利用堆积粪便中的微生物发酵产热，可使其温度达70℃以上，经过一定时间便可将微生物杀死。该法主要用于污染粪便的无害化处理。

（2）不同对象的消毒方法

①场地环境的消毒。生产区门前及禽舍门前应设置消毒池，内放石灰乳、烧碱溶液等消毒剂，以对进出人员和车辆进行消毒；禽场周围及场内污水池、排粪坑、下水道出口，每1～2个月用漂白粉或烧碱溶液消毒一次；场内的垃圾堆和乱草堆应及时清除，场地每周进行一次消毒（2%烧碱液喷洒消毒）。消毒的主要部位是鸡舍墙壁、生产区内地面、道路、堆放粪便场地、焚烧死禽处。

②禽舍的消毒。舍内的地面、器具、禽笼、食槽、水槽要经常保持清洁，定期进行消毒。消毒时可按下列程序进行：

冲洗：先将禽舍粪便清除后，用水彻底冲洗地面、墙壁等。

火焰消毒：冲洗晾干后的禽舍，可用火焰喷射器依次喷烧墙壁、笼架、隔网等。

喷洒：经过喷烧后的禽舍，再用2%～3%烧碱液或其他消毒液进行喷洒消毒。

熏蒸：最后将禽舍门窗关闭，再用甲醛液熏蒸消毒。一般每立方米空间用甲醛25～50毫升、水12.5毫升、高锰酸钾12.5～25克，计算好用量后将水和甲醛液混合，舍内温度不得低于15～18℃，湿度70%左右。在舍内放置几个搪瓷容器，然后把甲醛与水的混合液倒入容器内，再将高锰酸钾倒入，用木棒搅拌，经几秒钟即见有浅蓝色刺鼻气体蒸发出来。此时，应迅速离开禽舍，将门关闭，经12～24小时后方可将门窗打开通风。

③用具的消毒。蛋箱、蛋盘、料槽、水槽、孵化器、运雏箱可先用消毒液（新洁尔灭、过氧乙酸等）浸泡或刷洗，然后再于密闭的室内，在15～18℃温度下，用甲醛熏蒸消毒5～10小时。

④种蛋的消毒。从禽舍收集的种蛋，一般不超过2小时，应及时放入消毒间或消毒柜，用28毫升/米^{3}的甲醛液熏蒸0.5小时；然后，送往贮存室或孵化室，贮存期不得超过1周。种蛋入孵前，可用消毒液浸泡或喷洒消毒，或将种蛋放入孵化器内再用28毫升/米^{3}的甲醛液熏蒸0.5小时。孵化器温度要求29～30℃，相对湿度70%左右。

种蛋孵化到18～19日龄时，首先将出雏器清洗干净，进行消毒；然后，将种蛋放入出雏器，用28毫升/米^{3}的甲醛液熏蒸30分钟；熏蒸后，打开孵化机门，使气体排出，再关门转入正常孵化。出雏达50%时，在出雏器内再用7毫升/米^{3}的甲醛液熏蒸20分钟。

⑤禽体的消毒。在禽舍内有禽体的情况下，可选用刺激性小的、能带鸡消毒的药物进行消毒，如抗毒威、神灭（双链季胺碘）、沙威龙等消毒液，按说明书要求的浓度进行喷雾消毒。

⑥粪便及垫料的消毒。采用生物热消毒法对粪便及垫料、垃圾进行消毒，即将粪便和垫料集中堆放在远离禽舍的地方，上面加一层泥覆盖或用塑料薄膜遮盖，以促进自然发酵产热，杀死其

中病原菌和寄生虫卵，且可避免招引昆虫。一般需要经过25～30天才能作为肥用，但不宜用作家禽饲料田的肥料，以防传播疫病。

2. 杀虫灭鼠、控制飞鸟　蚊、蝇等节肢动物和鼠类及飞鸟，可作为禽传染病的重要传播媒介和传染来源。因此，杀虫灭鼠和控制飞鸟，对防止禽传染病的传播具有重要意义。

(1) 杀虫　首先，要搞好禽舍环境卫生。填平禽舍内外的污水沟；禽舍周围的垃圾、杂物和乱草要及时清除；保持禽舍通风，防止饮水器及水槽漏水；粪便及时清理，并在指定地点用生物热发酵法消毒处理，以防止蚊蝇等昆虫的孳生和鼠类藏身。

其次，要采用物理和药物杀虫法。物理杀虫法即应用火焰喷灯，喷烧昆虫聚集的墙壁、用具等的缝隙；或焚烧昆虫聚集的垃圾等废物；或用沸水和蒸汽烧烫禽舍及衣物、用具上的昆虫与虫卵；或机械地拍打与捕捉等。药物杀虫法即应用杀虫药进行杀虫的方法。禽舍内可用0.03%蝇毒磷乳剂或灭害灵进行喷洒杀虫。

(2) 灭鼠　灭鼠的方法有机械方法和化学方法。禽场常用的是缓效的药物灭鼠法。常用的药物有敌鼠钠盐、磷化锌、安妥等。禽场每年应进行2～3次大规模灭鼠。

(3) 控制飞鸟　为防止飞鸟进入，一般用密闭式的禽舍。如果是开放式的禽舍，则要在禽舍上空设置铁丝防护网。另外，要用人工驱赶或捕捉等方法，赶走在禽舍等建筑物上筑巢的飞鸟。

(三) 搞好免疫接种和药物预防

免疫接种和药物预防是预防禽类传染病的关键性措施。

1. 免疫接种　免疫接种是应用疫苗等生物制剂激发禽体产生特异性免疫力，使易感家禽转化为非易感家禽的一种手段。根据免疫接种时机的不同，可分为预防接种和紧急接种。

(1) 预防接种　在经常发生某些传染病的地区、某些传染病潜在的地区、受到邻近地区某些传染病威胁的地区，为了防止传染病的发生所进行的、有计划性和针对性地给健康禽群进行的免疫接种，称预防接种。预防接种通常使用疫（菌）苗、类毒素等生物制剂作抗原，通过滴鼻、点眼、饮水、气雾或注射等途径，接种到禽体，使禽体产生一系列的应答，产生一种与特定抗原相对应的特异性物质（即抗体）。当再遇到这种特定病原侵入禽体时，抗体即会与之发生特异性结合，从而保障家禽不受感染，即通常所说的有了免疫力。不同抗原诱发机体产生的相应抗体在禽体内存在的时间长短不一，因而免疫期不等。有的需经多次预防接种，才能产生持久的免疫力。

预防接种不是盲目地进行疫苗接种，而是必须按照科学的免疫程序进行。所谓免疫程序，是根据传染病的流行季节和禽群的免疫状态，结合当地具体情况而制定的预防接种计划。它包括对家禽接种哪些疫（菌）苗、接种的时间、接种的次数、接种的方法及间隔的时间等内容。免疫程序可以是指一种疾病的，如鸡新城疫免疫程序、传染性支气管炎免疫程序等；也可以是指家禽生命全期的，如肉鸡免疫程序、蛋鸡免疫程序等。国际上没有可供统一使用的永恒的免疫程序，每个免疫程序都是依据本单位当时的具体情况而制定的，这正是合理的免疫程序科学性之所在。

具体来说，制定免疫程序的主要依据为：

当地的疫情：原则上，对本地区历年流行的和受周边地区疫情威胁的主要疫病都应安排预防接种。

疫病的性质：要依据不同疫病在年龄和时间分布上的差异选择最佳免疫时机，抢在易感年龄和常发季节之前完成预防接种。如新城疫、传支、法氏囊病等，应该安排早期免疫；而减蛋综合征主要是成年鸡的疫病，故应安排在15～20周龄时免疫。

禽的用途：禽有肉用、蛋用和种用之分，禽别不同，用疫苗亦异。如蛋用鸡要应用减蛋综合征疫苗，而肉鸡则不然。

母源抗体的高低：免疫过的种禽的后代在出壳后一定时间内存在母源抗体。母源抗体对雏禽建立自动免疫有一定影响，甚至造成免疫失败。故应避开母源抗体高峰期进行接种。

疫（菌）苗的性质：一般来说，免疫原性强的疫苗产生的免疫力也强，即免疫期长，反之，免疫力则弱，免疫期也短，通常需要多次加强免疫。加佐剂的疫苗要比不加佐剂的免疫效果好，维持时间长。弱毒苗易受母源抗体干扰，而灭活苗则不然。如此种种，在安排接种时间、接种次数等时，均应予以考虑。此外，诸如饲养方式、禽群大小、经济条件等，有时也可作为制定免疫程序的参考因素。总而言之，免疫程序是复合因素的科学产物。

现推荐几种不同禽用的免疫程序（仅供参考），见表 2-1、表 2-2）。

表 2-1　肉鸡场免疫程序

日　龄	疫苗及使用方法
1	马立克氏疫苗（孵化室进行），颈部皮下注射
7～10	新城疫—传支 H_{120}＋肾支，滴鼻、点眼
14	囊病中等毒力疫苗，倍量饮水或滴口
21	新城疫—传支 H_{52}，滴鼻、点眼
28	囊病中等毒力疫苗，倍量饮水或滴口
35～40	新城疫—囊病双价高免卵黄 2 毫升，肌肉注射

表 2-2　蛋鸡场免疫程序

日　龄	疫苗使用方法
1	马立克氏疫苗（孵化场进行），颈部皮下注射
7～10	新城疫Ⅳ—传支 H_{120}+肾支，滴鼻、点眼；颈部皮下注射禽流感灭活油乳苗
14	传染性囊病中等毒力疫苗，倍量饮水或滴口
21	新城疫Ⅳ—传支 H_{52}，滴鼻点眼；鸡痘苗，刺种（一下）
28	传染性囊病中等毒力疫苗，倍量饮水或滴口
35	新城疫Ⅳ—传支＋H_{52}肾支，倍量饮水
42	传染性喉气管炎弱毒疫苗，滴鼻、点眼

（续）

日　龄	疫苗使用方法
60	新城疫Ⅰ系疫苗，注射；新—支—流灭活油乳苗，肌肉注射1毫升
70	传染性喉气管炎弱毒苗，滴鼻、点眼
80	传染性脑脊髓炎疫苗，饮水
100	传染性喉气管炎苗，倍量滴鼻、点眼
110～120	新—支—流—减四联油苗1～2毫升，胸部肌肉注射；新城疫Ⅰ系疫苗，肌肉注射；鸡痘、刺种（两下）

（2）紧急接种　紧急接种是在发生传染病时，为了迅速控制和扑灭疫病流行而对疫区或同群尚未发病的健康家禽所进行的紧急性免疫接种。紧急接种以使用高免血清、高免卵黄液较为安全有效。但由于其代价高、免疫期短，且来源不甚充足，故目前仅对鸡传染性法氏囊病、鸡新城疫、鸭瘟及小鹅瘟等，可采用相应的高免卵黄液进行紧急接种，大多数传染病均使用疫（菌）苗进行紧急接种。如鸡新城疫、传染性喉气管炎、减蛋综合征、鸭瘟等急性传染病，在临床上采用大剂量疫苗进行紧急接种，已取得较好的效果。

在应用疫苗进行紧急接种时，有时在接种后的短时间内家禽的死亡数量可能会增多。这是由于部分家禽已发病或处于潜伏期感染，在接种后不但不能得到保护，反而由于接种疫苗的强刺激促使其更快发病死亡（故最好只对健康家禽接种）。但由于这些急性传染病的潜伏期短，而疫苗接种后又很快能产生抵抗力。因此，发病率不久即可下降，最终能使流行平息。若用高免血清或高免卵黄液进行紧急接种，可不分病禽或健康家禽一律接种。因其对病禽同时具有治疗作用，所以流行很快便会停止。

2. 药物预防　药物预防是为了预防某些疫病，在饲料或饮水中加入某种安全有效的药物进行的群体预防，在一定时间内使受威胁的禽不受疫病的侵害，这也是预防和控制传染病的有效措施之一。尤其是对尚无有效疫苗可用或免疫效果不理想的细菌病、寄生虫病，如鸡白痢、禽大肠杆菌病、支原体病及球虫病等，在一定条件下采用药物进行预防和治疗，可收到显著的效果。

常用的预防药物（或药物添加剂）很多，主要是抗生素类、化学合成类和中药制剂。大多数药物可混于饲料或饮水中进行口服。某些可以通过垂直传播的传染病，如鸡白痢、禽支原体病等，为了预防这些疾病，可在孵化前对种蛋进行药物浸泡或直接把药物注入蛋内。

在养鸡场，应根据鸡在不同生长时期疫病的流行情况，合理地使用各类预防药物。以下药物预防程序可供参考：

1～2 日龄：0.5％恩诺沙星或庆大霉素［2 000～4 000 单位/（日·只）］等饮水，同时加饮富含维生素的抗应激药物（如美他素、欧多补等）。

2～7 日龄：主要预防鸡白痢的发生。饲料中可拌入 0.5％盐酸多西环素等药物，3～5 天为一个疗程。

14～60 日龄：主要预防球虫病的发生。饲料中可加入 0.25％克球粉、0.1％杀球净等抗球虫药物进行预防，连用 5～7 天。

60 日龄：可加喂氟喹诺酮类药物，每 100 千克料加 3～4 克，连用 3～5 天。

长期使用药物预防，容易产生耐药菌株而影响防治效果。因此，需经常进行药敏试验，以选择高敏感药物用于防治。抗生素等药物在肉蛋中的残留对人体健康有影响，故在产蛋期或屠宰前应少用或停用。

(四) 做好群体的检疫和净化工作

在养禽场，特别是种禽场，对家禽进行某些传染病的检疫和净化，也是防制传染病的措施之一。在这类传染病中，禽体感染后症状不甚明显，有些虽治愈但可长期带菌。这不仅严重影响禽体本身的生长发育和生产能力，更严重的是种禽群一旦感染，可经种蛋垂直传播给下一代，造成更大的损失。因此，对这类疫病要进行检疫。目前，实行定期检疫的主要对象是鸡白痢、支原体感染、禽白血病、马立克氏病和脑脊髓炎等。对检出的阳性种禽应坚决淘汰，不得留作种用；对检出的细菌阳性商品家禽，应在隔离条件下进行药物治疗。这样，每年有计划地进行几次检疫，即可逐渐净化禽群。

（五）早期发现疫情，迅速扑灭疫病

1. 早期诊断　在养禽场，一旦发生了疫情，兽医人员应根据疫病的流行情况、临床症状、剖检变化及实验室诊断等方法立即做出确诊，以便及时采取有效的扑灭措施。

2. 隔离　一旦确诊为传染病，应将病禽及疑似病禽立即隔离，指派专人饲养管理。对健康禽或受威胁禽群进行紧急预防接种或药物预防；对病禽根据传染病的种类，采取隔离治疗、淘汰或扑杀等措施。属于烈性传染病时，应把疫情立即报告有关部门，以便及时通知周围禽场采取预防措施，防止疫情扩大，必要时可采取封锁措施。

3. 消毒　在隔离的同时，要立即采取严格的消毒。消毒对象包括禽场门口、禽舍门口、道路及所用器具、舍内一切用具及环境。垫草和粪便要彻底清扫，严格消毒。严禁随意宰杀和出售病死禽，死亡的尸体要深埋或无害化处理，这种随时消毒应反复地多次进行。在最后一只病禽死亡、治愈或处理后，经该病最长潜伏期无新病例出现，再进行一次全面彻底的终末消毒，方能解除封锁或隔离。

4. 紧急免疫接种　当确诊为鸡新城疫、减蛋综合征、传染性法氏囊病等急性传染病时，应根据不同的病情，立即选择疫

苗、高免卵黄液或高免血清进行紧急性预防接种。一般在流行初期进行紧急接种，往往能在短期内使流行逐渐停止，但处于潜伏期感染的家禽仍不免死亡；若在流行中期，许多貌似健康的禽实际上已经被感染，此时接种疫苗的效果不甚理想。当确诊为禽霍乱等细菌性急性传染病时，在流行初期除可用菌苗作紧急接种外，还可用抗生素或磺胺类药物进行药物防治。

5. 紧急治疗　在发生传染病时，对病禽和疑似病禽要进行治疗，对假定健康禽也应进行预防性治疗。治疗的关键是在确诊的基础上尽早实施，这对控制疫病的蔓延和防止继发感染起着重要的作用。治疗除应用高免卵黄液或高免血清进行特异性治疗外，还可应用各类抗生素、化学药品及中药制剂进行治疗。同时，要根据病情加喂对症治疗药物和富含维生素类的抗应激药物。

四、禽病诊断学基础

及时正确的诊断是防治工作成败的关键，它关系到能否有效地组织防制措施的实施，从而尽早有效、彻底地控制乃至消灭传染病。否则，往往会盲目行事，延误时机，使疫病由轻变重，由小变大，最后使疫情不断扩大蔓延，从而给养禽业造成更大的经济损失。禽病诊断的主要方法可分为临诊诊断和实验室诊断两部分。

（一）临诊诊断

根据禽病的发生发展规律和禽类的生理特征，禽病的临诊诊断可包括流行病学调查、禽群和个体症状的观察及病理解剖学诊断 3 个方面。由于禽病的复杂性和症状类同性，通过临诊诊断一般来说只能做出初诊，确诊必须依靠实验室诊断法进行。但有些具有特征性临床症状和病理变化的疾病，通过临诊诊断也可进行确诊。

1. 流行病学调查 以诊断为目的的流行病学调查主要是了解既往病史、防疫情况、当前的流行情况和特点等，为疾病的诊断提供依据。具体的调查内容主要有以下几个方面：

（1）发病时间及症状 禽何时得病，病了几天，如果禽病的时间较长，可能是慢性病；若病的时间短而急，则可能是急性病，如传染病或中毒病等。

（2）发病数量及传播速度 禽如果得了传染病或中毒病，一般发病数量多，有时鸡、鹅、鸭同时发病。尤其是中毒病，往往在饲喂后短时间内很多禽发病，而普通病和外科病，病禽的数量较少。

（3）发病日龄 不同日龄的禽，常会发生不同的疾病。例如，刚出壳不久的雏禽，容易受冻或冻死；15 日龄内的雏禽多发生白痢、嗉囊炎、胃肠炎、感冒及肺炎等；15～45 日龄的雏禽又多发生球虫病、副伤寒病、支原体病等。但是，也有些病不论是大小禽都会被感染，如鸡新城疫、传支等。

（4）病禽或死禽的地点 一般来说，患热性病的禽多围聚在饮水器周围或水沟边，因为病禽体温升高，极度口渴所致；患禽霍乱病的，多在笼内或在行走之中突然倒地死亡；而一般患慢性疾病因瘦弱而死亡的禽，多在避风处或被挤压在禽群底下。

（5）治疗经过 以前禽场发生过什么病，怎样治疗，效果如何；现在得病后用过什么药，药量多少，怎样服药，服了多少天，效果怎样。掌握了这些情况，对进一步诊断很有帮助。

（6）调查附近家禽养殖场的疫情 如果这些场、户的家禽有气源性传染病，如鸡新城疫、鸡传染性支气管炎、禽流感、鸡痘等病流行时，可能迅速波及到本场。

（7）平时防疫措施落实情况 了解防疫制度及贯彻情况；有无严格的消毒措施；对病禽预防接种过什么疫苗，什么时间接种及接种途径；是否进行过药物预防和定期驱虫等，由此来综合分析病因。

(8) 饲养管理状况　主要了解饲养密度是否过大，通风是否良好，温度、湿度和光照是否适宜，饲料是否全价、有无发霉等，根据这些情况来查找病因。

(9) 产蛋鸡的产蛋量与肉用鸡的体重等　了解这些情况可作为有无疫病的参考。如产蛋率下降及畸形蛋，可考虑鸡新城疫、鸡传染性喉气管炎、支气管炎、禽脑脊髓炎、败血支原体病、传染性鼻炎、产蛋下降综合征以及温和性的禽流感等。鉴别这些疾病，须结合临诊、剖检和实验室化验等来综合判定。如软皮蛋，常见于钙、磷的缺乏或比例失调和维生素 D 的代谢障碍。

2. 禽群与个体症状的观察

(1) 禽群症状的观察　在舍内一角或运动场外直接观察。开始时，要静静地窥视全群状态，以防惊扰禽群。主要观察禽群的各种异常现象，为进一步诊断提供线索。

①禽群状态。注意观察禽群对外界的反应、精神状态等。健康禽听觉灵敏，白天视力敏锐，周围稍有惊扰便迅速反应，公鸡鸣声响亮。

②采食和饮水情况。根据每天喂给饲料的记录，就能准确地掌握摄食增减的情况。如舍内温度高，禽的采食量减少，禽舍温度偏低，采食量增加。而一般禽患病时，采食量就减少，但饮水量一般是有所增加的。

③呼吸和咳嗽。在正常情况下，鸡每分钟的呼吸次数为22～30 次，鸭 15～18 次，鹅 9～10 次。计算呼吸次数，主要是观察泄殖腔下侧的下腹部。这是因为鸡无横膈膜，呼吸动作主要靠腹肌运动而完成。观察呼吸情况时，要特别注意有无咳嗽、喷嚏、张嘴呼吸等现象。如张嘴伸脖呼吸，多见于鸡痘（黏膜型）、鸡传染性喉气管炎、鸡传染性支气管炎、鸡传染性鼻炎、鸡毒支原体病、鸡新城疫（非典型型）、禽热射病等。

④运动和行为。检查有无扭头曲颈或伴有站立不稳及旋转后

退等。雏禽头、颈和腿部震颤，伏地打滚，为禽脑脊髓炎的特征；瘸腿常见于关节炎；神经型马立克氏病，常可见劈叉姿势；如家禽集聚在一起，可能是禽舍温度过于寒冷或发病。

⑤羽毛及被皮。成年健康禽的羽毛整洁、光滑、发亮，排列匀称；刚出壳的雏鸡被毛为稍黄的纤细绒毛。当家禽发生急性传染病、慢性消耗性疾病或营养不良时，禽的被毛无光、蓬乱、逆立，提前或推迟换毛。被皮指家禽的冠、肉髯、喙和趾部等。健康公鸡的冠较母鸡冠大而厚，直立，颜色鲜红、肥润，组织柔软光滑。肉髯左右大小对称，丰满鲜红。火鸡被皮主要观察头和颈的秃裸部位，火鸡头上有珊瑚状皮瘤，正常时表面有丰富的血管网，呈鲜红颜色。火鸡皮瘤颜色常常发生变化，安静时为红色，激动时变为浅蓝色或紫色。

被皮颜色的改变是病态的一种标志。通常鸡患病时，它的冠和髯会出现以下几种颜色变化：冠发白，见于内脏的器官、大血管出血或受到寄生虫的侵袭（住白细胞原虫病、蛔虫、绦虫），也见于慢性病（结核、淋巴细胞白血病）、营养缺乏等症；冠发绀，常发生于急性热性疾病，如鸡新城疫、禽流感、禽伤寒、急性禽霍乱等，也见于呼吸系统的传染病（传染性喉气管炎、鸡毒支原体病、慢性禽霍乱）和中毒病；冠黄染，发生于成红细胞白血病、螺旋体病和某些原虫病（鸡住白细胞原虫病）；冠萎缩，常见于慢性疾病，初开产的鸡突然鸡冠萎缩为淋巴细胞性白血病；冠水泡、脓泡、结痂为鸡痘的特征，火鸡痘常见于头皮瘤诊；冠上有粉末状结痂，见于黄癣、毛癣；鸡头肿大，常发生于鸡传染性鼻炎和禽流感；冠黑紫或蓝紫色，头部皮肤发黑，多为黑头病（盲肠肝炎）的标志。

⑥粪便。粪便的异常变化，往往是疾病的预兆。刚出壳尚未采食的幼雏，排出的胎粪为白色和深绿色稀薄液体。成年鸡正常粪便呈圆形、条状，多为棕绿色，表面附有白色的尿酸盐。鸡患急性传染病（鸡新城疫、禽流感、禽霍乱、禽伤寒等）时，由于

食欲减少或拒食而饮水量增加，加之肠黏膜发炎，肠蠕动加快，分泌液增加。所以，排出黄白色、黄绿色的恶臭稀便，常附有黏液，有时甚至混有血液。

雏鸡白痢时，病鸡排出白色糊状或石灰样的稀粪，沾在泄殖腔周围的羽毛上。有时结成团块，把泄殖腔紧紧堵塞。这种情况主要发生在 3 周龄以内的雏鸡，可造成大批雏鸡死亡，这是本病的特征。

鸡感染球虫时，可引起肠炎，出现血便。雏鸡多感染盲肠球虫，排出棕红色稀粪，甚至纯粹血便。2.5～7 月龄的鸡主要感染小肠球虫，拉黑褐色稀便。感染球虫的鸡，通过粪便检查可找到卵囊。

雏鸡患传染性法氏囊病时，排出水样含有尿酸盐的稀便，结合病理剖检变化可确诊此病。另外，雏鸡如患马立克氏病、淋巴细胞性白血病、曲霉菌病时，也常伴有下痢症状。

鸡有蛔虫、绦虫等肠道寄生虫时，不但出现下痢，有时还有带血黏液，在粪便中可找到排出的虫体、节片及虫卵。

鸡患副伤寒、禽大肠杆菌病时，出现下痢，泄殖腔周围常沾有糊状粪便。喂劣质饲料以及化学药品中毒时，同样可引起下痢。

(2) 个体状态的观察　在患病的禽群中，可挑选几只病禽进行详细的个体检查。检查方法可按消化、呼吸、神经等系统，各器官逐个进行检查。

①体温：检查病鸡体温的高低，对于诊断疾病有重要意义。准确地测量鸡体温的方法是把 43℃以上的体温计插入泄殖腔内，停留 2～5 分钟后取出观察刻度。健康鸡的体温，在中枢神经系统调节下比较稳定。正常体温 40～42℃，雏鸡体温比成年鸡体温高些（但出壳后几天的雏鸡则低于正常体温）。鸡的体温热天比冷天高，下午比上午高，抱窝母鸡体温也高于正常体温。但这些变化均不会超过 1℃，且可以自行恢复正常；体温升高超过正

常体温1℃，则是患病的表现。体温升高时，病鸡张口喘气、拱背、翅膀下垂等，这是病鸡为了加强散热、减低体温上升的一种表现。

临床上也会见到病鸡体温过低的现象，常见于体质衰弱或营养不良、贫血等病鸡。如果体温低于正常体温2℃以上，则是病危和临死前的症状。

②头部检查：有的鸡上喙或下喙特别长，呈交叉状，这多半是由遗传引起的。幼鸡患软骨病时喙发软，容易弯曲出现交叉。

鼻腔：鼻有分泌物是鼻道疾病最明显的症状。一般鼻分泌物最初为透明水样，后变成黏性混浊鼻液。鼻分泌物增多，见于传染性鼻炎、禽霍乱、禽流感、败血支原体病等病。此外，鸡患新城疫、传染性支气管炎、传染性喉气管炎、维生素A缺乏症时，亦可见到。

眶下窦：常见的临诊症状是眶下窦肿胀。病初窦内有浆液性渗出物，多数病愈后自行消失。不过有些病例渗出物变为干酪样，造成眶下窦持久性肿胀。许多呼吸道疾病，都伴有不同程度的窦炎。

眼睛：注意观察结膜的色泽、出血点、水肿、角膜完整性和透明度等。眼结膜发炎、水肿以及角膜、虹膜等炎症，见于禽传染性结膜炎、鸡痘、禽曲霉菌病、禽慢性副伤寒、禽大肠杆菌病、禽脑脊髓炎等。鸡患马立克氏病时虹膜色素消失，瞳孔边缘不整齐。患维生素A缺乏症，角膜干燥、混浊或软化。

冠髯：冠髯的检查见群体检查。

口腔：撬开口腔，观察舌、硬腭的完整性、颜色以及黏膜状态。口腔黏液过多，见于许多呼吸道疾病和急性败急症。液体过多并常带有食物，多见于患嗉囊嵌塞或垂嗉的病例。在口腔特别是口咽的后部，如发现白喉样病变，这是鸡痘的症状。口腔上皮细胞角质化，见于维生素A缺乏症。

喉头和气管：用手把口腔张开，可观察到喉头和气管的变化。喉头水肿、黏膜有出血点、分泌出黏稠的分泌物等，是鸡新城疫的特征。鸡痘也偶尔在喉头部见到白喉样的干酪样栓子。喉头干燥、贫血，白色伪膜，易撕掉等变化，见于各种维生素缺乏症。检查气管时，应细心通过皮肤触摸气管轮（环）。当有炎症时，紧压气管则呈现疼痛性咳嗽动作，鸡表现甩头、张口吸气。

③嗉囊检查。嗉囊位于食道颈段和胸段交界处，在锁骨前端形成一个膨大盲囊，呈球形，弹性很强。鸡、火鸡的嗉囊比较发达。常用视诊和触诊的方法检查嗉囊。

软嗉：软嗉的特征是体积膨大，触诊有波动。患某些传染病、中毒病时，触诊发软。如将禽的头部倒垂，同时按压嗉囊，可由口腔流出液体，并有酸败味。火鸡患新城疫时，嗉囊内有大量黏稠液体。

硬嗉：缺乏运动、饮水不足或喂单一干料，常发生硬嗉。按压时呈面团状。

垂嗉：垂嗉伴有肌肉缺乏弹性，嗉囊逐渐增大，总不空虚，内容物发酵有酸味。鸡垂嗉常因饲喂大量粗饲料而引起。

④胸部检查。注意检查胸骨的完整性和胸肌状态，有时要检查胸廓是否疼痛和肋骨有无突起。检查营养状态时，可触摸胸骨两侧肌肉的丰满程度。肉鸡常见胸下囊肿，这是由龙骨部位表皮受到刺激或压迫而出现的囊状组织增生。

⑤腹部检查。检查腹部常用视诊和触诊方法。腹围增大，常见于腹水、坠蛋性腹膜炎、肝脏疾病和淋巴白血病。

⑥泄殖腔检查。检查时，用拇指和食指翻开泄殖腔，观察黏膜色泽、完整性及其状态。若泄殖腔黏膜有充血、出血和坏死病变，常见于鸡新城疫。

⑦腿和关节检查。检查腿的完整性、韧带和关节的连接状态、骨骼的形状等。这些部位常见的症候和相应的疾病是：趾关节、肘关节发生关节囊炎时，关节部位肿胀，具有小波动感，有

的还含有脓汁。滑膜支原体、金黄色葡萄球菌、沙门氏菌等，都可以引起本病的发生。

腿腱肿胀、断裂，多见于鸡呼肠孤病毒感染，需要通过病毒分离鉴定才能确诊。趾爪前端逐渐变黑、干燥，有时脱落，是由葡萄球菌引起的。

3. 病理解剖学诊断　病理解剖检查是禽病诊断工作中常用的方法，也是准确诊断疾病的一个重要手段。对多数禽病来说，通过对病禽和死禽的剖检，找出病变的部位，观察其形状、色泽、性质等特征，结合流行特点和生前症状，一般能做出疾病的初步诊断或确实诊断。

（1）剖检的注意事项

①在剖检时，要了解死禽的来源、病史、症状、治疗经过及防疫情况。

②剖检前，准备好需要的器械、容器、消毒药及固定液，以便随时放置所采取的病料。供实验室检查用病料应无菌采取。

③剖检的时间越早越好，最好用刚病死或濒死期的禽进行。这时病变比较明显，便于分析判断。死后时间过长，不利于病变的观察和病料的采取。另外，应选症状比较典型的、有代表性的病死禽进行剖检。

④需送检的病料，应及时放入塑料袋内或广口瓶中，剖检后的尸体和包装用品一并深埋或焚烧。

⑤剖检室应保持清洁整齐，用后及时清洗消毒，必要时用甲醛熏蒸消毒。出入剖检室注意消毒，无关人员禁止进入。

（2）剖检程序及方法　首先，进行尸体外检查，做好记录；然后，用水或消毒药液将羽毛浸湿，再进行剖检。如果是病禽，还需剖杀，最好的方法是使颅颈部脱位。采用此法不必割破皮肤，可防止禽血四溅。

①剥皮。用力掰开两腿，使髋关节脱位，将两翅和两腿摊开。将腹后部横向剪开至两腿皮肤，左手捏住腹前皮肤，右手按

住两腿，用力撕开。剥离皮肤后，可看到颈部的气管、食道、嗉囊、胸腺、迷走神经以及胸肌、胸骨、腹肌、腿部肌肉等。

②开胸腹腔。在胸骨突下缘横向剪开腹腔，顺切口分别剪断两侧肋骨，掀起胸骨，用骨剪剪断乌喙骨及锁骨，取出胸骨，便可打开胸腔。

③取出内脏器官。剪断肝脏与其他器官的连接韧带，再将脾、胆囊随肝脏一起摘出；剪断食道与腺胃交接处，将腺胃、肌胃和肠管一同取出体腔（肠管可不剪断）；剪开卵巢系膜，再将输卵管与泄殖腔连接处剪断，分别把卵巢和输卵管取出；公鸡剪断睾丸系膜，取出睾丸；用器械柄钝性剥离肾脏，从脊椎骨深凹中取出；剪断心脏的动脉、静脉，取出心脏；用刀柄钝性剥离肺脏，将肺脏从肋骨间摘出；再将食道、嗉囊一同摘出；最后，将直肠拉出腹腔，露出位于泄殖腔背面法氏囊，剪开与泄殖腔连接处，摘出法氏囊。

④剪开鼻腔。从鼻孔上方横向剪断上喙部，断面露出鼻腔和鼻甲骨。轻压鼻部，可检查鼻腔内容物。

⑤剪开眶下窦。剪开眼下和嘴角上的皮肤，可看到的空腔为眶下窦。

⑥脑的取出。将头部皮肤剥去，用长剪剪开顶骨前缘、颧骨上缘、枕骨后缘，揭开头盖骨，露出大脑和小脑，切断脑底部神经，大、小脑便可取出。

⑦如果怀疑为神经型马立克氏病，应对臂神经丛、腰荐神经丛、坐骨神经进行暴露。臂神经丛分布在翅肌上，紧靠翅与躯体接合处，将鸡背朝上，剪开肩胛和脊椎之间的皮肤，剥离肌肉，即可看到；腰荐神经丛位于肾脏下面，将肾脏摘除，即可暴露；切开位于大腿内侧薄的三角形肌肉，便可找到坐骨神经。

（3）剖检病变与提示的疾病

①皮肤和肌肉：皮肤上有肿瘤时，见于皮肤型马立克氏病；皮下脂肪有小出血点，多见于败血症；皮下广泛性发生浸润出

血，肌肉有出血斑点，见于急性败血型葡萄球菌病；胸肌及股内侧肌肉呈条纹状出血时，见于鸡传染性法氏囊病；腹部皮下蓄积大量液体，胸部和腹部肌肉轻度出血或胸肌出现白色条纹，多见于维生素 E 或硒缺乏症。

②胸腹腔。胸腹膜有出血点，多见于败血症；腹腔内有坠蛋时，可发生腹膜炎；卵黄性腹膜炎与鸡沙门氏菌病、禽霍乱和葡萄球菌病有关；雏鸡腹腔内有大量黄绿色渗出液，常见于硒和维生素 E 缺乏症。

③呼吸系统。鼻腔（窦）渗出物增多，见于鸡传染性鼻炎、鸡毒支原体病、禽霍乱、鸡新城疫等。

气管：气管内有伪膜，为黏膜型鸡痘；多量奶油样或干酪样渗出物，见于鸡的传染性喉气管炎和新城疫；管壁肥厚、黏液增多，见于鸡的新城疫、传染性支气管炎、传染性鼻炎和鸡毒支原体病等。

肺：雏鸡肺有黄色小结节，见于曲霉菌病；雏鸡白痢，肺上有 1～3 毫米的白色病灶，其他器官也有坏死灶；禽霍乱时，可见到两侧性肺炎；肺呈灰红色，表面有纤维素，常见于大肠杆菌病。

气囊：气囊壁肥厚并有干酪样渗出物，见于鸡毒支原体病、传染性鼻炎、传染性喉气管炎、传染性支气管炎和新城疫；附有纤维素性渗出物，常见于大肠杆菌病；腹气囊有卵黄样渗出物，为传染性鼻炎的特征。

④消化道。食道、嗉囊有散在小结节，提示为维生素 A 缺乏症。

腺胃：黏膜乳头出血，发生于鸡新城疫和禽流感；腺胃壁增厚、出血、有肿瘤，为鸡马立克氏病的特征；腺胃与肌胃交接处出血，为鸡传染性法氏囊病的特征；如腺胃前端出血，多见于急性中毒病，如食盐中毒。

肌胃：角质层表面溃疡，成鸡多见于饲料中鱼粉和铜含量过高或劣质腐败鱼粉，雏鸡常见于营养不良；创伤，多见于硬性异物刺伤；萎缩，发生于慢性疾病及日粮中缺少粗饲料或砂砾。

肠道：小肠黏膜出血，多见于球虫病、鸡新城疫、禽霍乱和中毒性疾病；卡他性肠炎，见于大肠杆菌病、禽伤寒、绦虫和蛔虫感染；小肠坏死性肠炎，见于球虫病、厌氧菌感染；肠黏膜肉芽肿，常见于慢性结核、鸡马立克氏病和大肠杆菌病；雏鸡盲肠溃疡或干酪样栓塞，见于鸡白痢后期和组织滴虫病；盲肠血样内容物，见于球虫病；盲肠扁桃体肿胀、坏死和出血，盲肠和直肠黏膜坏死，呈条纹状出血，则为新城疫的特征。

⑤心脏。冠状脂肪有出血点或斑，见于禽霍乱、鸡新城疫、禽伤寒、磺胺类药物中毒等急性病；心肌坏死，见于雏鸡白痢、李氏杆菌病和弧菌性肝炎；心肌肿瘤，见于鸡马立克氏病；心包有混浊渗出液，见于鸡白痢、鸡毒支原体病等；心包膜覆盖有蛋白样渗出物或尿酸盐，可见于大肠杆菌病、痛风病和钙磷代谢障碍等。

⑥肝脏。显著肿大，见于马立克氏病和禽淋巴性白血病；有大的灰白色结节，见于鸡马立克氏病、禽淋巴性白血病、鸡组织滴虫病和禽结核；散在点状灰白色坏死灶，见于霍乱、包涵体肝炎、鸡白痢、禽结核等；肝包膜肥厚并有渗出物附着，见于肝硬变、大肠杆菌病和组织滴虫病等。

⑦脾脏。有大的白色结节，见于马立克氏病及禽淋巴性白血病、禽结核；散在微细白点，见于马立克氏病、白痢、淋巴性白血病和结核；包膜肥厚伴有渗出物附着，腹腔有炎症和肿瘤时，见于卵黄性腹膜炎和马立克氏病。

⑧卵巢。产蛋鸡患沙门氏菌病、传支、流感等疫病时，卵巢发炎、变性或滤泡萎缩；卵巢水泡样肿大，见于马立克氏病和淋巴性白血病。

⑨输卵管。输卵管内充满腐败的渗出物，常见于鸡沙门氏菌、大肠杆菌感染；输卵管充塞半干状蛋块，是由于肌肉麻痹或

局部扭转引起；输卵管萎缩和炎症，见于传染性支气管炎和减蛋综合征。

⑩肾脏。肾脏显著肿大，见于马立克氏病和淋巴性白血病；肾内出现囊泡，见于囊泡肾（先天性畸形）、水肾病（尿路闭塞），在鸡中毒、传染病后遗症中也可出现；肾内有白色尿酸盐沉着，输尿管膨大，内有白色尿酸盐沉着，多见于痛风、钙磷比例失调、中毒、维生素A缺乏症、鸡传染性支气管炎、鸡传染性囊病、上行性肾炎及食盐中毒等。

⑪睾丸。萎缩，有小脓肿，见于鸡白痢。

⑫法氏囊。肿大并有水肿和出血，多为传染性囊病初中期，其后期发生萎缩；法氏囊萎缩，多见于全身性滑膜支原体病和马立克氏病；法氏囊有散在的肿瘤时，多为淋巴性白血病。此外，维生素E缺乏症、球虫病、隐孢子虫病及烟曲霉或黄曲霉毒素中毒，法氏囊也有散在的出血点。

⑬胰脏。雏鸡胰脏坏死，见于硒-维生素E缺乏症。

⑭神经系统。小脑出血、软化，多见于维生素缺乏症；外周神经肿胀、水肿、出血，见于鸡的马立克氏病。

（4）剖检记录的主要内容

①一般调查与检查事项。鸡场名、品种、性别、日龄、翅号、死亡时期、剖检时期、时间和编号等。

②临床病例摘要。病鸡发病时期、临床症状和治疗方法等。

③外部检查事项。见病鸡个体检查。

④内部检查事项。见剖检病变。

⑤病理剖检诊断。根据病理剖检结果做出病理剖检诊断，重点突出、简明扼要地写出病变的名称。

⑥病理剖检讨论。根据剖检所见找出病变间的关系，探讨病变的发展过程，找出致死原因，最后定出病名。

⑦签名。剖检记录的后边，检查者与记录者应签署自己的姓名，以示对检查结果负责。

（二）实验室诊断

在大多情况下，仅仅依靠临诊诊断只能做出初步诊断或估计出疫病的大致范围，确诊必须进行实验室检查。实验室检查包括病理组织学检查、病原学检查和血清学试验三大类，详细内容见第十二章。

第三章 禽用药物学基础

一、概　　述

在家禽的疫病防制中，除了加强饲养管理、搞好免疫接种、检疫、诊断和消毒等措施外，药物防治也是一项重要措施。特别是目前还未研制出理想疫（菌）苗的传染病，如沙门氏菌病、支原体病、大肠杆菌病、球虫病等，药物的防治更具有实际意义。

（一）禽用药物的主要类型

药物是供治疗、预防及诊断疾病所用物质的统称，可分为原料药和制剂两大类。其中，原料药是供配制各种制剂使用的药物原料，目前也在养殖业中被直接使用；制剂是根据药典、制剂规范或处方手册等收载的、比较稳定的处方制成的药物制品，可以直接用于家禽疾病的预防和治疗。根据外观形态和特性的不同，家禽所用药物剂型常分为以下几个类型：

1. 口服液类　可供家禽口服、饮水的溶液。一般是由两种或两种以上成分所组成，其中包括溶质和溶媒。溶质多为不挥发性的化学药品，溶媒多为水，但也有其他类型的。抗菌、抗寄生虫类药物均有此类型。

2. 注射剂　也称针剂，是指灌封于特别容器中的灭菌的澄明液、混悬液、乳浊液或粉末（粉针剂），一般必须用注射法给药的一种剂型，如青霉素、链霉素等。此类药物专门针对家禽生产比较少的场户，多是畜禽通用的，且家禽大批使用时也多以饮水为主。

3. 片剂　片剂是由药物与赋形剂制成颗粒后，经压片机加压制成的圆片状剂型。此类药物适合于散养禽和个别禽发病时使用，对大群家禽投药很不方便。

4. 预混剂　预混剂是一种干燥粉末剂型，由各种不同药物经粉碎、过筛、均匀混合而制成的固体剂型，可拌入饲料中让家禽饲用。此类制剂在家禽用药中占有很重要的地位。

5. 饮水剂　一般是以葡萄糖等作辅料，加入经特殊处理的原料药制备而成的可供家禽饮水用的散剂。这是集约化养禽场中应用最多的剂型之一。

6. 其他　其他一些为特殊需要而制作的剂型，如生物制品类的活毒冻干疫苗、乳剂疫苗、固体甲醛和消毒药类等。

（二）药物的使用方法

1. 拌料给药　在现代集约化养禽业中，拌料给药是最常用的一种给药途径，即将药物均匀地拌入饲料中，让家禽自由采食。该法简便易行，节省人力，减少应激，效果可靠，主要适用于预防性用药，尤其适用于几天、几周甚至几个月的长期性投药。一般的抗球虫药及抗组织滴虫药，只有在一定时间内连续使用才有效，因此多采用拌料给药。抗生素用于促进生长及控制某些传染病时，也应混于饲料中给予。酚噻嗪（驱虫药）难溶于水，必须混于饲料中给予。

在应用混料给药时，应注意以下几个问题：

（1）准确掌握混料浓度　进行混料给药时，应按照拌料给药浓度，准确、认真地计算所用药物的剂量。若按家禽体重给药，应严格按照家禽体重计算总体重，再按照要求把药物拌进饲料内。药物的用量要准确称量，切不可估计大约，以免造成药量过小起不到作用，过大引起中毒等不良反应。

（2）确保用药混合均匀　为了使所有家禽都能吃到大致相等的药物，必须把药物和饲料混合均匀。先把药物和少量饲料混匀，然后将它加入到大批饲料中，继续混合均匀。加入饲料中的药量越小，越是要注意先用少量饲料混匀，直接将药加入大批饲料中是很难混匀的。对于容易引起药物中毒或副作用大的药物，如磺胺类尤其要混合均匀。切忌把全部药物一次加入到所需饲料中简单混合，以免造成部分家禽药物中毒而部分鸡吃不到药，达不到防治目的。

（3）用药后密切注意有无不良反应　有些药物混入饲料后，可与饲料中的某些成分发生拮抗反应，这时应密切注意不良作用。如饲料中长期混合磺胺类药物，就易引起B族维生素和维生素K的缺乏，这时应适当补充这些维生素。另外，还要注意中毒等反应。

2. 饮水给药　对于不进行饲料加工的养禽场，把药物溶于饮水给予，可能更为方便易行。此法适用于短期投药和紧急治疗投药。若病禽不再吃食但可饮水时，通过饮水投药更为有效。饮水投药可以将药物溶于少量饮水中，让家禽短时间内饮完；也可以把药物稀释到一定浓度，让家禽全天自由饮用。饮水中的药物浓度通常以百万分比表示，但所用药必须是水溶性的。饮水给药除注意拌料给药的一些事项外，还应注意以下两点：

（1）药前停水，保证药效　为了保证家禽饮入适量的药物，多在用药前让整个禽群停止饮水一段时间。一般寒冷季节停水4～5小时，气温较高的季节停水2～3小时，然后换上加有药物的饮水，让家禽在一定时间内充分喝到药水。

（2）准确认真，按量给水　为了保证全群家禽绝大部分在一定时间内喝到一定量的药水，要认真计算不同日龄及家禽群体大小的供水量。

3. 经口投药　此法一般只用于个别治疗，适合于较小的家禽群体或比较珍贵的禽只。经口投药虽费时费力，但剂量准确，疗效确实。对于某些弱雏，经口注入无机盐、维生素及葡萄糖混合剂，常可提高成活率和生长速度。投药时，可把片剂或胶囊经口投入食道的上端，或用带有软塑料管的注射器把药物经口注入鸡的嗉囊内。但液体药物如果直接灌服于鸡口腔时，或软塑料管插入食道过浅时，可能引起鸡窒息死亡，这一点必须注意。

4. 体内注射 常用的有皮下注射和肌肉注射，适用于逐只治疗，尤其是紧急性预防接种。用于禽的药物，根据它在消化道内的吸收情况不同，可分为容易吸收、部分吸收、难以吸收或不吸收3类。部分磺胺类药物、抗球虫药物、抗组织滴虫药及新生霉素等均属于容易吸收类；金霉素、土霉素、盐酸多西环素、青霉素等属部分吸收类；所有的驱蠕虫剂、红霉素、泰乐菌素、杆菌肽、新霉素、大观霉素、林可霉素、链霉素、庆大霉素等属于难以吸收或不吸收类。

对难被肠道吸收的药物，为了获得最好的效果，可用注射法给药。但这类药物中的某些药（如新霉素）由于有毒性，不能直接注射。驱蠕虫药的使用由于是驱肠道蠕虫，一般只经口投药。

体内注射要注意注射器和针头的消毒，切不可不经消毒一个针头注射到底。

5. 体表用药 家禽体表常用的药物，主要是治疗外伤和各种杀体外寄生虫的杀虫剂。

6. 蛋内注射 把有效的药物直接注入种蛋内，以消灭某些可以通过种蛋传递的病原微生物（如鸡毒支原体等）。

7. 气雾给药 将药物以气雾剂的形式喷出，使之分散成微粒，让家禽经呼吸道吸入而在呼吸道发挥局部作用，或使药物经肺泡吸收进入血液而发挥全身治疗作用。若喷雾于皮肤或黏膜表面，则可发挥保护创面、消毒、局麻、止血等局部作用。本法也可供室内空气消毒和杀虫之用。气雾吸入要求药物对家禽呼吸道无刺激性，且药物应能溶解于呼吸道的分泌液中，否则会引起呼吸道炎症。

8. 环境消毒 为了杀灭环境中的寄生虫与病原微生物，除采用上述气雾给药法外，最简便的方法是往饲养场地喷洒药液；或用药液浸泡、洗刷饲喂器具及与动物接触的用具。消毒环境及用具，要注意掌握药液浓度，对刺激性及毒性强的药物应在消毒后及时除去，以防家禽中毒。

（三）家禽对药物的反应性

1. 家禽反应敏感的药物 由于禽的特殊生物学特性和生理特点，决定了家禽对药物特有的反应特性。

（1）家禽对有机磷类特别敏感 有机磷类药物如敌百虫等，一般不能作驱虫药内服。即使外用杀虫也必须严格控制剂量，以防中毒发生。

（2）家禽对食盐反应较为敏感 如雏鸡饮水中食盐超过0.7%，产蛋鸡饮水中超过1%，饲料中含量超过3%，都会引起中毒症状。

（3）家禽对某些磺胺类药物反应比较敏感 尤其雏鸡容易出现不良反应，产蛋鸡容易引起产蛋下降。

（4）家禽对链霉素反应也比较敏感 用药时应慎重，不宜剂量过大或用药时间过长。

2. 药物的治疗作用和不良反应 治疗药物对家禽的作用，从疗效上看可归纳为两类：一类是符合用药目的，能达到防治效果的作用，称治疗作用；另一类是不符合用药目的，对家禽产生有害的作用，称不良反应。另外，也经常存在无病用药的情况，这里重点讲治疗作用和不良反应。

（1）治疗作用 可分为2种：能消除发病原因的叫对因治疗，也叫治本，如抗生素杀灭体内的病原微生物、解毒药促进体内毒物的消除等；仅能改善疾病症状的叫对症治疗，也叫治标，如解热药退烧、止咳药减轻咳嗽症状等。

（2）不良反应 药物在发挥预防或治疗作用过程中也可带来不良反应。常见的不良反应有以下几种：

①副作用：在用药过程中，使用正常剂量时所出现的与治疗目的无关的作用即为副作用，如长时间应用抗菌药物时引起的B

族维生素缺乏等。副作用一般危害不大，在用药过程中可以通过掌握用药剂量、用药时间或补充有关药物而使之减少。

②毒性作用：毒性作用是指由于药物用量过大或用药时间过长而使机体发生的严重功能紊乱或病理变化。毒性作用主要表现在对中枢神经、血液、呼吸、循环系统以及肝、肾功能等造成损害。如庆大霉素、链霉素用量过大或较长时间用药，可引起肾脏毒性反应；又如马杜霉素、喹乙醇等用量过大会引起中毒。但药物的毒性作用通常是可以预料的，只要按规定的剂量及疗程用药，一般就可以避免。

③过敏反应：过敏反应是指某些个体对某种药物的敏感性比一般个体高，当药物进入机体后，由于个体应答作用异常，可发生与剂量无关的反应。有些过敏反应是遗传因素引起的，称为特异质；有些过敏反应则是由变态反应引起的，如青霉素引起的过敏性休克。过敏反应只发生在少数个体，而且这种反应即使用药剂量很小，也可以发生。

由此可知，在给家禽用药时，要注意药物的不良反应，以便及时采取措施减少由此造成的损失。

（四）用药注意事项

合理地应用各类药物是发挥药物疗效的重要前提。不合理地应用或滥用往往会引起种种不良后果：一方面，可能使敏感病原体对药物产生耐药性；另一方面，可能对机体引起不良反应，甚至引起中毒，而且可能使药物疗效降低或抵消。故在使用时应注意以下几个问题：

1. 对症用药，不可滥用　每一种药物都有它的适应症，如果用错，不但造成浪费，还会造成危害，甚至危及家禽的生命。对病禽用药，首先应弄清疾病的种类，弄清致病病原及其对药物的敏感性。在条件许可时，尽可能根据药敏试验结果，并根据病禽症状的轻重缓急来选择敏感、疗效确实、不良反应小、经济实惠、本地容易购得到的药物。

2. 选择最适宜的给药方法 根据用药的目的、病情缓急及药物本身的性质来确定最适宜的给药方法。如预防用药，一般是拌料或饮水等，这样省工省时；如治疗用药，一般是口服、注射，这样用药剂量准确，效果确实。

3. 注意给药的剂量、时间、次数和疗程 为了达到预期的效果，减少不良反应，用药剂量应当准确，并按规定时间和次数给药。有些药物的剂量要求比较严格，如呋喃类和磺胺类药物，剂量稍大或饲喂时间过长都会引起中毒。因此，在用药时，要注意药物用量的计量单位。一部分抗生素、激素及维生素用“单位（U)”或用“国际单位（IU)”表示。对于禽用的药物，大部分需采用混饲、混饮等群体给药，故常采用百分比或每千克饲料、每升饮水多少克来表示饲料或饮水中的药物浓度。另外，在用药时，首次用量要大，以后再根据病情酌减；疗程要充足，一般抗菌药物3～5天为一个疗程。

4. 必须合理地联合应用，注意配伍禁忌 两种以上药物在同一时间内同时应用，有时可以不互相影响，但是在很多情况下则不然。有些药物联合应用，可通过协同作用增加疗效；而有些联合应用，不仅不能提高疗效，反而由于拮抗作用而降低疗效，甚至产生意外的毒性反应。这种配伍变化属于禁忌，必须避免。药物的配伍禁忌可分为药理的（药理作用互相抵消或使毒性增加)、化学的（呈现沉淀、产气、变色、燃爆及肉眼可见的水解等化学变化）和物理的（潮解、液化或从溶液中析出结晶等物理变化)。

5. 正确使用有效期内的药物 在购买或使用药品时，首先要注意有无批准文号和批号，是否属于正规厂家生产的产品，谨防假冒；要检查药物是否在有效期内，即使在有效期内，还要注意药物的保存是否符合条件及药物有否结块等异常情况；如没有按要求保存或出现异常情况，这些药物最好不要应用，或者通过药物检验机构检验合格再使用。

（五）禽用生物药品基本知识

生物药品是根据免疫学原理，利用微生物（细菌、病毒、支原体及微生物在生长繁殖过程中的产物等）、动物的血液、组织制成的用以预防、治疗以及诊断传染病的一类药品。其中包括：供预防传染病用的菌苗、疫苗和类毒素；供治疗和紧急预防用的抗病血清（高免血清）、高免卵黄液、抗毒素等；供诊断传染病用的各种抗原、抗体诊断液等。

下面仅就预防和治疗禽病的疫（菌）苗和高免血清、高免卵黄液进行介绍。

1. 疫苗（vaccine）　疫苗即利用病原微生物本身，设法除去或减弱它对机体的致病作用而制成的一类自动免疫用生物制品。其接种后能使机体自动产生特异性免疫力，以达到预防疫病的目的。

（1）疫苗的种类及特点　疫苗可分为活苗和灭活苗两大类。

①活苗（live vaccine）：又称弱毒疫苗，指利用通过人工诱变获得的弱毒株或筛选出的自然弱毒株所制成的活疫苗。人工诱变是指将病原微生物的自然强毒株通过物理的、化学的或生物的方法进行处理，使其对原宿主的致病性丧失或减弱，但仍保持其良好的免疫原性，用这一弱毒毒株或菌株所制备的疫苗，如新城疫Ⅰ系、Ⅱ系、Ⅳ系疫苗、传染性法氏囊弱毒疫苗或中等毒力疫苗等。

弱毒疫苗是用致弱的活病毒或活细菌制备的，当其接种后进入禽只体内，可以生长繁殖，既能增加相应抗原量又可延长和加强其抗原刺激作用。根据弱毒疫苗的特性，归纳其优点为：免疫接种途径多、方法简便、用量小、使用方便且费用低等。缺点是：易发生接种反应和呼吸道反应，有时对蛋鸡产蛋有影响。有些弱毒苗的毒株不稳定，可能发生毒力返祖返强现象，造成散毒或引起明显的不良反应。同时，在对雏鸡进行免疫时，还容易受母源抗体的影响。

目前，弱毒疫苗有冻干苗和湿苗 2 种。冻干苗保存时间长，一般－15℃保存 1 年以上，也有的要求 2～8℃保存；湿苗保存时间短，一般 2～3 个月，且运输不方便。

②灭活苗（inactivated vaccine）：又称死苗，指将含有细菌或病毒的材料（培养物及各类组织）应用灭活剂（甲醛、乙醇等）进行处理后而制备的一类疫（菌）苗。其毒（菌）株虽然失去了致病性，但仍保持着良好的免疫原性。这类疫（菌）苗常配以免疫佐剂［如 $Al(OH)_3$ 胶佐剂、油佐剂、蜂胶佐剂等］以提高其免疫效果。如鸡新城疫灭活油乳苗、禽霍乱 $Al(OH)_3$ 佐剂灭活苗等。

其优点是安全性好、不散毒，给雏鸡免疫不受母源抗体的影响，免疫抗体持续的时间长，易保存（4～10℃或常温保存），适用于多毒株或多菌株联合苗。与弱毒疫苗共同免疫后，其免疫力强，维持时间长，可减少免疫次数。缺点是用量大，产生免疫力较慢，一般需 10～15 天才产生免疫力。免疫接种方法只能用注射法，比较费时费工，而且捕捉鸡时对鸡群的应激反应较大，免疫费用也较高。

根据制苗用材料的不同，灭活疫苗又可分为：

一般灭活苗：菌、毒种是标准强毒或免疫原性优良的弱毒株，经人工大量培养后应用物理或化学方法将其灭活后所制成的疫苗，需加佐剂提高其免疫力。包括组织苗、鸡胚苗和细胞苗。

自家灭活苗：指从患病动物自身病灶中分离出来的病原体，经培养、灭活后制成，再用于该动物本身的灭活疫苗。用于治疗慢性、反复发作而用抗生素治疗无效的细菌性或病毒性感染。

自家脏器灭活苗（组织灭活苗）：利用病死动物含病原微生物的各脏器组织制成乳剂，加甲醛等灭活脱毒所制成的疫苗。

近年来，随着生物工程技术、生物化学乃至分子生物学的发展，疫苗制品无论在种类还是类型上均有了很大的进展，新疫苗、新苗型不断研制成功。除上述疫（菌）苗外，又研制了单价苗、多价苗、多联苗、亚单位疫苗、基因工程苗等。

①单价苗（univalent vaccine）：指利用同一种微生物毒（菌）株或同一种微生物中的单一血清型毒（菌）株所制备的疫（菌）苗，称单价苗。单价苗对单一血清型病原微生物所致的疾病有免疫保护效能；但在由多种血清型病原微生物所致疾病中，仅对相应型有保护作用，而不能使免疫禽体获得安全的免疫保护。如禽流感 H9 型灭活疫苗、H5 型灭活疫苗等。

②多价苗（polyvalent vaccine）：指用同一种微生物中若干血清型的毒（菌）株制备的疫（菌）苗。多价苗有二价苗、三价苗甚至四价苗之分，也有弱毒多价苗和灭活多价苗之分。它可使免疫禽获得较为安全的保护，且可在不同地区使用，效果明显优于单价苗，如马立克氏病 HVT＋SB－1 二价苗、HVT＋814＋SB－1 三价苗、鸡大肠杆菌多价灭活苗等。

③多联苗（mixed vaccine）：指将 2 种或 2 种以上的毒株或菌株混合培养或者分别培养后再混合，按一定规程制备，用于预防相应的该 2 种或 2 种以上的病毒或细菌性传染病。常见的有二联苗、三联苗，也分弱毒联合苗和灭活联合苗。如新城疫与鸡传染性支气管炎弱毒二联苗或灭活二联苗，新城疫、传染性支气管炎、产蛋下降综合征灭活三联苗等。联合疫苗的优点主要是减少免疫接种次数，省工、省时，并能降低免疫成本；缺点是有些联苗在免疫时，有可能存在不同抗原相互干扰作用。

④亚单位疫苗（subunit vaccine）：将病原微生物经物理的或化学的方法进行处理，除去其无效的毒性物质，提取其有效的抗原成分而制备的疫苗，称亚单位疫苗。如细菌的荚膜、鞭毛，病毒的囊膜、衣壳蛋白等，这类物质均具有明确的生物化学特性和免疫活性，无遗传性，故亚单位疫苗安全有效。但由于亚单位分子量小，故免疫原性较差，且制造技术复杂，故限制了其推广

应用。

⑤基因工程苗（genetic engineering vaccine）：又称生物技术疫苗，即利用基因工程技术所制备的疫苗，是目前世界各国致力于研究的一个重要领域，是未来疫苗发展的主要方向。

根据基因工程苗研制的技术路线和疫苗组成的不同，目前可分为基因工程亚单位苗、基因缺失苗、基因工程活载体疫苗和DNA疫苗四大类。

基因工程亚单位苗（genetic engineering subunit vaccine）：指利用基因工程技术所构建的重组表达载体，在高效表达系统中表达出来的强毒病原体的某种免疫原性成分而制成的疫苗。具体来说，应用基因工程技术提取微生物编码保护性抗原肽段的基因，将此基因片段与质粒等载体重组后导入受体菌或细胞，使之在受体菌或细胞内表达，产生大量的保护性肽段，利用此肽段所制成的疫苗。基因工程亚单位苗克服了一般亚单位疫苗制备时需大量培养病原体的缺陷。

基因缺失苗或突变苗（gene deleted vaccine/gene muture vaccine）：利用基因工程技术，在DNA水平上造成与毒力有关基因的缺失或突变，即切去基因组中编码致病性物质的某一片段核苷酸序列或使其突变失活，使该微生物致病性丧失，但仍保持其免疫原性及复制能力。这种基因缺失株比较稳定，不易发生返祖现象，从而可以制成免疫原性好且又安全的疫苗。

基因工程活载体疫苗（genetic engineering live vector vaccine）：将病原体的保护性抗原基因片段插入到活载体病毒或细菌的基因非必需区内而获得重组活载体疫苗。即利用基因工程技术，将某种病原体的免疫相关基因整合进另一种载体基因组DNA的复制非必需片段中而构成的重组活载体疫苗，包括活载体病毒疫苗和活载体细菌疫苗。常作为载体的病毒和细菌有痘苗病毒、痘病毒、疱疹病毒、腺病毒、大肠杆菌、沙门氏菌和卡介苗等。

DNA 疫苗（DNA vaccine）：又称核酸疫苗，是应用基因工程技术将编码某种抗原蛋白质的外源基因与载体重组后直接导入动物体内，利用免疫原基因在宿主体内表达出的抗原蛋白质引起机体的免疫应答，以达到预防和治疗疾病的目的。

（2）免疫接种的方法　家禽免疫接种的常用方法有点眼、滴鼻、翼下刺种、皮下或肌肉注射、饮水法及气雾法等。采用哪一种方法，应根据具体情况决定。既要考虑工作方便及经济合算，更要考虑疫苗的特性及免疫效果。

①皮下注射：多用于雏鸡各类灭活疫苗和马立克氏疫苗的免疫接种。接种部位多为颈背部皮肤较疏松的部位，接种量为 0.2～0.5 毫升/只。

②肌肉注射：通常适用于 4 周龄以上的鸡，可将疫苗注射在胸或腿部肌肉丰满的部位。国内对 2～3 月龄鸡接种鸡新城疫Ⅰ系疫苗及灭活疫苗都采用肌肉注射方法。优点是作用迅速、剂量准确、免疫效果确实可靠，但工作效率低，容易惊扰禽群。

一般按疫苗使用说明书稀释后，小鸡 0.2～0.5 毫升/只，成鸡 1 毫升/只。在胸部注射时，应斜向后入针，以防刺入肝脏、心脏或胸腔，造成死亡。

③滴鼻、点眼：此法用于雏鸡活疫苗的接种。目前，对于鸡新城疫Ⅳ系、Ⅱ系、克隆-30 疫苗、传染性支气管炎疫苗及传染性喉气管炎弱毒疫苗均采用该法进行免疫。对幼雏应用这种方法，能保证每只鸡普遍得到免疫，并且剂量一致。因此，一般认为，点眼、滴鼻法是疫苗接种的最佳方法，尤其是鸡新城疫疫苗及传染性支气管炎疫苗接种更是如此。用点眼、滴鼻法接种时，可把 1 000 羽份的疫苗稀释于 100 毫升生理盐水或冷开水中，充分摇匀。然后，在每只鸡的眼结膜和鼻孔上各滴 1 滴（约 0.1 毫升）。

④翼下刺种：此法适用于鸡痘疫苗、鸡新城疫Ⅰ系苗等的接种。进行接种时，将 1 000 羽份疫苗稀释于 10 毫升生理盐水中，

充分摇匀。然后，用接种针或蘸笔尖蘸取疫苗，刺种于鸡翅膀内侧无血管处。小鸡刺种 1 针，大鸡可刺种 2 针。

⑤饮水免疫：该法适用于大群免疫。优点是节省劳力，简便易行，并可减轻对家禽的应激刺激。缺点是疫苗用量不均，免疫效果不如前几种接种方法，接种后需要较长的时间产生免疫力。目前，可用饮水法免疫的疫苗有鸡传染性法氏囊疫苗、鸡新城疫Ⅰ系、Ⅳ系、Ⅱ系、传染性喉气管炎疫苗等。

为了提高饮水法的免疫效果，必须注意以下几个问题：一是用于饮水法的疫苗必须是高效价的或者把用量加倍；二是稀释疫苗的饮水必须不含有任何使疫苗灭活的物质，如氯、锌、铜、铁等离子，必要时要用凉开水或蒸馏水；三是饮水器具要充足和放置均匀，以保证所有鸡能在短时间内饮到足够的免疫量，饮水器具要干净且不能用金属制品，最好用瓷器；四是饮疫苗前应停止供水 4～6 小时（视季节及饲料等情况而定），以便使家禽能尽快而又一致地饮用疫苗；五是饮水中最好能加入 0.1%～0.5%的脱脂奶或山梨醇糖，以保护疫苗的效价；六是稀释疫苗的水量要适当，不能过多或过少，应参照疫苗说明和免疫日龄大小、数量及当时的室温来确定。稀释过的疫苗必须在 1～2 小时内饮完，一般用量为：1～2 周龄每只 5～10 毫升，3～4 周龄每只 10～15 毫升，5 周龄以上每只 20～40 毫升；饮水免疫前后几天（合计 7～10 天）内饲料、饮水中不得加入抗菌、抗病毒药物及消毒剂，以免影响疫苗的免疫力。

⑥气雾免疫：适用于大群免疫，操作简便和节省人力，常用于鸡新城疫Ⅱ系、Ⅳ系及Ⅰ系疫苗的免疫。接种时，将鸡舍门窗关闭，将稀释好的疫苗装在喷枪里，在无空气流动的环境中离鸡体 1 米高的空间来回喷雾，过 5～10 分钟后即可开启门窗。用鸡新城疫溶胶苗气雾免疫雏鸡时，常会产生呼吸道症状的副反应，使雏鸡容易继发呼吸道的细菌感染。为了防止产生这种副反应，在气雾免疫前可在雏鸡饲料中添加抗生素以控制细菌感染。更重

要的是，应控制气雾免疫的雾粒大小。雾粒越小，副反应越重；雾粒过大，则因在空气中的停留时间太短，致使鸡群无法充分吸入疫苗，影响免疫效果。一般应选用雾粒大小为 60～70 微米的喷枪进行喷雾，较为适宜。

(3) 免疫接种的注意事项

①对各种疫苗一定要按说明书的要求进行保存、运输和合理使用，以确保免疫效果。一般灭活疫（菌）苗要保存在 2～15℃的冰箱内或阴凉环境内，严禁冻结。但对弱毒活疫（菌）苗，则要求－15℃以下低温保存。有些疫苗如双价马立克氏病疫苗，要求在液氮容器中超低温（－196℃）条件下保存。这种疫苗对常温非常敏感，离开超低温环境很快就失效。故要求随用随取，不能取出来再放回。菌（疫）苗保存期越长，细菌（或病毒）死亡越多，故要尽量缩短保存期限。

疫苗在运输时，通常都达不到低温的要求。运输时间越长，活疫苗中的细菌或病毒死亡越多。如果中途再转运几次，其影响就会更大。因此，运输疫苗要利用航空等高速度的运输工具，尽可能缩短运输时间，提高菌（疫）苗的效力；同时，要注意冷冻条件。

在使用疫苗时，应首先检查使用说明书，严格按照说明书的要求去使用疫苗（包括疫苗的稀释剂、稀释倍数、稀释方法及使用方法等），否则，会影响疫苗的免疫效果。例如，马立克氏疫苗，应配有专用的稀释剂；用于饮水的疫苗稀释剂，最好是用蒸馏水或生理盐水，也可用洁净的深井水，但不能用自来水，因为自来水中的消毒剂会把疫苗毒杀死；用于气雾的疫苗稀释剂，应该是用蒸馏水或去离子水，如果稀释水中含有盐，雾滴喷出后，由于水分蒸发，盐类浓度提高，会使疫苗灭活。在稀释疫苗时，应先用注射器吸取少量稀释液注入疫苗瓶中，充分振摇溶解后，再加入其余的稀释液。如果疫苗瓶太小，不能装入全部的稀释液，需要把疫苗吸出放在另一较大容器内，再用稀释液将疫苗瓶冲洗几次，使疫苗所含的病毒（细菌）全部被冲洗下来，以确保疫苗的含量。

②接种前，应对禽群进行详细了解和检查，注意营养状况和有无疾病。只要禽群健康，饲养管理和卫生条件良好，就可保证接种的安全并产生较强的免疫力，相反，饲养管理条件不好，就可能出现明显的接种反应，甚至发病，产生的免疫力也较差。

③所用接种器械（注射器、接种针等）在使用前后应严格消毒（蒸煮 30 分钟）。

④严格遵守免疫程序。免疫程序一般是根据本场实际情况制定的，一经确定，就应严格按规定的时间进行。在免疫过程中应避免遗漏接种，否则，很容易造成遗漏禽感染发病，并有可能导致全群免疫失败。

⑤接种弱毒活疫（菌）苗前后几天，禽群应停止使用对疫（菌）苗毒（菌）株有影响的药物，以免影响免疫效果。另外，为了降低由于疫苗接种所造成的应激反应，禽群应加喂富含维生素类的抗应激药物。

⑥免疫接种后，要注意观察禽群的接种反应。如有不良反应或发病等情况，应根据具体情况采取适宜的措施。

⑦要做好免疫接种的详细记录，记录内容至少应包括接种日期、品种、日龄、数量，所用疫苗的名称、厂名、批号、生产日期及有效期、稀释剂及稀释倍数、疫苗接种方法、操作人员等。

2. 高免血清和高免卵黄液 高免血清和高免卵黄液为含有高效价特异性抗体的血清制剂或卵黄制剂，应用后可使禽体立即获得特异性免疫力，从而达到紧急预防和治疗相应病原体所致疾病的目的。但这种抗体在机体内维持时间较短，一般 2 周左右即消失殆尽，且必须经过肌肉或皮下注射途径方能达到应有的效果，故一般只在发病禽群应用。

高免血清是利用某种疫苗或病原微生物对动物经过反复多次的注射后，使该动物产生很强的抵抗该病的能力。采集这种动物的血液提取血清经过特殊处理，就制成了高免血清。高免卵黄是蛋禽用疫苗反复免疫，使家禽产生高抗体的蛋，利用高免鸡蛋的卵黄制备而成。由于其成本远远低于高免血清，故在禽病防治中，尤其是鸡传染性法氏囊病的治疗中发挥了极大的作用。不过，在使用时应注意以下几点：

（1）一定要选用来源可靠、安全有效的高免卵黄液　卵黄抗体质量的好坏，一是取决于卵黄中抗体效价的高低，效价高则治疗效果好；二是取决于所用卵质量的好坏及卵黄液灭活的程度，用于制备高免卵黄液的卵必须来源于健康的、无携带经卵传播性病原体（沙门氏菌、支原体、脑脊髓炎病毒、白血病病毒等）的禽，最好是SPF禽。在制备过程中，若灭活彻底，卵黄液中无有害细菌、病毒，则使用安全可靠；否则，虽有高效价的抗体，使用后仍可产生不良后果，特别是可经卵传播的病原体通过注射而接种到禽体内，扩大了某些疫病的感染范围。严重污染的卵黄液可导致家禽死亡，希望制作者和使用者加倍注意。

（2）注意及时诊断疫病　尽量在发病早期应用。使用时，应配以一定量的抗生素，既可防止污染，又可预防继发感染，提高疗效。

（3）卵黄抗体虽可使禽体被动获得免疫力，但不可以卵黄抗体代替疫苗，也不可与同一种病的活疫苗同时应用，以免降低其治疗效果。

（4）注射剂量及次数　应视家禽的品种、日龄、病情轻重而灵活掌握，具体使用。一般每只1～3毫升，每天一次，应用1～3次。注射部位以胸部肌肉为最好，也可在腿部肌肉丰满部位进行。对于较小的雏禽，可在颈背侧皮下注射。

（5）卵黄抗体应冰冻保存或4～10℃冰箱保存　应用时，冰冻卵黄抗体应有个常温解冻过程，切忌人工加温；凡发现已有结块或沉淀分离的则不可使用，应废弃处理，还应避免反复冻融。

二、家禽常用药物

用于预防和治疗禽病的药物品种繁多，主要有抗微生物类药物、抗寄生虫类药物、中药制剂、营养类药物及各类复合制剂和消毒药几大类。

（一）抗微生物类药物

抗微生物类药物是禽类用药中最常用、最重要的一类。主要包括以下几类：

1. 抗生素类药物 抗生素主要是由微生物产生的，能抑制或杀灭其他微生物的代谢产物。一般是从微生物的培养液中提取，但有些抗生素已能人工半合成或全合成。抗生素类可杀灭细菌、真菌、放线菌、螺旋体、立克次氏体、支原体、衣原体及原虫微生物。常用的抗生素有：

（1）青霉素类 包括天然青霉素（青霉素G）和半合成青霉素（氨苄青霉素），对大多数革兰氏阳性菌、部分革兰氏阴性菌、各种螺旋体和放线菌都有强大的抗菌作用。青霉素不耐酸，口服易破坏，只有少量能够吸收。所以，肌肉注射或静脉注射为好。

（2）头孢菌素类（先锋霉素类） 为广谱强杀菌剂，但对革兰氏阳性菌效力比阴性菌强，过敏反应发生率比青霉素低。如头孢噻吩、头孢噻啶等。

（3）氨基甙类 抗菌谱较广，但对革兰氏阴性菌效力比阳性菌强。易吸收、排泄，但其毒性普遍较大。如阿米卡星、硫酸链霉素、卡那霉素、庆大霉素、大观霉素等。肌肉注射或静脉注射为好。

（4）四环素类 为广谱抗菌素，对大多数革兰氏阳性菌与阴性菌、螺旋体、支原体、放线菌、立克次氏体和某些原虫都有抑制作用。但早期的产品土霉素、四环素长期大剂量使用能引起肝脏损伤以致肝细胞坏死，致使中毒死亡。且大量残留会使人体产生耐药性，影响抗生素对人体疾病的治疗，并易产生人体过敏反应。目前，常用的是盐酸多西环素（强力霉素）、米诺环素等。

（5）氯霉素类　为第一个合成的抗生素，抗菌谱较广，对多数革兰氏阳性菌和阴性菌都有抗菌作用，微溶于水。但由于氯霉素对畜禽造血系统有一定的毒性，可引起机体的不良反应，在兽医临床上已禁止应用。目前常用的是其第三代产品氟苯尼考，有很好的临床应用效果。

（6）洁霉素类　对革兰氏阳性菌有较好的抗菌作用，但对革兰氏阴性菌作用较差，易溶于水。如洁霉素（林可霉素）、氯林可霉素。

（7）大环内酯类　主要对革兰氏阳性菌、支原体和某些革兰氏阴性菌有效，大多溶于水。如阿奇霉素、克拉霉素、红霉素、北里霉素、泰乐菌素、螺旋霉素等。

（8）多肽类　本类抗生素大多数具有抗革兰氏阳性菌和阴性菌、真菌及某些原虫作用，易溶于水，毒性较大，主要引起神经症状和对肾脏有毒性。如多黏菌素B、杆菌肽等。

（9）抗真菌类　主要对各类真菌具有抑菌和杀菌作用，不溶于水。如制霉菌素、两性霉素、灰黄霉素等。

（10）多醚类　对葡萄球菌、链球菌、枯草杆菌等革兰氏阳性菌及多种球虫均具有较强的抑制杀灭作用。如盐霉素、莫能菌素、马杜拉霉素。

2. 磺胺类药物　为人工合成的化学药品，几乎不溶于水（其钠盐溶于水）。其抗菌谱较广，能抑制大多数革兰氏阳性菌及某些阴性菌。主要是抑制细菌的繁殖，一般无杀菌作用。如磺胺嘧啶、磺胺甲基异噁唑（新诺明）等。

3. 抗菌增效剂　为广谱抗菌药，几乎不溶于水，与某些抗生素或磺胺药并用后，能显著增强抗生素或磺胺药的疗效，并可扩大治疗范围，故称为抗菌增效剂。如二甲氧氨苄嘧啶

(DVD)、三甲氧氨苄嘧啶（TMP）等。但由于细菌对本类药物较易产生耐药性，因此本类药物极少单独使用。

4. 呋喃类药物 为广谱抗菌药，不溶于水，对常见的革兰氏阴性菌与阳性菌有效。但是内服后难吸收，药物在肠道中浓度高，故适用治疗各种肠道感染。但呋喃类药物连续长期应用，多能引起出血综合征，且具有诱发基因变异和致癌的潜在危害。故目前兽医临床已禁止应用。

5. 氟喹诺酮类药物 是最新的化学合成性抗细菌性药物，为广谱抗菌药。对革兰氏阴性菌、革兰氏阳性菌、支原体和衣原体均有良好的抗菌作用，尤其对革兰氏阴性菌杀菌力极强。但该类药物水溶性较差。常用的有诺氟沙星（氟哌酸）、环丙沙星（环丙氟哌酸）、恩诺沙星（乙基环丙沙星）等。常用的抗微生物药物见表3-1。

表3-1 养禽常用的抗微生物药物

药名	用途	用法与用量
青霉素	葡萄球菌病、链球菌病、坏死性肠炎、禽霍乱、李氏杆菌病、丹毒病及各种并发或继发感染	注射：雏鸡2 000～5 000单位/只，成鸡5 000～10 000单位/只，每天2～3次 饮水：雏鸡5 000单位/只，成鸡10 000～20 000单位/只，每天2～3次，或每千克水中加药50 000～100 000单位
链霉素	禽霍乱、传染性鼻炎、白痢、伤寒、副伤寒、大肠杆菌病、溃疡性肠炎、慢性呼吸道病、弧菌性肝炎	注射：雏鸡2 000～5 000单位/只，成鸡5 000～10 000单位/只，每天2～3次 饮水：雏鸡5 000单位/只，成鸡10 000～20 000单位/只，每天2～3次，或每升水中加药80 000～100 000单位 气雾：每立方米20万单位，雏鸡30～40分钟
庆大霉素	大肠杆菌病、鸡白痢、伤寒、副伤寒、霍乱、葡萄球菌病、慢性呼吸道病、绿脓杆菌病	注射：3 000～5 000单位/只，每天1次 混饮：3 000～5 000单位/只，每天1次，连续3～5天

（续）

药　名	用　途	用法与用量
卡那霉素	大肠杆菌病、鸡白痢、伤寒、副伤寒、霍乱、坏死性肠炎、慢性呼吸道病	注射：每千克体重 10～20 毫克，每天 2 次， 混饲：每千克饲料中加 400～500 毫克 混饮：每升水中加 250～350 毫克
新霉素	大肠杆菌病、鸡白痢、伤寒、副伤寒、肠杆菌科细菌引起的呼吸道感染	混饲：每千克饲料中加 70～140 毫克 混饮：每升水中加 40～80 毫克 气雾：1 克/米^3，吸入 1 小时
氟苯尼考	鸡白痢、伤寒、副伤寒、大肠杆菌病、坏死性肠炎、溃疡性肠炎、传染性鼻炎、禽霍乱、葡萄球菌病	注射：每千克体重 20 毫克，每 48 小时 1 次，连续 2 次 混饲：每千克饲料中加 200～400 毫克 混饮：每升水中加 100～200 毫克连续 3～5 天
金霉素 盐酸多西环素	鸡白痢、伤寒、副伤寒、禽霍乱、鸡传染性鼻炎、传染性滑膜炎、慢性呼吸道病、葡萄球菌病、链球菌病、大肠杆菌病、李氏杆菌病、溃疡性肠炎、坏疽性皮炎、球虫病	内服：每千克体重 30～60 毫克，每天 1 次 混饲：每千克饲料中加 500～1 000 毫克 混饮：每升水中加 250～500 毫克连续 3～5 天
红霉素	慢性呼吸道病、传染性滑膜炎、传染性鼻炎、葡萄球菌病、链球菌病、弧菌性肝炎、坏死性肠炎、丹毒病	注射：每千克体重 4～8 毫克，每天 2 次 内服：每千克体重 7.5～10 毫克，每天 2 次 混饲：每千克饲料中加 180～220 毫克 混饮：每升水中加 100～130 毫克
泰乐菌素	慢性呼吸道病、传染性关节炎、坏死性肠炎、坏疽性皮炎、促进生长、提高饲料报酬	注射：每千克体重 25 毫克，每天 1 次 混饲：每千克饲料中加 200～400 毫克 混饮：每升水中加 100～200 毫克 促生长添加量：每千克饲料中加 5～10 毫克
北里霉素	慢性呼吸道病、促进生长、提高饲料报酬	注射：每千克体重 25～50 毫克，每天 1 次 混饲：每千克饲料中加 500 毫克，连用 5 天 混饮：每升水中加 250 毫克，连用 5 天 促生长添加量：每千克饲料中加 5.5～11 毫克

（续）

药名	用途	用法与用量
支原净	慢性呼吸道病、传染性滑膜炎、气囊炎、葡萄球菌病	注射：每千克体重25毫克，每天1次 混饲：治疗量为每千克饲料中加300毫克，预防量减半 混饮：治疗量为每升水中加150毫克，预防量减半
新生霉素	葡萄球菌病、禽霍乱、溃疡性肠炎、坏死性肠炎	内服：每千克体重15～25毫克，每天1～2次 混饲：每千克饲料中加260～350毫克，连用5～7天 混饮：每升水中加130～210毫克，连用5～7天
林可霉素	慢性呼吸道病、葡萄球菌病、坏死性肠炎、促进肉鸡生长	注射：每千克体重10～20毫克，每天1次 口服：每千克体重15～20毫克，每天1次 混饲：每千克饲料中加300～400毫克 混饮：130～240毫克/升 促生长添加量：每千克饲料中加2～4毫克
制霉菌素	曲霉菌病、念珠菌病、鸡冠癣	内服：每千克体重10～15毫克 混饲：每千克饲料中加100～130毫克，连用7～10天 气雾：50万单位/米^3，吸入30～40分钟 预防混饲：每千克饲料中加50～60毫克，混料每月喂1周
磺胺脒	鸡白痢、禽伤寒、禽副伤寒及其他细菌性肠炎、鸡球虫病	内服：每千克体重0.05～0.15克，每天2～3次，首次量加倍，也可皮下或肌肉注射
磺胺二甲基嘧啶、磺胺异噁唑	禽霍乱、白痢、伤寒、副伤寒、传染性鼻炎、大肠杆菌病、葡萄球菌病、链球菌病、李氏杆菌病、球虫病	内服：每千克体重0.01～0.13克，每天2～3次，首次量加倍 混饲：0.2%～0.5%，连用3～4天
磺胺嘧啶	禽霍乱、白痢、伤寒、副伤寒、大肠杆菌病、李氏杆菌病、卡氏白细胞原虫病	内服：每千克体重0.01～0.13克，每天2～3次，首次量加倍 混饲：0.2%～0.5%，连用3～4天

（续）

药　名	用　途	用法与用量
磺胺喹噁啉	禽霍乱、白痢、伤寒、副伤寒、大肠杆菌病、卡氏白细胞原虫病、球虫病等	内服：每千克体重0.01～0.13克，每天2～3次，首次量加倍 混饲：0.1%～0.2%，连用3～4天
磺胺甲基异噁唑	禽霍乱、慢性呼吸道病、葡萄球菌病、链球菌病、鸡白痢、伤寒、副伤寒、大肠杆菌病	内服：每千克体重0.01～0.13克，每天2～3次，首次量加倍 混饲：0.1%～0.2%，连用3～4天
磺胺-5-甲氧嘧啶	禽霍乱、慢性呼吸道病、鸡白痢、鸡伤寒、副伤寒、球虫病	内服：每千克体重0.01～0.13克，每天2～3次，首次量加倍 混饲：0.1%～0.2%，连用3～4天
磺胺-6-甲氧嘧啶	大肠杆菌病、白痢、伤寒、副伤寒、球虫病	内服：每千克体重0.05～0.15克，每天2次，首次量加倍 注射：每千克体重0.05～0.15克，每天2次，首次量加倍 混饲：0.1%～0.2% 混饮：0.05%～0.15%
磺胺-2，6-二甲氧嘧啶	禽霍乱、传染性鼻炎、卡氏白细胞原虫病、球虫病、链球菌病、葡萄球菌病、轻症的呼吸道消化道感染	内服：每千克体重0.05～0.15克，每天1次，首次量加倍 注射：每千克体重0.05～0.15克，每天1次 混饲：0.05%～0.1% 混饮：0.03%～0.06%
三甲氧胺嘧啶	链球菌病、葡萄球菌病、大肠杆菌病、白痢、伤寒、副伤寒、坏死性肠炎，多与磺胺药配成复方制剂	注射：20～25毫克/千克，每天2次 口服：每千克体重10毫克，每天2次 混饲：0.05%～0.1%
二甲氧苄胺嘧啶（敌菌净）、复方敌菌净（包括DVD＋SMD）	大肠杆菌病、白痢、伤寒、副伤寒等	口服：每千克体重10毫克，每天2次 混饲：0.02%～0.05%

（续）

药　名	用　途	用法与用量
增效磺胺药（包括TMP、SMZ、SMD、SMM、SO、SMP、SDM等）	禽霍乱、伤寒、白痢、葡萄球菌病、李氏杆菌病、链球菌病、丹毒、大肠杆菌病、球虫病、卡氏白细胞原虫病	注射：每千克体重20～25毫克，每天1～2次 口服：每千克体重20～25毫克，每天1～2次 混饲：每千克饲料中加200～500毫克
诺氟沙星（氟哌酸）	禽霍乱、鸡白痢、伤寒、副伤寒、葡萄球菌病、链球菌病、大肠杆菌、慢性呼吸道病等	混饲：每千克饲料中加50～100毫克，连用3～5天 混饮：每升水中加50毫克，连用3～5天
盐酸或乳酸环丙沙星	沙门氏菌病、大肠杆菌病、巴氏杆菌、禽霍乱、李氏杆菌病、慢性呼吸道病等	混饮：每升水中加50～100毫克，连用3～5天
盐酸恩诺沙星	慢性呼吸道病、沙门氏菌病、大肠杆菌病、霍乱、传染性鼻炎等	混饮：每升水中加50毫克，连用3～5天
盐酸沙拉沙星	大肠杆菌病、慢性呼吸道病、沙门氏菌、霍乱、传染性鼻炎等	混饮：每升水中加50毫克，连用3～5天

（二）抗寄生虫类药物

抗寄生虫类药物是用来杀灭或驱除体内外寄生虫的一类药物。对禽类危害较大的寄生虫主要是原虫（球虫、组织滴虫、住白细胞虫），其次是绦虫、线虫等蠕虫。因此，禽类常用的抗寄生虫药分为抗原虫药、驱虫药和杀虫药三类。

1. 抗原虫药　禽类常用的抗原虫药主要是抗球虫药，其次还有抗组织滴虫及抗住白细胞虫药物。

抗球虫药的种类繁多，由于其作用峰期不同而选用的药物也各异。在生产中，经常使用一种药物，易形成耐药性，其形成的快慢因药物种类而不同，故应经常更换所用的药物。对生命周期短的肉鸡，可持续应用预防性抗球虫药；对生命周期长的蛋鸡，为了经济和安全的原因，应致力于建立免疫力，可持续应用一段（14 周左右）预防性抗球虫药，或在病鸡发病时进行药物治疗。目前比较多用的有诺球（地克珠利）、杀菌净、球痢灵等。常用的抗球虫药见表 3-2。

表 3-2　常用的抗球虫药

药名	作用机制	抗球虫谱	剂量和方法	宰前停药期	备注
二硝基甲苯酰胺（球痢灵）、二硝苯酰胺	控制球虫的第二代裂殖体，作用峰期为感染后第三天	除对堆型和巨型艾美耳球虫外，其余 7 种均敏感	0.012 5%（125 毫克/千克饲料），连续混饲 0.05%（500 毫克/千克饲料），混饲，连用 10 天，停 2 天后再用 10 天	5 天	使用本药不影响雏鸡产生对球虫病的免疫力
尼卡巴嗪（球虫净）	杀死第一代或第二代裂殖体，作用峰期为感染后第四天	堆型、毒害、布氏、柔嫩巨型艾美耳球虫均有效	0.012 5%（125 毫克/千克饲料），连续混饲	4 天	不影响雏鸡产生免疫力，产蛋鸡慎用
氨丙啉	抑制球虫吸收维生素 B_3，抑制第一代裂殖体，作用峰期为感染后第三天	柔嫩、堆型艾美耳球虫作用强，对毒害、布氏和巨型艾美耳球虫作用较弱	混饲：0.012 5%～0.025%（125～250 毫克/千克饲料） 混饮：0.006%～0.015%（60～150 毫克/千克饲料）	5 天	常与乙氧酰胺苯甲酯，磺胺喹噁啉组成复方制剂，蛋鸡禁用
氯羟吡啶（克球多、可爱丹、广虫灵等）	抑制球虫的能量代谢，作用于子孢子和第一代裂殖体，作用峰期感染后第二天	鸡 9 种球虫均有效	0.012 5%～0.025% 混入饲料中连续喂养，治疗量加倍	0.012 5% 停药期 10 天；0.025% 停药期 5 天	与苄氧喹甲酯合用，效果更好

（续）

药名	作用机制	抗球虫谱	剂量和方法	宰前停药期	备注
氯苯胍（罗本尼丁）	对第一代、第二代裂殖体、配子体、卵囊均有效，作用峰期为感染后第二、第三天	急、慢性均有效	0.003 3%连续混饲，治疗浓度加倍，连用3~7天后改用预防量	5天	产蛋鸡禁用。我国各地均有抗药虫株
丁喹酸酯	抑制球虫能量代谢，抑制第一代孢子体，感染后第一天为作用峰期		0.002%连续混饲，治疗量加倍，连用一周后用预防量控制	0	丁喹酸酯效力较丁喹酸强10倍，球虫易产生抗药性
百球威克	作用于第一、第二代裂殖体	各种球虫	0.2%混饮，连用1周	5天	多用于治疗
磺胺喹噁啉、磺胺氯吡嗪、磺胺二甲氧嘧啶	抑制球虫的叶酸代谢，主要作用于第二代，对第一代亦有效，作用峰期为感染后第四天	对巨型、布氏、堆型艾美耳球虫有效	预防量为0.015%～0.025%连续饲喂，治疗量加倍，连用3天停药2天，再用药3天	预防量10天；治疗量5天	磺胺类药主要用于治疗，治疗量为预防量倍量，磺胺二甲氧嘧啶常与二甲氧甲基胺嘧啶合用
杀球净	作用于第一、第二代裂殖体	对各种球虫及住白细胞虫均有效	饮水：每包50克溶于50千克水中，连用3~5天	5天	
莫能菌素、盐霉素、马杜拉霉素	影响球虫细胞膜对碱金属离子的通透性，对第一代裂殖体有效，作用峰期为感染后第二天		0.01%~0.012 1%连续混饲 0.004%~0.006 6%连续混饲 0.000 5%~0.000 6%连续饲喂	0	本类药物毒性强，稍过量即引起短暂的麻痹，严重时会造成永久性麻痹和死亡，可能也会造成羽毛生长迟缓

（续）

药 名	作用机制	抗球虫谱	剂量和方法	宰前停药期	备 注
球痢灵	作用于第一、第二代裂殖体	对多种球虫，尤其是鸡盲肠和小肠球虫效果更佳	拌料：本品100克拌料200千克	5天	

2. 驱虫药 驱虫药是指能消除寄生在禽体内蠕虫的一类药物。蠕虫包括线虫、绦虫和吸虫，每类还包括许多科属。根据寄生于禽体内的蠕虫种类不同，可将禽驱虫药分为驱线虫药（主要是驱蛔虫药）和驱绦虫药。常用的有：

（1）抗蠕敏 为广谱、高效、低毒驱虫药，对鸡蛔虫成虫驱虫率可达100％，对绦虫也有作用。

（2）左旋咪唑 为高效、广谱驱虫药，对蛔虫、异刺线虫等均有效。

（3）吡喹酮 高效、广谱驱虫药，对鸡绦虫驱虫率可达100％。

（4）诺维菌素 对线虫驱杀作用较好。

3. 杀虫药 杀虫药是用于杀灭体外寄生虫，如虱、螨、蚊、蝇等所用的药物。用于禽类的杀虫药常用的有敌百虫、蝇毒磷、除虫菊、硫磺粉、诺维菌素等。

（三）中药制剂类

近几年，用于预防和治疗禽类传染病的中药制剂得到了广泛的重视和开发，研制生产出了一系列的中药制剂，已成为治疗禽类传染病药物的一个独特系列。如抗菌药有黄连素、大蒜素、囊瘟毒灭、鸡病清、禽菌灵等。这些中药制剂，虽然其成分及作用机理复杂，但主要都是通过以下几个途径来发挥作用：一是制剂中的一些有效成分对机体直接具有缓解症状的作用，即对症治疗作用；二是增强禽体的免疫功能和抗病能力；三是某些成分可直接具有抗菌、抗病毒作用。

中药制剂的治疗作用，往往是以上几种兼而有之。这就是中药治疗疾病的独到之处，再加上使用中药制剂副作用小，不会产生抗药性等不良反应。因此，中药制剂用于禽类传染病的治疗具有极大的潜力。

(四) 复合制剂药物

复合制剂药物指应用2种以上药物混合制成的制剂，各药物之间的作用互相补充、相互协同。随着对疫病的研究及药物的发展，复合制剂类药物已越来越多地应用于禽病防治中。目前，在市场上流通的很多禽病防治药物均为复合制剂，常用的见表3-3。

表3-3 养禽常用复方抗微生物药

药品	主要成分	用途	用法与用量
复方泰乐菌素（泰乐加）	酒石酸泰乐菌素、硫氰酸红霉素、维生素A、维生素D_3、维生素E	大肠杆菌病、鸡白痢、伤寒、副伤寒、慢性呼吸道病及其他呼吸道感染、鼻炎	治疗量：饮水0.2% 预防量：饮水0.01%
新得米先	土霉素、新霉素、维生素A、维生素D_3、维生素K、维生素B_2、维生素E、维生素B_{12}、泛酸、烟酰胺	鸡白痢、鸡伤寒、副伤寒、禽霍乱、鸡传染性鼻炎、慢性呼吸道病、大肠杆菌病、葡萄球菌病、链球菌病、溃疡性肠炎、坏疽性皮炎、球虫病，促进生长，缓解应激	预防量：每千克饮水中加入本品0.9～1.8克，连续用药5～7天
地灵霉素合剂	土霉素、盐酸苯松宁	鸡白痢、鸡伤寒、副伤寒、禽霍乱、鸡传染性鼻炎、慢性呼吸道病、大肠杆菌病、葡萄球菌病、链球菌病、溃疡性肠炎、坏疽性皮炎、球虫病	混饮：预防量为每千克饮水加入本品0.625～2.5克，治疗量加倍

（续）

药　品	主要成分	用　途	用法与用量
万能肥素	杆菌肽锌、维生素 E	葡萄球菌病、链球菌病、坏疽性皮炎、溃疡性肠炎、其他非特异性肠炎、促生长添加剂	治疗量：混饲每千克饲料加入本品 5 克；混饮：每千克水加入本品 3 克，预防量减半
威霸先	含强力霉素 1.25% 的饲料预混剂	慢性呼吸道病、传染性滑液囊炎、大肠杆菌病、禽霍乱、沙门氏菌病、葡萄球菌病	
施得福	磺胺 5 -甲氧嘧啶、三甲氧苄胺嘧啶、二甲硝基咪唑	禽霍乱、大肠杆菌病、白痢、伤寒、副伤寒、葡萄球菌病、坏死性皮炎、溃疡性肠炎、呼吸道继发感染、球虫病、盲肠肝炎	治疗量：混饲每千克饲料加入本品 5 克；混饮每千克饮水加入本品 3 克 预防量减半
呼感菌毒清	广谱抗菌药和抗病毒药	禽流感、传染性喉气管炎、传染性鼻炎、大肠杆菌病、法氏囊病	混饮：本品 100 克溶于 100～150 千克水中，连用 3～5 天
杆菌速宁	喹诺酮为主药，配以其他成分	慢性呼吸道病、大肠杆菌、传染性鼻炎、沙门氏菌病等	混饮：每 100 克加水 150 千克，连用 3～5 天
高益霉素	多西环素等	大肠杆菌病、沙门氏菌病、慢性呼吸道病、传染性鼻炎等	混饮：每 100 克加水 100～150 千克，连用3～5 天

以上药物在临床上要酌情应用，尤其对出口肉鸡产品更应慎重。目前国家规定在出口肉鸡中不允许使用的抗生素有庆大霉素、甲砜霉素、金霉素、阿维霉素、土霉素、四环素等几种，都是因抗生素能致癌的成分对人体有间接危害。也有一些要求在出栏前 14 天停用的，如青霉素、链霉素等；要求出栏前 5 天停用的有恩诺沙星、泰乐菌素等；要求出栏前 3 天停用的有盐霉素、球痢灵等。因此，为了人类安全，每个养殖户都应谨慎使用抗生素。

（五）营养类药物及其他

1. 营养类药物 用于禽类的营养类药物主要是指维生素、氨基酸类。

维生素是机体维持正常代谢和机能所必需的一类有机化合物。大多数维生素是某些酶的辅酶（或辅基）的组成部分，所以虽然机体对维生素需要量很小，但它对蛋白质、脂肪、糖类、无机盐等代谢起着重要的作用。维生素在饲料中分布较广，一般不易缺乏，但在个别情况下，如饲料中含量不足或因贮存不当或过久而受损失、饲料添加剂及其他物质的影响等，可造成维生素缺乏。尤其是幼禽，较易发生维生素缺乏症，需要应用相应的维生素进行治疗。但必须指出，过量的维生素对机体不但无益，有些甚至有害。维生素分脂溶性维生素和水溶性维生素两大类。脂溶性的有维生素 A、维生素 D、维生素 K、维生素 E 等，它们溶于油而不溶于水；水溶性的包括 B 族维生素和维生素 C。禽类常用的维生素见表 3-4。

表 3-4 养禽常用的维生素

<table>
<tr><th rowspan="3">药 名</th><th rowspan="3">主要作用</th><th rowspan="3">典型缺乏症</th><th colspan="6">日需要量</th></tr>
<tr><th rowspan="2">肉鸡</th><th colspan="3">蛋鸡</th><th rowspan="2">种鸡</th><th rowspan="2">单位</th></tr>
<tr><th>0～6周龄</th><th>7～20周龄</th><th>产蛋鸡</th></tr>
<tr><td>维生素 A</td><td>保护黏膜上皮、视力，提高繁殖力、免疫力，促进机体代谢</td><td>角膜干燥，失明，发育停滞，易患病</td><td colspan="4">1 500</td><td>4 000</td><td>1 000</td></tr>
<tr><td>维生素 D</td><td>促进机体钙磷的吸收及代谢</td><td>发育停滞，双腿无力，关节肿大，蛋壳薄软</td><td colspan="4">200</td><td>500</td><td>500</td></tr>
</table>

（续）

药　名	主要作用	典型缺乏症	日需要量					
			肉鸡	蛋鸡			种鸡	单位
				0～6周龄	7～20周龄	产蛋鸡		
维生素E	抗氧化，保护脂肪酸、维生素A、维生素D和含硫酶活性	脑软化，皮下水肿，白肌病，关节肿大	10	10	5	5	10	国际单位
维生素K	促进凝血酶原和凝血因子合成，参与机体氧化磷酸化过程	皮下组织及胃肠道出血，腹部有血块	0.5	0.5	0.5	0.5	0.5	毫克
维生素B_1（硫胺素）	保证机体正常糖代谢，维持神经、心脏和消化功能	神经炎，趾屈肌麻痹，呈“观星姿势”	1.8	1.8	1.3	0.8	0.8	毫克
维生素B_2（核黄素）	作为黄酶类的辅基，协同维生素B_1参与糖、脂肪代谢	雏鸡足趾蜷缩，生长停滞，腿瘫	3.6	3.6	1.8	2.2	3.8	毫克
维生素B_3（泛酸）	起转移酶基作用，参与蛋白质、脂肪、糖代谢	皮炎、羽毛粗乱、脱毛、皮肤增厚	10	10	10	2.2	10	毫克
维生素B_6（吡哆醇）	参与氨基酸脂肪代谢	皮炎、贫血、神经兴奋	3	3	3	3	3.5	毫克
维生素B_{11}（叶酸）	参与核酸和某些氨基酸合成，促进红细胞生成，参与碳水化合物代谢	出现造血障碍、贫血、生长迟缓、羽毛无光泽	0.55	0.55	0.25	0.25	0.35	毫克
维生素B_{12}（氰钴胺）	为叶酸合成核酸所必需，参与脂肪、氨基酸代谢	生长停滞，巨幼红细胞性贫血	0.009	0.009	0.003	0.004	0.004	毫克

（续）

药　名	主要作用	典型缺乏症	日需要量					
			肉鸡	蛋鸡			种鸡	单位
				0～6周龄	7～20周龄	产蛋鸡		
维生素PP（烟酸、烟酰胺）	参与糖、脂肪的中间代谢和高能酸中磷酸键的合成	腿骨弯曲，飞节肿胀，骨骼短粗	27	27	11	10	10	毫克
维生素H（生物素）	作为辅酶参与糖、脂肪、蛋白质的代谢、嘌呤的合成	发育迟缓，脚、喙及眼周围皮肤发炎	0.15	0.15	0.10	0.10	0.15	毫克

禽类常用的氨基酸类营养品主要有蛋氨酸、赖氨酸和胱氨酸等，它们均是机体生长不可缺少的必需氨基酸。市场上常见的禽类营养品有欧多补（含12种维生素、17种氨基酸，具有抗应激、抗啄羽、提高产蛋率、增强体重等作用）；美他素（含9种常用维生素）；汉堡宝（能有效地改善蛋壳颜色，提高蛋壳质量和蛋重，增强机体抵抗力）；增蛋可乐（含多种维生素和名贵中草药，具抗应激、提高产蛋率和抵抗力，并可预防软脚病、软壳蛋、消化不良等多种疾病）。

2. 其他　用于禽病预防和治疗的药物除前述几类外，还有钙磷及微量元素、助消化的酶制剂及化学促生长剂（氯化胆碱）等。家禽常用的微量元素见表3-5。

表3-5　养禽常用的微量元素

药　名	主要作用	主要缺乏症	需要量［毫克/（日·只）］				
			肉鸡	蛋鸡			种鸡
				0～6周龄	7～20周龄	产蛋鸡	
铁	构成红细胞、肌红蛋白、参与骨髓造血	缺铁性贫血	80	80	60	50	60

（续）

药　名	主要作用	主要缺乏症	需要量［毫克/（日·只）］				
			肉鸡	蛋鸡			种鸡
				0～6周龄	7～20周龄	产蛋鸡	
铜	促进铁的吸收和利用；促进大脑延髓和神经发育；促进蛋氨酸合成	缺铁性贫血，引起钙、磷代谢障碍	8	8	6	6	8
锰	为骨质多糖的必需成分，与钙磷代谢有关，调节肌肉神经活动	腿骨变形，膝关节肿大，“滑腱症”、鸡胚畸形	60	60	30	30	60
锌	参与蛋白质的利用和合成，帮助锰铜吸收，参与血细胞和精子生成	羽毛生长不良、皮炎、生长发育迟缓	40	40	35	50	65
硒	具有抗氧化作用，维持细胞完整性，促进脂肪、脂溶性维生素吸收	渗出性素质、皮下水肿、运动障碍	0.15	0.15	0.10	0.10	0.10
碘	参与甲状腺球蛋白的合成，对调节氨基酸代谢和蛋白质合成有重要作用	代谢活动减弱，生长发育受阻	0.35	0.35	0.35	0.30	0.30

（六）防腐消毒药

防腐消毒药是指能够抑制和杀灭微生物的一类药物。其中，防腐药主要是指能抑制微生物生长繁殖的药物；消毒药是指能迅速杀灭病原微生物的药物。二者的作用并无严格的界限，消毒药在低浓度时仅呈现抑菌作用，而防腐药在高浓度时也具有杀菌作用。它们的作用与抗生素等药物不同，没有严格的抗菌谱，在杀灭或抑制病原体的浓度下，往往也能损害机体，故通常不作体内用药，主要用于体表、器械、排泄物和周围环境的消毒。

目前，常用的消毒药种类繁多，按其对病原体的作用性质可分为：

1. 凝固蛋白类药物 主要有酚类（来苏儿、石炭酸）、醇类。

2. 溶解蛋白类药物 主要是碱类消毒剂（烧碱、生石灰等），本品对细菌、病毒有强大的杀灭力，但具有刺激性，对金属有腐蚀性，故不可带鸡消毒，只能用于禽舍、地面、用具的消毒。

3. 氧化蛋白类药物 如漂白粉、过氧乙酸等。

4. 阳离子表面活性剂 常用的是季胺盐类，如新洁尔灭、洗必泰等。

5. 烷基化消毒药 主要是醛类（甲醛）和环氧乙烷。

在家禽生产中，常用的消毒药见表3-6。

表3-6 养禽场常用消毒药及用法

药名	作用	用法	浓度	注意事项
复合酚（菌毒敌、毒菌净、农乐、畜禽乐）	对各种致病性细菌、霉菌、病毒、寄生虫虫卵均有杀灭作用	常用喷洒、清刷鸡舍地面、墙壁笼具、饲饮用具	0.3%～1%溶液	忌与碱性物质和其他消毒药合用
农福	同复合酚，对沙门氏菌、巴氏杆菌、大肠杆菌、鸡新城疫、鸡法氏囊病毒均有杀灭作用	适用于鸡舍地面、墙壁、屋顶、饲养器具的喷雾、喷洒或浸泡清洗消毒	1%～3%溶液	忌与碱性物质和其他消毒药合用
威力碘（络合碘溶液）	对各种细菌繁殖体、芽孢和病毒如鸡新城疫、鸡传染性法氏囊炎病毒、沙门氏菌、大肠杆菌、巴氏杆菌等均有效	带鸡喷雾消毒 饮水消毒 浸泡种蛋 清洗器具、孵化器	1∶40～200 1∶200～400 1∶200 1∶100	本品为络合碘类

（续）

药　名	作　用	用　法	浓　度	注意事项
抗毒威	为含氯广谱消毒剂，对多数细菌和病毒均有杀灭作用，如对鸡新城疫、鸡法氏囊病毒、沙门氏菌、大肠杆菌均有效	喷洒浸泡消毒 拌料消毒 饮水消毒	1∶400 1∶1 000 1∶5 000	在接种疫苗、菌苗前后 2 天，不宜拌料和饮水消毒
新洁尔灭（溴苯烷铵、苯扎溴铵）	为阳离子表面活性剂，对多数细菌具有杀灭作用，但对病毒、霉菌及细菌、芽孢作用强，还有去污作用	用于浸泡饮饲器具，浸泡种蛋 清洗饲养人员手臂，喷洒鸡舍地面墙壁、空间喷雾消毒	0.1%～2%溶液	不宜与阴离子表面活性剂如肥皂、碘化钾等消毒剂混用。浸泡种蛋，温度 40～43℃时不宜超过 3 分钟
劲能（DF-100）	对各种细菌、霉菌均有抑制和杀灭作用，对饲料还具有防腐、防霉变、抗氧化作用	用于环境器具清洗 种蛋浸泡消毒 防止饲料霉变、预防鱼粉氧化	1∶1 500 25 毫克/升 60 毫克/升	
雅好生	为新型广谱消毒剂，对病毒、细菌均有杀灭作用	可用于鸡舍地面、墙壁、饲饮器具喷洒或浸泡消毒	12.5 ～ 25 毫克/升	
百毒杀	对多种细菌、病毒、真菌均有杀灭作用	饮水消毒 带鸡消毒 笼具、器具消毒 种蛋消毒 孵化设备消毒	25～100 毫克/升 150～250 毫克/升 150～500 毫克/升 150 毫克/升 150～250 毫克/升	正常时用低限，传染病发生时用高限

（续）

药名	作用	用法	浓度	注意事项
过氧乙酸	对细菌繁殖体、芽孢、真菌和病毒均有杀灭作用，为高效、速效、广谱消毒剂	饮水消毒 浸泡消毒 带鸡喷雾消毒 喷洒鸡舍地面、墙壁 空气熏蒸消毒	0.1%溶液 0.04%～0.2% 0.3% 0.5% 4%～5%	不宜用于金属物品，熏蒸消毒室内温度在15℃以上，湿度60%～80%效果为好
生石灰（氧化钙）	对大多数繁殖体有杀灭作用，但对细菌芽孢和某些细菌如结核杆菌效果差	常用于粉刷鸡舍墙面、屋顶、地面，生产区门口和病鸡粪便排泄物消毒	10%～20%乳剂	应现配现用，不宜久置
烧碱（氢氧化钠、苛性钠）	对细菌繁殖体、芽孢和病毒均有较大杀灭力	用于冲洗地面、清洗地面、饮水器及其他器具，适用于鸡场大消毒，或污染鸡场突击性消毒	1%～3%溶液	浓度高时腐蚀性强，不能用于带鸡消毒
漂白粉（氯石灰）	对各种细菌繁殖体、芽孢、真菌和病毒均有杀灭作用	用于喷洒地面、墙壁，浸泡清洗饮饲器具，饮水消毒	5%～10%乳剂 1%～3%溶液 6～10克/米^{3}水	在碱性环境消毒力弱，勿用于衣物、金属物品，宜现配现用
甲醛	对细菌繁殖体、芽孢、真菌和病毒均有杀灭作用	浸泡器械、器具喷洒消毒	3%～5%	
高锰酸钾	具有抗菌除臭作用	熏蒸消毒（可用于孵化器、孵化室、鸡舍，根据需要确定用量）、饮水消毒，冲洗黏膜 浸泡、洗刷饮水器、食槽	每立方米空间用福尔马林14毫升、高锰酸钾7克为一个剂量 0.01%溶液 2%～5%	高浓度时有腐蚀作用，遇氨水、甘油、酒精容易失效

（续）

药 名	作 用	用 法	浓 度	注意事项
神灭	对常见的病毒细菌、霉菌、支原体、球虫等均有杀灭作用	可供饮水消毒、环境消毒、器械、种蛋及带禽消毒	饮水：1∶4 000 环境：1∶2 000 种蛋：1∶900	本品为季胺碘类
沙威龙	对常见的细菌病毒、支原体、霉菌均有杀灭作用	可供饮水消毒、环境消毒、器械、种蛋及带禽消毒	饮水：1∶3 000 其他：1∶1 000	

三、家禽常用生物药品

（一）鸡新城疫

目前，国内生产的鸡新城疫疫苗有Ⅰ系（印度系）、Ⅱ系（B_1系）、Ⅳ系（Lasota系）、克隆-304个品系的活疫苗和灭活油乳苗。其中，Ⅱ系和克隆-30毒力较弱，其次是Ⅳ系，Ⅰ系为中等毒力，毒力最强，灭活苗多由Ⅳ系制成。

1. 鸡新城疫中等毒力冻干疫苗（Ⅰ系）

【性状】本品为乳白色疏松团块，稀释后即溶解成均匀的悬浮液。

【用途】供预防鸡新城疫病。一般用于2月龄以上经过初免的鸡，接种后3天产生免疫力，免疫期可持续1年。

【用法】按瓶签注明羽份，用灭菌生理盐水、蒸馏水或冷开水稀释，肌肉注射1毫升；也可刺种和饮水免疫。

【保存期】－15℃为2年；2～8℃为6个月；25℃不超过7天。

【注意事项】

①本品对纯种鸡反应较强，有时可引起少数鸡减食和个别鸡神经麻痹而死亡。产卵鸡在接种后2周内产卵可能减少或产软壳蛋。因此，最好在产卵前或休产期进行免疫。

②稀释疫苗时，严禁用热水、温水及含氯消毒剂的水稀释。稀释后，应放冷暗处，必须在4小时内用完。

2. 鸡新城疫Ⅳ系冻干疫苗（Lasota系）

【性状】本品为乳白色疏松团块，稀释后即溶解成均匀的悬浮液。

【用途】供预防鸡新城疫病。一般用于7日龄以上的雏鸡。

【用法】

点眼或滴鼻方法：按疫苗瓶签注明的羽份，用灭菌生理盐水或适宜的稀释液稀释。用消毒的滴管，每只鸡点眼或鼻孔内滴入两滴（约0.1毫升）。必须滴入眼或鼻孔内，否则免疫力不可靠。

饮水方法：用冷开水、井水（忌用含氯等消毒剂及有害物质的水）将疫苗稀释，其稀释剂量根据鸡龄大小而定，使用剂量加倍（如疫苗标签为500羽份，则可供饮水免疫250羽份）。如能加入1%～2%脱脂鲜奶或0.1%～0.2%脱脂奶粉，免疫效果更佳。

【保存期】－15℃为2年；2～8℃为6个月；25℃不超过7天。

【注意事项】

①有支原体感染的鸡群，禁用喷雾免疫。

②稀释疫苗的水，切忌热水、温水及含氯等消毒剂。

③饮水免疫时，忌用金属容器。饮水前，鸡群要停水4～6小时。时间长短可根据温度高低作适当调整，要保证每只鸡都能充分饮服，并在短时间内饮完。饮完后，经1～2小时再正常给水。

3. 鸡新城疫Ⅱ系冻干疫苗

【性状】本品为乳白色疏松团块，稀释后即溶解成均匀的悬浮液。

【用途】供预防鸡新城疫，适用于1日龄以上的雏鸡。

【用法】可滴鼻、点眼、口服或肌肉注射，接种后无不良反应。

用生理盐水、蒸馏水或冷开水，根据瓶签上标明的剂量，将疫苗稀释10倍，用滴管吸取疫苗，滴入鼻、眼各1滴（0.1毫升）。饮水免疫时，计算每只鸡饮水量后，用冷开水将疫苗稀释（疫苗增加1～2倍）进行饮水免疫。

【保存期】－15℃为2年；2～8℃为6个月；25℃不超过7天。

【注意事项】同Ⅳ系苗。

4. 鸡新城疫克隆-30冻干疫苗

【性状】本品为乳白色疏松团块，稀释后即成均匀的悬浮液。

【用途】供预防鸡新城疫。用于1日龄以上的鸡，特别适用于首免，有无母源抗体均可使用。

【用法】可滴鼻、点眼或口服、注射，接种后无不良反应。按瓶签注明羽份，用灭菌生理盐水、蒸馏水或冷开水进行10倍稀释，滴入鼻、眼各1滴（0.1毫升）；肌肉注射或口服1毫升/只。

【保存期】－15℃为2年；2～8℃为6个月。

【注意事项】同Ⅳ系。

5. 鸡新城疫灭活油乳苗

【性状】本品为白色均匀乳状液，由Ⅳ系毒株尿囊液经甲醛灭活后，加入油佐剂乳化制成。

【用途】预防鸡新城疫，适用于任何日龄。

【用法】肌肉或皮下注射。雏鸡颈背侧皮下注射0.25毫升/只，中成鸡肌肉注射0.5毫升/只。应用时，同时配以活疫苗进行免疫，效果最佳。

【保存期】避光保存于冷暗处，禁冻结。2～8℃为1年，

25℃为6个月。

（二）禽流感病毒灭活疫苗（H5/H9亚型）

【性状】本品为白色均匀乳状液，由禽流感病毒H5亚型或H9亚型株尿囊液经甲醛灭活后，加入油佐剂乳化制成。

【用途】用于预防H5亚型禽流感病毒引起的鸡、鸭、鹅的禽流感。

【用法】颈部皮下或胸部肌肉注射2～5周龄鸡，每羽0.3毫升，5周龄以上鸡每羽0.5毫升，2～5周龄鸭、鹅每羽0.5毫升，5周龄以上鸭每羽1.0毫升，5周龄以上鹅每羽1.5毫升，接种后14天开始产生免疫力。鸡免疫期为6个月，鸭、鹅首免后3周加强免疫1次，免疫期为4个月。

【保存期】2～8℃保存，有效期12个月。

（三）鸡传染性法氏囊病

1. 鸡传染性法氏囊病中等毒力活疫苗

【性状】由感染鸡法氏囊病病毒的鸡胚，经处理后加适当稳定剂冷冻真空干燥而成，为淡红色疏松团块，稀释后即溶解成均匀悬浮液。

【用途】预防鸡传染性法氏囊病。

【用法】可饮水或滴鼻、点眼、注射，尤以滴口、饮水为佳。按瓶签注明羽份，将疫苗用不含氯离子、消毒剂及其他药物的清洁冷水进行稀释。饮水中加入1%～2%脱脂鲜牛奶或0.1%～0.2%脱脂奶粉，效果更佳。

不同日龄饮水量参见表3-7。

【保存期】0～4℃12个月；-15℃以下为18个月。

【注意事项】

①饮水器必须干净，不宜用金属容器饮水。

②饮苗前应视季节不同停水一定时间，一般4～6小时。饮

完后，经1～2小时后再正常给水。

表3-7　雏鸡不同日龄饮水量表（毫升/只）

周龄	肉用雏鸡	蛋用雏鸡
1	4～6	4～6
2	8～12	5～8
3	15～17	11～13
4	30～32	14～16
5	32～35	18～20

③用过的疫苗瓶应消毒处理，不可乱扔。

2. 鸡传染性法氏囊病双价活疫苗

【性状】本品由鸡传染性法氏囊病病毒弱毒株和变异株E，经鸡胚繁殖后，收获其感染鸡胚按适当比例混合后，加适宜稳定剂，经冷冻真空干燥而制成。为淡红色疏松团块，稀释后即成均匀悬浮液。

【用途】预防鸡传染性法氏囊病，尤其对亚型毒引起的法氏囊病有特效。

【用法】可饮水、滴口或点眼、滴鼻、注射。方法同鸡传染性法氏囊中等毒力活疫苗。

【保存期】－15℃以下为18个月。

【注意事项】同鸡传染性法氏囊病活疫苗。

3. 鸡传染性法氏囊病灭活组织油乳苗

【性状】本品为发病鸡的法氏囊，经处理后进行灭活，加入油佐剂乳化而成，为乳白色乳剂。

【用途】预防鸡传染性法氏囊病。接种后14～21天产生坚强免疫力，雏鸡可持续3个月以上，成鸡在6个月以上。

【用法】肌肉或皮下注射。2月龄以下的雏鸡0.25毫升/只，2月龄以上的鸡0.5毫升/只。

【保存期】0～4℃为1年，室温下6个月，严禁冻结。

（四）鸡马立克氏病

1. 鸡马立克氏病火鸡疱疹病毒活疫苗

【性状】 本品系用火鸡疱疹病毒 Fc-126 株在无特定病原体（SPF）鸡胚成纤维细胞上培养，收集感染细胞，经处理后加入适当保护剂冷冻真空干燥制成。为白色疏松团块，加入专用稀释液（厂家随疫苗配供）后即迅速溶解。

【用途】 预防鸡马立克氏病。出壳后 24 小时内应用，2～3 日龄免疫效果较差。注射后 14 天产生免疫力，免疫期为 1 年。

【用法】

①按瓶签注明的羽份，加入专用稀释液后，每只雏鸡颈部皮下注射 0.2 毫升（1 羽份）。

②稀释后的疫苗，应避免日光照射。必须在 1 小时内用完，温度升高或延长时间均影响苗效。

【保存期】

①－15℃以下保存 12 个月；0～4℃保存 6 个月。本品专用的稀释液应保存在 15～20℃暗处，有效期 2 年。

②本品在运输时，应放在冷藏容器内。

【注意事项】

①本品应随用随稀释，用前应置于 2～8℃冰箱或盛有冰块的容器中预冷。

②配制疫苗时，先用注射器吸取 4～5 毫升稀释液注入疫苗瓶中，溶解后抽出注入稀释瓶内。

③配制后应轻轻摇动，充分混匀，但不要使溶液起泡。使用时，每 10 分钟将疫苗摇动一次，使每只雏鸡获得准确的免疫剂量。

④本品在使用前应检查疫苗和稀释液的性状，如发现瓶破裂、失空、瓶签丢失、没有标明批号和有效期、疫苗干缩或混有杂质以及稀释液颜色发生明显变化、混浊、发霉等均不能使用。

2. 鸡马立克氏病“814”弱毒疫苗

【性状】由马立克氏病毒弱毒株接种于鸡胚成纤维细胞，收取感染细胞，经适当处理后加入稳定剂真空冷冻干燥而成。为淡黄白色固体，加入专用稀释液后溶解成均匀的混悬液。

【用途】预防鸡马立克氏病。可用于1～2日龄雏鸡，最好1日龄内应用。注射后8天可产生免疫力，免疫期1年。

【用法】从液氮罐内取出疫苗，迅速放入盛有38℃温水的带盖容器内，加盖，以防安瓿炸裂。之后，将安瓿在温水中轻轻摇动约1分钟，以使疫苗迅速融化。

融化后的疫苗按瓶签注明的羽份和剂量，用厂家配供的专用稀释液进行稀释，每只雏鸡颈部皮下注射0.2毫升。

【保存期】疫苗保存和运输中应放在盛有液氮的容器内，其保存期为2年。

【注意事项】稀释好的疫苗应置于有冰块的容器内避光保存，限1小时内用完。应用过程中，应经常摇动疫苗瓶使疫苗均匀。

3. 鸡马立克氏病疫苗免疫增强剂

【性状】本品是由增强免疫的物质经冷冻干燥而成，为黄白色疏松团块，稀释后即迅速溶解成均匀的悬浮液。

【用途】本品与鸡马立克疫苗合用，具有增强免疫效果的作用。

【用法】将本品加入马立克氏稀释液中，而后稀释疫苗。

【保存期】8～10℃保存，有效期暂定2年。

（五）鸡传染性支气管炎

1. 鸡传染性支气管炎 H_{120} 弱毒疫苗和 H_{52} 弱毒疫苗

【性状】两种疫苗分别为应用 H_{120} 弱毒株和 H_{52} 弱毒株的鸡胚液加入适当稳定剂，经真空冷冻干燥而成。均为乳白色疏松的团块，稀释后即溶成均匀的悬浮液。

【用途】预防鸡传染性支气管炎。免疫后7天产生免疫力。

①H_{120}适用于1月龄以下的鸡，为首免用疫苗。免疫期2个月。

②H_{52}适用于1月龄以上的鸡，加强免疫用疫苗。免疫期6个月。

【用法】可滴鼻、点眼或饮水免疫。按瓶签注明的羽份，用生理盐水或蒸馏水、冷开水稀释10倍，每只鸡滴鼻、点眼各1滴（0.1毫升左右）。饮水免疫时，剂量加倍。5～10日龄鸡，每只5～8毫升；20～30日龄，每只10～15毫升；1月龄以上的鸡，每只20～30毫升。

【保存期】－15℃以下为1年，0～4℃为6个月。

2. 鸡传染性支气管炎（肾型）活疫苗

【性状】系用肾型弱毒株（W93）的鸡胚液和鸡胚，经处理后加入适当稳定剂，真空冻干而成。为乳白色或淡黄色疏松团块。

【用途】用于预防肾型传染性支气管炎。

【用法】本品对不同日龄、不同品种的鸡均可应用。非疫区可在14日龄首免，2～3周后再免；疫区可在7日龄首免，2～3周后再免。首免滴鼻、点眼为好，二免可饮水免疫。

滴鼻、点眼免疫：按瓶签注明的羽份，用无菌生理盐水或适宜稀释液将疫苗进行10倍稀释。用滴管吸取疫苗，每只鸡滴2滴（约0.1毫升）。

饮水免疫：应采用水质良好、不含氯离子的冷开水稀释疫苗。饮水量可根据鸡龄大小、品种而定。

【保存期】－15℃以下为12个月；0～4℃为6个月。

（六）鸡传染性喉气管炎弱毒冻干疫苗

【性状】用鸡传染性喉气管炎弱毒株经鸡胚培养后，以鸡胚和鸡胚液经处理后，加入适当稳定剂、真空冻干而成。为乳白色疏松团块。

【用途】预防鸡传染性喉气管炎。适用于4周龄以上的鸡。接种后4～7天产生免疫力，免疫期6个月。

【用法】可滴鼻、点眼或饮水。按标签注明的羽份，用生理盐水或冷开水稀释10倍，每只鸡2滴（约0.1毫升）。饮水免疫时，用量加倍。

【保存期】－15℃以下为1年；0～4℃为半年。

【注意事项】

①鸡在接种后3天，部分鸡有轻度眼结膜反应，3～4天即恢复。

②鸡群有慢性呼吸道病、球虫病、寄生虫病时，使用效果不稳定。有其他传染病流行时不能使用。

③鸡场内自然发生本病时，迅速使用本品，可减少损失。

④不宜用喷雾方法接种。

⑤疫苗稀释后，应在3小时内用完。

⑥为防止鸡眼结膜发炎，可在稀释疫苗时每羽份加入青链霉素各500单位。

⑦对纯种鸡反应较重，应慎用。在无本病流行的地区，一般不宜应用。

（七）鸡痘鹌鹑化弱毒冻干苗

【性状】本品系用鸡痘鹌鹑化弱毒株，接种易感鸡胚绒毛尿囊膜或鸡胚成纤维细胞繁殖后，收获绒毛尿囊膜或细胞培养物，加适当稳定剂，经冷冻真空干燥制成。为淡黄色疏松团块。

【用途】预防鸡痘，无治疗作用，16日龄以上的鸡均可使用。应用后14天产生免疫力，雏鸡免疫期2个月，成鸡为5个月。

【用法】按瓶签注明的羽份，用生理盐水稀释，用鸡痘刺种针或钢笔尖蘸取稀释的疫苗，于鸡翅膀内侧无血管处皮下刺种。20～30日龄雏鸡刺1针，大鸡刺2针，接种后3～4天，刺种部位微现红肿、结痂，2～3 周痂块脱落。

【保存期】－15℃为 18 个月；2～4℃为 12 个月。

【注意事项】

①本品随用随稀释，置于阴暗处，并限 4 小时内用完。

②用过的疫苗瓶、器具、稀释后剩余的疫苗等污染物必须消毒处理。

③鸡群刺种后一周应逐个检查，刺种部无反应者，应重新补刺。

④勿将疫苗溅出或触及鸡只接种区域以外的任何部位。

（八）鸡传染性脑脊髓炎冻干疫苗

【性状】本品为禽传染性脑脊髓炎（AE）的活毒 Calnek 1143 毒株，经培养后加保护剂冻干制成。呈海绵状疏松固体。

【用途】预防鸡传染性脑脊髓炎。免疫期 6 个月。

【用法】可饮水或滴鼻、点眼均可。用于 10 周龄以上的鸡，可在 10～14 周龄时和产蛋前 3 周各接种 1 次。

【保存期】－15℃为 1 年；0～4℃为 6 个月。

【注意事项】在未发生本病的地区不宜使用本疫苗，尤其是不要使用弱毒活疫苗，不到 3 周龄或正在产蛋的鸡也不宜使用。

（九）鸡减蛋综合征灭活油乳苗

【性状】本疫苗系以免疫原性良好的 EDS－76 病毒，经灭活后制成的油乳剂疫苗。呈白色乳状液。

【用途】用于种鸡、蛋鸡预防产蛋下降综合征。免疫后 14～20 天产生免疫力，免疫期为 1 年。

【用法】产蛋前 2～4 周龄肌肉注射 0.5 毫升。

【保存期】2～8℃保存期为 1 年，25℃为半年，严禁冻结。

（十）禽霍乱

1. 禽霍乱弱毒冻干菌苗

【性状】本苗系用多杀性巴氏杆菌 G_{190} E_{40} 株弱毒菌种培养物，加入保护剂，经真空冻干而制成。为淡黄色或乳白色海绵状疏松固体。

【用途】专供预防禽霍乱。适用于 2 月龄以上的各种禽。接种后 3 天可产生免疫力，免疫期 3 个月。

【用法】按瓶签注明的羽份，以每羽份 0.5 毫克计算，用 20%～25%氢氧化铝胶生理盐水稀释。每只鸡肌肉注射 0.5 毫升，鸭为鸡的 3 倍量。

【保存期】2～8℃阴暗处，保存期 1 年。

【注意事项】本苗适用于 2 月龄以上的禽。注苗前后 5～7 天内，不得使用磺胺类及抗生素药物，以免影响免疫力的产生；对产蛋禽注射，会影响产蛋，但很快就会恢复。

2. 禽霍乱氢氧化铝菌苗

【性状】本菌苗系选用鸡源 A 型多杀性巴氏杆菌培养液，经甲醛灭活后再加入氢氧化铝胶制成。本菌苗上部为淡黄色透明液体，下部为灰白色沉淀，充分振荡后成均匀混悬液。

【用途】本菌苗供 2 个月以上的鸡或鸭预防禽霍乱之用。用后 14 天左右产生免疫力，免疫期为 3 个月。

【用法】使用时将菌苗充分摇匀后，2 月龄以上的鸡或鸭每只肌肉注射 2 毫升。注射部位可选择胸部或大腿部肌肉丰满处。第一次注射后 8～10 天进行第二次注射，可增强免疫力。

【保存期】2～8℃保存期为 1 年，25℃阴暗处为 6 个月。严禁冻结。

【注意事项】本菌苗在使用时一定要充分摇匀，每次吸取菌苗时都要振荡菌苗。菌苗在保存和运输时，切忌日光直射并防止冻结。已冻结的菌苗不能使用。

3. 禽霍乱蜂胶灭活疫苗

【性状】本苗是以蜂胶为佐剂研制成的灭活苗，呈黄色或黄褐色混悬液。

【用途】供预防禽霍乱。免疫后7～14天产生免疫力，免疫期为6个月。

【用法】使用前和使用中将菌苗充分摇匀。

①1月龄以上的家禽，每只肌肉注射1.0毫升。

②在禽霍乱暴发的禽群可与抗生素等化疗药物同时应用，于5～7天内可控制疫情。

【保存期】密闭，置阴暗处保存。－15℃以下可保存2年；0～8℃为18个月；25℃为4个月。

【注意事项】

①本苗在运输和使用过程中，应避免阳光和热的作用。

②使用本苗前，应了解禽群的健康状况。如有其他传染病会影响本苗的免疫效果。

（十一）鸡大肠杆菌灭活苗

【性状】该疫苗是用常见的埃希氏大肠杆菌血清型O_1、O_2、O_{35}和O_{78}等致病性菌株，经灭活加氢氧化铝制成。上部为淡黄色液体，下部为灰白色沉淀；或为灭活后加白油制成的乳白色液体。

【用途】本菌苗专供预防鸡大肠杆菌病。

【用法】使用时将菌苗摇匀，皮下或肌肉注射。1月龄以下鸡0.5毫升，1月龄以上鸡1毫升。一般雏鸡可在14～20日龄首免，18～20周龄时再接种一次。

【保存期】2～8℃保存期为1年，室温下6个月，严禁冻结。

（十二）鸡传染性鼻炎灭活菌苗

【性状】本品由鸡副嗜血杆菌（血清Ⅰ、Ⅱ型）培养物经灭活后配以油佐剂制成的油乳苗，为乳白色乳状液。

【用途】预防鸡传染性鼻炎。注射后7～14天产生免疫力，免疫期6个月。

【用法】 皮下或肌肉注射，每只 0.5 毫升。6～8 周龄间首免，间隔 4 周后二免。

【保存期】 2～8℃为 1 年，室温下半年，严禁冻结。

（十三）鸡毒支原体弱毒冻干苗

【性状】 本品是应用鸡毒支原体弱毒菌株，以特定培养基培养，加保护剂冻干制成。呈淡黄色疏松海绵状干块，加稀释液迅速溶解。

【用途】 用于预防由鸡毒支原体引起的慢性呼吸道疾病。接种后 7 天产生免疫力，免疫期 6 个月。

【用法】 按疫苗瓶签注明的羽份，用灭菌生理盐水或适宜的稀释液稀释后用消毒的滴管，每只鸡点眼 2 滴（约 0.1 毫升）。必须滴入眼内，否则免疫力不可靠。

【保存期】 －15℃暂定一年；0～10℃保存半年。

【注意事项】

①冻干苗稀释后应当天用完。

②本品用于各种日龄鸡群，以 10～60 日龄接种效果为佳，对支原体发病鸡有一定的控制作用。

③不要与鸡新城疫、传染性支气管炎弱毒苗同时使用，两者使用间隔应在一周以上，但可与同种灭能苗一同使用。

④免疫前一周，接种后至少 20 天应停用除青霉素以外的各种抗生素。

（十四）小鹅瘟鸭胚化弱毒疫苗

【性状】 本疫苗是由小鹅瘟弱毒经过鸭胚继代繁殖，采取合格的鸭胚液制成。分冻干苗和湿苗 2 种。冻干苗是将鸭胚液加入适当稳定剂，经过真空冷冻干燥而成。为淡红色海绵状疏松固体，稀释后即溶解成均匀的混悬液。湿苗冻结后为淡黄色或淡红色固体。

【用途】本疫苗专供产蛋前母鹅免疫用，免疫后使其后代获得预防小鹅瘟的被动免疫的能力。

【用法】根据瓶装剂量，按每只母鹅1毫升稀释疫苗。一般疫苗每瓶5毫升，稀释成500毫升，每只肌肉注射1毫升。稀释后的疫苗放在冷暗处，限6小时内用完。

【保存期】湿苗在－10～－20℃保存期为8个月，在4～8℃保存期为2周；冻干苗在－10～－20℃保存期为18个月。

【注意事项】雏鹅不能注射本疫苗。注射前必须对鹅群进行健康检查，不健康的鹅不能注射疫苗。

（十五）鸭瘟鸡胚化弱毒冻干疫苗

【性状】用鸭瘟鸡胚化弱毒培养的鸡胚、鸡胚液或细胞培养物，经处理后加入稳定剂冻干而成。为微红或微黄色海绵状固体。

【用途】本疫苗专供预防鸭瘟用，适用于2月龄以上的鸭，初生鸭也可使用。

【用法】根据瓶签注明的羽份，用生理盐水按每只鸭1毫升稀释疫苗；或根据剂量按200倍稀释后，每只鸭胸部肌肉注射1毫升。初生雏鸭可按50倍稀释的疫苗，每只腿部肌肉注射0.25毫升。稀释后的疫苗放置在冷暗处，限当天用完。

【保存期】－15℃保存期1.5年，2～8℃为8个月。

（十六）多联制剂类

1. 鸡新城疫Ⅳ系-传支 H_{120} 二联活疫苗

【性状】本品系用鸡新城疫Lasota株、传染性支气管炎 H_{120} 株，以不同稀释度等量混合，接种易感鸡胚收获感染鸡胚液，加适当稳定剂，经冷冻真空干燥制成。为乳黄色疏松团块。

【用途】用于预防鸡新城疫和传染性支气管炎。适用于7日龄以上的鸡。

【用法】疫苗按瓶签注明的羽份，用生理盐水、蒸馏水或水质良好的冷开水稀释。可滴鼻、点眼或饮水免疫，以滴鼻、点眼效果最好。用法同单苗。

【保存期】－15℃为1年，0～4℃为6个月。

2. 鸡新城疫Ⅳ系-传支 H_{52} 二联活疫苗

【性状】本品系用鸡新城疫 Lasota 株、传染性支气管炎 H_{52} 株，以不同稀释度等量混合，接种易感鸡胚收获感染胚液，加适当稳定剂，经冷冻真空干燥制成。为微黄色疏松团块，稀释后即溶解成均匀的悬浮液。

【用途】供预防鸡新城疫和传染性支气管炎。适用于21日龄以上的鸡。

【用法】按瓶签注明羽份用生理盐水、蒸馏水或水质良好的水稀释，进行滴鼻、点眼或饮水，方法同单苗。

【保存期】－15℃为1年；0～4℃为6个月。

3. 鸡新城疫、鸡传染性支气管炎二联灭活苗

【性状】本疫苗系用鸡新城疫 Lasota 系鸡胚液和鸡传染性支气管炎 H_{52} 系鸡胚液混合，灭活后，加入矿物油佐剂制成的油乳剂疫苗。呈白色或类白色乳状液。

【用途】用于各种日龄鸡预防鸡新城疫和鸡传染性支气管炎。

【用法】摇匀后，每只鸡颈部皮下或肌肉注射0.5毫升。先期经弱毒活疫苗免疫过的鸡经该疫苗再次免疫，可获得较长时间的坚强免疫力，免疫力可持续10个月。

【保存期】2～8℃保存期1年，室温阴凉处为6个月。

4. 鸡新城疫、传染性支气管炎、减蛋综合征三联灭活油乳苗

【性状】系用新城疫Ⅳ系、传支 H_{52} 肾型毒株的鸡胚液和减蛋综合征的鸭胚液按一定比例配合，经灭活后配以油佐剂而制成。为乳白色乳状液。

【用途】用于预防鸡新城疫、呼吸道型和肾型传染性支气管炎及产蛋下降综合征。

【用法】 鸡群开产前2～4周肌肉注射，每只0.5～1毫升。

【保存期】 2～8℃保存期1年，室温阴凉处6个月。

（十七）高免血清和高免卵黄液

1. 鸡传染性法氏囊病高免卵黄抗体

【性状】 本品系用法氏囊病高免蛋，经过加工处理而成，为深黄色或黄白色较浓稠的混悬液，琼扩效价1∶64以上。

【用途】 对法氏囊发病鸡有治疗作用。发病初期注射后1～2天可控制疫情，减少死亡。对未发病鸡群有短期预防作用。预防期为10～15天。

【用法与用量】 肌肉或皮下注射，1月龄以内的鸡每只0.5～1毫升，1月龄以上的鸡每只1～2毫升。

【保存期】 冻结保存。－15℃保存6个月；2～8℃保存1个月。

【注意事项】

①不可与法氏囊病弱毒疫苗同时使用。

②应用前，可向卵黄液中加入适量青、链霉素。

2. 鸡法氏囊病、新城疫双价高免卵黄抗体

【性状】 本品系用鸡法氏囊病和新城疫疫苗，对健康鸡只进行反复强化免疫后所产的蛋，经过加工处理而制成的深黄色浓稠的卵黄液。新城疫HI效价在10log2以上，法氏囊琼扩效价在1∶64以上方可应用。

【用途】 用于法氏囊病和鸡新城疫混合感染的鸡群，发病早期应用效果较佳。

【用法】 皮下或肌肉注射。根据鸡的大小，每只注射1～3毫升，连用1～3次。

【保存期】 －15℃以下保存期为6个月；2～8℃保存期为1个月。

【注意事项】

①不可同时应用鸡新城疫、法氏囊病活疫苗。

②应用前，可向卵黄液中加入适量青、链霉素。

3. 鸡新城疫高免血清

【性状】 本品系用新城疫疫苗反复免疫，使鸡产生高抗体（HI 价在 10log2 以上），采血制备而成。为淡黄色或淡红色液体。

【用途】 供治疗鸡新城疫病。

【用量】 肌肉或皮下注射，每只鸡 1～2 毫升。

【保存期】 －15℃以下保存期为 6 个月，2～8℃保存期为 3 个月。

【注意事项】 不可同时应用鸡新城疫活疫苗。

第四章　家禽病毒性疾病

一、禽流感（avian influenza，AI）

禽流感是由A型流感病毒引起的禽类的一种急性败血性、高度接触性传染病。临床上可表现为低致死率的呼吸道感染型和高致死率的急性出血性感染型，以发病突然、头面部水肿、轻重不一的呼吸道症状、产蛋率严重下降及全身败血性病变为特征。

本病于1878年首次发现于意大利，当时被称为鸡瘟，即所谓的真性鸡瘟或欧洲鸡瘟。1955年才证实为A型流感病毒感染所致。1981年于美国召开的第一届国际禽流感学术研讨会上建议废除“鸡瘟”这一名称，正式命名为禽流感。其中，由H5和H7亚型毒株（以H5N1和H7N7为代表）所引起的疾病称为高致病性禽流感（highly pathogenic avian influenza，HPAI），其发病率和死亡率都很高，危害巨大，已被世界动物卫生组织列为Ⅰ类烈性传染病。

我国于1979年首次分离到禽流感病毒（AIV），1994年报道AIV在鸡群中流行。1996年在广东地区的鹅群中首次分离到H5亚型AIV。1997年，我国香港首次发生H5N1亚型AIV感染人并致人死亡的事件。到2004—2005年间，国内大部分地区发生了H5N1亚型HPAI疫情，其中引起青海湖1 000多只候鸟死亡的H5N1亚型AIV可能是由几种毒株的流感病毒重排而成，其致病性比以前出现过的H5N1亚型大大增强。由于AIV的易变性，加上我国是个养禽大国，禽类资源丰富，周边国家疫情复杂，同时3条候鸟迁徙路线几乎覆盖了全国大部分地区，使我国的AIV防控形势非常严峻。

(一) 病原

禽流感病毒属正黏病毒科、流感病毒属，病毒粒子直径80～120纳米。在粒子内部含有一条RNA的核蛋白链，呈螺旋状排列，具有特异性抗原；在病毒的外衣壳上，与新城疫病毒相同，都分布有神经氨酸酶（NA）和血凝素（HA）两种不同的抗原成分。可凝集鸡等动物的红细胞，且能被特异性的抗血清所抑制，对呼吸系统都有致病性。因此，历史上曾把禽流感病毒和新城疫病毒划为一类，称为黏液病毒。后经血清学等方法证实其有差异，就将其分为正黏病毒科，而新城疫病毒为副黏病毒科。两种病毒凝集的红细胞种类有所差异，以此可以鉴别之（表4-1）。

表4-1 禽流感病毒与新城疫病毒（Ⅰ系）血凝活性的比较

红细胞来源	人	马	驴	骡	绵羊	山羊	猪	兔	豚鼠	小鼠	鸡	鸽	麻雀
新城疫病毒	＋	－	－	－	－	－	－	±	＋	＋	＋	＋	＋
禽流感病毒	±	＋	＋	＋	＋	＋	－	±	＋	＋	＋	＋	＋

注：＋表示凝集；－表示不凝集；±表示介于二者之间。

1. 型别 正黏病毒科只有一个流感病毒属。根据其核蛋白和基质蛋白抗原性的不同，将其分为A、B、C三个血清型，其中B、C两型主要感染人，A型可感染禽、人、猪、马等。目前，引起禽流感的均属A型。

根据A型流感病毒血凝素（HA）和神经氨酸酶（NA）抗原性的差异，又可将其分为不同的亚型。迄今为止，A型流感病毒的HA已发现有16种，分别为H1～H16，其中9个来自禽流感病毒；NA有10种，分别为N1～N10，其中6个来自禽流感病毒。由于一个病毒粒子上的HA和NA的变异是独立的。因此，通过两者各自的变异可以产生许多不同亚型的毒株。正是由于流感病毒的这种易变性和各型及各亚型病毒之间无交叉免疫性的特性，给本病的防制带来了极大的困难。调查发现，历史上的多次流行和大流行的发生，多是由A型流感病毒新变种侵入的结果。

流感病毒的表示：型别/HA亚型和NA亚型，如在我国大部分地区流行的毒株为A/H9N2。

2. 理化特性 流感病毒具囊膜，对氯仿、乙醚、丙酮等脂溶剂敏感。20%乙醚、40℃处理2小时可使病毒裂解，但血凝效价不受影响，反而出现升高。病毒的抵抗力不甚强，常用的消毒药、热、紫外线等，均可迅速破坏其感染性。但对低温抵抗力较强。在自然条件下，存在于鼻腔分泌物和粪便中的病毒，由于受到有机物的保护，具有较强的抵抗力。如粪便中的病毒，其传染性可保持30天左右，堆积发酵10～20天后，方可将其灭活。

（二）流行病学

1. 传染来源及传播途径 病禽及带毒的禽、鸟均为其主要传染源，已从许多国家的家禽、野禽及野生鸟中分离到了多种A型流感病毒，如鸡、火鸡、珍珠鸡、鸭、鹅、野鸭、燕鸥、乌鸦、寒鸦、鸽、鹧鸪、燕子、苍鹭、番鸭等，且多数为无临床症状的隐性感染。另外，一些观赏鸟类的国际贸易往来也是禽流感病毒的一个来源。

病毒存在于机体内，通过呼吸道、消化道及结膜排出病毒，污染饲料、饮水、设备、用具等周围环境。健禽则以直接接触和间接接触的方式，通过呼吸道、消化道、损伤的皮肤和眼结膜而感染；也可通过吸血昆虫、带毒蛋、带毒鸟而传播。

2. 易感机体 多种禽类和动物均可感染，以鸡、火鸡最易感。

3. 流行特性 禽流感常为突然发生，传播迅速，呈流行性或大流行性发生。

（三）症状

禽流感的潜伏期从几小时到几天不等，长的3～5天。其长短与病毒的致病性高低、感染强度、传播途径和易感禽的种类有关。

在临床上，因感染禽的种类、性别、年龄、并发感染情况及所感染毒株的毒力和其他环境因素等不同而表现出不同的症状。一般可分为最急性型和急性型2种类型。

最急性型：常突然暴发，往往见不到任何症状而突然死亡，病程为数小时。

急性型：患禽体温急剧上升，精神沉郁，食欲减退，饮欲增加，鼻窦肿胀，分泌出黏液性鼻汁；有不同程度的呼吸道症状，如咳嗽、喷嚏、啰音、呼吸困难。重者伸颈张口并发出叫声，头颈部、眼睑及肉髯常发生水肿，眼结膜发炎、流泪或有干酪样物质。水肿严重的可以瞎眼，头部变色呈紫红色，两眼突出，肉垂张开，呈金鱼头（眼）状，无毛部可见皮肤发绀。产蛋率及受精率和孵化率严重下降，持续时间1～2周或更长，有的病禽可出现神经症状和下痢。

以上症状可单独出现，也可能几种同时出现，症状轻重不一。由于感染毒株毒力的不同，死亡率从0～100%不等。到目前为止，我国部分地区禽流感的发生均为低致病力毒株所引起，死亡率较低。

（四）病理变化

禽流感的病理变化，因感染病毒株的毒力强弱、病程长短和禽种的不同而变化不一。

如果感染高致病性毒株，因死亡较快，可能见不到明显的病变。但有些毒株可引起各种各样的充血性、出血性及局部坏死等病变。剖检可见病禽的肉垂、冠发生水肿、发绀，病程稍长时可见冠内有黄色干酪样物积聚；各黏膜、浆膜及内脏有出血性变化，在十二指肠，尤其是肌胃与腺胃交接处的乳头及黏膜出血更为严重，肌胃角质层下也常有出血点；肝、脾、肾、心脏上还常见有黄灰色的变性坏死性病灶，心包肥厚、积液，心肌弛缓、柔软，还常可见到气囊、腹膜和输卵管中有灰黄色的渗出物积聚。

由低致病性毒株引起的最显著的病变是在泌尿生殖系统。可见卵泡畸变，发育停止、出血、坏死及破裂。卵巢绝大多数严重萎缩，几乎见不到成熟的卵泡。处于发育不同阶段的停顿的卵泡，有的停滞在输卵管内被包裹成大的结块；有的脱落在腹腔内，形成不同程度的卵黄性腹膜炎。或在气囊内有大量黄色渗出液及纤维素性渗出物积聚，形成气囊炎，表现囊部增厚，覆有大量渗出物。输卵管黏膜皱襞顶点充血、出血乃至坏死，且常发生水肿，内有似豆腐脑样、蛋清样或干酪样渗出物。公鸡常见睾丸充血肿大乃至出血。

（五）诊断

由于禽流感症状和病变轻重不一，变化较大，且无典型性，同时还有与本病相类似的禽病甚多，再加上并发感染和继发感染的存在。所以，确诊必须依靠病毒的分离鉴定和血清学试验。具体方法可按照《禽流感病毒通用 RT-PCR 检测技术》（GB/T 19438.2—2004）、《高致病性禽流感诊断技术》（GB/T 18936—2003）、《禽流感病毒 NASBA 检测方法》（GB/T 19440—2004）等进行。

1. 病毒的分离和鉴定 分离病毒用的病料多从气管、泄殖腔及输卵管采取，黏液及内容物以灭菌的棉拭子采取，然后置于加有青、链霉素的生理盐水中浸泡 30～60 分钟，离心沉淀，其上清液为分离病毒用的接种材料；气管组织及输卵管组织应先剪碎、研磨，以加有青、链霉素的生理盐水制成 5～10 倍稀释的乳剂，反复冻融 3 次，然后离心沉淀，取其上清液为接种材料。

取已制备好的接种材料 0.2 毫升，以尿囊腔途径接种于 9～11 日龄鸡胚，于 35℃下继续孵育。24 小时内死亡的胚弃去不用。在 2～3 天内死亡的鸡胚，无菌收取其尿囊液和羊水，进行血凝试验（HA）。如接种 4 天后仍未死亡，可取其尿囊液或羊水，继续盲传数代，每代均应进行血凝试验。

当确定尿囊液或羊水具有血凝活性后，还要鉴别是否由副黏病毒鸡新城疫病毒（NDV）所致。因此，首先要用 ND 抗血清进行血凝抑制试验，以排除 NDV 的存在。如果 NDV HI 阴性，方可进行下一步鉴定工作，即应用双向扩散、免疫电泳、中和试验等方法来检测禽流感病毒的型特异性核心抗原（NP，A 型流感病毒都具有相同的型特异性抗原）。

如果对分离出的流感病毒需进一步进行亚型的鉴定，可应用一系列已知的抗不同血凝素（HA）和神经氨酸酶（NA）的血清，以血凝抑制试验和神经氨酸酶抑制试验来分别测定其 HA 型别和 NA 型别。如果实验室不具备鉴定的条件，可将待检病料送往专门从事本项工作的实验室去进行病毒分型鉴定。

2. 血清学试验

（1）血凝（HA）试验和血凝抑制（HI）试验　应用 HA 试验和 HI 试验可证实流感病毒的血凝活性及排除新城疫病毒。HI 试验除常量法和微量法外，还可以用最简单的平板法，即取 1∶10 稀释的鸡血清（最好是 SPF 鸡）和新城疫阳性血清各 1 滴，分别滴于瓷板上，再各加 1 滴已证实有血凝活性的鸡胚尿囊液，混合后各加 1 滴 5%的鸡红细胞悬液。若 2 份血清均出现血凝现象，则表明尿囊液中不含有新城疫病毒；若新城疫阳性血清出现血凝抑制现象，则表明尿囊液中含新城疫病毒。

许多禽类血清（包括其他多种动物血清）均含有非特异性的抑制素，这是一种与红细胞表面受体相似的黏蛋白物质，能与红细胞表面受体竞争性地吸附病毒表面的血凝素。因此，在进行 HI 试验，最好要除去这些非特异性的血凝抑制素，常用的处理方法有受体破坏酶（RDE）法（即霍乱滤液）和高碘酸钠法。

（2）琼脂扩散试验（AGID）　对于流感病毒型的鉴定，应用琼扩法要比血凝抑制试验简便和快速。

由于所有的流感病毒（AIV）亚型都具有特异性共同抗原

(即 AIV 的核心抗原- NP 或 MP，其保守性很强，基本上不发生变异)，所以，可用一种 AIV 的抗原或抗血清对所有 A 型流感病毒的抗体或抗原进行鉴定。

(3) 酶联免疫吸附试验（ELISA） AIV - ELISA 及 Dot - ELISA 试剂盒具有敏感性高、特异性强、检出时间早、检出持续期长、速度快等特点，用于大批量检测。ELISA 成为 AIV 流行病学普查及早期快速诊断的最有效和最实用的方法。ELISA 方法是当前应用最广泛的一种免疫测定方法，敏感性与 HI 方法相当。目前，由于 AIV 全病毒作为包被抗原建立的 ELISA 方法存在生物安全性问题，应用 AIV 型特异性蛋白及其单抗建立 ELISA 方法成为研究的热点。研究证明，基于此建立的 ELISA，可对不同禽群的 AIV 做出敏感快速诊断。

除血凝、血凝抑制试验、琼扩试验、酶联免疫吸附试验外，对于禽流感的诊断，还可应用中和试验、荧光抗体试验以及 RT -PCR 检测方法。

另外，由于禽种类的差异，其免疫反应是不一致的，在进行血清学试验时应注意这一点。例如，用完整的流感病毒进行常规 HI 试验，常检测不出感染鸭产生的抗体；火鸡和雉的抗核心抗原（NP）抗体很容易检出，但在已知的感染鸭中很难检出。

(3) 鉴别诊断　由于禽流感的症状和病变涉及的范围比较广泛，诊断时必须注意与鸡新城疫及其他副黏病毒感染、传染性支气管炎、传染性喉气管炎、衣原体、支原体及并发感染的细菌病相区别。尤其是鸡新城疫与禽流感的症状、病变非常相似，二者的鉴别只能靠实验室诊断的方法。最简便、最实用的方法是血凝抑制试验，新城疫的阳性血清抑制不了流感病毒的血凝作用，反之亦然。

(六) 防制

由于禽流感病毒变异频繁，对病毒的动物宿主范围变化规律不清楚，人、禽和猪等混杂和接触危险持续存在。因此，产生全球大流行的病毒株的危险性依然存在。目前，禽流感的防治均按照《高致病性禽流感防治技术规范》(GB/T1942—2004) 实施。

主要采取扑杀、强制性免疫和生物安全相结合的扑灭措施。同时，参照世界卫生组织（WHO）的专家建议，免疫接种可作为扑杀的补充手段。

1. 免疫接种　免疫接种是提高机体特异性抵抗力的一种重要手段。接种同亚型的禽流感油乳剂灭活疫苗，对禽流感的感染有很好的保护作用。但是，对于禽流感来说，由于 AIV 有十几个血清型，毒力差异很大，且极易发生抗原变异，各型与亚型之间不存在交互免疫性，故给疫苗的使用带来了极大的困难。目前，我国使用的疫苗有中国农业科学院哈尔滨兽医研究所的国家禽流感参考实验室研制的 H5N1 亚型重组禽流感灭活疫苗和 H5 亚型重组禽痘病毒活载体疫苗达到国际水平。H5N1 亚型重组禽流感灭活疫苗对禽类和哺乳动物高度安全，抗原针对性强，免疫效力高，对鸡的免疫保护期长达 10 个月以上。H5 亚型重组禽痘病毒活载体疫苗免疫接种后不产生针对流感病毒核蛋白的抗体，不影响疫情监测，具有安全、高效、免疫效力产生快、免疫保护期长及免疫接种成本低等特点。

2. 控制扑灭措施　严格按照《高致病性禽流感疫情判断及扑灭技术规范》（NY/T764—2004）处理。一旦发现可疑病例，应及时上报疫情。组织专家到现场诊断，对怀疑为高致病性禽流感疫情的，及时采集病料送省级实验室进行血清学检测（水禽不能采用琼脂扩散试验）诊断结果为阳性的，可确定为高致病性禽流感疑似病例；对疑似病例必须派专人将病料送国家禽流感参考实验室（哈尔滨兽医研究所）进行病原的分离鉴定，并将结论报农业部；农业部最终确认或排除高致病性禽流感疫情。

确定为高致病性禽流感疑似疫情后，立即按照《高致病性禽流感疫情处置技术规范》和预案规定，落实以下措施：

（1）划定疫点、疫区、受威胁区。

（2）立即封锁　由政府立即发布封锁令。疫点周围200米范围内不允许任何人员、车辆、动物进入；严禁禽类及其产品进出疫区，在主要交通路口设立消毒检查站点，对过往行人和车辆进行消毒，实行24小时值班把守。

（3）宣传发动　立即召开疫区及威胁区乡村干部动员会，分析形势，讲明利害，安排扑杀、防疫、封锁、消毒等措施，抽调人员分组行动，明确责任、严明纪律。并分头召开群众大会宣讲政策、陈述利害、层层发动。同时张贴布告，印发宣传材料，达到一家一张明白纸。

（4）扑杀　严格遵守《高致病性禽流感疫情处置技术规范》和《高致病性禽流感　无害化处理技术规范》（NY/T766—2004）。对疫点周围3千米范围内的所有禽类进行登记，评估，然后扑杀、焚烧、深埋（坑深不少于2米）。

（5）消毒　严格遵守《高致病性禽流感　消毒技术规范》（NY/T767—2004）。对疫点周围3千米范围内的道路、村庄所有场所进行认真、彻底消毒。

（6）紧急免疫接种　严格遵守《高致病性禽流感　免疫技术规范》（NY/T769—2004）对疫点周围3～8千米范围之间的健康禽全部进行紧急免疫接种，并建立详细免疫档案，签发免疫证。

（7）卫生部门启动人间禽流感应急预案　对与发病禽接触的饲养人员进行隔离观察，对疫区人员健康状况进行认真监视，并指导参与扑灭疫情工作的所有人员做好自身防护。

（8）封锁期间由工商部门负责关闭疫区所有禽类及其产品交易市场。

封锁期间对受威胁区的易感禽类及其产品进行监测、检疫和监督管理。疫点内所有禽类按规定扑杀并无害化处理后，在当地动物防疫监督机构的监督下，进行彻底消毒，经过21天观察、终末消毒，并经动物防疫监督人员审验，认为可以解除封锁时，由当地畜牧兽医行政管理部门向原发布封锁令的政府申请发布解除封锁令。

二、鸡新城疫（newcastle disease，ND）

鸡新城疫，俗称鸡瘟，也叫亚洲鸡瘟或伪鸡瘟，是由新城疫病毒引起的一种高度接触性和高度致死性的急性败血性传染病。其主要特征为呼吸困难、下痢、神经紊乱、黏膜和浆膜出血、产蛋率严重下降。

本病于1926年首次发现于印度尼西亚的爪哇和英国的新城地区。经Doyle证明，其病原是一种病毒。为了与早期的鸡瘟（真性鸡瘟或欧洲鸡瘟，即禽流感）相区别，而命名为鸡新城疫或伪鸡瘟、亚洲鸡瘟。

世界各国对本病的研究已有70多年的历史，应用疫苗进行预防也有30多年的时间，但至今对本病的控制仍没有完全解决。我国于1935年首次报道鸡新城疫，近几十年来，随着养禽业集约化、工业化程度的提高，在得到较多禽产品的同时，也为疾病的传播提供了有利条件。每年都有可观数量的新城疫病死鸡出现，同时和其他疫病发生并发和继发感染，导致疫情的复杂化和常在化，从而给养禽业带来了巨大的经济损失。所以，当前在我国防制新城疫，仍然是一项不可忽视的重要任务。

（一）病原

新城疫病毒为副黏病毒科、副黏病毒属。病毒粒子呈多形性，大多数呈球形，直径120～300纳米，其核酸型是单股负链RNA，核衣壳呈螺旋对称，具有双层囊膜，表面有12～15纳米长的纤突，其上有血凝素（HA）和神经氨酸酶（NA）活性。因此，新城疫病毒可结合于多种动物和禽类红细胞表面的受体上，并使之凝集，且这种凝集活性能被特异性的血凝抑制抗体所抑制，故常应用鸡的红细胞进行血凝（HA）和血凝抑制（HI）试验，用于该病毒的分离鉴定和检测。

在自然界里存在有病原性各不相同的ND病毒，依据病毒对鸡胚和雏鸡致病性的不同，可将其分为3型，即强毒型（velogenes），又称速发型；中毒型（mesogenic），又称中发型；弱毒型（lentogenic），又称缓发型。尽管研究表明，NDV毒株间存在微小的抗原性差异，但目前仍认为只有一个血清型。但更进一步的分子流行病学研究直到近年来分子生物学技术的成熟，才得到了实质性进展。1998年，Lomnizim等通过对基因分型进行更深入的研究，发现以F基因47～435核苷酸之间的核苷酸序列绘制的系统进化发生树与RE位点分布所反映的毒株间遗传关系一致，从而建立了对NDV分离株进行遗传学和生物学鉴别的简单方法，并进一步将NDV划分为7个基因型；国内学者程相朝等（2005）又参照此法，通过研究确认国内NDV的流行十分复杂，既有传统的老基因型Ⅰ、Ⅱ、Ⅲ、Ⅳ、Ⅴ、Ⅵ的流行，又有新的基因Ⅶ型的流行，更有我国独特的基因Ⅷ型和Ⅸ型的存在，并且在不同的地区和不同的流行时段往往出现不同的基因型，甚至新的亚型。

NDV能适应于鸡胚，在鸡胚的尿囊液中含毒量最高，而胚体含毒量较低。病毒也能适应多种细胞，常用鸡胚成纤维细胞进行病毒的分离与培养，不同毒株形成的蚀斑大小、透明度和红色程度不同，致病力愈强，产生的蚀斑愈大。小蚀斑虽然毒力最弱，但仍保持了良好的免疫原性。因此，可利用蚀斑技术选育弱毒疫苗株。

NDV对热敏感，100℃1分钟、56℃5～6分钟即可破坏其感染性、血凝性和免疫原性。但在4℃经几周、－20℃经十几个月、－70℃经几年仍能保持其感染力。对pH有较大范围的稳定性，pH2以下或pH10以上时，感染性仍能保持几个小时；紫外线对NDV有破坏作用；所有去污剂均能有效地将NDV杀灭；稀释的甲醛液可破坏其感染性，而对血凝性和免疫原性影响不大，故常用0.1%～0.2%的甲醛液作为其灭活剂。

（二）流行病学

1. 易感动物 鸡、火鸡、鸽、孔雀、珍珠鸡、雉鸡、鹌鹑、野鸡对NDV均易感。其中，以鸡的敏感性最高，其次是野鸡，来航鸡比本地鸡的易感性高。鸭、鹅也可带毒而发病。从野鸟和观赏鸟类中也可分离到NDV。哺乳动物对本病有较强的抵抗力，人偶尔可感染，特别是从事该研究的实验室工作人员和饲养人员，感染后出现结膜炎，有的患者可表现发热、寒战、咽炎等流感样症状。

2. 传染源 病鸡和带毒鸡是本病的主要传染源。但对鸟类也不可忽视。病毒主要是通过飞沫经呼吸道或通过病鸡的排泄物、分泌物所污染的饲料、饮水等经消化道传染。大约在感染后48小时或出现症状前24小时，即可通过口鼻分泌物和粪便排出病毒，通常持续2～3周。但因感染病毒株的特性和感染状态不同，也可持续更长时间。此外，野禽（鸟）、外寄生虫、人、畜均可机械地传播病原。

3. 传播途径 NDV不能经卵发生垂直传播，因为由病鸡所产的卵，在孵化的早期（4～5天），胚胎即因感染而死亡，几乎不存在成活的可能性。本病一年四季均可发生，但以春、秋季节较多。各种日龄均可发病，但高发期为30～50日龄。感染强毒株时，常造成地方性流行，病死率达90%以上。但近年来，ND的流行特点略有变化，非典型新城疫日渐增多，病理变化很不明显，发病率和死亡率为10%～15%，高的也可达80%。

（三）症状

潜伏期约3～5天。

不同NDV毒株引起的疾病类型和严重程度变化较大，根据其临床表现和病程的不同，Beard和Hanson将其归纳为以下几型：

1. 速发性嗜内脏型 可使各种日龄鸡产生急性致死性感染，以消化道出血性损害最为明显。

最急性病例多见于流行初期和雏鸡。发病突然，常无任何特征性症状即死亡。急性病例常表现病初体温升高达43～44℃，精神沉郁，食欲减退或废绝，垂头缩颈，鸡冠和肉髯明显发绀，张口呼吸，嗉囊膨胀，内积多量酸臭液体，口流黏液，可见下痢，粪便稀薄呈浓绿色。在2～8天的病程里，死亡较多，常可达90%以上。产蛋鸡产蛋突然下降或停止，并产软壳蛋、畸形蛋。病愈后，产蛋率很难恢复到原有水平。死亡高峰之后，鸡群中常出现有神经症状的病鸡，表现为头颈扭曲、角弓反张、腿麻痹和运动障碍等。

2. 速发性嗜肺脑型 常致各种日龄鸡急性致死性感染，以呼吸道和神经症状为特征。发病突然，传播迅速，有明显的呼吸困难、咳嗽和气喘。有时可见张口伸颈呼吸，出现"咯咯"的喉鸣音。食欲减退或消失，腹泻较少发生。病鸡群很快即出现神经症状，表现颈扭转、腿或翅麻痹。受到刺激后，全身常发生阵发性痉挛或做转圈运动，经1～2分钟后又可恢复正常，产蛋鸡产蛋量急剧下降。本型在成年鸡死亡率为10%～50%或更高，幼鸡的死亡率高达90%以上。

3. 中发型 由中发型病毒所引起，死亡仅见于幼禽。可引起呼吸系统和神经症状，成年鸡常只有呼吸道症状，食欲减少，产蛋量下降。

4. 缓发型 由缓发型病毒所引起，不引起死亡。患鸡可表现轻微的或不明显的呼吸道症状。

在我国，常见的是速发性嗜内脏型和速发性嗜肺脑型。

最近几年，在免疫鸡群，常常发生非典型新城疫，其症状因日龄不同而有程度上的差异。幼雏和育成鸡首先表现呼吸道症状，鸡群有明显的呼吸音，个别的呈现呼吸困难，不久即有以神经症状为主的病鸡出现。病鸡食欲减退、下痢，发病后2～3天死亡率增加，大约在7天后开始下降。当鸡群好转后仍有神经症状的鸡出现，并可延续1～2周，死亡率为15%～25%。成年鸡的症状较轻微，可表现呼吸道症状和神经症状，产蛋量明显下降，软壳蛋多，少数鸡发生死亡。有的成年鸡群发病后唯一的表现就是产蛋量突然下降，软壳蛋增多，经2周左右，产蛋量开始回升。

火鸡、鸽、鹌鹑等感染NDV后，常可发病出现类似的症状。但若没有并发或继发感染时，死亡率一般不高。

（四）病理变化

1. 速发性嗜内脏型 以消化道出血性乃至坏死性病变为特征。剖检可见，腺胃乳头明显出血，肌胃角质层下也常有出血；小肠有暗红色出血性病灶，肠壁有不同程度的坏死；盲肠扁桃体肿大、出血及坏死；泄殖腔也常有充血和出血。病程较长时，部分病例在肠壁上可见紫红色枣核样的肠道淋巴集结，剖开可见突出于黏膜的坏死灶、溃疡灶；卵巢常有出血和坏死。

2. 速发性嗜肺脑型 主要病变在呼吸道，消化道病变极不明显。可见鼻腔、喉头、气管内有浆液性卡他性渗出物；气管内偶见有出血，产蛋鸡多见卵泡出血、坏死及破裂，幼龄鸡多见有气囊肥厚，并覆有大量的渗出物，渗出物多由支原体及细菌性混合感染所致。

3. 非典型新城疫 病理变化极不典型。腺胃出血不明显，常见有充血或出血斑、片。肠道淋巴集结的出血、坏死也不明显。相对突出的是，直肠与泄殖腔黏膜的出血，而盲肠扁桃体的肿大、出血不甚明显，但一经发现则具有较高的诊断意义。另外，常可见到继发感染的病变，如气囊炎、肺充血等。

（五）诊断

典型的新城疫根据其流行病学、症状和病理剖检变化，可做出初步诊断。进一步确诊和非典型新城疫的诊断，则须依赖于病毒的分离鉴定及血清学诊断。

1. 病毒的分离与鉴定 尽管NDV可在许多细胞系上生长，但通常多用鸡胚来分离病毒，最好是SPF鸡胚或无ND母源抗体的鸡胚。发病初期的病鸡可取其气管黏膜、脾脏和肺脏，后期的病鸡可取其脑和骨髓，经适当处理后，通过尿囊腔途径接种于9～10日龄鸡胚。接种后一般48～72小时鸡胚死亡。若为弱毒NDV时，则胚胎死亡可延长到72～120小时。收集死胚之尿囊液和羊水，检查血凝活性，阴性者再盲传2代。对已检测有血凝活性的尿囊液，还必须应用已知的新城疫阳性血清进行血凝抑制试验，以鉴定之。

2. 血清学试验 可应用血凝和血凝抑制试验、中和试验、琼扩试验、荧光抗体试验及酶联免疫吸附试验来进行ND的抗原或抗体检测。但在新城疫的诊断中，最常应用的还是血凝和血凝抑制试验（具体方法见第十一章），尤其是免疫鸡群发生非典型新城疫时，更应进行抗体的检测。常可见鸡群的血凝抑制抗体效价参差不齐，相差很大，低者可为0，高着可达1 000倍以上。

3. 鉴别诊断 新城疫在临床上易与禽流感、禽霍乱、传染性支气管炎、传染性喉气管炎等相混淆，一些中毒病也有类似变化，应注意区别。

禽流感的症状和病变颇似新城疫，但毒株不同变化较大，不发生或偶发生神经症状，且常有头颈水肿症状；腺胃出血比新城疫更为明显，输卵管黏膜常有水肿、充血病变。但二者确切的鉴别仍靠病原学和血清学试验，虽然两种病原体都能凝集鸡红细胞，但其血凝抑制抗体无交叉抑制作用，有助于简单鉴别。

禽霍乱的病程短于新城疫，也没有神经症状，其全身出血比新城疫更广泛，肝脏上有典型的坏死点。取病料涂片镜检，可见到典型的两极浓染的巴氏杆菌。

传染性支气管炎和传染性喉炎呼吸道症状比新城疫明显，喉头和气管黏膜有出血性或黏液性分泌物，胃肠道无新城疫的特征性病变，肾脏常发生肿大，多尿酸盐沉积。

（六）防制

1. 治疗　一旦确诊为新城疫，对急性感染鸡群，早期可应用高免血清（每千克体重 0.5～1 毫升）或高免卵黄液（每千克体重 1～2 毫升）进行紧急性被动免疫接种，每天一次，连续使用 2～3 次。同时，在饲料或饮水中，应添加抗应激和抗病毒药物（如喉毒康、维德特等制剂）以及抗菌药物，以提高机体的抗病能力，防止细菌的继发感染。但对于免疫鸡群的治疗，应用最多的还是根据不同鸡群的免疫情况，选用大剂量（3～4 倍）的新城疫Ⅰ系、Ⅳ系或克隆-30 弱毒疫苗进行紧急性免疫接种。多采用肌肉注射法，也可饮水。但这种治疗方法，常可在接种后短期内造成鸡只死亡数量增多，故应慎用或遵医嘱应用。尤其是产蛋鸡群，为避免产蛋率的大幅度下降，一般不用Ⅰ系，而应用Ⅳ系或克隆-30 疫苗进行紧急接种。

2. 预防　认真贯彻落实传染病预防的共同原则，加强卫生管理和免疫接种，是预防鸡新城疫的关键所在。

（1）预防接种。通过疫苗接种，增强鸡的特异性抵抗力，以达到预防新城疫的目的。

①疫苗种类。目前使用的新城疫疫苗可分为两大类，即活疫苗和灭活苗。

活疫苗中有Ⅰ系苗（mukteswar 株），为中发型活毒苗，即常说的中等毒力苗。由于其毒力较强，一般只用于60 日龄以后的免疫，多采用注射的方法。其他活疫苗包括Ⅱ系（HB_1）、Ⅲ系（F 株）、Ⅳ系（lasota 株）、克隆-30（clone-30）、N-79 及

V_4。这类疫苗均为缓发型即弱毒苗，其安全且适用于各种日龄的鸡，多用于鸡群的基础免疫。可用多种免疫方法进行，包括滴鼻、点眼、饮水、气雾及拌料（V_4株）。其优点是产生免疫力快，可用于安全地区及大型养鸡场。但其免疫期短，没有Ⅰ系苗产生的免疫力坚强。Ⅰ系苗的特点是产生免疫力快而且免疫期长，多用于小型及农村养鸡场（户）。在ND的高发区或发病鸡实施紧急预防接种Ⅰ系苗，能有效控制ND的流行和蔓延。

灭活苗常用的是Ⅳ系和克隆-30经灭活后制成的油乳剂苗。它安全、产生免疫力坚强而持久，但产生免疫力的时间较慢。研究和生产应用都表明，灭活苗和活疫苗的联合应用是控制新城疫发生的较好措施。尤其是产蛋鸡开产前，一次油乳苗注射可维持鸡群的HI抗体效价一直处于保护水平之上（平均大于等于1∶128）。

②免疫方法。如前所述，ND的免疫接种可用滴鼻、点眼、刺种、注射、气雾及饮水等多种方法实施，即使同一种疫苗，不同的免疫方法产生的免疫效果也是有差别的。因此，采用何种免疫途径，应根据疫苗的种类、鸡群的免疫状况、日龄、规划及生产条件等因素来确定。

雏鸡常用滴鼻、点眼的方法进行免疫接种，不但效果好，还增加了局部的黏膜免疫力，减少了呼吸道感染。

设备较好的规模化养鸡场多用饮水免疫，可相对节省人力，减少抓鸡的应激，但不如注射产生的免疫力均衡。所以，饮水法经常用于鸡群的基础免疫。

气雾免疫也是一种较常用的免疫方法，免疫效果比较确实。为了防止诱发慢性呼吸道病，可于疫苗中加入链霉素、红霉素等抗生素。灭活苗则采用皮下或肌肉注射的方式。

（2）免疫程序　现代养鸡生产中，制订、实施合理有效的免疫程序是控制传染病的重要措施和策略。为了保证鸡群在整个生产期内保持高水平的抗体，即良好的免疫力，不同的生产类型，其免疫程序不尽一致。程序的确定要依据免疫效果而定，并根据监测结果加以修正和补充。

①首免日龄。由于雏鸡存在被动免疫力即母源抗体，在大约2周内对NDV感染具有抵抗力（半衰期4.5天左右），此时亦会干扰主动免疫。因此，主动免疫既要避开母源抗体的高峰期，又不能迟于母源抗体低于保护的临界值（一般认为1∶16即4log2)。所以，要用血凝抑制试验监测1日龄雏鸡母源抗体，再推算出合适的首免日龄。

首免日龄＝4.5×（1日龄HI滴度－4）＋5

式中，4.5为母源抗体的半衰期，抗体的滴度用对数值表示。如母源抗体为1∶32即5log2的雏鸡，其首免日龄则为9.5日龄。

一般对鸡群抽样时，采取0.5％的雏鸡样品来检测HI的平均值。平时监测HI≤1∶16时，就应免疫。

②参考免疫程序。由于新城疫发生的复杂性，制订免疫程序时要考虑多种影响因素，如鸡只的免疫状况、生产类型、新城疫的流行情况及疫苗种类、使用方法等。

蛋鸡和种鸡：7～10日龄首免，可用Ⅳ系、Ⅱ系或克隆-30弱毒疫苗滴鼻点眼；二免在25～30日龄时进行，疫苗及使用方法同首免；三免在60日龄时进行，可用Ⅰ系疫苗进行肌肉注射或饮水（剂量加倍）；四免在110～120日龄时进行，应用新城疫灭活油乳苗肌肉注射，同时应用Ⅰ系对侧肌肉注射或倍量饮水。

商品肉鸡：7～10日龄首免，用Ⅱ系、Ⅳ系或克隆-30弱毒苗滴鼻、点眼；25～30日龄二免，用Ⅳ系倍量饮水或用Ⅰ系注射。或在7～10日龄内用Ⅳ系、Ⅱ系或克隆-30弱苗和灭活油乳苗同时应用，可维持至出栏。

(3) 免疫监测　接种新城疫疫苗后，应定期对鸡群的HI抗体进行监测，以了解疫苗的免疫效果。同时，可掌握鸡群的免疫状态，为下一次免疫选择合适的免疫时机。

监测时间的选择一般在弱毒苗接种后14～20天，灭活苗接种后30天。采样应随机抽取，抽检鸡数为0.5%左右，鸡群大时可占0.1%～0.5%，鸡群小时为2%～5%。

一般Ⅱ系、Ⅳ系、克隆-30免疫后的HI效价在4log2～7log2之间；Ⅰ系苗在5log2～8log2之间，灭活油乳苗的平均HI效价大于8log2。对于雏鸡和蛋鸡，当HI效价低于4log2时即应进行免疫；对于种鸡群，当HI效价低于6log2时，则应进行免疫。

（七）当前鸡新城疫防制中存在的问题及对策

当前，在鸡新城疫防制中存在的主要问题：一个是人们对免疫鸡群所发生的非典型新城疫认识不足或与禽流感相混淆，往往造成误诊而使疫情扩大蔓延；另一个是对免疫程序未能做出适合特定鸡群的调整，以及疫苗的质量、使用方法不当等方面的问题，导致免疫失败而发生新城疫。

1. 发生误诊的原因 造成临床上新城疫误诊的因素是多方面的，但主要有以下几个原因：

（1）非典型新城疫的存在 由于新城疫疫苗的广泛推广应用，非免疫鸡群已基本不存在，且大多数鸡群均进行过多次免疫。但由于多方面的原因常导致免疫失败，造成新城疫在免疫鸡群中仍时有发生。不过，其症状和病变也发生了很大变化，常常不表现典型的症状和病变。在高母源抗体的雏鸡或因母源抗体干扰而免疫失败的雏鸡，发病时主要表现呼吸道症状，病雏聚堆、无神、闭眼、不食、常伸颈张口呼吸，呈现呼吸困难症状。剖检仅见心冠脂肪有较小的出血点，且很不明显，盲肠扁桃体有肿大、出血，泄殖腔有小点出血，有时可见气囊炎、气管炎，其他部位多正常；成鸡发生非典型新城疫时，因免疫水平不同而有差异，轻者可见有2～3天不食或减食，精神沉郁，排绿色稀粪，产蛋量下降，重则可能有1%～3%的死亡，5%左右的鸡出现头颈扭转的后遗症。这种症状多在鸡采食或受到惊吓时出现，产蛋量严重下降，约需1个月后才逐渐恢复。在有的非典型新城疫鸡群中，常看不到鸡有任何临床症状，只是每天或间隔几天死亡数只，这种零星死亡可持续很长时间。剖检时，可见鸡营养状态良好，盲肠扁桃体肿大，有出血灶，泄殖腔有出血点。仔细观察，可在小肠黏膜面上发现孤立滤泡肿大隆起，中心呈黄色坏死，周边有红色充血、出血围绕，间或有气囊炎、气管炎或卵黄性腹膜炎，其他部位多无异常发现。若对鸡群进行HI抗体检测，可见其HI效价参差不齐，低者为0，高者可达11log2～12log2。

在这些非典型新城疫病例中，临床表现或轻或重，变化多样，极不典型。剖检时，常见不到典型的腺胃乳头出血，肠道出血也不甚明显。故常常不能正确确诊或误诊为其他疫病，这是造成新城疫误诊的一个重要原因。

（2）禽流感的存在　近些年，由于禽流感的发生，许多人谈"瘟"色变，无端地扩大了禽流感的普遍性和危害性。再加上其与新城疫的症状和病变常常相似，尤其是消化道腺胃的病变更为相似。故常常把新城疫误诊为禽流感，从而延误了治疗。

（3）观念的错误　造成新城疫误诊的另一个原因是人们对新城疫疫苗充满信心，认为这些疫苗的免疫效果可靠，多年的应用实践也证明了疫苗效果的可靠性。再加上不同种疫苗的反复应用，故对免疫效果深信不疑，常认为刚用过疫苗，鸡群在有效的免疫期内，是不会发生新城疫的，从而造成误诊。

（4）混合感染或继发感染　机体患新城疫后，由于其抵抗力严重下降，极易导致与其他疾病的混合感染或继发感染，如传染性法氏囊病、大肠杆菌病、支原体病等。这些使得疫病更加复杂化和严重化，给新城疫的确诊带来了很大困难。

以上诸多因素的存在，使得新城疫在临床上常常发生误诊，从而得不到有效的控制，导致疫情的继续扩大蔓延。

2. 造成免疫失败的原因 经新城疫疫苗多次免疫的鸡群仍发生新城疫，且造成鸡发病死亡，这是一直困扰人们的一个问题。普遍认为造成免疫失败的一个主要原因是免疫程序不科学，尤其是首免日龄的确定不恰当。由于现在的种鸡群一般都经新城疫疫苗多次免疫，故雏鸡体内存在有较高的母源抗体，可对弱毒疫苗的免疫反应产生很大的干扰作用。因此，首免必须在母源抗体将近消失时再进行，才能取得良好的免疫效果。

导致免疫失败的因素，除上述的母源抗体干扰外，还有以下几个方面的因素：①疫苗运输、保管失误及疫苗过期所造成的疫苗失效；②疫苗应用不当，如应用自来水稀释疫苗、稀释好的疫苗在阳光下暴晒等原因导致免疫不确实；③接种时，违反操作规程，不认真，导致漏种、错种、量不足等；④应激及其他免疫抑制因素，如接种时鸡群营养状况较差、饲养密度过大、感染过马立克氏病、传染性法氏囊病等免疫抑制性疾病；⑤个体的差异，有些鸡免疫应答反应较低，在有野禽侵袭时易发病。

3. 当前的对策

（1）及时正确地诊断疫情 及时确诊对新城疫的控制和预防是极为重要的。故此，应认真分析造成误诊的各种原因，了解目前新城疫流行的现状。尤其是要掌握非典型新城疫的症状与病变特征，对免疫鸡群也不可麻痹大意。只有这样，才能尽快、准确地对新城疫做出诊断。

（2）制定科学的免疫程序 在搞好免疫监测工作的同时，要根据当地的具体条件、疫病的流行情况、鸡群的种类等，制定出适合各类鸡群的免疫程序。而且，要根据监测随时加以修改调整，且不可不分条件、不分情况，千篇一律，通用一个免疫程序。这样难免会发生失误，导致新城疫的发生。对于无条件进行免疫监测的场户，可不管雏鸡母源抗体的高低，将首免提前至1日龄。应用灭活油乳苗颈部皮下注射0.25毫升，同时应用Ⅱ系或克隆-30弱毒疫苗进行滴鼻点眼。这样，既可达到中和母源抗体的目的，又能保证免疫效果的产生。

三、传染性法氏囊病
(infectious bursal disease，IBD)

传染性法氏囊病，又称传染性腔上囊炎，是由传染性法氏囊病毒引起一种幼鸡的急性、高度接触性传染病。以突然发病、排白色稀便、肌肉出血、法氏囊肿胀、坏死或萎缩为特征。

本病最早于 1957 年发现于美国特拉华的甘布罗（gambom)，故又称甘布罗病。由于在病鸡肾脏中可见到明显的病变，故也称禽肾病。直到 1970 年，才将本病命名为鸡传染性法氏囊病（IBD)。

本病呈世界性分布，广泛存在于各养鸡地区，对幼鸡及青年鸡造成了相当严重的损失。在我国，IBD 于 1979 年首次发生于广州，之后相继在全国广泛传播。尤其是自 20 世纪 80 年代末至今，在我国许多养殖场户多以暴发形式发生，发病率和死亡率极高。另外，法氏囊病毒侵袭禽的免疫中枢——法氏囊，使淋巴细胞严重丢失，导致免疫抑制，从而使病鸡对其他疫苗的免疫应答显著降低，并对新城疫、大肠杆菌、沙门氏菌、支原体及球虫等病原体更加易感。故由 IBD 直接和间接造成的经济损失是十分巨大的，是目前危害养鸡业的最严重的传染病之一。OIE 将本病列为 B 类动物疫病，我国把其列为二类传染病。

（一）病原

传染性法氏囊病毒（infectious bursal disease virus，IBDV）为双 RNA 病毒科、双 RNA 病毒属。IBDV 是禽双 RNA 病毒属的唯一成员。病毒是单层衣壳，无囊膜，直径为 55～60 纳米，呈二十面体对称。该病毒对乙醚和氯仿具有抵抗力；耐热、耐酸、不耐碱，在 56℃可存活 5 小时，在 pH2 不受影响。但在

pH12 的溶液 30 分钟可被灭活；对外界环境的抵抗力也较强，在常温下能存活至少 120 天；对消毒药有一定的抵抗力，0.5%酚和 0.2%的硫柳汞 1 小时不能将其灭活。但 0.5%的氯胺、甲醛、戊二醛对 IBDV 消毒有效。

已知 IBDV 有Ⅰ型和Ⅱ型 2 个血清型。Ⅰ型 IBDV 对鸡有致病力，对火鸡无致病力，但可使火鸡产生抗体；Ⅱ型 IBD 病毒是从火鸡分离到的毒株，但对鸡和火鸡均无致病力。根据其致病特征和抗原性的差异，血清Ⅰ型中又可分为经典毒株（亦称标准血清Ⅰ型）、变异株（亦称亚型毒株）和超强毒株。经典毒株以导致法氏囊的水肿为特征，世界各地广泛流行；变异株于 1985 年首次分离于美国特拉华州，导致法氏囊的迅速萎缩，未见有水肿的过程，具有很强的免疫抑制作用，主要流行于美国、澳大利亚等国；超强毒株导致法氏囊的严重出血，外观似“紫葡萄”样，死亡率高达 70%以上，最早分离于比利时，现已大面积流行于欧洲、东南亚和非洲等。我国同时存在 3 种类型的 IBDV 毒株，流行情况十分复杂。不同地区 IBDV 分离株的 V_{P2} 基因序列和致病特性均存在一定的差异。除鸡外，鸭、鹅、鸥、麻雀以及喜鹊等均存在 IBDV 的自然感染，这些动物感染 IBDV 后通常不表现出临床症状，但可能成为病毒携带者或储存宿主，不仅可能引发 IBDV 的传播和续源流行，也为 IBDV 的变异提供了特殊的生态条件。

研究表明，目前我国流行的 IBDV 以超强毒株为主，但各毒株间也有一定的差异；其次是基因有明显变异的经典毒株。超强毒株的环境适应性很强，在一个鸡场一旦出现，很难根除。作者在对一个鸡场 20 年跟踪研究表明，超强毒株稳定存在长达 10 年。此后，基因虽有变异，但都没有改变超强毒株的分子特征。

IBDV 由 5 种病毒蛋白组成，分别为 V_{P1}、V_{P2}、V_{P3}、V_{P4}、V_{P5}，其中 V_{P2} 为主要的结构蛋白和保护性抗原成分，能刺激机体产生中和抗体，这为亚单位疫苗的研究提供了依据。

IBDV不凝集红细胞，能在鸡胚中生长繁殖，经3～7天可致死鸡胚，并能于鸡胚继代适应后移植在鸡胚成纤维细胞上生长，产生细胞病变，形成蚀斑。

（二）流行病学

1. 传染源 本病的传染源主要是病鸡和带毒鸡，其粪便中含大量的病毒。它们可通过粪便持续排毒1～2周，病毒可持续存在于鸡舍中。

2. 传播途径 通过直接接触和间接接触传播；通过被污染的饲料、饮水、垫草、用具等传播。小粉虫、鼠类、人、车辆等可能成为传播媒介。病毒主要经消化道传染给人，首先在肠道巨噬细胞和淋巴细胞内初步繁殖，然后随血流转移到肝脏和法氏囊，在此大量繁殖并经泄殖腔排出。

3. 易感动物 鸡对本病最易感，主要侵害2～5周龄的鸡，其中以3～6周龄的鸡最易感。成年鸡对本病具有抵抗力，1～2周龄的雏鸡发病较少，肉仔鸡比蛋鸡易感性强。国内也有鸭、鹅、鹌鹑能感染发病的报道，并有人从麻雀中分离到病毒。

4. 流行形式 本病常突然发生，迅速传至全群，并向邻近鸡舍传播，常造成地方性流行。商品鸡由于高密度饲养，病情最为严重。遇超强毒株感染，首次发病率高达100%，死亡率高达80%或更高。一般的发病率为70%～90%，死亡率为20%～40%。

（三）症状

潜伏期一般2～3天，发病突然，迅速波及整个鸡群。病初体温升高，食欲减少，精神沉郁，羽毛松乱。随后，病鸡排出白色水样稀粪，玷污肛门周围，病鸡自啄肛，离群呆立，两翅下垂，饮水增加，嗉囊中充满液体。严重的后期脱肛，体温下降，卧地不起，极度虚弱而死亡。鸡群一般于发病后第2～3天开始死亡，并很快达到高峰，5～7 天后死亡率减少并逐渐停止，死亡曲线呈尖峰型，病程一般为 5 天左右。康复鸡有不同程度的免疫抑制现象，一般没有其他后遗症。

（四）病理变化

尸体脱水，腿爪干燥；胸肌、腿肌、翼肌等骨骼肌有条纹出血；腺胃和肌胃交界处有出血带；心脏外膜有出血斑点。脾脏肿大，表面有灰白色坏死灶；肾脏肿大，苍白，有尿酸盐沉积；肝表面有黄色条纹；胰脏呈白垩变性；盲肠扁桃体肿大出血，直肠黏膜有条斑状出血。

法氏囊病变有特征性，病初肿大 2～3 倍，呈浅黄色、椭圆形，浆膜水肿呈黄色胶冻样，有半透明米黄色纵条纹，进而法氏囊变脆、变硬，有程度不同的出血斑点，出血较多的外观呈红、白花斑，似雨花石样，弥漫性出血的呈紫葡萄样。囊黏膜水肿，囊内含有多量的黄白色或紫褐色浓黏液，皱褶上有许多黄白斑点或条斑状出血，严重的呈弥漫性出血。而后法氏囊萎缩、变硬，呈黄褐色或深灰色干枯的橄榄核状，内有黄色干酪样栓塞物，出血严重的呈黑褐色干酪样坏死。

（五）诊断

本病一般根据其流行病学、临床症状和特征性的病理变化，即可做出诊断。由 IBDV 变异株感染的鸡，只有通过法氏囊的病理组织学观察和实验室检验才能做出诊断。病毒分离鉴定、血清学试验和易感鸡接种是确诊本病的主要方法。按照《传染性法氏囊病诊断技术》（GB/T19167—2003）进行诊断。必要时可进行实验室诊断，实验室诊断包括病毒的分离鉴定和血清学试验两大类。

1. 病毒的分离与鉴定 无菌采取病鸡的脾脏，剪碎、研磨，以加有青、链霉素（各 5 000 单位/毫升）的 PBS 液制成 5 倍稀释的悬液，反复冻融 3 次，然后低速离心，取上清液作为分离病毒用材料。

将处理好的病料液 0.2 毫升经绒毛尿囊膜途径（绒毛尿囊膜是 IBD 病毒初次分离最为敏感的接种途径）接种于无 IBD 母源抗体的 9～11 日龄鸡胚。鸡胚感染后，常在接种后 36～72 小时死亡，鸡胚的眼观病变为：皮肤充血、出血；肝脏有斑点状坏死和出血点；肾充血，并有少量斑状坏死；法氏囊无明显变化；绒毛尿囊膜水肿增厚。在感染的鸡胚中，以绒毛尿囊膜和鸡胚组织含毒最高。初次培养时，尿囊液中含毒量极低，只有经鸡胚多次传代的适应株，在尿囊液中才含有大量的病毒。

将收取的绒毛尿囊膜剪碎、研磨，以 PBS 液制成悬液作为待检液，应用动物接种试验、琼脂扩散试验、中和试验、酶联免疫吸附试验等方法进行鉴定。

有时分离病毒会遇到困难，主要原因有：①所用鸡胚含有母源抗体，可干扰病毒生长；②误用尿囊腔或卵黄囊途径接种，由于不是敏感的接种途径；③误用尿囊液作为传代病料，常因其中不含或仅含少量病毒，而使病毒难以分离；④病毒引起的急性感染是短暂的，因而在急性期过后，常分离不出病毒。

2. 血清学试验　常用的有琼脂扩散试验、中和试验、酶联免疫吸附试验及荧光抗体试验。

（1）琼脂扩散试验　由于其简便易行，故在 IBD 的诊断和监测中，琼扩试验是最为常用的一种血清学方法（具体方法见第十一章），但其敏感性低于其他血清学方法。

（2）中和试验　IBD 病毒可被特异的抗血清所中和。试验中，可用定量的已知血清检测病毒，也可用固定量的已知病毒检测被检血清。中和试验可在易感的鸡胚或鸡胚成纤维细胞上进行。由于其操作方法比较复杂，故在一般的常规检查中应用较少，但常用于 IBD 病毒血清型的鉴定。

（3）酶联免疫吸附试验（ELISA）　ELISA 及由其发展起

来的 Dot - ELISA 是诊断 IBD 较为快速、敏感和特异的血清学方法。利用血清样品的 P/N 值计算其 ELISA 效价（ET），可以定量测定血清抗体水平，可适用于大批量样品的检测。而 Dot - ELLSA 则适用于检测待检病料中是否有病毒抗原的存在，其敏感度比琼扩法高 100 倍。

（4）荧光抗体试验　取病鸡的法氏囊、胸腺及脾脏，制成冰冻切片，然后以特异性的 IBD 荧光抗体进行染色，感染后 12 小时到 9 天内均可检出特异性抗原。

3. 鉴别诊断　传染性法氏囊病的肌肉出血，可能与缺硒、维生素 E 缺乏、磺胺类等药物中毒和真菌毒素引起的出血相似；法氏囊萎缩也可能发生于马立克氏病；肾肿大的病变常易与传染性支气管炎的肾变化相混淆，腺胃出血要与新城疫和药物中毒相区别。

诊断时，关键应注意法氏囊及肝脏的变化。传染性法氏囊病时，法氏囊肿胀失去弹性，周围有一层胶冻状水肿。肝脏呈红黄相间的条纹状，而上述其他疾病无此变化。败血型大肠杆菌病时，法氏囊弥漫性潮红，易与传染性法氏囊相混淆。但此时不肿大，柔软，有弹性。

（六）防制

1. 治疗　一旦确诊，即应立即注射高免血清（每千克体重 0.5～1 毫升）或高免卵黄液（每千克体重 1～2 毫升）。同时，在饲料和饮水中加入抗病毒、抗细菌药物和缓解肾脏肿大，促进尿酸盐排泄的药物以及抗应激药物，以进行综合治疗。尤其是高免卵黄液及一些中药制剂（如禽可乐、瘟囊毒灭、囊痘灵等）的使用，对 IBD 的控制发挥了极大的作用。

2. 预防

（1）卫生消毒措施　要特别注意不要从有本病的地区、鸡场引进鸡苗、种蛋。必须引进的，要隔离消毒观察 20 天以上，确认健康者方可合群。严格控制人员、车辆进出和消毒，坚持鸡群分批管理，全进、全出，进前、出后彻底清扫，用福尔马林熏蒸消毒。

(2) 免疫 有条件的鸡场，要搞好鸡群的免疫监测工作，根据所测定的母源抗体或鸡群的抗体水平制订合理的免疫程序。尤为关键的是要确定首免日龄，常用的方法仍是琼脂扩散试验。应以0.5%比例采样，收集血清，用标准IBDV抗原检测母源抗体来确定首免日龄。1日龄雏鸡母源抗体琼扩阳性率低于80%，可在10～15日龄首免；在80%～100%之间可于15～21日龄首免。在母源抗体下降过程中，要加强环境消毒，以防强毒感染。或者，采取的样品经琼扩反应检查，当还有30%～40%的样品呈阳性反应时，就是雏鸡群进行首免较适宜的时机，此时在雏鸡15日龄左右。首次免疫后，一般情况下应用琼扩方法监测抗体是测不到的。首免后经10～14天进行二免，二免后15～20天可测到抗体水平。样品阳性率达80%以上，免疫成功，鸡群可得到保护。但实际中有的三免后才能测到抗体。

目前，使用的IBD疫苗有两类，即活毒疫苗和灭活苗。活毒疫苗又分弱毒苗和中毒苗。有母源抗体的鸡群可选用中等毒力苗；无母源抗体或抗体水平偏低的鸡应选用弱毒苗；二免时用中等毒力苗；在严重污染区或本病高发区的雏鸡，可直接选用中等毒力苗。IBD灭活苗可分为胚毒苗、细胞苗和囊毒苗，其中囊毒苗免疫效果最好。但由于其成本较高，故一般仅对种鸡应用。

在生产中，可参考以下免疫程序：

①种鸡群：2～3周龄首免，选用中等毒力疫苗饮水；4～5周龄二免，应用中等毒力疫苗倍量饮水；开产前三免，应用灭活油乳苗肌肉注射。

②商品蛋鸡：2周龄首免，弱毒疫苗饮水；3周龄二免，中毒疫苗饮水；4周龄三免，中毒疫苗倍量饮水。

③肉鸡：10～14日龄首免，中毒疫苗饮水；20日龄二免，

中毒疫苗倍量饮水。

（七）当前鸡IBD的流行现状及防制措施

近年来，许多IBD患病鸡群的发病特点与传统的报道有所差异，这集中表现在发病时间、症状和病理变化等方面。现概括如下：

1. 流行现状

（1）发病季节全年化　过去，鸡传染性法氏囊病发生的季节明显集中，高峰期为每年的5～7月份。其他月份，特别是从9月份到第二年的2月份，发病率明显降低。但近几年来，这种情况已变得并不十分突出。尤其是近3年来，5～7月份的发病率并不高，而其他月份的发病率则相应地升高，使发病季节呈全年化趋势。

（2）发病日龄区间增大　从1994年至今，我们已发现数十群14日龄内和130日龄外的IBD发病鸡群。其中，最小的为3日龄，最大的为180日龄的产蛋鸡，与资料记载的本病可发生于2～15周龄、3～6周龄最易感的期限有明显的提前和退后的趋势。出现这种现象，究其原因可能有以下几个方面：①种鸡未按免疫程序在产蛋期间（40周龄）或产蛋前（20周龄）应用IBD灭活苗进行加强免疫，致使雏鸡母源抗体过低。在正常免疫接种前（14日龄）出现一段免疫空白期，从而极易导致该病的发生。②由于变异毒株的存在、疫苗的失效、应用方法的不当等诸多因素造成有效免疫保护期缩短或免疫效果不确实，再加上IBD强毒的存在，致使开产鸡群仍发生本病。

（3）病变不典型　随着IBD的流行蔓延，发病鸡的病理变化逐渐变得不甚典型，如胸肌、大腿肌大面积斑片状出血，法氏囊严重水肿，周围多量胶冻样浸润等，已不太严重和典型。尤其是“紫葡萄样”外观的法氏囊，最近两年极少发现。但肾脏病变相对来说比以往要严重，常出现明显肿大，多尿酸盐沉积。出现这些差异，一则可能是由于疫苗的大量推广应用，机体普遍都具有一定的抵抗力，致使发病时呈现不典型的病变；二则可能是由于一些变异毒株的存在所致。

（4）病程长、死亡率低 与以往相比，目前法氏囊的发生病程长，但死亡率低。病程多为8～10天，死亡集中在发病后的3～5天。若无继发感染，死亡率一般在8%左右。而以往IBD的发生，病程多在3～5天，一般不超过7天，呈尖峰式死亡曲线，死亡多集中在发病后的2～3天。

（5）同一鸡群反复发病 目前，法氏囊病常在同一鸡群中反复发生。这一则是由于环境的严重污染，再加上治疗本病多是应用高免卵黄液。因此，在治疗过程中，部分鸡尚未感染此病，而给予的抗体已在体内消失，此时遇到病毒的侵袭，即可发生重复感染。

（6）继发感染增多，导致治愈率降低 目前，法氏囊病的发生多与其他一些疾病混合感染或继发感染，如大肠杆菌病、鸡白痢、新城疫、呼吸道疾病及寄生虫病。这主要是由于IBD的发生病程长，机体抵抗力极度衰弱，从而易造成其他病原的继发感染，致使发病鸡群症状复杂，诊断困难。因此，常常出现误诊或延诊。最后，常由于采取措施不力而导致死亡率升高。

（7）免疫鸡群仍有较高的发病率 通过发病鸡群进行调查，发现绝大多数应用弱毒疫苗或中等毒力活苗进行过多次免疫。这可能是由于以下几种原因所造成：

①免疫程序不合理。许多养殖场和养鸡户所实施的免疫程序并不是依据雏鸡母源抗体的高低而制定，这样常造成在体内抗体较高时即应用疫苗，从而导致免疫失败。或疫苗应用过迟，造成机体免疫空白期的存在，而使病毒乘虚而入引起发病。

②变异毒株的存在。如果使用的疫苗毒株与当地流行毒株抗原性不完全相同，即可导致免疫的失败。

③疫苗的保存、运输及应用方法的不妥。由于疫苗保存、

运输方法的错误，常可造成疫苗的失效。在疫苗的应用过程中，由于操作方法不当，如应用含有消毒药的自来水或井水、饮水器不足、断水不恰当、疫苗饮用时间过长等，均可造成免疫的失败。

④IBD 超强毒的存在。环境被严重污染，存在着大量的 IBD 超强毒。

由于以上诸多因素的综合作用，常导致免疫鸡群仍旧发病。

2. 防制措施

（1）加强环境消毒和饲养管理　由于 IBDV 对外界环境有较强的抵抗力。因此，采用有效的消毒剂进行彻底消毒，以减少环境中的病毒是预防本病的重要措施之一。同时，还要搞好饲养管理。饲料要做到全价营养，尤其注意矿物质、维生素及微量元素的补充，减少应激因素的产生，以提高机体的抗病能力。

（2）对雏鸡和种鸡进行合理的免疫接种　为了避免由于所用疫苗毒株与当地流行毒株抗原性不同而造成的免疫失败，最有效的措施就是以分离于当地的流行毒株作为毒种来制备疫苗。当然，有了合适的疫苗，还必须有合理、科学的免疫程序及正确的免疫方法。对种鸡，应分别在产蛋前（20 周龄）和产蛋期间（40 周龄）应用灭活疫苗进行接种，以使雏鸡获得较高的母源抗体；对雏鸡，应根据母源抗体的高低来确定免疫时机。一般地，对无母源抗体或低母源抗体的雏鸡，应在 1～2 日龄首免，14 日龄二免，28 日龄三免；对高母源抗体雏鸡，应在 14 日龄首免，20 日龄二免，28 日龄三免。首免最好同时应用弱毒疫苗和灭活疫苗皮下肌肉注射，二免及三免应用 2 倍量的中等毒力疫苗饮服。

（3）早期治疗　对发病鸡群，应及早应用高免卵黄液，同时配以如三效素达净之类的中药制剂进行治疗。为了防止继发感染、提高机体抵抗力，还应同时加喂抗生素、富含维生素及电解质类药物，以促进机体的恢复。

四、禽白血病（avian leukosis, AL）

禽白血病是由禽白血病病毒引起的禽类多种具有传染性的良性和恶性肿瘤性疾病的总称。最常见的是淋巴细胞性白血病，其次为成红细胞性白血病、成骨髓细胞性白血病、骨髓细胞性瘤、血管瘤、内皮瘤、纤维肉瘤、骨化石病等。大多数肿瘤与造血系统有关，少数侵害其他组织，以患有良性或恶性肿瘤为特征。

本病在世界所有养鸡的国家几乎都有发生。但在鸡群中发病率不同，有临诊表现的病鸡除淋巴细胞性白血病外，一般比较少见。

（一）病原

1. 病毒的分类 禽白血病病毒在分类上属反转录病毒科、肿瘤病毒亚科、白血病病毒属。根据其宿主范围和抗原性及病毒之间的干扰现象不同，可将禽白血病毒分为 A、B、C、D、E、F 7个亚群（型）。A、B 亚群是最常见的两个病毒亚群，病毒粒子呈球形，直径为 80～120 纳米，囊膜外部有纤突，属于单股 RNA 病毒，有共同的补反抗原。

2. 细胞培养 病毒可在 11 日龄鸡胚绒毛尿囊膜上生长，于 8 天后即产生病变（痘斑）。将病毒接种于 5～8 日龄鸡胚卵黄囊内，也可产生肿瘤。在鸡胚成纤维细胞上，病毒能很好地生长繁殖，但一般不产生细胞病变。将病毒通过腹腔接种 1 日龄雏鸡，能使雏鸡发病产生肿瘤。

3. 抵抗力 本病毒对外界环境的抵抗力较低，不耐热但耐寒。在−60℃下可存活数年，在 pH5～9 范围内稳定，对紫外线和 X 射线的抵抗力很强。

4. 致肿瘤能力 ALV 具有转化宿主细胞的能力。根据其转化细胞的快慢，可将其分为两类，即急性转化型和慢性转化型。

二者转化细胞的机制不同。

(1) 急性转化型 无论在体外还是在体内，均能在几天之内转化细胞。急性转化型（如禽成红细胞性白血病病毒和成骨髓细胞性白血病病毒）转化细胞的分子基础是其基因组中携带1个或2个位置不定的病毒性肿瘤基因，它们可能在长期的进化过程中通过遗传重组从正常细胞获得，不受正常调控过程控制。其异常表达产物使细胞生长和分化发生变化而产生肿瘤，主要分为4类，即生长因子、生长因子受体、核因子和细胞转导因子。已鉴定的禽类病毒性肿瘤基因有15种。ALV的MC29、CM和OK10株携带有myc肿瘤基因、编码转录因子，诱导骨髓单核细胞肿瘤；AMVBAI-株病毒带有myb，编码转录调控子，诱导成骨髓细胞和前髓细胞肿瘤；禽成红细胞性白血病病毒（AEV）的H株带有erbB，基因产物为表皮生长因子受体，诱导成红细胞性白血病；MH2病毒带有myc和mil，myc基因转化靶干细胞，mil基因产生骨髓单核细胞生长因子，诱导骨髓单核干细胞肿瘤。

(2) 慢性转化型 ALV在感染后，其所诱导的肿瘤形成较晚，无病毒性肿瘤基因。这些病毒基因整合在宿主细胞基因组中原癌基因的上游或下游或中间，引起插入突变来诱导淋巴细胞性白血病。多能干细胞的原癌基因被LTR中的启动子或增强子激活，导致细胞肿瘤基因的异常表达而形成肿瘤。序列差异和特异性的结合蛋白决定转化细胞的类型，慢性转化型诱导的最常见肿瘤是淋巴细胞瘤。

(二) 流行病学

在自然条件下，本病仅发生于鸡。人工接种能使珍珠鸡、火鸡、鸽、鸭、鹌鹑、鹧鸪感染。虽然任何年龄的鸡均可感染，但病例多集中于6～18日龄，4日龄以下很少发生，母鸡比公鸡易感。据资料统计，母鸡发病率为8%，公鸡仅0.1%。不同品种、品系的鸡做人工感染试验，发病率相差可达10倍。芦花鸡的发病率高于来航鸡，来航鸡的不同品系发病率也有明显差别。

本病的传染源主要是经带毒蛋垂直传播，其次是通过直接或间接接触病鸡、带毒鸡及其污染的粪便、垫草等经消化道水平传播。一般呈个别散发，偶见因饲养密度过高或感染寄生虫病及维生素缺乏等应激因素促使本病大量发生。

成年鸡感染有4种血清表现形式：

1. 无病毒血、无抗体（V－A－）　非感染鸡群和易感鸡群中有遗传抵抗力的鸡属于该类型。感染鸡群中易感鸡则属于以下另三种类型之一。

2. 无病毒血、有抗体（V－A＋）　大多数鸡属该类型。该类型母鸡传播病毒比率较小且有周期间隙性。

3. 有病毒血、有抗体（V＋A＋）　感染鸡中病毒和抗体同时存在，这样进入鸡卵中的病毒被卵黄中的抗体所中和，就出现了间断性的垂直扩散。

4. 有病毒血、无抗体（V＋A－）　孵化有病毒的卵时，胚发育的同时病毒也在胚细胞中增殖，但不完全破坏细胞。因此，绝大部分不杀死胎儿，而在胚不断发育成雏鸡乃至成鸡时，病毒可不间断地增殖，宿主鸡已把病毒作为自身的一部分，结果使鸡体终身失去了对白血病毒免疫反应的能力，这种现象叫免疫耐受，产生V＋A－鸡群，血液中病毒含量高，无抗体。感染的雏鸡不一定全部发病，感染愈早，发病率愈高。免疫耐受鸡（V＋A－）又称保毒鸡，其发病死亡率比其他有抗体鸡群（V－A＋）要高，有时可高达6～10倍。禽白血病病毒在雏鸡中广泛感染传播，而宿主鸡对病毒存在遗传抵抗性。即使感染，发病也较少。

（三）症状与病理变化

1. 淋巴细胞性白血病（简称LL）　此种类型白血病最常见。潜伏期：人工接种的为98～196天，自然感染的为98～112

天。性成熟期的发病率最高。

病鸡无特征性症状，外表仅表现全身性衰弱症状，精神沉郁，嗜睡，鸡冠和肉髯苍白、蜷缩，偶见青紫色。食欲不振或废绝，进行性消瘦，全身虚弱，有的腹部胀大，可触摸到肿大的肝脏和法氏囊。有的下痢，母鸡停止产蛋。病鸡后期不能站立，倒地因衰弱而死。内脏肿瘤早有发生，一旦出现症状，往往不久即死亡。

病理变化：主要是肝、脾和法氏囊肿大，有结节型、粟粒型、弥漫型或混合型的肿瘤病灶或结节。肿瘤平滑柔软，有光泽，呈灰白色或淡灰黄色，大小、多少不一。特别是肿大几倍的肝脏呈大理石样外观，质脆，俗称“大肝病”。另外，在肾脏、心脏、肺脏、性腺、骨髓和肠系膜等器官，可见有肿瘤病灶或结节。严重的病例内脏器官因肿瘤广泛扩散互相粘连在一起。

肿瘤组织切面呈灰白色或淡黄色灶形和多中心形，是由大的成淋巴细胞增生聚集而成。肿瘤最初开始于法氏囊细胞的肿瘤性变化，再向肝、脾等组织转移、繁殖、扩散，属囊依赖性淋巴细胞系统的一种恶性肿瘤。除去法氏囊可防止本病发生。

2. 成红细胞性白血病　本病例较少见，潜伏期为 21～110 天，分为增生型和贫血型 2 种。

两型共同的症状为：病初精神沉郁，嗜睡，鸡冠、肉髯稍苍白或发绀。严重时，病鸡下痢、消瘦，全身虚弱，毛囊有的出血，最后极度衰弱而死亡。

两型共同的病理变化为：全身贫血，肌肉、皮下和内脏器官有出血点。有的肝、脾形成血栓、梗死和破裂。心包积水，腹水增多，肝表面有纤维素凝块沉着。

两型不同点如下：

（1）增生型　其特征是在病鸡的血液中有许多幼稚的成红细胞，病程较长，约几个月。剖检肝和脾显著肿大，肾稍肿大，均呈暗红色或樱桃红色，质柔软、易碎。骨髓极柔软，呈血红色或樱桃红色水样。

（2）贫血型　其特征是血液中未成熟的红细胞少，发生严重贫血。血液呈淡红色水样，凝固缓慢。病程短，约几天。剖检内脏器官，特别是肝、脾发生萎缩，骨髓花白呈胶冻样，骨髓间隙被疏松骨质占据。

3. 成骨髓红细胞性白血病　自然病例罕见，本病的特征是在病鸡的外周血液中成骨髓细胞大量增加，每 1 毫米^3 血液中可达 200 万个，可占血液细胞总数的 3/4。血液离心后，可见白细胞层显著增厚，是真正的白血病。外表症状与成红细胞性白血病相似，但病程较长。

病理变化：全身性贫血，肝、脾、肾有弥漫性灰白色肿瘤小结节或肿瘤组织浸润，使其外观呈颗粒状或斑纹状，骨髓变坚实，呈淡红灰色或灰白色。

4. 骨髓细胞瘤病　人工感染的潜伏期为 21～77 天。本病很少见。特征是在病鸡的两侧骨骼上形成对称性、弥漫性或结节状肿瘤突起（由骨骼细胞增生所形成）。多发生于头部、胸部和腿部，因而病鸡头部呈现异常突起，胸和肋骨及腿骨有时也有这种突起。病程较长，全身症状与成髓细胞性白血病相似。

剖检可见骨髓的表面靠近软骨处发生肿瘤，呈淡黄色，柔软质脆或似干酪样，呈弥漫状或结节状。

5. 骨型白血病　又称骨化石病。本病的特征是在病鸡的小腿骨、盆骨、肩胛骨和肋骨等处发生两侧对称的骨质增生、骨膜增厚、骨骼肿大、畸形，外观呈梭子形。病鸡步态蹒跚、跛行，全身性贫血、皮肤苍白，生长不良，内脏器官萎缩。本病与淋巴细胞性白血病合并发生时，内脏器官肿大，并有肿瘤病灶。

其他病症极为罕见，从略。

（四）诊断

1. 根据本病的流行病学、临诊症状和特征性的病理变化，可做出初步诊断，确诊需做实验室检查。

2. 实验室诊断 可采用（血清、羽髓、卵清）琼脂扩散试验、补体结合试验、免疫荧光抗体试验、酶联免疫吸附试验、抵抗力诱发因子试验、X线照相、病毒分离和鉴定等方法诊断。

3. 鉴别诊断 鸡淋巴细胞性白血病与马立克氏病的鉴别详见马立克氏病。

（五）防制

本病目前尚无有效的疫苗和治疗方法。对于种鸡群，一旦发现本病，最好全群淘汰，不得留作种用，彻底消毒被污染的环境和用具；对于商品鸡群，在淘汰病鸡和带毒蛋之后，采取完全隔离饲养管理。用血清学方法对鸡群及其蛋进行定期监测带毒和排毒情况，逐步淘汰排毒鸡和带毒蛋，尽快净化本病。

五、鸡马立克氏病（Mark's disease，MD）

鸡马立克氏病是马立克氏病毒引起的一种鸡的高度接触性恶性肿瘤性传染病。其特征是外周神经、各种脏器、虹膜和皮肤等发生淋巴细胞浸润和增生，形成肿瘤，也就是鸡的一种癌症。

本病虽然发现得早（1907），但是很长时间内与和它相类似的淋巴细胞性白血病相混淆，直至病原被阐明后（1967）才得以区别，成为独立的鸡病。其存在于世界各个养鸡的国家，在我国，虽然已有多种疫苗可用于该病的预防，但至今仍是养鸡业的一大威胁。尤其是随着工业化养鸡业的发展及鸡群中广泛使用火鸡疱疹病毒（HVT）疫苗，病毒的抗原性状及其毒力常发生变异，从而导致免疫失败。

（一）病原

马立克氏病毒属于疱疹病毒科、B亚群疱疹病毒，核酸型为 DNA。

1. 病毒在鸡体内的存在形式　病毒在鸡体内以 2 种形式存在，即无囊膜的裸体病毒和有囊膜的完全病毒。裸体病毒为没有发育成熟的不完全病毒，主要存在于脏器肿瘤细胞及白细胞内，为严格的细胞结合毒，当细胞破裂死亡时，病毒也随之失去其传染性；有囊膜的完全病毒存在于羽毛囊上皮细胞中，为非细胞结合性病毒，可脱离细胞而存活，而且对外界环境的抵抗力很强，常伴随鸡的皮屑及灰尘散播，一年后仍有感染力，在本病的传播中起主要作用。

2. 病毒的形态　裸体病毒或核衣壳直径为 85～100 纳米，具有囊膜的病毒直径达 130～170 纳米。存在于羽毛囊上皮细胞中的有囊膜的完全病毒特别大，直径可达 270～400 纳米。

此外，在 MD 病变细胞中可见到包涵体，尤其在皮肤的羽毛囊上皮细胞中，约有半数的细胞可见核内包涵体，有时也可在同一细胞内见到胞浆内包涵体。但单独出现胞浆内包涵体的细胞则很少或没有。

3. 培养　病毒可在新孵出的幼雏、鸡胚成纤维细胞及发育的鸡胚中生长繁殖。将其接种于 4 日龄鸡胚的卵黄囊内，10～11 天后可在绒毛尿囊膜上形成痘斑（白色斑点病灶）。

4. 血清型　根据免疫荧光和琼脂扩散试验的结果，可将 MDV 及其相关的病毒分为 3 个血清型，即Ⅰ型、Ⅱ型和Ⅲ型。Ⅰ型包括 MDV 强毒、超强毒分离物及其致弱的变异株；Ⅱ型包括产生小蚀斑的、无致病性的自然分离毒；Ⅲ型包括火鸡疱疹病毒（HTV）及各分离物。

5. 抵抗力　无囊膜的裸体病毒及从感染鸡的羽毛囊浸出的病毒抵抗力弱，尤其是前者最弱。但在自然条件下，从羽毛囊上皮细胞中排出的病毒，在鸡舍的尘埃中能较长时期存在，在室温下能生存 4～6 周。病鸡粪便与垫草中的病毒可保持传染性达 16 周，在干燥的羽毛中病毒保存 8 个月仍有传染性。

6. 发病机制 MDV 在易感鸡的发病过程可分 4 个阶段，即早期溶细胞感染、潜伏期感染、后期溶细胞感染和免疫抑制、转化。MDV 与细胞间关系是复杂的。无细胞病毒虽然存在于其他所有组织和细胞培养物中，但仅可从羽毛囊上皮分离到病毒，主要为细胞结合型 MDV-1。通常由呼吸道侵入机体，但少见有在此复制的报道。由于 MDV 对淋巴组织有亲嗜性，首先见到的显著损害为淋巴器官，即脾脏、胸腺和法氏囊。在这些器官感染后 2～3 天，可检测到 MDV 抗原，表现早期坏死性损害，包括网状细胞和淋巴细胞。特征为网状细胞增生和巨噬细胞及粒细胞浸润。随后，胸腺和法氏囊萎缩，导致免疫抑制。对淋巴细胞类群感染研究发现，B 细胞可能是感染的靶细胞，尽管有少量 T 细胞在早期发生溶细胞感染。法氏囊切除的鸡缺失 B 细胞，能在脾、胸腺引起溶细胞感染，因而肿瘤发生率低，从而证实了 B 细胞在早期发病中的重要性。

MD 发病的另一个重要方面是淋巴细胞感染，包括病毒一细胞相互影响及宿主相关因素决定的潜伏和转化，病毒复制作为潜伏的第一步首先受到抑制。在潜伏感染的细胞，每个细胞只有几个病毒基因组拷贝，但通过体外培养很容易诱导转录和翻译。转化细胞可有多个基因组拷贝，但培养后不进入复制循环。然而，在许多转化的细胞系中，可有一定比例有效感染细胞。

（二）流行病学

鸡对本病最易感，其他禽类较少发生。病毒分离和血清学调查表明，鹌鹑、火鸡、山鸡、鸵鸟可以发生自然感染，但不表现症状。任何年龄的鸡均可感染，但发病多在 2～5 月龄，母鸡比公鸡易感。本病一经感染可终生带毒并排毒，发病率 5%～80%，死亡率几乎等于发病率。

本病的传染源主要是病鸡和带毒鸡。传播方式是直接或间接接触病鸡或带毒鸡及其脱落的毛囊上皮、毛屑、分泌物、排泄物、被污染的灰尘、垫草等传染。传播途径主要是经呼吸道传染，也可经消化道传染。饲养密度越大，感染率越高。本病不能通过鸡蛋垂直传播。

（三）症状

潜伏期短的3～4周，长的几个月。

根据症状和病变发生的主要部位，可将MD分为神经型（古典型）、内脏型（急性型）、眼型、皮肤型和混合型5种类型。

1. 神经型 最早发现的MD就是此型，故又称古典型。常见坐骨神经一侧不全麻痹，一侧完全麻痹，病鸡一只腿向前，一只腿向后，呈特征性“劈叉”姿势。有的仅一侧坐骨神经不全麻痹，病鸡患肢不着地，且温度低于健肢。若两侧坐骨神经均完全麻痹时，病鸡蹲伏或躺倒在地，不能行走。一侧臂神经麻痹时，患侧翅膀下垂。双侧颈神经麻痹时，病鸡低头触地。一侧颈神经麻痹时，病鸡头颈歪斜。植物神经受侵害时，病鸡失声，呼吸困难，嗉囊扩张，拉稀，消瘦，最后衰弱死亡或被淘汰。

2. 内脏型 又称急性型，这是与神经型比较而言。此型的特征是一种或多种内脏器官及性腺发生肿瘤。病鸡初期无明显症状，呈渐行性消瘦，鸡冠、肉髯萎缩，色苍白，无光泽，羽毛脏乱。有时可见下腹胀大，后期精神委顿，极度消瘦，最终衰竭死亡。

3. 眼型 单眼或双眼发病。表现为虹膜（眼球最前的透明部分称为角膜，角膜后面是橘黄色的虹膜，虹膜中央是黑色瞳孔）的色素消失，呈同心环状（以瞳孔为圆心的多层环状）、斑点状或弥漫的灰白色，俗称“灰眼”。瞳孔边缘不整齐，呈锯齿状，而且瞳孔逐渐缩小，最后仅有粟粒大，不能随外界光线强弱而调节大小。病眼视力丧失，双眼失明的很快死亡，单眼失明的病程较长，最后衰竭死亡。

4. 皮肤型 肿瘤大多发生于翅膀、颈部、背部、尾部上方及大腿的皮肤，表现为羽囊肿大，并以此羽囊为中心，在皮肤上形成结节，约有玉米至蚕豆大，较硬，少数溃破。病程较长，病鸡最后瘦弱死亡或被淘汰。

5. 混合型 同时出现上述两种或几种类型的症状。

以上 5 型，内脏型发生的最多；神经型也很常见，但在鸡群中发生时，发病率比内脏型低；眼型、皮肤型及混合型发生的较少。

（四）病理变化

1. 神经型 剖检病死鸡，可见受害的神经由于淋巴细胞浸润而肿胀，有时呈水肿样，比正常的粗 2～3 倍。同一条神经上还可见到小的结节，使神经变得粗细不匀，横纹消失。神经的颜色由正常的银白色变为灰白、灰黄色，对称的神经通常是一侧受害，与对侧正常的神经比较有助于诊断。

2. 内脏型 剖检病死鸡，可见脏器上的肿瘤呈结节状，灰黄白色，质硬，切面平整、均质、灰黄白色；也有的是肿瘤组织浸润在脏器实质中，使脏器异常增大。不同脏器发生肿瘤的常见情况如下。

（1）心脏 肿瘤单个或数个，芝麻至南瓜子大小，外形不规则，稍突出于心肌表面，淡黄白色，较坚硬。正常鸡的心尖常有一点脂肪，不要误以为是肿瘤。

（2）腺胃 通常肿瘤组织浸润在整个胃壁中，使胃壁增厚 2～3 倍。腺胃外观肿大，较硬。剪开腺胃，可见黏膜潮红，有时局部溃烂，胃腺乳头变大，顶端溃烂。肠道的肿瘤可使肠管变硬如煮熟样，上有许多大小不等的结节。

（3）卵巢 青年鸡卵巢发生肿瘤时，一般是整个卵巢胀大数倍至十几倍，有的核桃大，呈菜花样，灰白色，质硬而脆。也有的只是少数卵泡发生肿瘤，形状与上述相同。

（4）睾丸 一侧或两侧睾丸发生肿瘤时，睾丸肿大十余倍。

外观上，睾丸与肿瘤混为一体，灰白色，较坚硬。

（5）肝脏　肿瘤组织一般浸润在肝实质中，便肝脏明显肿大，质脆，颜色变淡且深浅不匀；另外，还常有数量不等、大小不等的灰黄白色肿瘤病灶，不突出或稍突出于肝表面。

（6）脾脏　肿瘤组织浸润在脾实质中，使脾脏肿大数倍，可达蛋黄大。质脆，表面光滑，浅紫色，局部可能因有肿瘤灶而呈灰白色。

（7）肾脏　一侧或两侧肾脏发生肿瘤时，局部形成灰白色肿瘤巨块。肾的其他部分因肿瘤组织浸润而胀大、褪色。

（8）肺　一侧或两侧肺上的肿瘤可达银杏大，灰白色，质硬，挤在肋窝或胸腔中。肺的其他部分常硬化，缺乏弹性。

（9）胰脏　胰脏发生肿瘤时，一般表现发硬、发白，比正常稍大。

任何脏器都可能发生肿瘤，但法氏囊呈不同程度的萎缩，偶尔呈弥漫性肿大，不会形成结节状肿瘤，这是本病与鸡淋巴细胞性白血病的重要区别。

3. 眼型　病变同症状，虹膜或睫状肌淋巴细胞增生、浸润。

4. 皮肤型　毛囊肿大，淋巴细胞性增生，形成坚硬结节或瘤状物。

5. 混合型　同时可见上述两种或几种类型的病理变化。

（五）诊断

本病一般根据其流行特点、临床症状和病理剖检变化即可做出诊断。为了进一步确诊，必要情况下可进行病毒的分离鉴定及动物接种试验。血清学试验主要用于大群检疫，以监测鸡群的感染情况。

1. 病毒的分离培养　供分离病毒用的首选病料是肿瘤细胞、肾细胞以及脾或周围血液的白细胞。由于 MDV 在这些组织中是高度细胞结合性的，所以必须用全细胞作为接种物。羽毛囊中因为有带囊膜的病毒，所以是从病鸡中分离完整病毒粒子的唯一良好来源。被怀疑含有 MDV 的样品，可以接种易感鸡、易感细胞或鸡胚来分离病毒。

（1）雏鸡接种法　这是分离 MDV 最敏感的方法。选择 1 日龄或 1 周龄以内的易感雏鸡，用腹腔接种的途径进行感染。然后，严格隔离饲养观察，以免来自外界的感染或交叉感染给试验带来干扰。接种后经 18～21 天，对试验鸡连同相应的阳性和阴性对照鸡，进行有无感染迹象的检查。试验应至少持续 10 周。

（2）细胞培养法　这种方法的敏感性虽远不如雏鸡接种法，但因简单易行，仍很有实用价值。首先，要制备鸡胚成纤维细胞（CEF）或鸡肾细胞（CK）的培养物。但 CEF 不适宜于初代分离，最适宜的接种物是白细胞、肿瘤细胞或血液。5～14 天内出现典型的蚀斑，而在对照培养物中不见这种变化，这就是分离到 MDV 的证据。这种特征性的蚀斑由圆形和梭形的折光性细胞和含有核内包涵体的多核细胞所组成。细胞培养出的病毒可接种雏鸡。

（3）鸡胚接种法　通过卵黄囊或绒毛尿囊膜途径接种病毒的鸡胚，接种后 10～11 天在绒毛尿囊膜上，30%以上的鸡胚可产生典型的痘斑。它可检出受感染而未发病的鸡和已发病的鸡，是一种可靠的诊断方法。但接种过 HVT 苗的鸡不适用此法检查，因为 HVT 病毒也能引起绒毛膜上出现痘斑。

2. 血清学试验　目前，用于检测感染组织中病毒抗原和血清特异性抗体的血清学方法有血清或羽囊琼脂扩散试验、间接荧光抗体试验、反向间接血凝试验、酶联免疫吸附试验等。在实际工作中，最常应用的是血清琼扩试验和羽囊琼扩试验。前者是用已知的抗原检测未知的血清抗体，后者是用已知的阳性血清检测未知的病毒抗原（方法见第十一章）。但无论何种方法，都只能确定是否感染马立克氏病毒，而不能确定是否有肿瘤发生。

3. 鉴别诊断　神经型 MD 根据病鸡特征性麻痹症状以及病

理变化即可确定诊断；内脏型应与鸡淋巴细胞性白血病相区别，两者眼观变化很相似，主要不同点在于 MD 侵害外周神经、皮肤、虹膜，法氏囊常萎缩，而淋巴细胞性白血病则不同。在这两个病的鉴别诊断方面，组织学方法特别有意义。MD 肿瘤组织是由小至大淋巴细胞、成淋巴细胞和浆细胞组成的混合群体，与由均一的成淋巴细胞组成的淋巴细胞性白血病肿瘤不同。MD 与淋巴细胞性白血病的主要区别可见表 4-2。

表 4-2　马立克氏病与淋巴细胞性白血病的区别

区　分	马立克氏病（MD）	淋巴白血病（LL）
发病日龄	4 周龄以上	16 周龄以上
症状	常有麻痹或轻瘫	无特征症状
神经肿大	经常发现	无
法氏囊	弥漫性增厚或萎缩	常有结节性肿瘤
皮肤、肌肉肿瘤	可能有	无
消化道肿瘤	常有	无
性腺肿瘤	常有	很少
虹膜浑浊	经常出现	无
肝、脾肿瘤	浸润性增生	一般呈结节状增生
出现肿瘤细胞的种类	成熟或未成熟淋巴样细胞，大小不均	主要为成淋巴细胞，大小均匀

（六）防制

对于本病，目前尚无有效的治疗办法。一旦发现病鸡，应淘汰处理。同群健鸡可加喂抗病毒药物，更重要的是搞好消毒工作。

采取综合性的防制措施，以预防马立克氏病的发生，是控制该病的唯一措施。

1. 预防接种　这是控制 MD 的关键措施。我国目前使用的 MD 疫苗大致分为 3 类：

(1) 同源病毒疫苗　由Ⅰ型MDV致弱毒株和无毒力的Ⅱ型自然毒株研制而成，主要有CV_{1988}、“814”等弱毒疫苗。这些疫苗均为细胞结合型的冷冻疫苗，必须液氮保存。

(2) 异源病毒疫苗　由从火鸡群中分离到的火鸡疱疹病毒株(HVT)而制备的疫苗，代表株为Fc_{126}。这类疫苗有2种剂型：一种是细胞结合型，需在液氮中贮存；另一种是冻干苗。目前，我国生物制品厂生产的冻干苗都是HVT疫苗，是应用最广的一种MD疫苗。但HVT苗有一个致病的弱点，就是对鸡的保护不是真正的免疫，而是一种干扰现象。只能防止肿瘤的产生，而不能阻止MD病毒的感染。

(3) 多价苗　由不同血清型（Ⅰ、Ⅱ、Ⅲ）的MD疫苗毒株匹配组成。目前有二价苗，如“814”＋HVT；三价苗，如“814”＋HVT＋SB-1。

各类疫苗均在1日龄时，颈部皮下注射0.2毫升。为了提高对本病的预防效果，在选择疫苗时应注意免疫效果：三价苗>二价苗>单价苗。对有母源抗体的鸡群，可适当增加疫苗的剂量(50%）或使用细胞结合苗，对于不同代次的鸡群交替使用不同类型的疫苗。在使用冷冻疫苗时，应特别注意以下几个环节：及时补充液氮，若液氮耗尽时疫苗应废弃；疫苗从液氮中取出后迅速放入37～38℃水中，1分钟速融；立即全部与稀释液混合均匀；置于带有冰的保温箱内保存；尽快注射（边振荡边注射），于30～60分钟内注射完毕，未用完的一律废弃。

2. 加强饲养管理，严格遵守卫生消毒制度　改善饲养管理和卫生条件，减少各种应激因素，尤其对种蛋、孵化室、育雏室应加强消毒，保持通风良好，密度不可过大。有一定规模的鸡场应坚持自繁自养，尽量不从外界，尤其是有本病的地区引进种鸡。

3. 净化鸡群　有马立克氏病发生的鸡场或鸡群，必须检出病鸡淘汰。特别是种鸡场，要严格搞好检疫工作，并反复多次地检疫，发现病鸡和阳性鸡立即淘汰。对严重污染的种鸡群，应全部淘汰更新。

（七）MD免疫失败的原因及防制对策

近些年，在免疫鸡群中仍常有MD的发生，造成这种现象的原因主要有以下几个方面：

1. 早期感染　在接种MD疫苗后，一般需10～14天才能产生完全的保护。在这段免疫空白期内，若环境污染严重，即可引起早期感染。因此，在这一阶段一定要搞好隔离饲养和卫生消毒工作，以避免野毒的侵袭。

2. 超强毒株的存在　许多学者认为，在我国由于疫苗的普遍推广应用，机体都有一定的免疫力，使得病毒也随之发生了变异，从而造成了超强毒株的产生。为此，哈尔滨兽医研究所、北京生化制药厂等单位先后研制成功了MD的HVT＋SB-1、HVT＋“814”双价苗及三价苗，经临床应用，都收到了良好的预防效果。

3. 疫苗质量下降及应用不当　由于疫苗在保存、运输及使用过程中的不当，常造成疫苗质量下降。另外，多种原因造成的疫苗含蚀斑单位（PFU）数不够、稀释液质量不稳定、疫苗液中加入抗生素及化学药物等因素，均可造成接种疫苗中的病毒数量不足，从而影响免疫效果。为此，可增大注射剂量（1～2倍），并正确使用疫苗。

4. 母源抗体的干扰　母源抗体的存在，可以中和HVT疫苗，从而影响免疫效果。为了克服这一问题，可增大HVT疫苗的接种量（比正常高1～2倍）；或选用细胞结合性疫苗；或父母代与子代鸡接种不同血清型的疫苗。

5. 免疫抑制　机体在发生许多疫病（如传染性法氏囊、白血病、传染性贫血、霉菌毒素中毒）时，以及各种环境应激（温度、湿度、缺水、断料）和某些化学药品都可以使免疫受到抑制而影响免疫效果。

为了防止各种原因造成的免疫不确实，许多场户采取了二免的方法，经临床应用，有一定的效果。即对 1 日龄首免后的雏鸡，可在 5～20 日龄之间应用倍量疫苗进行二免，以加强免疫。

六、鸡传染性喉气管炎 (infectious laryngotracheitis，ILT)

鸡传染性喉气管炎是由传染性喉气管炎病毒（ILTV）引起的鸡的一种急性接触性呼吸道传染病。目前世界各地均有发生，其典型临床表现为呼吸困难，感染鸡伸颈呼吸，并产生高的吸气鼻音；继而出现甩头或间歇式咳嗽，咳出带有黏液或血液的分泌物。病变主要发生在喉头和气管部分，受侵害的喉和气管黏膜细胞肿胀与水肿，导致黏膜糜烂和出血，有假膜和干酪样栓子形成，常使窒息死亡。病的早期在患部细胞可出现核内包涵体。本病于 1925 年 May 氏等首先发现于美国，相继在日本、澳大利亚、英国等十几个国家均有发生，发病率可高达 100%，但死亡率一般在 20%左右，偶尔也有死亡率高达 70%的报道。曾一度给世界养鸡国家造成巨大的经济损失，是危害鸡的主要传染病之一。

（一）病原

本病的病原体是鸡传染性喉气管炎病毒，属于疱疹病毒科、A 型疱疹病毒属。

1. 形态 鸡传染性喉气管炎病毒是一种 20 面体对称的双链 DNA 病毒，病毒粒子直径为 80～100 纳米，衣壳为 20 面体对称并由 162 个长形空心的壳粒组成。在核衣壳的外周围绕着不规则的囊膜，囊膜表面在分界膜上有纤突。

2. 理化特性 鸡传染性喉气管炎病毒对脂溶剂、热以及各种消毒剂均敏感。病毒经乙醚处理24小时后，即失去了传染性；在55℃经10～15分钟可以灭活。但在冻干或－20～－60℃条件下病毒却能长期存活，其冻干制剂在冰箱中可保存活力达10年之久。该病毒对阳光及消毒药的抵抗力也很弱，在3%克辽林或1%氢氧化钠（烧碱）溶液中不到1分钟即被杀灭。

3. 毒株分类　世界各地所分离到的鸡传染性喉气管炎病毒毒株，只有一个血清型，用标准特异性抗血清所进行的病毒中和试验和免疫荧光试验证明，所有分离毒株似乎具有广泛的抗原相似性。但不同毒株中有微小的抗原变异，不同毒株的毒力差异极大。在同一地区可能会同时存在毒力差异很大的毒株，这对本病的防制和根除带来了很大困难。目前，用以区别野毒株和疫苗毒株的生物学方法是测定鸡胚的致死率指数。

4. 病毒的培养　鸡传染性喉气管炎病毒很容易在鸡胚中繁殖。鸡胚感染后，胚体变小，尿囊绒毛膜组织增生并产生坏死灶，使鸡胚尿囊绒毛膜形成浑浊不透明的斑块病灶（痘斑）。但病毒不能在鸡胚成纤维细胞培养物中增殖，只能在鸡肾、鸡胚肝、鸡胚皮肤等细胞中生长。在生长的细胞中，可形成核内包涵体。

ILTV还可在禽的免疫系统细胞培养物中增殖，Chang（1977）首次报道了鸡白细胞层体外培养物的易感性，Bulow和Klasen（1983）观察到了ILTV的骨髓源和脾脏源巨噬细胞培养物中的生长情况。此后，Canek（1986）证实了早期的发现，即巨噬细胞培养物与鸡肾细胞培养物具有同样的易感性。其他类型的细胞，例如淋巴细胞、胸腺细胞以及活化的T细胞等，几乎或完全不能支持ILTV的增殖。

（二）流行病学

1. 易感机体　鸡是ILTV的唯一宿主，虽然其他禽种有时也偶尔通过与鸡接触而感染，但还没有发现其他ILTV贮存宿主。所有日龄鸡易感，但在最初接触ILTV时，年龄大的鸡群表现更加严重。该病在火鸡、鸭、家鸽、麻雀和鹌鹑等不能繁殖；乌鸦、野鸽和珍珠鸡等禽类对 ILTV 有抵抗力；它也不能感染兔、豚鼠、小鼠等实验动物。

2. 传播途径 自然感染本病的主要途径是呼吸道和眼结膜。病毒存在于传染源的呼吸道和气管分泌物中，通过咳出的黏液和血液排出而污染周围环境。健康鸡通过呼吸道、眼结膜而感染发病。

3. 传染源 本病的传染源主要是病鸡和带毒鸡。在自然情况下，主要是由于健康鸡与带毒鸡接触（即飞沫传播）而传染。存活的感染鸡是本病重要的传播者。虽然康复鸡自身可获得免疫，但它们可以成为带毒者。接种过本病强毒疫苗的鸡，能够在较长时间内散发病毒，成为传染源。污染的饲料、饮水、垫草、用具及设备和其他一些污染物都可机械带毒传播本病。野生飞禽如麻雀、乌鸦等也可以间接传播本病。

4. 流行特点 本病多见于冬秋季节，常呈流行性或暴发性发生。一旦发生本病，鸡群中 90%～100%的易感鸡都感染发病，特别是 5～12 月龄的鸡更容易感染。本病的死亡率为 5%～70%不等，平均为 10%～20%。另有一种呈地方性流行的轻微型鸡传染性喉气管炎，其发病率低或不定，死亡率也极低，仅有 0.1%～2%。

5. 诱发因素 鸡舍（笼）狭小、鸡群过于拥挤、通风不良、潮湿、闷热、卫生不好、缺乏运动、饲养管理不当、饲料骤变、维生素 A 缺乏、寄生虫感染及疫苗接种等，都是引起本病发生与传播的诱因，并能增加病鸡的死亡率。

（三）症状

本病的潜伏期 6～12 天，长的可达 24 天。其典型临床症状是咳嗽和气喘、呼吸困难，伸颈呼吸，流涕和湿性啰音。典型的病变是出血性气管炎。

该病在临诊上一般被分为3种类型，即最急性型、亚急性型和慢性型。虽然这3种形式相互演变，但病程、症状和病变都有相应变化。

（1）最急性型　亦称出血型。这一型在临诊上常突然发病，并在几天内迅速波及全群。发病率很高，死亡率可高达感染鸡群的50%～70%。个别鸡在死亡前2～3天不见病症，有的未见任何先兆就突然死亡。体重很少受损失，且往往是体重较大的鸡易受侵害。最急性型病例的症状和死后病理变化是相当典型和特征的。

病鸡突然出现精神不振，呈犬坐姿势，产蛋量降低。比较突出的症状是突然发生明显的呼吸困难，伸颈举头，呈喘息状呼吸。吸气时，头颈向前向上伸张、张嘴，吸气时间明显延长；呼气时，头向下垂，并伴有咯咯声及湿性啰音。发生痉挛性咳嗽，脖一伸一缩地甩头，试图甩出气管内的阻塞物，咳出血凝块或带有血丝的黏液，常沾黏在鸡笼、地板和墙壁上。也可见眼眶和鼻腔排出带有泡沫的分泌物。检查喉部时，可见黏膜肿胀、充血或出血，并积聚少量泡沫样液体。随着病势发展，病鸡精神更为萎缩，缩颈蹲立，羽毛蓬乱，头下垂，两眼全闭，呼吸更为困难，颇有窒息之势。有的病鸡喉头及气管虽无渗出物，但因神经受到损害也常发生窒息。病鸡往往因窒息而死亡。病程多在5～7天。

（2）亚急性型　亦称卡他型。该型多发生在最急性型暴发的后期。发病较慢，气管渗出物比较稀薄，很少有血块，能不时排出喉部的分泌物，排出后还能暂时畅通。喘息、咳嗽等呼吸症状可持续数日，最后死亡，发病率很高，但死亡率不高，一般在10%～30%之间。常经15天左右又复发或转为慢性型。

（3）慢性型　亦称温和型、轻型或白喉型。该型常是一些亚急性型残留下来的鸡。但在自然条件下，也有直接发生的病例。发病率不超过5%，发病鸡大多数由于窒息导致死亡，病程长，死亡率低而不定，常常不能引起饲养者注意，流行可达几个月之久。主要症状是精神沉郁、消瘦，鸡冠、肉垂及皮肤苍白，产蛋停止，流泪，持续性流鼻液以及出血性结膜炎。当抓鸡或惊吓时，会出现痉挛性咳嗽和喘息。

（四）病理变化

剖检病变：主要病变见于气管和喉部，其他内脏多不见异常。

最急性型的典型病变是出血性气管炎，整个或很长一段气管内充满圆柱状血凝块或带有血丝的黏液，气管几乎完全被堵塞。剥离后，可见到黏膜表面上有充血或出血。亚急性型病例气管和鼻道常有带血或不带血的黏液样渗出物积聚，喉头和上 1/3 气管黏膜上黏附有黄色干酪样白喉膜。慢性型在喉头气管和口腔中可见黄白色纤维素性干酪样坏死碎片和栓子。病程较长的重型病例，炎症可以蔓延到支气管、肺和气囊，也能上行到眶下窦。在比较缓和的病例中，仅仅可以见到结膜和窦内上皮的水肿及充血。

显微病变：显微镜下的变化随病程的不同而异。本病的特征性组织学变化，主要是在气管黏膜上皮细胞中形成核内包涵体。重症病例的气管切片，用苏木紫伊红染色，可见到黏膜上皮细胞增生，黏膜表面及下层嗜酸性细胞浸润，黏膜上皮及软骨间的皮下组织水肿，肉眼可见出血。增生性的上皮细胞排列不规则，容易脱落，在病的初期易于在细胞核内见到本病特征性的包涵体。包涵体呈圆形或卵圆形，嗜酸性着染，周围可见光晕。

电镜研究表明，细胞病变最早出现于病毒衣壳形成期间的上皮细胞核中，病毒衣壳通过核膜出芽，获得脂质囊膜并在胞浆空泡中聚集成团。

（五）诊断

1. 临床诊断 根据本病的流行特点、典型临诊症状和病理变化，可做出初步诊断。但要确诊，特别是对轻型病鸡必须采取实验室方法。

2. 实验室诊断　分离病毒、电镜检查气管刮取物中的病毒和特征性核内包涵体以及动物试验与血清学诊断方法，都可用于确诊本病。

3. 鉴别诊断　鸡传染性喉气管炎在临诊中经常容易与其他呼吸道疾病相混淆，应做必要的鉴别诊断。

（1）传染性鼻炎　本病是由副鸡嗜血杆菌所引起的传染性呼吸道疾病。鸡群不论日龄大小都可感染，大鸡比小鸡多发，初产鸡最敏感，发病率在20%左右。临诊上，主要表现为鼻道和窦的浆液性到黏液性分泌物。发病初期呈一侧性面部发红、水肿，流浆液性鼻汁；后期则眼睑与面部两侧炎性水肿，眼球陷入肿胀的眼眶中。解剖时，可见弃道窦发生卡他性炎症，而气管、气囊一般无变化，用抗生素治疗有效，病程长，喉头、气管无变化，可与传染喉气管炎加以区别。

（2）传染性支气管炎　本病由冠状病毒引起，是传染性很强的呼吸道疾病。临诊上，虽有明显的呼吸困难、啰音和咳嗽，但病变多在气管的下1/3处，且分泌物无带血现象，可以与传染性喉气管炎相区别。

（3）鸡慢性呼吸道病　本病是由鸡败血支原体引起的一种呼吸道传染病。在临诊上虽也有流鼻液、咳嗽、打喷嚏、呼吸困难、呼吸时发出啰音等症状，但该病较传染性喉气管炎发病缓慢且病程长（数周至数月不等）。剖检可见特征性的气囊浑浊，气管黏膜有纤维素性黄白色干酪样渗出物，黏膜明显增厚。

（4）禽霍乱　本病是由多杀性巴氏杆菌引起的一种能侵害所有家禽和野禽的接触性传染性疾病。该病虽也有呼吸困难、上呼吸道有多量黏液而发出咯咯叫声，但常有剧烈的下痢症状。慢性型病鸡的肉垂肿大，关节肿胀，内有干酪样脓汁，母鸡卵巢有明显出血，有时破裂。抗生素治疗有效。实验室通过微生物学检验可见两极浓染的巴氏杆菌，以此可与传染性喉气管炎相区别。

(5) 鸡新城疫　本病是由鸡新城疫病毒引起的一种急性败血性传染病。病鸡口和鼻腔有大量黏液，常做吞咽或摇头动作，因呼吸困难也常发出咯咯声，但病鸡的冠和肉垂呈青紫色，嗉囊胀满、拉稀，粪便呈淡黄绿色。慢性型病鸡往往出现各种神经症状。剖检可见明显的消化系统黏膜出血点或溃疡灶。本病对产蛋量影响较大，当本病流行时，常伴有产蛋明显下降或完全停止。鸡新城疫通过肌肉注射病理材料很容易引起发病，而鸡传染性喉气管炎通过这种感染方式常不能成功。

(6) 禽流感　由禽流感病毒引起的鸡的一种烈性传染性疾病。病鸡虽表现出轻度至严重的呼吸道症状，咳嗽、打喷嚏、有啰音、流泪等，但本病的特征性症状常为突然发病，成年母鸡产蛋停止，并表现有肠道（下痢）和神经系统症状，皮肤可见水肿，呈青紫色。本病的确诊必须依靠病毒的分离、鉴定和血清学检验。

(7) 鸡痘　本病是由鸡痘病毒引起的一种传染性疾病。该病有 3 种类型，其中白喉型鸡痘虽也在喉部黏膜上形成黄白色小斑点，覆盖在黏膜面上融合形成假膜，阻碍鸡的呼吸，但将黏膜上的假膜剥下时，常使膜下的组织发生损伤。同时，在部分病鸡的皮肤上还见有痘疹。

(8) 禽曲霉菌病　由多种曲霉菌所引起的一种鸡常见的霉菌病。主要发生于 1～15 日龄的幼鸡。剖检可见肺和气囊有粟粒大灰白色或黄白色结节，呈干酪样，可与鸡传染性喉气管炎相区别。另外，取肺或气囊病理材料涂片镜检，可见霉菌孢子，以此可与鸡传染性喉气管炎相区别。

(9) 维生素 A 缺乏症　本病病程呈慢性经过，在发病初期，一般很少见到咽部和食管内有纤维蛋白性覆盖物，而有脓疱样小结节，且在上皮细胞和黏膜腺中多有角质化病变。

（六）防制

1. 治疗　对鸡传染性喉气管炎目前尚无特效的治疗药物。免疫血清对本病有治疗作用，但价格昂贵。临诊上多进行对症治疗以缓解症状和防止继发感染，并可应用弱毒疫苗进行紧急接种，经临床实践证明，对本病的控制有一定的效果。

中兽医治疗本病以清肺利咽、化痰止咳平喘为治疗原则。西兽医治疗以抗菌消炎、防止继发症为原则。喉部和气管上端有干酪样栓子时，可用镊子除去。

2. 预防

（1）控制进鸡质量　本病主要是由带毒鸡传播。因此，有易感性的鸡群，切不可引入年龄较大的鸡、接种过疫苗的鸡、来历不明的鸡或患过本病痊愈的鸡，更不能从有本病流行的地区进鸡。新购进的鸡至少应隔离 2 周以上。发病鸡场最好采取全群淘汰，并对鸡舍、用具等进行全面彻底的消毒，空闲 6～8 周后再进新鸡。从未发生过本病的地区引进的鸡，不宜用强毒和弱毒冻干苗接种。

（2）搞好免疫接种　易感后备鸡群进行疫苗接种能有效地预防本病的发生与流行。目前，我国广泛应用的有 2 种疫苗：一种为弱毒冻干苗，一种为强毒灭活苗。

弱毒冻干苗系用喉气管炎病毒弱毒株制成。这种疫苗已在全国污染地区广泛应用，效果良好。用时按瓶签注明的羽份，用灭菌生理盐水稀释，5 周龄以上鸡点眼、滴鼻或饮水免疫，10 周龄时再接种 1 次。免疫期为 6～12 个月。弱毒冻干苗虽有较好的免疫效果，但能使免疫鸡带毒排毒，成为潜在的传染源。所以，从未发生过鸡传染性喉气管炎的地区和鸡场，不宜用弱毒苗接种。

强毒灭活苗系用喉气管炎病毒强毒经灭活剂（AEI、甲醛等）灭活制成。本疫苗安全无散毒危险，在疫区或非疫区均可应用。免疫途径以皮下接种为佳。免疫持续期在 6 个月以上。

在免疫时，对于5周龄以下的鸡，应先做小群试验观察，无重反应时再扩大使用。对有严重呼吸道病，如传染性鼻炎、支原体病的鸡群，不宜进行喉气管炎免疫。接种过喉气管炎疫苗2周内最好不要再接种其他疫苗，以免产生免疫干扰，影响免疫效果。

（3）加强饲养管理　本病主要是接触传染，避免易感鸡群与带毒鸡接触，是控制本病发生的重要环节。执行健全的卫生消毒措施，可以避免易感鸡因污染的用具、设备、饲料和人员而受到感染。鸡舍要注意通风换气，保持干燥。饲养密度不要太大，过分拥挤不但增加了接触传染的机会，也会因应激的反应而增加发病率。要加强饲养，供给足够的维生素和矿物质，以增强抗病能力。特别是维生素A、维生素D能增强黏膜细胞的屏障作用，在本病多发季节里，可适当增加维生素的添加量。

七、鸡传染性支气管炎（infectious bronchitis，IB）

鸡传染性支气管炎是由传染性支气管炎病毒引起的鸡的一种急性、高度接触性的呼吸道和生殖道传染病。其特征为气管啰音、咳嗽和打喷嚏。在产蛋鸡群，通常发生产蛋下降和蛋的品质下降，造成较大的经济损失。

本病对养鸡业危害很大。雏鸡感染可导致严重的呼吸道病变，死亡率可高达75%以上；输卵管可能发生永久性损害，导致鸡在性成熟时不能产蛋或产畸形蛋；产蛋鸡虽然死亡率低，但可使产蛋量下降25%，种蛋孵化率下降70%以上，因严重肾损伤而死亡率也可达30%；由于鸡群感染期间IBV的干扰作用，还可严重影响ND疫苗的免疫效果，导致ND免疫失败，并可继发感染其他呼吸道病。

(一) 病原

1. 分类及形态 传染性支气管炎病毒(infectious bronchitisvirus,IBV)属冠状病毒科、冠状病毒属(coronavis)。该病毒大致呈球形,病毒粒子直径为90～200纳米,有囊膜,其囊膜由约20纳米的棒状纤突蛋白组成。因此,病毒粒子呈现特征性冠状。病毒核酸类型为单链RNA,在胞浆中复制。

2. 存在部位 病毒主要存在于病鸡呼吸道渗出物中。肝、脾、血液、肾和法氏囊中也能发现病毒,但病毒在肾和法氏囊内停留的时间可能比在肺和气管中还要长。

3. 凝集特征 某些IBV毒株用1%胰蛋白酶或磷脂酶处理后有凝集鸡红细胞的作用,但不能凝集哺乳动物的红细胞。

4. 培养特性 IBV能在鸡胚中繁殖。将病料经尿囊腔接种于9～11日龄鸡胚,接种后2～7天内死亡胚被认为是病毒特异性致死。这些胚体可见发育矮小、卷曲,肾有尿酸盐沉积,尿囊液对鸡红细胞无凝集作用。IBV也可在鸡胚多种组织培养物中增殖,其中,气管组织培养是病毒分离、鉴定及血清分型的最有效方法。

5. 血清型 IBV具有极大的变异性。目前,根据病毒中和试验和血凝抑制试验,可将IBV分为20多个血清型。这给IB的诊断和控制带来了很大的困难。

6. 抵抗力 大多数鸡传染性支气管炎病毒株经50℃15分钟和45℃90分钟便被灭活,但－30℃可保存几年。不同毒株对pH3的稳定性不同,而对20%乙醚、5%氯仿和0.1%去氧胆酸钠敏感。病毒对外界不良条件的抵抗力较弱,对普通消毒剂敏感。

(二) 流行病学

1. 易感性 本病自然感染仅发生于鸡,其他家禽不感染。

各种年龄的鸡都易感染，但以 6 周龄以下的雏鸡发病最为严重。

2. 传染源及传播途径 本病传染源为病死鸡和带毒鸡，病毒可由分泌物、排泄物排出，康复鸡排毒可达 5 周之久。主要传播途径是病鸡从呼吸道排出病毒，经飞沫传播给易感鸡。另外，也可通过被病毒污染的饲料、饮水、用具、垫料等经消化道感染。一般认为，本病不能通过种蛋垂直传播。

3. 流行特点 各种应激因素均可促使本病发生或使病情加重。鸡舍卫生条件不良、过热、寒冷、过分拥挤及营养缺乏等均可促进本病的发生。本病一年四季均可的发生，但以冬、春较严重。

4. 致病机制 IBV 经呼吸上皮感染禽类，由病毒表面的 S 蛋白介导病毒结合到细胞表面。IBV 在 Vero 细胞和初级鸡胚肾细胞中以 A2，3 结合的唾液酸作为受体决定簇。分析不同 IBV 毒株感染 TOCs 与唾液酸结合活性表明，鸡 TOCs 中 A2，3 结合的唾液酸充当受体决定簇，IBV 感染 TOCs 导致纤毛停滞。当用一种特殊的 A2，3 神经氨酸酶预处理 TOCs 时，观测到抑制纤毛停滞。分析气管上皮与外源凝集素的反应性显示，上皮易感细胞大量的表达 A2，3 结合的唾液酸，A2，3 结合的唾液酸在 IBV 感染呼吸上皮中有重要作用。

本病的传染性较强，在鸡群中可迅速传播，一旦在一个易感鸡群中发生，在一两天内可能全部发病。

（三）症状

本病自然感染的潜伏期为 36 小时或更长一些，有母源抗体的雏鸡潜伏期可达 6 天以上。

病鸡看不到前驱症状，鸡群突然出现有呼吸道症状的病鸡，并迅速蔓延。病鸡有气管啰音、咳嗽、喷嚏、张口呼吸，叫声特别，夜里听得更清楚。眼鼻肿胀，精神沉郁，羽毛松乱，减食，昏睡，挤堆。病鸡气管及支气管的渗出液或渗出物可致窒息死亡。

2 周龄以内雏鸡多表现流鼻汁、流眼泪，鼻窦肿胀。日龄较大鸡的突出症状是气管啰音，喘息，如观察不仔细可能不易发现。产蛋鸡呼吸道症状较轻微，主要表现产蛋量下降，产软壳蛋、粗壳和畸形蛋，蛋质低劣，蛋清稀薄如水，蛋清与蛋黄分离，种蛋的孵化率也降低。

雏鸡感染本病后有部分鸡输卵管发生永久变性，到性成熟时不产蛋或产畸形蛋，因而感染本病的鸡不能留作种用。

在感染侵害肾脏的 IBV 毒株时，由于肾功能的损害，病鸡脱水，鸡冠变暗，并排出含有大量尿酸盐的粪便。

本病病程约 1～2 周，发病率高，死亡率雏鸡可达 25%以上，但 6 周龄以上的死亡率一般不高。

（四）病理变化

本病的病变主要表现在上呼吸道、气囊、生殖系统和泌尿系统。在发病早期，气管、支气管、鼻腔和窦内有浆液性及黏液性渗出物，后期则形成干酪样渗出物。气囊可能浑浊或含有干酪性渗出物。产蛋母鸡卵泡充血、出血或变形，IBV 感染蛋鸡后会对输卵管漏斗部和容纳部产生一定的病变，其表皮纤毛和颗粒细胞以及管状腺分泌表皮细胞是 IBV 的靶细胞。IBV 株感染的蛋鸡与正常母鸡比较，输卵管漏斗部和容纳部的超显微变化显示：感染后 2～8 天没记录到病理变化；10～14 天部分纤毛受损；16～24 天部分蛋鸡的输卵管漏斗部和容纳部的肌层中都没有观察到纤毛受损和淋巴小结；在感染后 10～12 天中，病毒粒子主要在粗面内质网和高尔基复合体中检出；在感染后 10～14 天中，多种细胞器发生病理变化。容纳部比漏斗部易受感染，而且受感染细胞的粗面内质网病毒粒子增加。IBV 能引起全部功能性输卵管部分的病变，而且可以持续到感染后 30 天。同时，导致部分产蛋鸡停止产蛋，漏斗部和容纳部纤毛受损会造成二次细菌感染，并且影响种鸡繁殖率。侵害肾脏的毒株致病时，可致肾脏肿大、苍白，肾小管和输尿管常充满尿酸盐结晶，整个肾脏表面有石灰样物质弥散沉着，呈花斑肾。

（五）诊断

1. 临床诊断 根据流行病学、临床症状及病理变化，可做出初步诊断。

2. 实验室诊断 分离病毒和易感动物接种、血清学诊断，可以用于确诊本病。

（1）病毒的分离与鉴定 无菌采取病料（气管、肾脏等）制成悬浮液，经双抗处理后，通过尿囊腔接种于9～10日龄鸡胚，每枚0.2毫升，一部分胚于接种后36～48小时收获尿囊液，并盲传于9～10日龄鸡胚；另一部分鸡胚则至少孵化至17日龄或至死亡，以观察胚体变化。如有病毒存在，经3～5次继代后，于接种后3～7天即可见到胚体明显矮小、蜷缩、绒毛黏成棒状、羊膜紧贴胚体、卵黄囊缩小、尿囊液增多等特征性变化。

也可用鸡胚气管环组织进行分离培养。即取20日龄鸡胚，无菌采取气管，沿气管环状软骨剪成环状。加入营养液进行培养后，可观察到气管纤毛的运动，再接种可疑病料。若有病毒存在，则接种后3～4天即可见纤毛运动停止。

取上述尿囊液或气管环培养物，用血凝试验检测无血凝性，但经1%胰蛋白酶处理后，则可呈现血凝性。

取上述鸡胚尿囊液或气管环培养液，经气管或滴眼接种给易感雏鸡（每只雏鸡0.2毫升）。如为本病，接种后18～36小时则会出现气管啰音、咳嗽、摇头等呼吸道症状，继而出现肾损害。

（2）干扰试验 传染性支气管炎病毒于鸡胚内可干扰新城疫病毒B_1株（即Ⅳ系）产生血凝素，这可作为传染性支气管炎病毒鉴定的一种手段。利用传染性支气管炎对新城疫B_1毒株的干扰现象作为传染性支气管炎的一种诊断方法，具有特异性强、敏感性高、操作简便等优点。

（3）血清学试验　琼扩试验（AGP）、中和试验（NT）、血凝抑制试验（HI）、荧光抗体法（IFT）和酶联免疫吸附试验（ELISA）等，均可用于本病的诊断。AGP、IFT、ELISA 等方法为群特异性，不能定血清型，但 HI 抗原的稳定性差，常出现假阳性和假阴性。因此，目前用于诊断此病的最佳方法是中和试验。但中和试验程序比较复杂，而且必须具备各种血清型的 IBV 标准阳性血清，一般实验室难以进行。

3. 鉴别诊断　本病在诊断上应注意与新城疫、传染性喉气管炎及传染性鼻炎等疾病相区别。

新城疫一般比传染性支气管炎严重，新城疫强毒可引起神经症状，具有新城疫特征性内脏病变，且死亡率很高。而且，新城疫所致产蛋下降幅度比传染性支气管炎更大。传染性喉气管炎则可出现出血性气管炎，咳血痰，呼吸道症状更严重，死亡率高，雏鸡发生少且传播比传染性支气管炎慢。传染性鼻炎病鸡常见面部肿胀，而 IB 很少见到这种症状。产蛋下降综合征亦可致产蛋量下降及蛋壳质量问题，但不影响鸡蛋内部质量。在临诊区分确有困难时，需用病原分离鉴定和抗体检测来区别。

（六）防制

1. 治疗　到目前为止，IB 尚无有效的治疗药物。但发病鸡群可用止咳化痰、平喘药物对症治疗，同时配合抗生素或其他抗菌药物控制继发感染。另外，改善饲养管理条件，可降低传染性支气管炎所造成的经济损失。

2. 预防措施

（1）饲养管理和卫生措施　理想的管理方法包括严格隔离、清洗和消毒鸡舍后再进鸡。搞好雏鸡饲养管理，鸡舍注意通风换气，防止过于拥挤，注意保温。在雏鸡日粮中适当补充维生素和矿物质，或添加提高雏鸡抗病力和免疫力的中草药，以增强鸡体抗病力和免疫力，并严格执行隔离、检疫、消毒等卫生防疫措施。

（2）免疫接种　目前，国内外已有多种 IB 弱毒疫苗，是由各个血清型的 IBV 强毒致弱而成，但应用较为广泛的是属于 Massachusetts 血清型的 H_{52} 和 H_{120} 毒株。其中，H_{120} 可用于雏鸡，多适用首免，H_{52} 则用于基础免疫过的鸡群。疫苗接种用滴鼻点眼较为合适。可于 7 日龄左右进行一免，二免于 3～4 周龄进行，以后每 2～3 月免疫一次。在 IB 流行严重的地区，一免可在 1 日龄进行。鸡新城疫与 IB 的二联苗由于使用上较为方便，故应用者也较多。

附 1：肾型传染性支气管炎

肾型传染性支气管炎（infectious bronchitis—nephrosis）是鸡的一种急性高度接触性病毒病。本病的特征为感染本病鸡只先出现轻微的呼吸道症状，接着则出现严重的肾损害。病鸡表现精神沉郁，羽毛松乱，排出白石灰质样粪便。剖检见肾苍白肿大，肾及输尿管有大量尿酸盐沉积。

本病早在 1948 年发生于澳大利亚。我国最早于 1982 年在广东分离出病毒并确诊，1992 年以后，在山东、四川、江苏、广西、北京、河南、河北等地均报道了该病的发生与流行。

（一）病原

本病病原为肾型传染性支气管炎病毒，有关特性符合鸡传染性支气管炎病毒的特征。目前至少有 11 个不同的血清型，常引起肾损害的毒株是 Australian“T”、Hotle、Massachussetts 血清型的某些毒株也可引起肾病变，但发病率和死亡率均较低。

本病的发生除病毒感染外，尚与下列诱因密切相关：①饲料中粗蛋白含量过高；②饲料中钙含量过高或钙磷比例失调；③维生素 A 缺乏，肾小管、输尿管等黏膜角化脱落，使鸡对本病易感或病情加重；④应激因素；⑤致肾损害的药物（如磺胺类药物）用量过多。另外，食盐在日粮中过量也是促使本病发生的一个因素。

（二）流行病学

鸡对本病最易感，各种日龄的鸡均可感染，但以3～6周龄的未成熟鸡最常发生。本病易感性尚存在品种与性别的差异，白来航鸡最易感。而且，所见症状及病变比重型鸡和杂交鸡明显，小公鸡比小母鸡易感，死亡率也高。

本病的主要传染源是病鸡和带毒鸡。传播途径主要是气源性传播，即病鸡及带毒鸡从呼吸道、粪便排出病毒，经空气飞沫传染给易感鸡，也可通过被污染的饲料、用具等经消化道传染。

（三）症状

本病的典型发病过程一般见于3～10周的易感鸡。首先是病鸡表现轻微呼吸道症状，然后发生急性肾损伤，表现排白色稀粪（几乎全是尿酸盐）。病鸡体重明显减轻，面部及全身皮肤变暗，特别是胸部肌肉发绀，腿胫部干瘪。鸡冠变暗，肛门周围黏满水样白色粪便，并出现死亡，死亡高峰见于感染后第10天。未经免疫接种的成年易感鸡感染本病时，呼吸道症状更轻微，症状出现率较低，但可出现产蛋量下降，蛋壳质量受到影响，蛋变圆，畸形，蛋壳粗糙。症状消失2周后，产蛋可逐渐恢复正常，但蛋壳质量的恢复需较长的时间。

（四）病变

1. 剖检变化　幼鸡发病常常表现有脱水症状，如双腿和鸡爪发干，肌肉组织缺乏弹性，剪开鼻部可看见鼻腔和鼻窦中有多量清亮的黏液渗出。气管中也有大量清亮黏液，中段气管以下常见到充血似环状。但气管中无血块、血丝。如并发支原体病则气管浑浊，管内液体变黄变稠，肺常表现暗红色。中鸡和成年鸡以上症状轻微或出现混合感染的其他症状，病鸡的典型病变在肾脏，发病初期肾脏稍肿，出现暗红条块和白色条块相间斑状；病情严重后，肾脏高度肿大，全肾脏苍白色。仔细观察可见到白色弯曲状由尿酸盐形成的条状结构，并在阳光下可见到反射光闪动，整个肾呈花斑状，最严重者输尿管增粗，管内有白色凝固物。有的心包膜也浑浊，有白色点状物附着。

2. 组织学病变 呼吸道气管黏膜上皮脱落坏死，固有膜层增厚、充血、水肿，有淋巴样细胞和嗜酸性粒细胞浸润。肺小叶间隔增宽，有淋巴样细胞浸润。支气管的病理变化比气管更加明显，纤毛脱落，管腔部分狭窄，周围有大量淋巴样细胞增生。如并发大肠杆菌病或支原体病时，中性粒细胞在支气管周围大量增生，病变区肺泡消失为细胞增生所代替。肾脏肾小管上皮颗粒变性，集尿管和肾小管管腔扩张，上皮细胞变扁呈空泡状。管腔中充满已破碎的异嗜性白细胞以及多量的淋巴细胞、浆细胞。部分病例血管内形成血栓。病变以小叶区最明显，集尿管中有尿酸盐堵塞，管腔中央为红染结晶，周围有大量多核白细胞和淋巴细胞增生。有的病变肾小管上皮细胞坏死、钙化。

（五）诊断

根据流行病学、临诊症状及剖检变化，可做出初步诊断。确诊则要根据病毒鉴定和血清学试验的结果才能做出，其实验室诊断方法同传染性支气管炎。

某些毒素中毒也可引起肾苍白肿大、磺胺类药物中毒，可见到同样的肾苍白、肿大及尿酸盐沉积，维生素 A 缺乏症后期发生的泌尿系统的症状与本病有些相似。但是，上述这些疾病中无论哪一种都不会引起很有特征性的输尿管肿大，呈油灰样。禽霍乱、败血性鸡白痢和伤寒在成年鸡可引起类似的肾病变，但可以通过细菌学检查进行鉴别。由于缺水而引起的组织脱水，肌肉变暗和肾的病变与本病相似，但原因容易查明。

（六）防制

1. 治疗

（1）加强管理　给雏鸡保暖是控制死亡率最重要的措施，在冬季尤其重要。另外，还应尽量减少应激因素的影响，注意鸡舍通风换气，防止过挤。补充维生素及矿物质，以便增强鸡体的抗病能力。

（2）改善饲料　降低饲料粗蛋白含量，尤其是肉粉及鱼粉的含量；或用豆粉代替鱼粉，也有良好作用。

（3）对症治疗　利用强心、利尿、解毒及消除尿酸盐沉积的一些药物和制剂饮水，可有利于减轻临诊症状及死亡。

（4）防止继发感染　适当应用抗生素或其他抗菌药物防止继发感染。

2. 预防　本病的发生需要病原体与诱因的共同作用，所以，预防本病首先应注意改善饲养管理，清除各种可能存在的应激因素，同时搞好隔离、检疫、消毒等卫生管理措施。其次，还要搞好预防接种，目前所用疫苗主要有灭活和弱毒苗两类。灭活苗是用当地相应血清型的病毒株灭活而制成的油乳剂灭活苗，一般在10日龄左右免疫接种，剂量为0.5毫升/只，可有效地控制该病的流行。弱毒苗是用肾型传染性支气管炎的强毒株致弱而成的肾型传支弱毒苗。随H120、H52疫苗一同应用，对该病有较好的预防效果。

附2：腺胃型传染性支气管炎

鸡腺胃型传染性支气管炎是近年来在我国发现和流行的鸡的一种新的呼吸道传染病。该病主要发生于20～80日龄的鸡群，病鸡表现羞明、流泪、有呼吸道症状、生长缓慢、常拉稀、消瘦而死亡。剖检以腺胃显著肿大为特征。

（一）病原

鸡腺胃型传染性支气管炎病毒属于冠状病毒科冠状病毒属的传染性支气管炎病毒（XIBV)。其基本特性与传统的呼吸型和肾型传支病毒相似，但血清学和免疫学特性上有一定的差异。

（二）流行病学

此病仅发生于鸡，其他家禽未见感染发病。许多品种的鸡都易感染，发病日龄主要集中在20～80日龄，30～50日龄为发病高峰期，其他日龄的鸡群也可发病，但较少见。本病无季节性，一年四季均可感染发病。

本病的发病率和死亡率不定，不同的毒株差异较大。有的毒株可引起90%以上发病，50%以上死亡，而有的毒株引起的发病率低于20%，死亡率低于10%。此病的发生与多种因素有关，过冷、过热、过分拥挤、通风不良及其他强应激因素均可促使此病发生或加大此病造成的损失。暴发此病的鸡群常并发大肠杆菌或新城疫，造成更高的死亡率。

此病主要通过接触传播，病死鸡及被病死鸡的分泌物和排泄物污染的饲料、饮水、用具等也可间接传播。

（三）临床症状

潜伏期5～6天。发病初期，病鸡精神不振，采食减少，排白色或浅绿色稀粪，眼肿、羞明流泪，有咳嗽，打喷嚏等呼吸道症状。重者精神高度沉郁，羽毛逆立，闭眼耷翅，呼吸困难。中期，病鸡羽毛蓬乱，极度消瘦，衰竭死亡。发病后期，病鸡逐渐康复，但体型明显变小，整个鸡群类似不同日龄的鸡混养在一起，大小差异很大。整个病程10～25天，康复鸡后期生产性能明显降低。蛋鸡产蛋率降低，料蛋比高；肉鸡增重缓慢，料肉比高，对其他疾病的抵抗力明显降低。

（四）病理变化

病鸡尸体极度消瘦，个体比健康鸡明显矮小，发病前期病鸡气管内有黏液，气管充血、出血。腺胃肿胀，腺胃乳头水肿。发病后期，气管病变不甚明显，腺胃明显肿大呈乒乓球状，腺胃乳头有的肿胀，有的开始破溃，有的已经破溃。破溃的乳头部位形成凹陷的溃疡，周边出血，肠道黏膜有不同程度的炎症、出血、充血。自然发病时，有10%的病鸡肾脏轻度肿大、充血，人工感染鸡有20%的病鸡出现肾脏轻度肿胀现象。部分可见胰腺、胸腺和法氏囊萎缩。其他器官的肉眼病变不明显。

（五）诊断

根据流行病学、临床症状和病理变化，可进行初步诊断。确诊必须采集病料，进行病毒分离和血清学鉴定。

本病应注意和呼吸型传支、肾型传支、新城疫、马立克氏病的区别诊断。呼吸型传染性支气管炎：两者都有呼吸症状，但呼吸型传支发病急，传播快，发病率高而死亡率低，病变主要表现在呼吸道，H_{120}、H_{52}等疫苗可预防此病；而腺胃型传支传播慢，病程长，死亡率高，特征性病变在腺胃，常规疫苗不能预防。肾型传染性支气管炎：两者都有呼吸道和下痢症状，但肾型传支以拉白色稀粪为主，剖检以病鸡严重脱水，肾肿大有尿酸盐沉积，泄殖腔内有白色尿酸盐为主，28/86、W株等肾型传支疫苗可预防此病，而腺胃型传支以消瘦、精神沉郁为主，剖检以腺胃肿大为主。

（六）防制

各种常规呼吸型和肾型传支疫苗均不能有效地预防此病，非疫区应严禁从疫区引进雏鸡和相关物料，疫区可根据情况用腺胃型传支灭活油乳苗进行预防（目前尚无活毒苗）。若当地此病的发病日龄主要集中在30日龄以上，可在15～20日龄免疫，若发病日龄主要集中在20～30日龄之间，可在7～10日龄免疫；若发病日龄在20天以前，则只能通过种鸡场对产蛋期的种鸡进行免疫，以提高雏鸡的母源抗体来预防该病。

此病发生后无特效治疗方法。加强饲养管理，搞好消毒，减少饲养密度和应激因素，增加维生素和微量元素的摄入量，可以提高抗病力、减少死亡。因为此病常与一些细菌病并发，在饲料中添加一定量的抗生素和抗病毒类药物有一定的治疗作用。

八、禽腺病毒感染（adenovirus infections of chickens）

禽腺病毒感染是由禽腺病毒引起的一种亚临床性传染病，多数为长期潜伏带毒，引起症状不明显的潜伏感染，少数可致病。

禽腺病毒可以分为3群：第Ⅰ群包括传统的腺病毒和从鸡、火鸡、鹅和其他禽类获得的腺病毒分离物，它们具有一种共同的抗原群；第Ⅱ群包括火鸡出血性肠炎病毒、雉大理石脾和鸡大脾病病毒，这些病毒共有一种与Ⅰ群病毒不同的抗原群；第Ⅲ群是与产蛋下降综合征（EDS-76）有关的一些病毒和从鸭获得的相似病毒，它们只是部分含有Ⅰ群病毒的共同抗原。在此主要介绍鸡包涵体肝炎、鹌鹑支气管炎和产蛋下降综合征。

（一）鸡包涵体肝炎

鸡包涵体肝炎（inclusion body hepatitis）是由鸡腺病毒（adenovims）引起的鸡的一种急性传染病。也有人称之为鸡（Ⅰ群）腺病毒感染。其主要特征是病鸡在发生肝炎的同时，伴有出血性变化和再生不良性贫血。种鸡发生感染时，本身可能无任何临诊症状，但所产种蛋的孵化率下降，孵出的雏鸡死亡率显著增高。

1. 病原

(1) 分类及形态 该病的病原体为腺病毒科Ⅰ群禽腺病毒属中的鸡腺病毒。目前，分离到的Ⅰ群禽腺病毒共有12个血清型，各型之间大多具有比较一致的抗原关系。研究发现，所有该群禽腺病毒毒株在琼脂扩散试验和补体结合试验中都有一种共同的9S抗原。

该病毒具有从其他动物分离出来的腺病毒的特征。病毒粒子的直径在69～76纳米之间，呈规则的二十面体对称，有252个壳粒，没有囊膜。

(2) 抵抗力 鸡腺病毒对热和紫外线比较稳定，抵抗乙醚、氯仿及pH3，这种特性有助于与鸡的其他病毒相区别。病毒对环境条件的适应性较强，对福尔马林和碘制剂比较敏感。

(3) 培养特性 鸡腺病毒分离物可在鸡胚、鸡胚肝细胞、鸡胚成纤维细胞及鸡肾细胞内增殖，最适生长温度为40℃。该病毒在这些细胞培养物中增殖时，可引起典型的腺病毒病变，如感染细胞变圆、细胞核内出现嗜碱性包涵体等。

鸡腺病毒分离物亦可在鸡胚中生长繁殖。经绒毛尿囊膜途径接种时，鸡胚中的病毒效价可达10^6～10^{11}个鸡胚半数致死量(ELD_{50})。胚胎常在接种后2～7天内死亡，如死亡发生在早期，胚胎一般充血或出血。相反，延缓死亡的鸡胚，可见发育不良和蜷缩，与鸡传染性支气管炎病毒感染的鸡胚类似。绒毛尿囊膜上有时可见有小的不透明痘斑，鸡胚常有不同程度的斑影和以坏死为特征的肝炎。病理组织学上可见肝细胞发生广泛的脂肪变性和坏死，肝细胞核内常有大的嗜碱性包涵体。

2. 流行病学

(1) 易感动物 自然宿主的范围尚未确定。从目前研究资料来看，鸡腺病毒几乎都是从具有或没有明显症状的鸡分离出来的。也曾有在鹌鹑和火鸡检测出了某些血清型病毒的报道。

(2) 传播途径 现已证明，病毒可通过病鸡的粪便排出，健康鸡直接与病鸡接触或接触病鸡的粪便而感染，并且可经蛋传染给下代。有关病鸡带毒和排毒时间尚不十分清楚。

（3）发病死亡率　试验感染证明，初生雏鸡可感染发病，并且雏鸡的日龄越小易感性越强。但在自然条件下，则以 3～15 周龄的鸡发生较多，成年鸡也可感染，但一般没有可见的临诊症状。鸡群一旦感染本病，大部分鸡在 7～10 天内相继发病，发病后 3～5 天死亡达到高峰，持续 3～5 天后突然停息。病程 10～16 天，死亡率一般为 10%左右。经蛋传递时，雏鸡的死亡率可高达 40%。

3. 症状与病理变化　本病的潜伏期一般比较短，以 Tipton 毒株皮下接种后 48 小时，肝脏即可发生病变。病鸡表现精神沉郁，食欲减退或不食，翅膀下垂，羽毛蓬乱，双脚麻痹等。临死前有的发出鸣叫声，并出现角弓反张等神经症状。

剖检病死鸡，可见营养状态良好，肌肉丰满，皮下、胸肌和腿部肌肉有明显出血，尸体表现贫血、黄疸。肝脏显著肿大，边缘钝圆，质地脆弱，呈黄褐色，肝被膜下有较大面积淤血和灶状出血，出血点或出血斑常呈线状或芒状。在出血点之间有灰黄色坏死灶，使肝脏外观呈斑驳状色彩。脾脏常见有灰白色斑点，心外膜和内脏浆膜亦可见有出血点，肾肿大、苍白，表面有出血点，肾小管内有尿酸盐沉积，长骨骨髓苍白。组织病理学的特征性变化是肝细胞发生广泛性的脂肪变性和坏死，细胞核内含有嗜碱性包涵体。

4. 诊断

（1）临床诊断　根据发病年龄、发病特点、病理变化及肝细胞内包涵体等，一般可以做出诊断。应该注意的是，在成年产蛋鸡群中发生腺病毒感染时，一般不表现临诊症状，而只是不明原因的产蛋量下降、蛋壳变薄、褐壳蛋色泽变浅等。但要做出确切诊断必须进行实验室检查。

（2）实验室诊断　腺病毒感染一般是全身性的，从病鸡的大多数器官中均可分离出腺病毒，如肠道、呼吸道和肝脏等。在疾病的早期，以肝脏和法氏囊的含毒量为最高。

细胞培养物接种试验：将病毒分离物接种于无特定病原（SPF）的鸡胚肾或鸡肾细胞培养物中时，如果分离物中含有腺病毒，则可见细胞变圆，胞核内出现特征性的嗜碱性包涵体。

鸡胚接种：选择不含母源抗体的5～7日龄鸡胚，经卵黄囊途径进行接种，如在接种后2～10天发现胚胎发育停滞或死亡，死胚的皮肤和肌肉有出血斑，颈部、腹部和腿部尤为明显，则可说明病毒分离物中含有腺病毒。

血清学检查：各个血清型的鸡腺病毒具有共同的群抗原，利用病愈鸡或免疫接种3～5周后的鸡血清可检出鸡腺病毒的存在。在实验室内，可用琼脂扩散沉淀试验、中和试验或免疫荧光抗体技术等进行诊断。其中，以荧光抗体技术敏感性最高，并且可用来进行病毒的血清学分型。

（3）鉴别诊断　对鸡腺病毒感染做出诊断时，应注意与传染性法氏囊病、脂肪肝综合征及弯杆菌性肝炎等相区别。鸡患传染性法氏囊炎时，同样可有严重的肌肉出血和其他类似的症状，但法氏囊具有肿胀或萎缩等特异性病变，并且可用血清学试验加以区别。脂肪肝综合征虽表现有突然死亡、营养良好、肝脏肿大、被膜下也有出血点等，但多是由于饲喂高能量饲料引起的代谢性疾病，多为零星发生，无传染性。弯杆菌性肝炎肝被膜下有大的血疱，并常破裂而发生腹腔积血，俗称“血水病”。在胆汁压片上，可以看到呈螺旋状运动或直线运动的弯杆菌。

5. 防制　目前，对本病尚无行之有效的治疗和免疫预防措施。对鸡腺病毒的免疫原性以及中和抗体保护作用的研究还比较少。仅知道含有母源抗体的雏鸡对相应毒株有抵抗力，母源抗体一般存在3～4周龄后消失。对发育成熟的鸡以腺病毒 Tipton 株进行免疫接种后，所产生的中和抗体具有明显的保护作用。

预防本病的主要措施是加强鸡群的饲养管理和鸡舍环境卫生的管理，防止或消除应激因素，如寒冷、拥挤、过热、贼风以及断喙过度等。

（二）鹌鹑支气管炎

鹌鹑支气管炎（quall bronchitis）是由腺病毒引起的鹌鹑的一种急性高度传染性和造成支气管等呼吸道卡他性炎症的疾病。本病于1950年在美国由Klson首先发现，幼鹌鹑被感染造成的死亡率很高。

1. 病原 本病病原属Ⅰ群禽腺病毒属，其与鸡胚致死胎儿（celo）病毒和家禽腺病毒关联病毒等被认为是相同的病毒。因为这三种病毒均能致死鸡胚，使鸡胚矮化、尿囊膜变厚、肝脏坏死和肾脏尿酸盐沉积。

2. 流行病学 鹌鹑及珍珠鸡对本病毒易感而发病，鸡和火鸡虽可感染但不发病或仅表现轻微呼吸道症状。本病为高度接触性传染病，空气传染为最主要的传播途径，潜伏期2～7天，病程1～3周，发病率100%。幼鹌鹑死亡率为10%～100%（平均50%），性成熟的死亡率则比较低。

3. 临床症状 本病会造成支气管啰音、咳嗽、流鼻涕、精神不振、集堆，有时有流泪和结膜炎症状。

4. 病变 发病鹌鹑气管和支气管内黏液增多，气囊浑浊，角膜浑浊，结膜发炎，鼻道及鼻窦充血。珍珠鸡除有呼吸道及眼病变外，还可见脾呈大理石样，肝脏及胰腺发炎。组织学病变表现为病变组织细胞中可见核内包涵体。

5. 诊断 依据流行病学、临床症状、病原分离技术和血清学方法进行确诊。

6. 防制 本病目前尚无特效的预防治疗药物，临床实际中可以采取对症治疗，同时加强饲养管理，搞好卫生消毒隔离工作。

（三）产蛋下降综合征

产蛋下降综合征（egg drop syndrome，EDS-76）是由禽腺病毒引起的蛋鸡及种鸡产蛋量严重下降的一种传染病。以鸡群产蛋下降，产薄壳蛋、软壳蛋和无壳蛋为特征。

自1976年荷兰学者Van Eck首次报道并分离到有血凝性的禽腺病毒以来，已相继于澳大利亚、比利时、法国、英国等国家分离出EDS-76病毒。我国自1991年以来，先后于江苏、上海、天津、四川、河南、吉林等地分离到该病毒。

1. 病原

（1）分类及形态　EDS-76病毒属于腺病毒科禽腺病毒Ⅲ群。该病毒与Ⅰ群禽腺病毒有共同抗原，但与Ⅱ群禽腺病毒无共同抗原。现认为EDS-76病毒只有一个血清型，但利用限制性核酸内切酶分析，可以将分离到的病毒分为3个基因型。该病毒为无囊膜、双链DNA病毒，在负染标本中观察到的病毒粒子大小为76～80纳米，呈二十面体立体对称。

（2）血凝特性　EDS-76病毒能凝集鸡、火鸡、鹅、鸽和孔雀的红细胞，但不凝集大鼠、家兔、马、绵羊、山羊或猪的红细胞。

（3）抵抗力　EDS-76病毒对氯仿、酸、碱及pH3～10稳定，在一价阳离子溶液中稳定，但在二价阳离子中不稳定，加热60℃30分钟可被灭活。病毒经0.2%甲醛和0.5%戊二醛处理后，检测不出感染性。

（4）培养特性　EDS-76病毒在鸭胚、鸭肾细胞、鸭胚肝细胞、鸭胚成纤维细胞、鹅细胞培养物中生长能达到最高滴度，在鸡胚细胞中也能很好生长，在鸡肾细胞中次之，在鸡胚成纤维细胞、火鸡细胞中生长不良，在很多哺乳动物细胞中检测不到病毒的复制。

2. 流行病学

（1）易感机体　EDS-76的易感动物主要是鸡，任何年龄的鸡均可感染，尤以26～35周龄的最易感。如果EDS-76病毒进入一个鸡场，所有日龄的开产母鸡都可能出现减蛋问题。但在产蛋高峰前后，由于潜伏病毒的活化感染才明显表现出来。

尽管发生疫病都在产蛋鸡，但鸭、鹅可能是该病毒的自然宿主。家鸭、鹅体内普遍存在抗体，在野鸭、红鸭、猫头鹰等野禽中也检测到抗体，并且在鸭、鹅及野禽中分离到了EDS-76病毒。

(2) 传播途径　EDS-76病毒既可垂直传播，又可水平传播，被病毒污染的种蛋和精液是垂直传播的主要因素。经蛋内感染的雏鸡多数不表现任何临诊症状，血清中也检测不到抗体，而是当全群产蛋达到50%至高峰时出现排毒并产生HI抗体。感染鸡还可能通过泄殖腔、鼻腔排出病毒或者带有病毒的鸡蛋污染蛋盘，从而引起本病的传播。此外，家养或野生鸭、鹅或其他野生禽类的粪便污染饮水，也可将病毒传给母鸡。

3. 症状及病理变化　经试验感染的潜伏期一般为7～9天，有时达17天。病鸡通常无明显的临诊症状，个别鸡可出现食欲减退、腹泻、贫血、羽毛散乱、精神不振等症状。主要表现是有色蛋的色泽消失，紧接着产薄壳、软壳或无壳蛋。薄壳蛋质地粗糙，像砂纸样。发病一般持续4～10周，此期间产蛋率下降30%～50%不等。如果由于潜伏病毒的活化而发病，通常于产蛋率在50%和高峰之间出现产蛋下降；如果一些鸡在发病之前已经获得了抗体，则鸡群所见到的临诊表现就会有明显差异，有的不能达到预定的生产性能，有的产蛋期可能推迟。

EDS-76没有特征性的病理变化。自然感染鸡可见卵巢静止不发育、输卵管萎缩，有时可见子宫水肿。试验感染后，在9～14天出现子宫皱褶水肿及在蛋壳分泌腺处有渗出物，脾轻度肿胀，卵泡无弹性，腹腔中有各种发育阶段的卵。主要的病理组织学变化出现在输卵管蛋壳分泌腺，从感染后的第七天开始，病毒在上皮细胞的核内复制，产生核内包涵体。大量被感染的细胞脱落到管腔中，出现炎症反应，基底膜和上皮可见巨噬细胞、浆细胞、淋巴细胞及异嗜性细胞浸润。

4. 诊断

（1）临床诊断　在正常饲养管理条件下，在鸡群产蛋高峰时，突然发生不明原因的群体性产蛋下降，有色蛋在产蛋下降前蛋壳褪色，并有畸形蛋，绘制产蛋率曲线对早期诊断有重要意义。剖检有生殖道病变、临诊上又无特征性表现时可怀疑本病。

（2）实验室诊断　采用病原分离与鉴定、血清学诊断（血凝和血凝抑制试验）进一步确诊。需要注意的是，经卵感染的鸡，在生长期间检测不到抗体。只是随着临诊症状的出现，抗体才转为阳性。因此，在一个鸡群，即便在20周龄时，所有的鸡血清学检测阴性，也不能保证没有受到感染。

（3）鉴别诊断　EDS-76必须与传染性支气管炎（IB）、非典型新城疫等疾病及饲养管理不当造成的产蛋减少做鉴别诊断。

感染IB病毒的鸡产畸形蛋、纺锤形蛋和粗壳蛋，蛋的质量变差，如蛋白稀薄水样、蛋黄和蛋白分离以及蛋白黏着于蛋壳膜表面等。产蛋母鸡的腹腔内可以发现液状的卵黄物质，卵泡充血、出血、变形。检查呼吸系统可见有病变。

EDS-76常常是在鸡群很健康的情况下，不能达到预定的产蛋水平或出现产蛋量下降，蛋壳的变化先于或与产蛋下降同时发生。一般无壳蛋具有特色，软壳蛋、薄壳蛋也是特征性的，但蛋的品质一般变化不大。确切的诊断是用HI试验来证实。

5. 防制

（1）加强饲养管理　由于传统的EDS-76主要是经蛋垂直传播，所以应从无EDS-76病毒感染的鸡群引种，不要用感染鸡群所产的种蛋孵化。本病也常由污染的蛋盘造成传播。此外，粪便中的病毒也可造成本病的水平传播。因此，要采取合理的卫生预防措施，严格消毒各种用具及遵守检疫、淘汰制度。

（2）搞好预防接种　预防接种是本病主要的防制措施。到目前为止，国内外尚未有活毒疫苗。应用较广的是 EDS-76 灭活油乳苗，可起到良好的保护作用。鸡在 14～16 周龄时进行免疫，非感染鸡群免疫后的 HI 抗体滴度可达 8log2～9log2。如果鸡群以前曾感染过 EDS-76 病毒，滴度能达到 12log2～14log2。免疫后 7 天能检测到抗体应答，2～5 周时达到峰值，免疫力至少持续一年。

（3）治疗　EDS-76 目前尚无有效的治疗方法，用疫苗进行紧急接种，对本病的控制有一定效果。

九、禽脑脊髓炎（**avian encephalomyelitis，AE**）

禽脑脊髓炎是一种主要侵害雏鸡的病毒性传染病。它的特征是患雏运动失调、头颈震颤，母鸡的产蛋量下降。

本病于 1930 年初次在商品鸡群中见到，1932 年由琼斯（Jones）等首次报道并证明为病毒性传染病。根据发病雏鸡特征性头颈震颤，过去曾被称为“禽流行性震颤”。1938 年 Van rockel 等根据实验性分类，将其定名为“禽脑脊髓炎”。目前，世界上所有饲养商品鸡的地区均有本病的报道。

（一）病原

1. 分类及形态　禽脑脊髓炎病毒属于小核糖核酸病毒科、肠道病毒属，为 RNA 病毒，无囊膜，病毒粒子直径为 20～30 纳米，呈球形。病毒株有自然毒株和继代株。

AEV 各毒株虽有不同的致病性和对组织的趋向性，但通过物理、化学和血清学试验证实，这些毒株同属于一个血清型。按照各毒株的毒力及对器官组织嗜性有所不同，通常是把 AEV 各毒株分为自然毒株（野毒株）和胚适应毒株（VanRoekel 株）。自然毒株均为嗜肠性的，易经口感染，经粪便排毒。通过接种易感鸡胚传代，在未适应鸡胚前不出现鸡胚病变。胚适应毒株为高度嗜神经的，接种 6 日龄易感鸡胚后 6～9 天病毒滴度达到高峰，并引起明显的鸡胚病变，胚体活力减弱，骨骼肌损伤、萎缩、体重降低、出血、水肿、脑萎缩等。

2. 抵抗力　本病毒对乙醚和氯仿等有机溶剂有抵抗力，对酸、胰酶、胃酶和去氧核酸酶也有抵抗力，对温度的抵抗力很强。病鸡脑组织中的病毒在 50%甘油中，可保持 40 天左右。病毒在干燥或冷冻的条件下，可存活 70 天。

3. 培养　病毒可在易感雏鸡、鸡胚、鸡胚肾细胞、胰细胞、脑细胞、神经胶质细胞及成纤维细胞上生长，通过卵黄囊、尿囊腔和眼内途径均可接种病毒，但以卵黄囊接种途径效果较好。

（二）流行病学

1. 易感机体　鸡、雏火鸡和鹌鹑对本病均有感染性，但以鸡最为易感。各种年龄的鸡均可感染，但以 3 周龄以内的雏鸡发病症状明显。幼鸽、幼鸭、珍珠鸡及火鸡可人工感染，某些野鸟可以带毒，但迄今未能使哺乳动物发病。

2. 传染源及传播途径　本病毒有极高的传染性，既可通过接触感染（水平传播），也可通过蛋传递（垂直传播）。

病鸡通过粪便排毒的时间为 5～12 天，粪便中病毒存活时间可达 4 周以上。当鸡通过消化道摄食了被污染的饲料和饮水时便被感染；也可通过呼吸道和外伤途径感染。本病传播很迅速，一个 4 000～5 000 只鸡的鸡群，4～5 天即可全群感染。

垂直传播是本病重要的传播方式。产蛋母鸡感染后，通过蛋排毒时间约 3 周。这些带毒的种蛋在孵化时可能小部分死亡，而大部分会孵出雏鸡。这些雏鸡孵出后 1～20 天即可发病，而且从出壳开始，即可排毒感染其他的雏鸡。

3. 流行季节　本病一年四季均可发生，但大多数在冬、春季发病。

（三）临诊症状

通过种蛋传递而感染的小鸡，其潜伏期为1～7天。经口感染的小鸡，其最短潜伏期为11天。

患病雏鸡开始时，精神沉郁，眼睛失神，疲乏嗜眠。有时表现出空口吞咽动作，随后发生运动失调，易受惊扰，脚软，不愿运动，步态蹒跚，前后摇晃，摔倒，最后坐下或卧于一侧，侧卧时脚掌伸直，有的病雏鸡利用跗部和跖部支撑行走，或借助于翅膀拍动才能行走，有时伴有微弱的叫声。

震颤症状也随运动失调出现，有时单独出现。震颤症状多发生于头部和颈部，有些病雏翅膀和尾出现震颤症状。有些则只出现于受到惊扰或刺激后；有些则眼观时不明显，但把病鸡捉在手里，用手指按压头颈部即可明显感觉到。病雏一般能正常吃食和饮水，但由于运动失调，行走困难，无法觅食，病鸡日渐消瘦，生长发育不良，体重减轻，最后衰竭死亡。病程一般为6～8天。

成年鸡感染后通常没有可见的临诊症状，唯一的表现是产蛋量下降，有时可见蛋个变小。产蛋量下降幅度最高可达40%，时间为1～2周，以后逐渐恢复。

鸡群内的全部鸡只可迅速被感染，但发病率通常只有10%～20%（最高60%），死亡率受管理因素影响很大，一般波动于10%～70%之间。

（四）病理变化

剖检时，一般无明显的肉眼可见变化。胃的肌层中有灰白区（系淋巴细胞浸润所致），肝脏脂肪变性，脾增生性肿大，肠道轻度炎症等。

特征性病理组织学变化主要在中枢神经系统，外周神经不受影响。中枢神经系统中发生散在性的非化脓性的脑脊髓炎和背根神经炎。脑和脊髓的各个部位出现血管周围淋巴细胞浸润。在中脑、桥脑、延脑和脊髓神经胶质细胞有明显的弥慢性或结节状增生，脑干特别是脊髓的神经细胞发生中央染色质溶解，对本病的诊断有重要意义。此外，在某些内脏器官，如心肌、腺胃、肌胃的肌肉层和胰腺可见多量细胞浸润，并形成小结节。

（五）诊断

1. 临床诊断 根据本病流行特点、鸡群的病史、典型的头颈震颤及产蛋母鸡产蛋下降，剖检时没有可见的眼观病变，可做出初步诊断。但初次发病的确诊需进行实验室诊断。

2. 实验室诊断

（1）病毒的分离和鉴定 取病鸡的脑作为病料，加入营养肉汤或生理盐水，制成10%～25%的脑组织悬液。经离心沉淀后，取上清液加入青霉素和链霉素各1 000单位/毫升抑菌。然后，接种于1日龄雏鸡或5～6日龄鸡胚，根据结果进行鉴定。

（2）鸡胚 将病料通过卵黄囊途径接种5～6日龄SPF鸡胚，接种后12天检查鸡胚是否有AEV所致鸡胚典型病变，并留取少量接种胚继续孵化至出雏。观察鸡胚出雏后20天内症状，如有类似AE症状，则采集脑，分离原代病毒。野外分离病毒，常常不能使SPF鸡胚产生病变，需盲传3～4代，方能适应鸡胚，产生病变。应注意的是，无AE母源抗体的鸡胚于5日龄经卵黄囊接种是分离和繁殖本病毒的最佳途径。鸡胚必须是来自无AEV感染的鸡群，否则，由于卵黄内存在母源抗体，病毒就不能增殖。

（3）鸡胚易感性试验 取病、死鸡的脑组织制成匀浆，经离心和加抗生素处理后，取上清液，给5～7日龄无母源抗体的鸡胚卵黄囊内接种0.1毫升。接种鸡胚孵出的雏鸡出壳后2天开始发病（观察到10～20日龄），其临诊症状和病理组织学变化与自然病例相同。

（4）血清中和试验 可采用适应于鸡胚的毒株来确定血清中

和能力。将未经稀释的血清与 1∶10 倍稀释的病毒液混合，其经卵黄囊接种于 6 日龄鸡胚。接种后 10～12 天，检查鸡胚有无特征性病变并计算其中和指数，中和指数达 1.5～3.0 者判为阳性。

（5）雏鸡感染试验　取病、死鸡脑组织悬液，经抗生素处理后，脑内接种 2～3 日龄无母源抗体的易感雏鸡，每只鸡 0.1 毫升，12～14 日龄开始发病，其症状与自然病例相同。

（6）琼脂扩散试验　按 0.8%～1.0%的比例取优质琼脂粉加入缓冲液或生理盐水中煮沸融化，待冷至 45～56℃浇灌琼脂平板，使其凝固，厚度为 2～3 毫米。然后，打成中央一孔周围六孔的梅花形孔，一般孔径 3～5 毫米，孔距 4～7 毫米。并用火焰封孔底，每孔加约 30 微升抗原或抗血清，置 37℃湿盒中（或室温）24～48℃，根据特异性沉淀线的有无进行判定。如有必要，可观察 72 小时或到 96 小时。利用鸡胚适应株或野毒株感染 SPF 鸡或鸡胚，研制琼扩沉淀抗原，可用于各种鸡群 AE 的诊断。

（7）荧光抗体试验　取病鸡的脑、胰、腺胃，必要时可取脊髓、心肌及肌胃，制成冰冻切片；然后，用抗脑脊髓炎的特异性荧光抗体染色，并观察结果。此法已证明对本病的诊断有高度特异性。

3. 鉴别诊断　容易与本病混淆的疾病有新城疫、马立克氏病、传染性支气管炎、营养性脑软化症和雏鸡佝偻病等。

（1）新城疫　鸡新城疫于各种年龄的鸡发生时均有明显的症状，除神经症状及产蛋量下降外，还可见呼吸道症状及黄绿色或黄白色痢，剖检消化道及其他一些内脏器官有明显的肉眼变化。脑脊髓炎主要发生于 3 周龄以下雏鸡，剖检时没有可见的眼观变化。

（2）马立克氏病　马立克氏病多发日龄为 50～120 日龄，比本病要晚得多。主要表现为腿翅麻痹，劈叉姿势。剖检时，可见腰荐神经丛明显肿大，横纹消失，有肿瘤结节，肝、脾等内脏有肿瘤性变化。而鸡脑脊髓炎的外周神经无病变。

（3）传染性支气管炎　传染性支气管炎感染产蛋鸡时，也会引起产蛋下降，但下降及恢复速度较慢，且蛋壳畸形、粗糙，蛋白稀薄呈水样。

（4）雏鸡营养性脑软化症　维生素 E 缺乏症一般发生在 2～4 周龄雏鸡，病雏常伴有白肌症和渗出性素质，小脑水肿，有出血斑点，脑内有坏死区。维生素 D 缺乏症，一般在 1 月龄前后发病，表现关节变形、软骨症病状。维生素 B_1 缺乏症，特征性症状是胫跖关节屈曲呈“观星”状，剖检可见皮下广泛性水肿。维生素 B_2 缺乏症，一般 2 周龄后，软趾爪向内卷曲，卧地不起，坐骨神经和臂神经变软并肿大数倍。

（5）佝偻病　有时出现神经症状，与脑脊髓炎不同的是骨骼的变化，并且无传染性。

（六）防制

本病尚无特效药物治疗，主要采取综合性防制措施。

1. 加强饲养管理　及时隔离病鸡群，控制健康雏的同居感染；改善和加强饲养管理；适当增补多种维生素。

2. 搞好消毒　对鸡舍、地面及饲养用具进行彻底消毒，重新购进带有本病母源抗体的雏鸡饲养。

3. 免疫接种　对种鸡可于 10 周龄以上接种鸡脑脊髓炎灭活疫苗和弱毒疫苗，使其在产蛋前获得免疫力，并通过蛋传递给后代雏鸡，从而保护幼龄雏鸡不发病。免疫接种的方法，可将弱毒疫苗混入饮水中全群口服，也可只给 2%～5%的鸡只嗉囊内接种，使同群鸡在接触感染中获得免疫力。正在产蛋的鸡，用活毒疫苗接种可能在一定程度上影响产蛋，故可采用灭活苗进行肌肉注射。

十、鸡痘（fowl pox）

鸡痘是由鸡痘病毒引起的一种急性、热性、高度接触性传染病。病鸡以无毛部皮肤发生增生性病理过程，形成肿疣样病变、结痂、脱皮和口腔、咽喉黏膜形成纤维素性坏死性伪膜等为特征。本病的死亡率虽不高，但可使雏鸡的发育受阻和产蛋率下降，造成较大的经济损失。

本病广泛分布于世界各地，特别是大型鸡场中更易流行。近年来，由于普遍推广疫苗接种措施，鸡痘的发生率已经明显下降。

（一）病原

1. 分类及形态 本病的病原体为痘病毒科痘病毒属中的鸡痘病毒（fowl virus）。该病毒为双链DNA病毒，有囊膜，病毒粒子呈砖状，其大小为280纳米×330纳米。

2. 抵抗力 鸡痘病毒对乙醚有抵抗力，但对氯仿敏感。该病毒对干燥具有强大的抵抗力，脱落痂皮中的病毒可以存活几个月，但在鸡粪中活力一般不超过数周，加热60℃和50℃，可分别在10分钟和30分钟内使其灭活；在－15℃以下环境里，保存多年仍有传染力。常用消毒药均可使其灭活。

3. 存在部位 鸡痘病毒主要存在于病变部位的上皮细胞内和病鸡呼吸道的分泌物中。如取病变部做组织学检查，可见被感染的上皮细胞呈典型的空泡化和水肿变性，胞浆内有大型的嗜酸性包涵体。

4. 培养 鸡痘病毒易在鸡胚和鸡胚细胞内增殖，产生明显的病变，在绒毛尿囊膜上形成痘斑，在感染细胞的胞浆内形成包涵体。

5. 其他特性 鸡痘病毒具有血凝性，可用血凝和血凝抑制试验以及红细胞吸附试验检出。该病毒具有良好的抗原性，病愈康复的鸡可获得终生免疫，人工进行免疫预防可取得良好的免疫效果。

（二）流行病学

1. 易感机体 鸡的易感性最高，不分年龄、性别和品种均易感，但雏鸡较少发病。除鸡外，火鸡、金丝雀、鹌鹑、野鸡（雉）和鸽也可感染。鸭和鹅等水禽很少感染，即使感染，也无明显症状。

2. 传播途径 鸡痘病毒不能侵入完整的皮肤和黏膜，但可经毛囊侵入机体。病毒多存在于病鸡脱落下的痘痂和喷嚏、咳嗽的飞沫中。当这些污物接触鸡体时，可经因相互啄伤或鸡笼刺伤的伤口而感染。此外，蚊子及体外寄生虫也可传播本病。蚊子吸吮病鸡的血液后，带毒时间可长达10～30天。

3. 发病季节 本病一年四季均可发生，但以秋、冬两季和蚊虫较多的夏季最易发生，夏、秋两季多以皮肤型为主，冬季则以白喉型为多见。

4. 发病死亡率 本病的死亡率随年龄的增长而下降，成年鸡很少死亡，幼龄鸡的死亡率一般约为5%，幼雏的死亡率可达10%以上。鸡群密度过大、体表寄生虫、维生素缺乏、饲养管理粗放以及鸡舍通风不良、阴暗潮湿均可使病情加重，死亡率上升。如伴有传染性鼻炎、慢性呼吸道病等并发感染，可造成鸡群的大批死亡。

（三）临诊症状和病理变化

本病潜伏期4～8天。根据病毒侵害部位和临诊表现的不同，一般分为皮肤型、白喉型（黏膜型）和混合型。三种类型的病原体相同，但其临诊症状和严重程度各不相同。

1. 皮肤型 皮肤型以无毛部皮肤（尤以头部皮肤）发生增生性病理过程，形成肿疣样病变，继而以结痂、脱皮为特征。在鸡冠、肉髯、眼皮和口角等处首先出现一种灰白色呈麸皮状的小结节，以后迅速增大变为黄白，并逐渐与邻近的结节互相融合，形成大的痘疣，表面凹凸不平，呈褐色，内含有黄色脂状物，剥去痘痂，就成为一个出血的凹陷。痘疹少的只有几个，多的可密布于头部所有无毛部的皮肤，并常互相连接融合，形成大块厚痂，以致使眼睑开张困难。痘痂一般经3～4周逐渐脱落，痘痂脱落后留下灰白色的光滑疤痕。此类型病例大多没有明显的全身症状，但病情较重的鸡，尤其是小鸡，可见有精神不振、食欲减退或消失、体重下降等症状。有些病例痘疹生在口角、眼睑，常影响视力和采食，甚至无法采食和饮水，常因饥饿或缺水而死。产蛋鸡则产蛋减少或完全停产。此外，尚有一些病例仅在胸腹部、腿部、翅部的皮肤下发生绿豆大至豌豆大的痘疹，凸出于皮肤表面，呈黄白色，浑浊，干结时四周突起，中央下陷。痘疹数目一般不多，成年鸡症状常较轻微，如不小心检查则难以察觉。但雏鸡常可表现出明显的全身症状。此种鸡痘的死亡率比较低，小鸡一般为5%左右。

病理学变化：此种类型的鸡痘，病理学变化一般仅限于发痘局部，其他部位及内脏器官一般无明显病变。

2. 白喉型 多发生于小鸡和青年鸡。以口腔和咽喉黏膜的纤维素性、坏死性炎症为特征，常形成伪膜。病初呈鼻炎症状，病鸡表现精神不振、厌食、流鼻液，初为浆液性鼻漏，后转为黏稠的脓性。鼻炎症状出现2～3天后，口腔、咽喉等处的黏膜出痘疹，初为扁圆形的黄白色斑点状，稍突出于黏膜表面，继之痘疹迅速扩大，并相互融合形成一层黄白色至棕黄色干酪样的伪膜，伪膜覆盖于黏膜表面，很像人的白喉，所以又称为鸡白喉。伪膜不易剥离，如用镊子强行撕去伪膜时，则露出红色的出血性溃疡面。伪膜不断扩大和增厚，可部分阻塞口腔和咽喉，以致不同程度地妨碍饮水、采食、吞咽和呼吸。严重的病例常闭不上嘴，病鸡往往张口呼吸，并发出咯咯声响，可因窒息而死亡。由于病鸡饮水和采食困难，羽毛失去光泽，体重急剧下降。

有些病鸡，鼻和眼部也常受到侵害，发生所谓的眼鼻型鸡痘。病鸡眼结膜发炎，眼和鼻内流出水样分泌物。随着时间的延长，分泌物变为淡黄色脓性，眶下窦内常有大量的炎性渗出物蓄积。这种现象与传染性鼻炎很相似，应注意鉴别。白喉型鸡痘的死亡率较高，小鸡常可高达30%～50%。

病理学变化：病变与临床所见相似，主要发生在舌、嘴角、腭、咽、喉头入口处的黏膜，并可扩展至气管、食管、嗉囊和眶下窦。开始在黏膜出现稍隆起的、白色不透明结节，结节迅速增大并常常融合，继之变为黄色、干酪样、坏死性伪膜。组织学检查，可见病变部位的上皮细胞胞浆内有嗜酸性包涵体。

3. 混合型 同时具有以上两种类型的症状，无毛部皮肤和口腔、咽喉部黏膜表面均有痘疹发生。病情较为严重，死亡率也较高。

除上述三型外，偶尔还可见有严重全身症状的败血型。

（四）诊断

1. 临床诊断 根据发病情况及无毛部皮肤的痘疹或咽喉黏膜表面的伪膜，常可做出初步诊断。但要做出确诊，则需进行实验室检查。

2. 实验室诊断 可以通过健康易感鸡的接种实验、组织病理学检查、细胞培养物接种、琼脂扩散沉淀试验进行确诊。除此之外，尚可应用血凝试验、中和试验进行诊断，应用荧光抗体或酶标抗体检测涂片或切片中的病毒粒子，也可取得良好效果。

（五）防治

1. 治疗 本病的死亡率较低，一般无需治疗，数周后即可康复。为了促进鸡群康复和防止并发感染，应加强饲养管理和对症治疗。如口腔、咽喉黏膜上的伪膜妨碍呼吸、饮食时，可用镊子小心剥除，然后涂以碘甘油。眼部肿胀的病鸡，可用2%硼酸水冲洗干净，再滴5%蛋白银溶液。

对于雏鸡和病情严重的成年鸡，可取免疫接种后2～10周或患本病康复鸡的血清进行皮下注射。雏鸡每次注射0.5～1.0毫升，连用2～3天，可获得一定疗效。

2. 预防 搞好鸡舍的卫生工作，剪除鸡笼毛刺，所有鸡均应断喙，防止发生外伤和啄伤。消除蚊虫孳生条件，注意随时灭蚊。购进新鸡时，要进行严格检疫，任何病鸡不得入场。为了防止鸡痘，可用鸡痘弱毒疫苗进行预防接种。本疫苗对雏鸡（16日龄以上）及成鸡均可应用。应用时，将疫苗500羽份加入稀释液5～6毫升进行稀释，用鸡痘刺种针或灭菌钢笔尖蘸苗，于鸡翅内侧无血管处皮下刺种，1月龄内的刺种1针，1月龄以上的刺种2针。接种后3～4天，刺种部位微现红肿，继之结痂，2～3周后痂片脱落。免疫期，成鸡为5个月；初生雏为2个月。2个月后必须再进行一次免疫接种，以后每半年免疫接种一次。

鸡场发生鸡痘时，要严格进行隔离与消毒。对所有死鸡必须进行无害化处理，不得随便带鸡出场或上市销售。

十一、禽病毒性关节炎（avian viral arthritis）

禽病毒性关节炎是由呼肠孤病毒（reovinis）引起的禽类的一种传染病，以关节炎和腱鞘炎、滑膜炎为特征，也可引起腱断裂。急性发病鸡群中，往往造成鸡只死亡、生长停滞、饲料利用率降低。

本病呈世界性分布，对养鸡业的危害日渐突出。尤其是对肉用鸡，危害更为严重。所以，目前在养禽业发达的欧美国家被列为重要的家禽传染病之一。我国自20世纪80年代初发现该病以来，几乎所有养鸡地区都有过相关报道，有的地方阳性率甚至超过60%。但易被细菌性、营养性关节病所掩盖，所以至今仍未得到足够重视。

呼肠孤病毒除引起病毒性关节炎/腱鞘炎外，还与僵鸡综合征（stunting syndrome）、吸收不良症（malahsorption syndrome）、腱断裂、心肌炎等有关。从正常鸡中也能分离出呼肠孤病毒。鸡感染后，其临诊表现很大程度上取决于鸡只日龄、病毒的致病类型和感染途径。

（一）病原

呼肠孤病毒无囊膜，具呈20面体对称的双层衣壳。完整病毒粒子直径75纳米左右。病毒基因组为可分段的双链RNA，病毒粒子在感染细胞的胞浆中呈晶格状排列。

呼肠孤病毒对热有抵抗力，可耐受60℃8～10小时、56℃22～24小时、37℃15～16周。病毒对乙醚不敏感，对氯仿轻度敏感，能抵抗pH3，对2%来苏儿、3%福尔马林有抵抗力。70%乙醇和0.5%有机碘可灭活病毒。

病毒的血清型较复杂，日本鉴定出了5个，美国分离出了4个，且常以不同的亚型存在。病毒经卵黄囊接种或绒毛尿囊膜（CAM）接种，可在鸡胚内生长。原代鸡胚细胞、肝、肺、肾细胞也可用于病毒增殖，适应鸡胚肝细胞后可在鸡胚成纤维细胞上生长。

（二）流行病学

鸡和火鸡是引起病毒性关节炎和腱鞘炎的呼肠孤病毒的唯一自然宿主，以肉鸡的易感性最高。雏鸡的易感性又高于成鸡，1日龄无母源抗体雏鸡最易感。随着日龄的增加，易感性降低。感染后病情不太严重，同时潜伏期也较长。4～7周龄的肉鸡较多见，也可见于较大的鸡。本病感染率高（6%～100%），发病率低（5%～10%），死亡率为1%～6%。但因生长迟缓，淘汰率较高（30%～50%）。

已经证明，禽呼肠孤病毒可水平传播，也能垂直传播。水平传播主要是通过消化道和呼吸道途径。自然感染后，病毒在呼吸道和消化道内复制，但病毒长期由肠道排出，通过粪便污染周围环境。病毒也可长期存在于盲肠、扁桃体和跗关节内，使带毒鸡成为潜在传染源。本病的蛋传率不是很高（1.7%）。

（三）临床症状

本病的潜伏期与宿主年龄、感染途径和病毒的致病性有关，从1天到10天不等。感染经常呈隐性，只有血清学变化及组织学变化而没有症状。有症状病鸡的比例一般不超过10%。急性感染期，病鸡可表现跛行，部分病鸡发育受阻。慢性期的跛行更加明显，少数鸡的跗关节不能活动，用膝着地，伏坐。病鸡食欲减退，不愿活动，且因采食、饮水不足而消瘦、贫血。可见单侧或双侧跗关节肿胀，胫骨变粗；如腓肠肌腱断裂，则不能行走。商品蛋鸡产蛋率下降。一般死亡率<6%，但淘汰率较高。

（四）病理变化

病鸡趾屈肌腔和趾伸肌腱肿胀。跗关节较少肿胀，常含有草黄色或血样渗出物，少量为脓性分泌物。感染早期腱鞘水肿明显，跗关节滑膜常有点状出血。慢性型可见腱鞘黏连、硬化，软骨上出现点状溃烂，并融合延伸到下方骨质，骨膜增生。有时可见到心外膜炎，肝、脾、心肌上有坏死灶。

（五）诊断

从流行病学特点、肉用仔鸡腓肠肌腱断裂的病例或成年鸡慢性关节肿大、肥厚、硬化等临床症状和病理变化，可做出初步的诊断。但很难确定它是单独感染还是合并感染，所以，最后确诊必须靠实验室诊断。

1. 实验室诊断

（1）病料的采集　用无菌棉拭子采取跗关节或胫股关节液，或将滑膜（腱鞘）制成10%悬液，或取脾脏制备悬液。病料于

－20℃保存备用。

（2）病原分离与鉴定　由于呼肠孤病毒可在鸡胚的卵黄囊、CAM上增殖，初次分离多用SPF或无呼肠孤母源抗体的鸡胚进行卵黄囊接种。病毒也可在多种鸡胚原代细胞及哺乳动物细胞系内生长。

鸡胚接种：用5～7日龄SPF胚，经卵黄囊途径接种0.1～0.2毫升病料，35.5℃恒温培养。接种后3～5天鸡胚死亡，胚体明显出血，内脏器官充血或出血。存活胚矮小，肝、脾、心脏增大，有坏死点。绒毛尿囊膜（CAM）途径接种可用于观察所形成的痘斑及产生的胞浆包涵体。10日龄CAM接种，7～8天后鸡胚死亡，但死亡率不固定。

细胞培养：病毒可在原代鸡胚细胞、鸡肝、肾、肺、睾丸及巨噬细胞上生长，也可在Vero细胞、乳鼠肾细胞（BHK21/31）、猪肾细胞（PK15）等细胞内生长，以2～6周龄鸡肾细胞（CKC）较好。用于病毒分离和噬斑分析时，可选用鸡胚肝细胞。

病原鉴定：可依据病毒的耐热、耐乙醚、耐酸及DNA代谢抑制剂等特性来检验病原。感染细胞以H.E或荧光抗体染色，可观察到胞浆包涵体。琼脂扩散试验或病毒中和试验亦可用于鉴定病毒。致病性鉴定，可接种1日龄敏感鸡的爪垫，72小时后明显水肿，可确定为有致病性。

（3）血清学检查　常用的有琼脂扩散试验、中和试验、荧光抗体技术和酶联免疫吸附试验等。

2. 鉴别诊断　应与滑膜支原体引起的滑膜炎、细菌性关节炎等相区别。致病性葡萄球菌常引起关节感染，沙门氏、巴氏杆菌及病原性支原体也常引起关节炎。通常，这些感染可通过细菌的培养和鉴定加以区分。

另外，要区别马立克氏病和非传染性的佝偻病等造成的跛行。

（六）防制

可对种鸡接种灭活苗，使雏鸡从母源抗体中获得保护，减少经卵传播，但应注意用同血清型的疫苗株。1日龄雏鸡接种病毒性关节炎弱毒苗可以避免发病，但会干扰马立克疫苗的免疫效果。

鸡群发病后没有特效治疗药物。因此，对鸡舍及环境要严格消毒，尽量防止病毒的扩散。常用碱性消毒液或0.5%有机碘类消毒。

十二、鸡传染性贫血（chicken infectious anemia）

鸡传染性贫血是由鸡贫血病毒（chicken anemia virus，CAV）或称贫血因子（chicken anemia agent，CAA）引起的以雏鸡再生障碍性贫血、全身淋巴组织萎缩、皮下肌肉出血等为特征的一种免疫抑制性疾病，也称出血性综合征、贫血性皮炎综合征或蓝翅症。

自1979年日本的Yuasa等首次报道本病后，该病在世界范围内广泛流行。CAA导致再生障碍性贫血，可引起胸腺、法氏囊及其他免疫器官的淋巴细胞严重损失。

（一）病原

贫血因子为无囊膜的DNA病毒，曾根据其形态特征和理化特性划归细小病毒科。目前，因其基因组DNA特性，暂归类为圆环病毒科。贫血因子大小为18～24纳米，电镜下呈球形或六角形。病毒耐热、耐酸，对乙醚和氯仿稳定。76℃1小时、80℃15分钟不能灭活病毒；pH3处理3小时、室温下氯仿处理15分钟、50%乙醚处理1小时，毒力不降低；对酸敏感，50%酚处理

5分钟即失去感染性；37℃下可耐受胰酶、蛋白酶K2小时的处理；贫血因子能抵抗季胺类化合物及两性肥皂，但5%次氯酸钠、1%碘伏、福尔马林、0.4%β-丙内酯、1%戊二醛处理和100℃15分钟可使病毒灭活。病毒没有凝集禽类和哺乳动物红细胞的能力。目前，贫血因子分离株在抗原性上没有差异，均属同一血清型，其致病性不尽相同。

病毒可在鸡胚及成淋巴样细胞系中增殖。

（二）流行病学

已知鸡是贫血因子的唯一宿主。所有年龄的鸡都能感染，但不同年龄抵抗力明显不同。本病主要发生于2～3周龄的雏鸡，1～7日龄最易感。其中，肉鸡尤其是公鸡更易感。随日龄增加，易感性、发病率及死亡率逐渐降低。人工接种1日龄雏鸡最易感，1周龄雏鸡可感染发病但不死亡，2周龄后雏鸡接种不发病，但可分离到病毒。

其他禽类对贫血因子不易感，火鸡和鸭有先天的抵抗力，人工接种后血清中也未检出抗体。

贫血因子既可水平传播，又能经卵垂直传播，主要传播方式为垂直传播。母鸡人工感染8～14天后，即可经蛋传播。雏鸡易发生水平传播，在感染IBDV后，不仅对贫血因子易感性升高，而且年龄抵抗力消失。

（三）临床症状

贫血因子感染后的症状表现及病程与鸡只日龄、毒株毒力和并发感染情况有关。

贫血因子感染后主要临诊特征是贫血，一般在感染14～16天后发病。病鸡（自然感染及人工接种）表现沉郁、消瘦，鸡冠、肉髯及可视黏膜苍白，体重下降，皮肤和肌肉广泛出血，全身点状出血明显。血液稀薄如水，血凝时间延长，双翅出血典型。因继发感染而呈现"蓝翅"。本病发病率为70%～100%，死亡率不尽一致，通常为10%～50%。濒死鸡可发生腹泻。

(四) 病理变化

剖检变化主要为贫血，肌肉、内脏及全身苍白，血液稀薄如水，肝脏、脾脏、肾脏肿大、褪色。有时肝表面有坏死灶，骨骼肌和腺胃黏膜出血严重，有时可见到肌胃黏膜糜烂；胸腺萎缩明显，法氏囊也可见到萎缩；骨髓病变较典型，呈淡黄色，骨髓色泽变化与造血功能紊乱程度与血细胞压积值下降一致。血细胞压积可降至20%以下，红细胞数可减少至100万个/毫米^3，白细胞降到500个/毫米^{3}以下。

组织学变化主要见于骨髓和淋巴组织。骨髓中造血细胞严重减少，几乎被脂肪组织所取代。血管周围淋巴样组织及胸腺小叶、法氏囊和内脏淋巴组织中的淋巴细胞减少、消失，网状内皮细胞增多。

(五) 诊断

根据感染鸡的临床症状和病理变化，可做出初步诊断。实验室检查可进行病毒分离鉴定和血清学试验。

1. 病料的采集 无菌采集肝脏、皮肤、脾、心、胸腺、法氏囊、肾及骨髓等病毒存在的组织、器官，以RPMI-1640等培养液制成20%组织悬液，加抗生素处理，3 000转/分离心20分钟，取上清，70℃下处理5分钟，加10%氯仿室温处理15分钟，离心，取上清用于病毒的分离及鉴定。

2. 病毒的分离及鉴定

(1) 鸡胚接种　贫血因子可在5～10日龄鸡胚中增殖，可用CAM、卵黄囊或尿囊腔途径接种。10～14天后毒价最高，但鸡胚仍可正常发育，至孵出后14～15日龄时发生贫血及死亡。

(2) 细胞培养 常选用T细胞成淋巴样细胞系及B细胞成淋巴样细胞系，以RPMI-1640培养，37℃5%二氧化碳条件下，出现细胞病变而变圆、溶解，感染的细胞不能继续增殖，培养液保持红色（碱性）。

(3) 雏鸡接种 1日龄无母源抗体易感雏鸡（SPF鸡）肌肉注射0.1毫升病料，14～16天后采血，测定红细胞压积，低于25%则为贫血及贫血因子感染，剖检有贫血因子感染的典型病变。

贫血因子分离物除根据病毒的理化特性进行鉴定外，还可通过血清学方法进一步证实。

3. 血清学检查 已建立的检测贫血因子及其抗体的方法有病毒中和试验（VN）、免疫荧光试验（IFA）、免疫过氧化物酶试验和酶联免疫吸附试验（ELISA）等。

4. 鉴别诊断 应往意MDV和IBDV引起的淋巴组织萎缩与贫血因子感染的区别，前二者有显著病变，但自然发病不引起贫血症。

另外，磺胺及真菌毒素中毒也可导致再生障碍性贫血，并损害免疫系统，应注意鉴别之。

（六）防制

在预防上，已有弱毒冻干苗问世，可饮水免疫且不产生免疫抑制。

种鸡免疫应在12～16周龄时进行，避免产蛋前4周接种，以免造成垂直传播。免疫后6周可产生坚实免疫力，其免疫力能维持到60～65周龄。

由于该病常与马立克氏病病毒（MDV）、传染性法氏囊病病毒（IBDV）及网状内皮组织增生病病毒（REV）混合感染，且彼此之间又相互影响。因此，做后3种病的预防可降低鸡体对本病的易感性。

十三、网状内皮组织增殖症（reticuloendothelicosis，RE）

网状内皮组织增殖症是由反转录病毒（retrovirus）引起的一群以淋巴网状细胞为特征的肿瘤性疾病，包括急性网状细胞肿瘤形成、矮小综合征及淋巴组织和其他组织的慢性肿瘤形成。尽管RE不是禽类的严重疾病，但病毒污染疫苗后导致的免疫抑制可加重并发症的严重程度。REV最初分离出T毒株是于1958年由Robison和Twiehaus从患内脏淋巴肿瘤的火鸡中分离而来。T毒株有急性致瘤作用，接种后6～21天可引起雏鸡死亡，也可以引起火鸡和日本鹌鹑的急性肿瘤。基于肿瘤病变的主要细胞成分属网状内皮组织，故将这一疾病称为网状内皮组织增殖病。它代表除马立克氏病和白血病以外发现的禽类的第三群病毒性肿瘤病。

（一）病原

REV为逆转录病毒，但在免疫特性、形态结构上均与禽白血病病毒（LLV）不同。

核酸型为单链RNA，病毒颗粒直径约为100纳米，上有6纳米长的突起。

无细胞REV，保存在－70℃其活力长期不变；4℃时相对稳定；37℃下20分钟其感染性会丧失50%，1小时将丧失99%。感染的细胞加入二甲基亚砜后在－196℃下可长期保存。REV对乙醚敏感，不耐酸（pH3.0），5%氯仿也可灭活REV。

最早的REV分离株为不完全复制的T株，复制需要一个完全复制的RE辅助病毒才能完成，其致瘤作用在成纤维细胞和胸腺细胞培养时消失。除不完全复制（缺陷型）的原型病毒T株及其辅助病毒外，还有DIA株（鸭传染性贫血病毒）、SN株

（鸭脾坏死病毒）和GS株（鸡合胞体病毒），这些均为完全复制（非缺陷型）病毒，与矮小综合征和慢性肿瘤的形成有关。

REV分离株有明显一致的抗原性，属同一血清型，但抗原性与致病力有差异。

（二）流行病学

REV的易感宿主包括火鸡、鸡、鸭、鹅、雉和鹌鹑，其中火鸡最常见。在商品鸡中多呈散发。

传染源为患病禽，可从口、眼分泌物及粪便中排出病毒，通过水平传播使易感禽感染。垂直传播也可发生。

受REV污染的生物制品在本病传播上亦具有重要意义，很容易导致大批发生矮小综合征或免疫失败。

（三）临床症状

病雏精神不振，贫血，翼羽异常，生长发育严重不良。人工接种后数天或1～3周内病鸡发生急性死亡，且死亡率很高。接种3周左右翻开翅膀，可见羽毛中间部出现一字形排列的空洞似拔掉了一样，这是本病的特征。接种后一个月，表现运动失调、腿软和麻痹。

（四）病理变化

肝、脾、肾、卵巢、心脏、肠道等有灰白色点状结节和淋巴瘤增生。病变部中心有出血和坏死，法氏囊和胸腺常萎缩。慢性病例的翼神经、坐骨神经、颈神经均肿大变粗。组织学检查，可见肿瘤结节及肿大的神经内大多均为大的空泡样细胞（网状淋巴细胞）增生和浸润。

（五）诊断

根据临床上观察到的生长迟缓，结合病理解剖学的变化可初步诊断。确诊必须进行实验室检查。

1. 实验室诊断

（1）病原分离与鉴定　采取病料（肿瘤组织、脾脏或血液），接种于鸡肾细胞或鸡胚成纤维细胞、鸭胚成纤维细胞进行培养。组织培养物至少进行2次7天的盲传继代培养。分离物可用细胞培养方法进行中和试验或腹腔接种1日龄小鸡，观察8周，可见到明显病变：法氏囊和胸腺萎缩；外周神经肿大，羽毛发育异常。也可用荧光抗体技术、酶免测定技术及DNA杂交试验对培养分离物和组织样品进行直接检测，来确证所分离的REV。

（2）血清学检查　除先天感染或免疫耐受产生持久性病毒血症而不产生抗体外，一般感染或接种后，均可用血清学方法检出抗体。

这类方法常用的有间接荧光抗体试验、中和试验、ELISA及琼脂扩散试验等。

2. 鉴别诊断　REV导致的增生性病变不容易与马立克氏病（MD）、淋巴白血病（LL）等肿瘤性增生相区别，要注意鉴别（表4-3）。

表4-3　MD、LL和非囊性网状内皮组织增殖病（RE）的鉴别

特　征	MD	LL	RE*
发病年龄			
高峰期	2～7月	4～10月龄	2～6月
界限	>1月龄	>3月龄	>1月龄
临床症状			
瘫痪	常见	无	很少
大体病变			
肝脏	常见	常见	常见
神经	常见	无	常见
皮肤	常见	少见	少见
法氏囊肿瘤	少见	常见	少见

（续）

特　征	MD	LL	RE*
法氏囊萎缩	常见	少见	常见
肠道	少见	常见	常见
心脏	常见	少见	常见
显微病变			
多形细胞	有	无	有
一致的胚型细胞	无	有	无
法氏囊肿瘤	滤泡间	滤泡内	少见
表面抗原			
MATSA	5%～4%	无	无
Ig M	＜5%	91%～99%	未知
B 细胞	3%～25%	91%～99%	少见
T 细胞	60%～90%	少见	常见

* 只是非囊性型，囊性型的特点与 LL 同。

（六）防制

火鸡和鸭是本病的自然宿主，最好与鸡场隔离饲养，防止感染。本病尚无有效的治疗方法，也没有疫苗可用。不要引入带病禽和搞好常规的卫生管理对本病的防制是必要的。给雏鸡注射无细胞的 JMV-1 培养上清液，可显著降低接种 RECC-Cubo 肿瘤细胞引起的死亡率。目前，及时淘汰血清学阳性的商品鸡群及种鸡群是行之有效的措施。

十四、传染性发育迟缓综合征（infectious stunting syndrome）

传染性发育迟缓综合征是一种以肉仔鸡生长不良或发育停滞为特征的疾病，又称肉仔鸡矮小综合征、吸收不良综合征、鸡苍白综合征和脆骨病等。

本病于1978年首次报道于荷兰，以后，英国、加拿大、美国、澳大利亚等国均报道了本病。我国也有本病的存在，而且是近十几年来在肉用仔鸡业中造成重大经济损失的疾病之一，因而受到禽病学家和养禽生产者的重视。

（一）病原

本病的病因较为复杂，目前尚不完全清楚。根据野外观察和试验研究，认为该病具有传染性。已从患病鸡中分离出了呼肠孤病毒、嵌杯样病毒、细小病毒和肠道病毒等，认为禽呼肠孤病毒在该病病原学上起着一定作用，其他病毒因子所起的病原学作用尚需进一步证实。也有资料表明，本病的病因不是单一的病毒或细菌，而是病毒和细菌及其他因素协同作用的结果。

（二）流行病学

本病主要发生于肉用仔鸡，尤其是3周龄以内的肉用仔鸡更易感染，发病率5%～20%。死亡多发生于6～14日龄，有时可高达12%～15%。以生长迅速的重型鸡最易感染，而且日龄越小易感性越高。1日龄感染时，发病率最高，3日龄即可见生长明显抑制，时间可持续4周以上；7日龄感染的鸡，发病率相对降低，虽然也出现全身症状和腹泻，但骨骼不发生异常。

本病主要是经水平传播，由于鸡舍被污染或病、健鸡直接接触而感染，也可能发生经蛋垂直传播。

（三）临床症状

本病特征性的症状是鸡群生长发育明显不整齐，大小和体重差异很大。病鸡4周龄时，只有同群鸡的一半大或更小，故有“传染性发育迟缓综合征”、“肉仔鸡矮小综合征”之称。患鸡精神不振，但食欲却异常增强，羽毛生长不良，雏鸡时的绒毛迟迟不脱落，主羽生长推迟且不规则。多数病鸡腹部膨大、腹泻，排出黄色或黄褐色黏液性稀粪，其中混有未消化的饲料碎片，故又称“吸收不良综合征”。有些病鸡的喙、脚及皮肤由黄变白，故称之为“苍白综合征”；有些病鸡的腿骨极易骨折，因而又有了“脆骨病”之称。

（四）病理变化

剖检时可见患鸡消瘦，缺乏或不见脂肪，肌胃大约是正常鸡肌胃的一半，并且完全缺乏肌肉的特征，角质层粗糙且难剥离。腺胃伸展和膨胀比正常大2倍左右。肠道贫血、苍白、扩张，肠腔内有大量消化不良的食物，盲肠内充满泡沫物质，后段肠道内有一种特征性的橘黄或棕黄色黏性物质。心包发炎，心包液增多，肝脏苍白和炎症。法氏囊、胸腺和胰脏萎缩，尤以胰脏更为明显，色苍白、硬实。大腿骨骨质疏松、易断裂。

（五）诊断

由于本病病因不完全清楚，因此，诊断只能依靠临床症状、病理变化和发病情况进行初步诊断，有条件者可进行血浆胡萝卜素及碱性磷酸酶活性的测定。患该病时，血浆胡萝卜素含量降低，碱性磷酸酶活性升高。

（六）防制

本病目前无特异性防治措施。通过加强饲养管理和卫生管理，增加维生素A、维生素E的用量，可以减轻本病的损害。

十五、小鹅瘟（gosling plague）

小鹅瘟又叫鹅细小病毒感染（goose parvovirus infections），是引起雏鹅高度致死的病毒性传染病。特征为急性或亚急性败血症和渗出性肠炎。此病最早发现于我国，国外对此病有多种叫法，如鹅病毒性肠炎、Oerxsy's病、鹅肝炎等。

（一）病原

小鹅瘟病毒（GPV）为细小病毒，病毒粒子直径为20～25纳米，无囊膜，球形，20面体对称，核酸型为单链DNA。

迄今为止，国内外分离的GPV毒株均属同一个血清型，并且与其他细小病毒无抗原关系。GPV在不同条件下对多种化学消毒剂均不敏感，对温度等抵抗力很强，能耐受65℃30分钟、56℃31小时，pH3溶液中37℃1小时，能抵抗氯仿、乙醚、胰酶的作用。GPV对鸡、鸭鹅、小鼠、豚鼠、兔、山羊红细胞无凝集作用，但能凝集黄牛精子，并能被抗GPV血清所抑制。

（二）流行病学

本病广泛流行于国内外鹅和番鹅养殖地区。在每年更换种鹅的地区，本病的暴发和流行具有明显的周期性，即在大流行后的1～2年内不会再次流行。在部分淘汰种鹅的地区，周期性不甚明显，每年都能发生。

本病仅发生于鹅和番鹅，不同品种的鹅对本病的易感性相差不大，白鹅、灰鹅、狮头鹅都能感染。其他禽类和哺乳动物尚未见发生本病的报道。本病流行时，同地放牧的雏鸭和雏鸡未见发病。在自然条件下，本病常发生于3周龄内的雏鹅，一般在4～5日龄开始发病，数日内波及全群。日龄越小损失越大，10日龄以下的雏鹅发病和死亡率可高达100%；随着日龄的增长，易感性和死亡率逐渐下降，1月龄以上的鹅较少发病。

病雏鹅和带毒成年鹅是本病的传染源。病毒存在于病鹅和带毒鹅的内脏组织、脑和血液中，被分泌物和排泄物污染的饲料、用具及环境可成为本病的传播媒介，雏鹅通过采食被污染的饲料和饮水经消化道传染。

（三）临床症状

（1）最急性型 常发生于1周龄内的雏鹅，往往无任何症状即突然死亡；或在发现雏鹅精神委顿、厌食后不久，即双腿麻痹、倒地乱划、抽搐而死。传播极其迅速，几天内即可蔓延全群，致死率为95%～100%。

（2）急性型 常发生于1～2周龄的鹅。病程为1～2天，病初精神正常，但厌食，嗉囊松软，内有大量气体和液体；随后离群独居，摇头，不饮不食，喙和蹼色发绀，鼻孔有分泌物，周围污秽不洁；拉灰白或淡黄绿色稀粪，内混有气泡或纤维碎片。最后两腿麻痹，抽搐而死。

（3）亚急性型 发生于2周龄以上的鹅。病程为3～7天，病鹅表现精神沉郁，不愿走动，少食或不食，眼红肿，扭颈，排黄白色稀粪，消瘦。

大龄鹅感染后不表现临床症状，但有免疫应答反应。耐过急性期的雏鹅表现为严重的生长停滞，背部和颈部羽毛脱落，裸露的皮肤明显变化，腹腔偶有积液。成年鹅经大剂量人工接种可发病，表现为排黏性稀粪，两腿麻痹，伏地，3～4天后死亡或自愈。

（四）病理变化

本病的特征性病变在消化道，肠管显著膨大，主要是小肠发生急性卡他性—纤维素性、坏死性肠炎。最急性病例的肠道病变不明显，多见小肠前段黏膜肿胀充血，覆有淡黄色黏液，有时有出血。急性型病例，死后可见典型的肠道病变，小肠黏膜全部发炎，小肠中下段整片黏膜坏死，并有带状的假膜脱落在肠腔，与凝固的纤维素性渗出物形成栓子，堵塞在小肠后部狭窄处。亚急性型肠管的变化更明显。

此外，病程较短的急性病例通常有明显的心脏病变：心脏变圆，心房扩张，四壁松弛，心尖周围的心肌灰暗无光。肝、脾、胰脏肿大和充血，少数病例有灰白色坏死点。病程较长的病例常有浆液性、纤维素性肝周炎、心包炎、气囊炎和腹膜炎，腹腔积液，也可以见到肺水肿、肝萎缩、腿部和胸部肌肉出血等。

（五）诊断

根据本病特有的流行病学特点，结合症状和病变可做出初步诊断，但要确诊必须做实验室诊断。

1. 实验室诊断

（1）病料的采集和处理　无菌采取病死鹅的内脏器官、肠管、血液，用 PBS 制成悬液，离心取上清，加青霉素、链霉素各 1 000 单位/毫升，4℃过夜，然后置低温下保存备用。

（2）病毒的分离和鉴定

接种鹅胚：取 12～14 日龄发育良好的鹅胚，经尿囊腔接种病料 0.5～2.5 毫升，置 37℃温箱孵育 5～8 天。每天照蛋，遇有死胚，收获尿囊液和羊水供病毒鉴定，取出胚体观察病变。典型的病变为绒毛尿囊膜水肿，胚体皮肤充血、出血、水肿、心肌变性，部分胚的肝脏变性或坏死，呈黄褐色。

接种细胞培养：将病料接种于长成致密单层的鹅或番鸭胚成纤维细胞培养物，37℃培养 3～5 天，可产生明显的细胞病变。经 HE 染色，可见到核内包涵体和合胞体。

中和试验：可在鹅胚及其成纤维细胞、番鸭胚上进行中和试验。

其他方法：如琼脂扩散试验、反向间接血凝试验、免疫过氧化物酶染色技术、琼脂扩散试验、免疫荧光技术、精子凝集抑制试验等均可用于病毒的鉴定。

2. 鉴别诊断　雏鹅或番鸭的 GPV 感染易与鸭疱疹病毒、呼肠孤病毒、腺病毒感染相混淆，可应用血清学试验进行区分。此外，通过镜检、细菌分离和鉴定，可与雏鹅球虫病、巴氏杆菌病、雏鹅副伤寒进行区分。

（六）防制

小鹅瘟主要是通过孵坊传染。因此，孵坊的一切用具在使用后必须清洗消毒。育雏室要定期消毒，外购的种蛋也要用福尔马林熏蒸消毒，刚出壳的雏鹅要避免与外购的种蛋接触。如发现雏鹅在3～5日龄发病，说明孵坊已经污染，应立即停止孵化，待将孵化室、育雏室及用具全部彻底消毒后再进行孵化。

经污染孵坊孵出的雏鹅可注射小羊或鹅抗GPV高免血清、鹅的高免卵黄，每只0.3～0.5毫升，可获得较好的效果。

在本病流行严重地区，用弱毒苗甚至强毒苗经皮下、肌肉、足蹼刺种免疫母鹅，是预防本病的有效措施。种鹅在产蛋前1月左右注射疫苗0.5毫升，15天后第二次接种1毫升，整个产蛋期孵出的雏鹅均可获得坚强的免疫力。未经免疫的母鹅，其后代雏鹅在出壳后立即注射弱毒疫苗，也可获得80%～90%的保护率。在没有进行GPV监测的鹅群中，可用灭活苗进行免疫。

十六、鸭瘟（duck plague）

鸭瘟又名鸭病毒性肠炎（duck enteritis），是鸭、鹅和其他雁形目禽类的一种病毒性、急性、高度致死性的传染病。其特征是病毒引起广泛性血管损害、导致组织出血、体腔溢血、消化道黏膜的溃疡性病变、淋巴器官受损、实质器官的退行性变化。由于发病后期鸭头部肿大或下颌水肿而俗称“大头瘟”或“肿头瘟”。

（一）病原

本病病原为疱疹病毒科的鸭瘟病毒，对乙醚和氯仿敏感。细胞培养后观察，可见核内的两种病毒粒子：一种直径约为90纳米；另一种为较小的致病颗粒，直径 32 纳米。胞浆中病毒颗粒核大，为 181 纳米。

不同的病毒株毒力不同，但它们都有相同的免疫学特性，该病毒无血凝特性和血细胞吸附作用。在感染病毒的鸡胚和鸭胚细胞培养物中，病毒能产生核内包涵体。在细胞培养中，病毒还能形成蚀斑。

（二）流行病学

在自然条件下，本病主要感染鸭，各种日龄、性别和品种的鸭都有易感性。其他禽如鸡、鸽及哺乳动物则很少发病，一般认为番鸭、绍鸭、麻鸭、绵鸭较易感，北京鸭次之。成年鸭、产蛋母鸭发病率和死亡率较高，1 月龄以下的雏鸭发病较少。本病可通过感染鸭和易感鸭的直接接触传播，也可通过环境污染如水源、鸭舍、鸭料、用具的污染以及购销、贩运病鸭而间接传播。其主要传播途径为消化道，也可通过呼吸道、眼结膜和交配传播。本病一年四季均可发生。

（三）临床症状

人工感染成年鸭潜伏期一般为 48～96 小时，自然感染的潜伏期 3～5 天。病初鸭体温升高至 43℃以上，稽留到疾病后期。最初表现为突然出现持续存在的全群高死亡率，成年鸭死亡时肉质丰满，成年公鸭死亡时伴有阴茎脱垂。在死亡高峰期，蛋鸭产蛋率下降 25%～40%。2～7 周龄的商品鸭患病时呈现脱水、体重下降、蓝喙、泄殖腔常有血染。

病鸭表现精神沉郁、头颈缩起、不愿走动、双翅扑地、食欲减退或废绝，极度口渴，羽毛松乱，流泪、眼睑黏连，鼻腔也有分泌物，呼吸困难，病鸭下痢，排出绿色或灰白色稀粪，泄殖腔周围的羽毛被污染并结块。泄殖腔黏膜充血，水肿，严重者黏膜外翻，黏膜面有绿色假膜且不易剥离。部分病鸭头颈部肿胀，俗称“大头瘟”。病后期体温下降，精神高度委顿，不久即死亡。急性病程一般为2～5天，有些可达1周以上，总死亡率为5%～100%。少数不死转为慢性，表现消瘦，生长停滞，特点为角膜浑浊，严重者形成溃疡，多为一侧性。鹅发生本病时，病鹅表现与鸭相似。

（四）病理变化

鸭瘟病变特点为血管受损（组织出血和溢血），胃肠道黏膜表面特定部位溃疡性病变，淋巴器官病变和实质器官的退行性变化。出现这些变化时，可诊断为鸭瘟。食道和泄殖腔的病变具有特征性，食道黏膜有纵行排列的黄色假膜覆盖或点状出血，假膜易剥离并留有溃疡，腺胃黏膜有出血斑点，有时在与食道膨大部分交界处有一条灰黄色坏死带或出血带，肌胃角质膜下层出血或充血，肠黏膜充血、出血和炎症，并出现环状出血带；泄殖腔病变与食道相似。胰腺、肺、肾、肝脏表面都有淤血点。感染早期，肝脏表面可见不规则的针头大小的出血点，后期为大小不等的白色坏死灶。心包膜的脏面上尤其冠状沟内布满了淤血点。所有淋巴器官都有病变，脾脏变小，色深，呈斑驳状；胸腺表面和切面均可见到大量淤血点和黄色病灶区，其周围被清晰的黄色液体所包围。产蛋母鸭的卵泡变形、褪色和出血。

（五）诊断

1. 诊断的主要根据

（1）流行特点　传染迅速，发病率和死亡率高。自然流行的除鸭、鹅能感染鸭瘟外，其他家禽不发病。

（2）特征性症状　头肿、流泪、两脚发软，绿色稀粪，体温升高。

（3）有诊断意义的病变　伪膜性坏死性食道炎；皮下及胸腹腔有淡黄色胶样浸润；腺胃黏膜出血或坏死；肝有规则数目不等

的灰黄色坏死点及出血点；泄殖腔充血、出血和坏死。幼鸭胸腺有大量出血点和黄色灶区。产蛋期母鸭得病时，卵泡常变形、变色和破裂，引起卵黄性腹膜炎。在小肠壁可见到呈红色的环状出血带。

2. 实验室诊断　取病死鸭肝脏、脾脏、脑组织，在灭菌乳钵内研磨，用PBS制成1∶5（W/V）悬液，加青霉素（10 000国际单位/毫升）、链霉素（2 000微克/毫升）处理后，3 500转/分离心，留上清液，冷冻保存备用。

（1）病毒分离和鉴定

鸭胚接种：将病料接种9～14日龄鸭胚绒毛尿囊膜可分离病毒。鸭胚接种后4～10天死亡，具有特征性的鸭瘟病变。若初代分离为阴性，可收获绒毛尿囊膜进一步盲传。

细胞培养：病毒的初次分离也可用鸭胚成纤维细胞。病料接种细胞后24～48小时，细胞固缩形成葡萄串状，病灶扩大形成坏死，覆盖琼脂可形成空斑。

血清学检查：利用已知抗血清或已知病毒，在鸭胚、鸡胚上做中和试验，可鉴定待检病毒或待检血清。

3. 鉴别诊断　主要与鸭霍乱进行区分。因为二者均有心脏、肠道出血和肝脏坏死，但鸭瘟除一般的出血性素质外，常在食道和泄殖腔黏膜上有坏死，据此可做出初步鉴别。另外，将病料涂片经瑞氏染色和进行细菌分离可进一步鉴别，鸭霍乱病原经染色后，可见两极浓染的小杆菌，并且在血清琼脂平板上长出灰白色小菌落，而鸭瘟培养为阴性。

其次，应注意与鸭肝炎、鸭球虫病及亚硝酸盐中毒相区别。

（六）防制

预防本病首先应避免从疫区引进鸭苗、种鸭及种蛋，有条件的地方最好自繁自养。其次，要禁止健康鸭在疫区野禽出没的水域放牧。平时要执行严格的消毒制度，消毒药可选用10%～

20%石灰水或2%烧碱溶液。

免疫接种是预防本病的主要措施。给鸭肌肉注射鸡胚化鸭瘟弱毒疫苗0.5～1毫升/只，一周即可产生坚强的免疫力，并可持续半年以上。肉鸭接种1次即可，种鸭每年接种2次，蛋鸭以在停产期接种为宜。

发生本病时，应对整个鸭群进行全面检查，分群隔离进行处理，禁止外调或出售，停止放牧。凡体温在42.5℃以上或已出现症状者，应就地淘汰，以高温处理或深埋。可疑鸭群或受威胁鸭群，则用鸭瘟弱毒苗进行紧急接种。要做到一鸭一针，用过的针头须经煮沸消毒后方可继续使用。与此同时，对污染的场地及用具，用石灰水、烧碱或其他消毒液彻底消毒，防止病原散播。

十七、鸭病毒性肝炎（duck viral hepatitis，DVH）

鸭病毒性肝炎是危害雏鸭的一种急性高度致死性传染病，其特点是发病急、病程短、传播快、病死率高等。主要侵害3周龄内的雏鸭，成年鸭可感染但不发病。雏鸭发病后，死亡急剧上升，5天后死亡即可停止；发病日龄越小，病死率越高，通常在30%以上，高者可达95%甚至100%。病死鸭多呈角弓反张样外观，其肝脏常有特征性出血性病变。本病呈世界性分布，传播迅速，是危害养鸭业的主要疫病之一。

（一）病原

鸭肝炎病毒（duck hepatitis viral，DHV）有Ⅰ、Ⅱ、Ⅲ3种血清型，各型之间无交叉免疫性。Ⅰ型鸭肝炎病毒属于小核糖核酸病毒科，Ⅱ型归于星状病毒，Ⅲ型为与Ⅰ型无关的另一种RNA病毒。其中，Ⅰ型鸭病毒性肝炎呈世界性分布，流行于美国、英国、韩国、加拿大等国家；而Ⅲ型鸭病毒性肝炎和鸭星状病毒感染则具有很明显的地域性。鸭星状病毒感染仅见于部格兰的东部地区，且自20世纪80年代中期暴发后，该地区也再未见该病的发生；至今，Ⅲ型鸭病毒性肝炎主要在美国发生。因此，DHV-Ⅰ型是世界范围内造成鸭病毒性肝炎流行的主要病原。

虽然早在1950年Levine就分离到DHV-Ⅰ型，但长期以来国内外对DHV-Ⅰ型的分子生物学研究甚少且不够深入，对DHV-Ⅰ型的基因结构和进化分析更是少之又少。直到近几年，国内外才有关于DHV-Ⅰ型基因组序列及结构的研究。2006年Tsai等公布了DHV-Ⅰ型基因组全序列。通过与小RNA病毒科中各属病毒序列与进化树分析表明，DHV-Ⅰ型病毒属于小RNA病毒科的一个新属，因组为单股、正链RNA，全长约为7 690bp,拥有一个编码2 249个氨基酸多聚蛋白开放阅读框(ORF)。这个多聚蛋白在病毒包装过程中，裂解为VP0、VP1、VP3结构蛋白和2A、2B、2C、3A、3B、3C、3D非结构蛋白，其3’端含有Poly（A）尾巴。其中，VP0、VP1、VP3构成病毒的衣壳蛋白，但VP0不能被蛋白酶裂解为VP4和VP2。DHV-Ⅰ型大小为20～40纳米。在电镜下观察感染细胞，病毒在胞浆中呈晶格状排列。可在9～10日龄鸡胚尿囊腔、鸭胚肾细胞及鹅胚肾细胞上生长繁殖。在自然环境中，病毒对氯仿、乙醚、胰蛋白酶和pH3.0均有抵抗力。56℃加热60分钟仍可存活，但62℃30分钟即被灭活。病毒在1%福尔马林或2%氢氧化钠中2小时（15～20℃），在2%漂白粉溶液中3小时，在0.2%福尔马林或0.25%β-丙内酯中37℃30分钟均可被灭活。病毒可在污染的孵化器内至少存活10周，在阴凉处的湿粪中可存活37天以上，在4℃条件下可存活2年以上，在−20℃则可长达9年。

（二）流行病学

本病主要感染鸭，在自然条件下不感染鸡、火鸡和鹅。本病主要通过接触传播，经呼吸道亦可感染，据推测不发生经蛋的传递。在野外和舍饲条件下，本病可迅速传播给鸭群中的全部易感小鸭，表明它具有极强的传染性。感染多由从发病场或有发病史的鸭场购入带病毒的雏鸭引起。由参观人员、饲养人员的串舍以及污染的用具、垫料和车辆等引起的传播经常发生，鸭舍内的鼠类在传播病毒方面亦起重要作用。野生水禽可能成为带毒者，成年鸭感染不发病，但可成为传染来源。

（三）临床症状

本病的潜伏期较短，约24小时。突然发病，传播迅速。病鸭首先表现为精神沉郁，眼睛半闭，不能随群走动。随后，短时间内即出现神经症状，运动失调，身体常侧卧，两腿痉挛性后踢，头向后背，呈角弓反张状，最后衰竭死亡。雏鸭通常在出现神经症状后的几小时内死亡。有些病鸭常看不到任何症状即突然倒地死亡。本病的发病率可达100%，死亡率则因年龄而异，1周龄内的雏鸭死亡率可达95%，而1～3周龄的雏鸭约为50%或更低。

（四）病理变化

死后剖检可见肝脏肿大、质脆，呈淡红色有点状或淤斑状出血，外观斑驳。脾脏有时肿大，外观也呈现斑驳状。多数病例肾脏发生出血和肿胀，胆囊扩张，其他器官无明显病变。日龄较大病例，可出现心包炎及气囊炎病变。

（五）诊断

根据流行病学、症状与剖检变化，可做出初步诊断。其要点：一是发生于2～3周龄以内，尤以5～12日龄的雏鸭多发；二是突然发病，传播迅速，病程短，病后2～3天后大批发病死亡，约经1周，发病及死亡逐渐停息，死亡率为10%～90%；三是有些体质强壮的雏鸭突然发病，开始时精神不振，食欲差，经10多小时可出现特征性神经症状，10分钟至几小时后死亡，死亡呈角弓反张姿势，肝肿大，呈现点状出血，胆囊肿大。

目前，DHV分离技术主要有鸭胚（或鸡胚）尿囊腔接种和动物接种2种方法。在细胞培养方面，国外许多学者报道，该病毒能在鸡胚成纤维细胞、鸭胚成纤维细胞、鸭胚纤维肝细胞、鸭胚肾细胞和鸡胚肾细胞等多种细胞生长增殖，因毒株毒力强弱和对细胞的适应程度不同，产生或不产生细胞病变。到目前为止，这些方法还不适于作为DHV的分离技术而应用。

1. 病毒的分离与鉴定 无菌采取病鸭的肝脏制成组织悬液或直接采取血液，加入青、链霉素处理后，通过尿囊腔途径接种于9～10日龄的鸡胚，接种后5～6天鸡胚死亡，胚体出现特征性病变：生长停滞，体表出血、水肿，肝脏肿大变绿，表面有黄色的坏死点，尿囊液增多，呈淡绿色。分离到的病毒可用中和试验、琼脂扩散试验及酶联免疫吸附试验进行进一步鉴定。

2. 荧光抗体试验 采取肝脏病料直接涂片或制成组织切片，经固定后滴加抗鸭病毒性肝炎病毒的荧光抗体进行染色，在荧光显微镜下进行镜检，呈现荧光者，即为阳性病料。

本病在临床上应与鸭瘟及鸭传染性浆膜炎相区别。鸭瘟主要发生于成年鸭，3周龄内的雏鸭一般不发病；鸭传染性浆膜炎主要见于2～6周龄的雏鸭，死亡率为50%～80%，且从其内脏病料中可分离到多形态的革兰氏阳性球杆菌。从临诊症状和剖检变化上看，患鸭瘟的鸭眼睛怕光流泪，眼睑水肿，头颈皮肤也可发生不同程度的水肿。剖检可见泄殖腔、食管黏膜上发生特征性的由灰黄色或棕褐色坏死物质所形成的假膜结痂，呈斑块状，这些均可与本病相鉴别。鸭传染性浆膜炎则常发生纤维素性心包炎、纤维素性肝周炎及纤维素性气囊炎，这些是鸭病毒性肝炎通常所不具备的。

（六）预防与控制

预防本病的关键是严格隔离饲养雏鸭群，尤其是4周龄以内的雏鸭群。平时加强饲养，搞好环境卫生。

疫苗的免疫接种是控制本病最有效的方法：

1. 有母源抗体的雏鸭　在7～10日龄时肌肉注射鸭病毒性肝炎弱毒疫苗1羽份/只。

2. 无母源抗体的雏鸭　出壳后1日龄即肌肉注射鸭病毒性肝炎弱毒疫苗1羽份/只，或1日龄肌肉注射高免鸭血清或高免卵黄抗体0.5毫升/只，10日龄时再注射鸭病毒性肝炎弱毒疫苗1羽份/只。

3. 种鸭　可于开产前12周、8周、4周用鸭病毒性肝炎弱毒疫苗免疫2～3次，其母鸭的抗体至少可以保持7个月；也可用弱毒疫苗基础免疫后再肌肉注射鸭病毒性肝炎灭活疫苗，能在整个产蛋期内产生带有母源抗体的后代雏鸭，其后代雏鸭母源抗体可维持2周左右，并能有效抵抗强毒攻击。

4. 雏鸭　一旦发生鸭病毒性肝炎，首先应进行隔离治疗，除严格消毒，在饲料中添加矿物质、维生素外，还必须肌肉注射高免鸭血清或高免卵黄抗体1毫升/只，10天后再肌肉注射鸭病毒性肝炎弱毒疫苗1羽份/只。

5. 中草药　茵陈、板蓝根、黄芪、大枣甘草组方，3日龄、10日龄各饮水一次，对预防鸭肝炎有一定的防治效果。

第五章　家禽细菌性疾病

一、禽沙门氏菌病（avian salmonellosis）

禽沙门氏菌病是指由沙门氏菌属中一个或多个成员引起的禽类急性或慢性疾病的总称。该属细菌有近 2 000 个血清型，常见的危害人类和畜禽的有数十种。依病原体的抗原结构不同分为 3 个可以互相区分的疫病。由鸡白痢沙门氏菌引起的称鸡白痢；由鸡伤寒沙门氏菌引起的称禽伤寒；由其他有鞭毛能运动的多种沙门氏菌引起的疾病则称为副伤寒。

禽沙门氏菌病常形成相当复杂的传播循环，不仅能通过消化道、呼吸道水平传播，而且常常通过种蛋进行垂直传播。带菌禽的卵内带有本菌，有的是通过卵壳污染本菌而使孵出的雏禽感染本病，带菌雏禽长大后又可通过卵或其他途径向外排菌，如此循环不断。本病遍布世界各地，不仅危害养禽业的发展，而且还严重地威胁着人类的健康。人类沙门氏菌感染和食物中毒常常是来源于副伤寒的禽类、蛋品或其他产品，因而本病一直受到人们的高度重视。

（一）鸡白痢（pullorosis）

鸡白痢是由鸡白痢沙门氏菌引起的鸡传染病。雏鸡通常表现为急性全身性感染，病雏鸡以精神倦怠、白痢为特征；成鸡则表现为局部慢性感染或隐性感染，主要表现为产蛋量下降、卵子变形或变性、输卵管炎、卵黄性腹膜炎等。

1. 病原学　鸡白痢的病原是鸡白痢沙门氏杆菌（salmonella pullorum）。本菌为两端稍圆的杆菌，一般长 1～3 微米，宽

0.4～0.6 微米。对一般碱性苯胺染料着色良好，革兰氏阴性，常单个存在，很少见两个菌以上成链排列。本菌无鞭毛，不能运动，不形成芽孢，也无荚膜。

本菌对培养基营养的要求不高，在普通肉汤或普通琼脂培养基中能良好生长，需氧或兼性厌氧，最适培养温度为 37℃，pH7.4～7.6。在普通琼脂平板上形成分散、光滑、隆起而透明的圆形菌落，密集菌落很小，直径 1 毫米或更小；孤立菌落的直径可达 3～4 毫米。在各种肠道菌鉴别培养基如麦康凯、远滕氏、SS 琼脂培养基上大多数可以生长，形成无色菌落。

本菌对下列糖类均可发酵产酸，但产气与否不定：葡萄糖、半乳糖、甘露醇、阿拉伯糖、鼠李糖、木糖、棉籽糖，很少能发酵麦芽糖，不发酵乳糖、菊糖、蔗糖、卫矛醇、赤藓醇、侧金盏花、肌醇、山梨醇、水杨苷、甘油、淀粉和糊精。某些菌株的发酵力有时可发生变异，在产气特性上更是如此。V-P 试验为阴性，MR 试验为阳性，可还原硝酸盐，产生硫化氢，可迅速使鸟氨酸脱羧。

鸡白痢沙门氏菌在适宜的环境条件下可存活数年，但对热、化学药物的抵抗力较低。本菌对环丙沙星、盐酸多西环素、氟苯尼考、磺胺等敏感，但易产生耐药性。

仅根据菌体抗原（O 抗原）的不同进行分型，可将鸡白痢沙门氏菌分为 O_1、O_9、O_{12} 等型。其中，O_{12} 又有 O_{121}、O_{122} 和 O_{123} 几个亚型，且经常发生抗原型的变异，抗原的变异发生在 O_{122} 和 O_{123} 上。在标准菌株中，含有大量 O_{123} 抗原成分而只含有少量的 O_{122} 成分；在变异菌株中，这两种抗原的含量刚好相反。

2. 流行病学　鸡是鸡白痢沙门氏菌最重要的易感禽类，其他禽类如火鸡、鸽、麻雀等也可感染。另外，小鼠、兔、猪也很易感，人也可感染。

任何年龄、性别和品种的鸡都有很高的易感性，但雏鸡比成年鸡更易感，重型鸡比轻型鸡更易感，母鸡比公鸡更易感。耐过鸡可长期带菌，随日龄增长，抵抗力增强，4 周龄以后较少大批死亡。成年鸡多呈隐性或慢性感染，而且多局限于卵巢、卵子、输卵管、睾丸等处。

病鸡和带菌鸡是主要的传染源，某些有易感性的飞禽如鸽、麻雀等的作用也不可忽视。

本病有多种传播方式，带菌鸡的粪便中含有大量的病原体，通过污染周围的环境而在鸡群中引起本病的广泛水平传播。带菌母鸡由于其卵巢、卵子、输卵管和泄殖腔中含有大量的病原菌，病原菌进入正在形成的卵子中。因此，所产的蛋约有 1/3 的蛋中或蛋表面带有病原菌，造成本病的垂直传播。已污染的种蛋在孵化时，有的形成死胚，有的孵化出病弱雏。病雏粪便和绒毛中含有大量的病原菌，污染空气、饲料、饮水和孵化器、育雏器。因此，与病雏共同饲养的雏鸡，也能很快被感染。感染后不死亡而耐过的雏鸡，长大后所产的蛋也带菌。若以带菌蛋作为种蛋，则可以周而复始地代代相传。因此，本病的主要传播途径是垂直传播。水平传播的途径有消化道、呼吸道，也可通过交配传播。

本病一年四季均可发生，雏鸡的发病与死亡受很多诱因的影响。如环境污染、卫生条件差、通风不良以及其他疾病如支原体、曲霉菌、大肠杆菌等混合感染，尤其是育雏温度偏低时可加重本病的发生和死亡。另外，劣质污染的鱼粉、肉骨粉是不容忽视的媒介。

3. 临床症状 雏鸡和成年鸡在发病时所表现的症状和经过有显著的差异。

（1）雏鸡 出壳后感染的潜伏期为 3～5 天。

蛋内感染的，孵化中常出现死胚或不能出壳的弱胚，但也有的出壳后表现腹部膨大，水样波动感，脐部红肿、潮湿，不久迅速死亡。少数雏鸡外表健康而带菌。出壳后感染的，多在孵出后 3～5 天出现明显症状，7～10 天雏鸡群内病鸡逐渐增多，在第二、三周达到高峰。

最急性者，无症状迅速死亡。稍缓者，表现精神萎靡，绒毛松乱，尾翼下垂，缩头颈，闭眼昏睡，不愿走动，畏寒积堆或趋热源，对周围事物和刺激漠不关心。食欲减少，继而停食，多数出现软嗉囊。同时腹泻，排出稀薄如白色糨糊状粪便，致泄殖腔周围绒毛被粪便污染。有的因粪便干结封住肛门，影响排粪，雏鸡排粪时发出痛苦的呻吟尖叫。病雏呼吸困难、喘气，呼吸时腹部运动明显，最后因呼吸困难及心力衰竭而死亡。病程经过中，有的发生盲眼、失明，眼玻璃体浑浊，或发生关节炎，多见于跗关节，关节肿胀而致跛行。

病程短的1天，一般为4～7天。死亡率为40%～70%，以出壳后5～14天发病的死亡率最高。4周龄以上的雏鸡较少死亡。耐过鸡生长发育不良，羽毛干燥、零乱而成为慢性患者或带菌者。

（2）成年鸡　成年鸡感染一般不呈急性经过，常无明显症状。多发生于产蛋量比较多的鸡，在开产后病例渐渐增加。极少数病鸡表现精神委顿、尾翅下垂、腹泻，排白色稀便。产蛋减少或产砂壳蛋、畸形蛋。鸡冠渐萎缩，上有白色麸皮样皮屑附着，颜色由鲜红色变暗红色或紫色。有的发生卵黄性腹膜炎，输卵管内可积有未排出而变质的鸡蛋。也有发生腹水症而呈“垂腹”的现象，俗称“水裆”鸡。

4. 病理变化

（1）雏鸡　发病快迅速死亡的，特别是刚出壳的雏鸡病变不明显，仅可见肝肿大、充血或条纹状出血，其他脏器也可见出血。卵黄囊大而内容物稀薄，囊壁有的呈黄绿色。病程较长者，卵黄吸收不良，呈黄绿色，内容物呈水样或呈干酪样；心肌、肺、盲肠、大肠和肌胃的肌肉上及脾脏上有灰白色坏死灶或出血。输尿管充满尿酸盐而扩张，肾稍肿胀有出血点。盲肠有白色干酪样物堵塞肠腔，肠壁增厚，常有腹膜炎。稍大的病雏则可见有出血性肺炎，肺脏有灰黄色结节和灰色肝变，心脏上有较大的灰白色结节。

(2) 成年鸡　慢性病例，最常见的病变是卵子变色、变形，卵子内容物质地改变，呈稀薄的黄色或因出血呈紫黑色及卵呈囊状。有的卵子呈油脂状或干酪样，卵黄膜增厚，脱落的卵子可能深藏于腹腔的脂肪组织中。有些卵自输卵管倒行而进入腹腔，有些则阻塞在输卵管内，引起广泛的腹膜炎及腹腔脏器黏连，常见有腹水。

成年公鸡的病变，常局限于睾丸和输精管，睾丸萎缩，同时出现白色坏死灶或化脓灶。输精管管腔增大，充满黏稠的白色均质渗出物。

5. 诊断　根据流行特点、临床症状和剖检病变不难做出初步诊断。但要确诊，则必须进行实验室诊断。尤其是成年带菌鸡，一般不易发现，必须借助血清学检疫方法才能查出。

实验室诊断包括细菌分离鉴定和血清学诊断。前者常用于不同年龄的病鸡和死亡鸡，后者常用于成年鸡群的检疫。

(1) 细菌分离和鉴定

病料采集：无菌采集发病、死亡鸡的肝、脾、胆汁或未吸收的卵黄；成鸡可用卵巢、输卵管及睾丸等。

细菌培养：取所采病料，直接划线接种于普通琼脂平板或血清琼脂平板（也可将病料剪碎、研磨，制成悬液，按1∶10的比例接种于普通肉汤和四硫磺酸钠肉汤中增菌后，再接种琼脂平板上），当有光滑、湿润、隆起的圆形灰白色、半透明小菌落生长时，将其移种到麦康凯培养基上。

生化反应：若在麦康凯培养基上长出无色菌落，需进一步做生化试验。本菌能分解葡萄糖、麦芽糖、甘露醇、山梨醇，产酸不产气；不分解乳糖、蔗糖，不凝固牛乳，不产生吲哚，不液化明胶。生化试验若符合鸡白痢沙门氏菌的特性，则可基本确定是本菌。

生化试验后，仍需进一步作血清学鉴定，用D群多价O抗

血清或 O_1、O_9、O_{121}、O_{122}、及 O_{123} 因子血清与分离到的细菌纯培养物做菌体玻片凝集试验。若与其中任何一种血清在 3 分钟内发生凝集者，即可确定为鸡白痢沙门氏菌。

（2）血清学检查　由于成年鸡慢性或隐性感染时缺乏明显症状，且死亡率低，必须依靠血清学的方法才能诊断。血清学诊断也是鸡白痢检疫的主要手段。常用的血清学诊断方法有平板凝集试验、试管凝集试验、微量凝集试验和琼脂扩散试验等。

①平板凝集试验。平板凝集试验快速、简便、经济，非常适合于现场诊断和大批检疫，因而应用最为广泛。但要注意假阳性反应。

平板凝集试验中，根据检验样品的不同，又可分为全血、血清和卵黄 3 种平板凝集试验方法。全血平板凝集试验简便快速，在鸡舍内即能进行，适合大批检疫和现场诊断，应用最广，其缺点是易受气候因素等干扰；血清平板凝集试验在实验室内进行，受外界环境影响较小，结果比较准确，但需要采血分离血清，操作比较繁琐，实际应用较少；卵黄平板凝集试验除具有血清平板法的优点外，还具有不用抓鸡采血的特点，既省力省时，又减少了对鸡的刺激，不影响鸡的生产性能，其缺点是蛋和鸡不易对号，多用于单笼饲养的种鸡，因此本法一般只作为鸡群白痢病的监测、口岸检疫或引种时抽查。

操作方法：先将抗原充分振荡混匀，用滴管吸取抗原垂直滴一滴（0.05 毫升）或用微量吸液器吸取抗原 0.025 毫升置于玻板上，随即用微量吸液器或滴管吸取检样（血液、血清或稀释的卵黄）0.025 毫升放于抗原上，并用牙签、火柴梗等混匀，并摊开至直径为 2 厘米，静置待判定。每次试验时，均应设立阳性和阴性血清对照。

结果判定：抗原和检样混合后，在 2 分钟内出现明显的颗粒凝集或块状凝集时为阳性反应（＋）；在 2 分钟内不出现凝集或仅呈均匀一致的细微颗粒，或在边缘处临干前形成细微絮状物者均判为阴性（－）；不易判定者则为可疑（±）。

鸡伤寒沙门氏菌与鸡白痢沙门氏菌具有相同的O抗原，因此平板凝集试验同样适用于伤寒的检疫。实际上，所制抗原中多含有这两种菌。

②试管凝集反应。试管凝集试验特异性强，结果准确，是鸡白痢检疫的标准方法，常用它来最终判定平板凝集试验的结果。

试管凝集试验的菌体抗原必须含有O_{121}、O_{122}、O_{123}各种抗原成分，对鸡白痢沙门氏菌各种菌株感染产生的抗体都能检出。

试验时，取3支小试管，用吸管吸取已稀释的抗原，加入第一管2毫升，第二、第三管各1毫升，另取一支吸管吸取检样（血清或卵黄）0.08毫升加入第一管，并用该吸管反复吸吹数次，充分混匀后吸取1毫升加入第二管，并依上法混匀，吸取1毫升至第三管。第三管混匀后吸出1毫升弃去，置37℃条件下至少作用20小时。

试管凝集试验的第一管至第三管检样的稀释度分别为1∶25、1∶50、1∶100。菌体抗原均匀平铺在试管底部，上清液透亮，为凝集；如试管内液体仍呈均匀浑浊，或沉在试管底部呈圆点状，则为不凝集。鸡血清在1∶50及其以上发生凝集者为阳性，否则为阴性。

③微量凝集试验。微量凝集试验只用极少量的检样（血清或卵黄），在微量反应板中进行，操作极为方便，其特异性和敏感性与试管凝集相仿。

微量凝集试验的抗原要求与试管凝集相同，但需经四氮唑染色。试验时，首先在微量反应板的每孔中加入50微升四氮唑染色抗原，然后第一孔加入50微升1∶10稀释的检样（血清或卵黄），二者混匀后，吸取50微升至第二孔，如此依次倍比稀释至第五孔或者更高，最后一孔混匀后弃去50微升。这样第一至第五孔的血清稀释度为1∶20、1∶40、1∶80、1∶160、1∶320。然后，将微量反应板置湿盒内放温箱中作用18～24小时。抗原平铺在孔底呈伞状为阳性，沉淀在孔底成一圆点状则为阴性。如果检样在 1∶20 或更高稀释度出现凝集时，则为白痢感染阳性鸡，否则为阴性。

④琼脂扩散试验。该方法的特异性也比较强，常用于和平板凝集试验结果的相互印证。

鸡白痢的琼脂扩散试验方法基本与其他鸡病相同，只是使用抗原时应注意，一般的鸡白痢诊断抗原，既含有沉淀原，又含有凝集原，可将其离心，上清液即为可溶性沉淀抗原。

（3）鉴别诊断　鸡白痢的临床症状和病变都不是该病所特有的，要注意与鸡伤寒、鸡副伤寒、鸡大肠杆菌病、鸡传染性法氏囊病、曲霉菌病和支原体病等相区别。

鸡白痢与鸡伤寒和副伤寒及大肠杆菌病的区别，主要靠实验室诊断。

鸡传染性法氏囊病的临床症状与鸡白痢相似，但可根据流行特点与病理变化及治疗效果进行鉴别。

曲霉菌病可感染多种家禽，7～20 日龄幼禽多发，呼吸症状最为突出，呼吸困难，张口伸颈，并有神经症状。剖检变化以气管、肺和气囊出现灰白色粟粒状隆起小结节为主，有时可见到蓝绿色霉菌菌丝。用制霉菌素治疗有效，这一点有别于鸡白痢。

6. 防治

（1）治疗　磺胺类、氟喹诺酮类药物及某些抗生素和一些中草药对本病都有疗效。用药物治疗急性病例，可以减少雏鸡的死亡，但愈后仍带菌。对种鸡与成年产蛋鸡群，采取药物治疗配合净化措施有一定的效果。各种药物对鸡白痢杆菌常产生耐药性，应当交替使用。磺胺类以磺胺嘧啶、磺胺甲基嘧啶及磺胺二甲基嘧啶为多用，拌料为 0.5％的浓度，连用 5～10 天，配合用等量的小苏打，可以减少其副作用。再配合用 0.02％的磺胺增效剂 TMP 效果更好些。注意磺胺类药物可以抑制鸡的生长，还能造成中毒，不能长期使用。

氟喹诺酮类以乳酸环丙沙星、氧氟沙星效果较好，饮水浓度为0.02%～0.04%。

抗生素中以氟苯尼考、盐酸多西环素较为常用，两者拌料浓度为0.05%～0.1%。

中药以黄连、黄柏等药的复方制剂效果较好。

（2）预防　预防本病主要应从饲养管理、卫生防疫和配合药物预防几方面采取措施。

从长远来考虑，控制和消灭鸡白痢沙门氏菌是减少鸡白痢造成经济损失的根本方法。只要建立起无鸡白痢的种鸡群，并将其后代与带菌鸡和病鸡隔离，且避免使用劣质鱼粉与肉骨粉，就能很成功地控制鸡白痢。预防的主要措施如下：

①建立无沙门氏菌病的种鸡群。在健康的种鸡群中，每年春、秋两次定期用凝集试验的方法全面检疫及不定期抽查检疫。对40～60日龄以上的中雏鸡也可进行检疫，淘汰阳性鸡及可疑鸡。在有病鸡群，应每隔数周检疫一次，经3～4次后一般可把带菌病鸡全部淘汰，但须反复多次才能检出。在种鸡上笼及休卵期是较好的检疫时机。

②坚持自繁自养，不从其他场引进种蛋和雏鸡。必须引进时，要对引进场的鸡进行鸡白痢检疫后，确定为无鸡白痢鸡群才能引进。引进后，经过隔离、检疫后才能并群。

③加强种蛋消毒。种蛋在鸡舍收集后，在2小时内将种蛋用20毫升/米^{3}的甲醛液熏蒸消毒；在孵化前和落盘时，再用15毫升/米^{3}甲醛液熏蒸消毒；出雏达50%时，再用7毫升/米^{3}甲醛液熏蒸消毒。每次孵化前，应彻底清洁和严格消毒孵化器及所有用具，用甲醛液熏蒸消毒。

④加强育雏饲养管理和环境卫生。鸡舍及一切用具要注意经常清洁消毒。育雏室及运动场保持清洁干燥，饲料槽及饮水器每天清洗一次，并防止被鸡粪污染。育雏室温度维持恒定，采取高温育雏，并注意通风换气，避免过于拥挤。饲料配合要适当，保

证有丰富的维生素 A。若发现病雏，要迅速隔离消毒。

⑤药物预防。雏鸡出壳后，除用消毒药饮水外，可给以前述治疗用药进行预防。用药时间不应太长，以使雏鸡肠道建立正常菌群。为了使肠道建立正常菌群，可使用酸牛奶或微生态活菌制剂。

（二）禽伤寒（typhus avium）

禽伤寒是鸡沙门氏菌引起的家禽败血性传染病，呈急性或慢性经过。主要侵害 3 月龄以上的家禽，对鸡和火鸡的危害小于鸡白痢。本病在世界各地广泛发生，常为散发，有时也呈流行性或暴发性发生。

1. 病原学　禽伤寒的病原为鸡沙门氏菌，属于肠杆菌科沙门氏菌属，又常被称为鸡伤寒沙门氏菌。

本菌为较短而粗的杆菌，长 1.0～2.0 微米，直径 1.5 微米，常单个存在。偶尔也成对存在，革兰氏阴性，无芽孢，无荚膜，无鞭毛。

鸡伤寒沙门氏菌营养要求不高，在普通肉汤或其他营养培养基上均可良好生长，需氧和兼性厌氧，在亚硒酸盐和四硫磺酸盐等选择培养基以及麦康凯、亚硫酸铋、S. S、亮绿琼脂等鉴别培养基上均能生长。

在普通琼脂上形成灰白色、湿润、圆形、边缘整齐的小菌落。在各种鉴别培养基上形成无色菌落。明胶穿刺不液化明胶，沿穿刺线呈线状生长。在普通肉汤中浑浊，形成絮状沉淀。

本菌的生化特性与鸡白痢沙门氏菌非常相似。很多学者认为，只有鸟氨酸脱羧试验，才能将二者确切地区分开来。

本菌抵抗力不强，60℃10 分钟即被杀死。一般消毒剂均可杀死本菌。

鸡伤寒沙门氏菌与鸡白痢沙门氏菌的抗原结构相同，也为 O_1、O_9、O_{121}、O_{122}、O_{123}。但鸡伤寒沙门氏菌 O_{12} 抗原没有鸡白痢沙门氏菌那样易变异。

鸡伤寒沙门氏菌能够产生内毒素。该毒素60℃处理1小时稳定，煮沸15分钟可降低活性。

2. 流行病学 本病主要发生于鸡，也可感染火鸡、鸭、珍珠鸡、孔雀和鹌鹑等。各种年龄的家禽都可感染，但以青年和成年禽较易感。雏鸡发病时与鸡白痢较难区别，但不如鸡白痢多见。病鸡的排泄物含有病菌，污染饲料、饮水、运动场和水沟散播疾病。主要经消化道感染。带菌鸡和病鸡产的蛋含有病菌，通过感染卵代代相传，是很重要的传播方式。本病多于春、冬两季发生，特别是饲养条件不良时较易发生。一般呈散发。

3. 症状 潜伏期一般为4～5天，本病常发生于中鸡、成年鸡；但经污染的种蛋也可感染雏鸡，其症状与病变和鸡白痢很相似。

在年龄较大的鸡和成鸡，急性经过者突然停食，病鸡精神委顿，拉黄绿色粪便，羽毛松乱，冠和肉垂贫血、苍白而皱缩，体温上升1～3℃。病鸡可迅速死亡，多在4天内死亡。自然发病的死亡率为10%～50%或更高些，雏鸡与成年鸡有差异。急性、症状明显者常死亡，慢性病例则表现冠髯苍白皱缩，食欲减少，交替出现腹泻、便秘，病程8天以上，死亡较少，多转为带菌鸡。

4. 病理变化 最急性病例的肉眼变化，或很轻微或很不明显。病程稍长的病例有较明显的病变，肝、脾、肾红肿。

亚急性及慢性病例可出现本病特征性病变，即肝脏肿大，有时可达正常的2～3倍，呈绿褐色或青铜色。肝和心肌有灰白色粟粒状坏死灶，心包炎。母鸡常由卵子破裂引起腹膜炎，卵子出血变形、色泽不正和卡他性肠炎。肠内容物黏稠，呈黄绿色。

雏鸡的肺、心和肌胃有时可见灰白色坏死灶，这种病变不能与鸡白痢区分。

5. 诊断 根据本病在鸡群中的流行病史、临床症状和病理变化，特别是肝脏肿大呈青铜色，可以做出初步诊断。确诊本病有赖于从病鸡内脏器官中做鸡沙门氏菌的分离培养鉴定。在中鸡和成年鸡中，用血清学试验有助于本病的诊断。

（1）病原的分离与鉴定　将急性病例的肝、脾或其他有病变的器官，慢性病例的局部病变器官的病料接种于普通培养基上。如果污染严重，可首先接种于选择培养基上，经37℃、24小时培养后，挑选典型菌落做生化试验。如果分离物符合鸡伤寒沙门氏菌的特性，即可做出确诊。

（2）血清学诊断　鸡伤寒的血清学诊断方法主要是凝集试验，此外，还有血凝试验、抗球蛋白的血凝试验等。鸡伤寒沙门氏菌和鸡白痢沙门氏菌有相同的O抗原。因此，做凝集试验时，也可用鸡白痢标准抗原，方法与鸡白痢相同。

（3）鉴别诊断　注意鸡伤寒与鸡霍乱和鸡新城疫的区别。伤寒病程一般不及禽霍乱和新城疫急骤。尸检时，鸡伤寒的肝、脾明显肿大，禽霍乱和新城疫没有这样显著，而有显著的全身出血现象。至于与鸡白痢的区别，可用生化试验等细菌学方法。

6. 防治

（1）治疗　氟喹诺酮类、磺胺类药及抗生素类均有效。用0.1%磺胺喹噁啉拌料喂2～3天；再以0.05%浓度拌料2天；也可以溶水中（浓度为0.04%），连用5天。其他药物的使用参见鸡白痢治疗的有关内容。

（2）预防　对本病目前主要靠药物预防、检疫、淘汰等综合性防治措施，具体方法与鸡白痢防治方法相似。

国外用鸡沙门氏菌“9R”菌株制备成口服制剂，或者在“9R”活菌苗中混入油佐剂进行肌肉注射免疫，可产生较好的保护力。鸡沙门氏菌外膜蛋白经酸处理制成亚单位疫苗，也有免疫效果。

（三）禽副伤寒（paratyphus avium）

禽副伤寒是由各种血清型、具鞭毛能运动的沙门氏菌引起的禽类传染病的总称。雏鸡多表现为急性热性败血症，成年鸡一般呈慢性或隐性感染。

1. 病原学 禽副伤寒的病原是多种血清型能运动的沙门氏菌。引起鸡副伤寒常见的沙门氏菌有10种血清型左右，并不断有新的血清型被发现。其中，对养鸡业危害最为严重、最常见的是鼠伤寒沙门氏菌、鸭沙门氏菌和肠炎沙门氏菌等。

这些沙门氏菌除具鞭毛能运动外，其培养特性、生化特性、抵抗力等与鸡白痢沙门氏菌相近，不再赘述。

2. 流行病学 本病常为散发或地方流行性发生。各种禽类均可感染本病，但以鸡和火鸡最为常见。常在10日龄内严重暴发，死亡率可达20%。2周龄后，人工感染沙门氏菌不再致死。3周龄以上的雏鸡遭到沙门氏菌感染，很少引起临床发病。成年鸡感染后多为隐性感染。但当饲养管理不当、营养不良、环境恶劣或其他疾病而使抵抗力下降时，也可引起发病死亡。这种隐性感染鸡会向外界排菌，是重要的传染源。

病鸡和带菌鸡是本病的主要传染源。本病的主要传播途径是经卵传播，有2种情况：一是经卵直接进入蛋内；二是在产蛋过程中蛋壳被粪便污染或在产出后经已污染的产蛋窝、地面、孵化箱污染进入蛋内，这是沙门氏菌经蛋传递的主要途径。侵入蛋壳的细菌，首先在卵黄内增殖，在孵化过程中侵入胚胎。水平传播的主要途径是消化道和呼吸道。污染的饲料、饮水、空气、用具、孵化室、孵化器、出雏器、育雏器、环境、场地，以及野生动物、蝇类、人类等都是重要的传播媒介。未经处理的鱼粉、骨粉、血粉等动物性饲料和谷物、豆饼等植物性饲料都含有该类细菌，往往成为难以发现的传播因素。

3. 临床症状 禽副伤寒基本上是一种雏禽的疾病，只有雏鸡才表现出症状。卵内感染或孵化器内感染者，多在一周内就发病死亡，有的在啄壳前或啄壳时死亡。最急性经过的雏鸡，一般看不到典型症状，常呈败血症突然死亡。多数病例表现为进行性的嗜睡状态，垂头、呆立、闭眼、翅下垂、羽毛蓬乱、畏寒怕冷，聚集成堆或靠近热源，浑身颤抖；明显的厌食而饮水增加；有大量的白色水样下痢，泄殖腔周围被粪便严重污染；呼吸症状不常见。

成年鸡：感染后很少发病。个别也会出现食欲丧失、饮欲增加、脱水、精神怠倦等症状，多数病例会迅速恢复。

病鹅可见关节炎。雏鸭有喘息、眼睑肿胀等症状，临死前头向后仰或突然死亡，故有“猝死病”之称。

4. 病理变化 雏鸡副伤寒的病变与白痢相似，有时很难区别。出壳几天内最急性死亡者一般看不到明显病变，偶尔可见肝脏颜色变浅，胆囊充盈膨大，卵黄吸收不全。病程稍长者，可见消瘦、脱水、卵黄凝固；肝充血肿大，有暗红与黄白相间的条纹及针尖状出血，并有白色结节状坏死灶或两种病灶都有。肺、肾充血、出血；心包发炎并黏连，肠道有出血性炎症及坏死灶，盲肠内有淡黄色干酪样物质。但肺脏、心脏很少见有鸡白痢那样的灰白色或黄白色结节。

成鸡可见肝、脾、肾充血、肿胀，有出血性或坏死性肠炎、心包炎、腹膜炎。输卵管坏死或增生变厚，卵泡异常，卵巢坏死及化脓，这种病变常发展为广泛性腹膜炎。慢性或隐性带菌的成鸡看不到病变。

5. 诊断 根据本病的流行特点、症状及病理变化，可做出初步诊断。需要确诊时，应进行实验室诊断。

病原学检查可用肝、脾、心血、未吸收的卵黄等直接接种在普通琼脂和 S. S 琼脂或麦康凯琼脂上，37℃培养 24～48 小时，对可疑细菌进一步进行生化鉴定和血清型鉴别。

对于慢性患病鸡的生前诊断，目前还没有可靠的方法，不能像鸡白痢和鸡伤寒那样用简便、有效的血清学方法检出慢性或带菌鸡。因为禽副伤寒的沙门氏菌血清型太多，而且与其他肠道菌有交叉反应，不易判断。如有必要，可对这些鸡用棉拭子从泄殖腔分离细菌，但比较麻烦。此外，也可从孵化 19～21 天的死胚卵黄中分离鉴定细菌，以帮助确诊。

鉴别诊断：本病与大肠杆菌败血症、鸡白痢、鸡伤寒不易区别。主要靠病原体的分离与鉴定。

6. 防治

（1）治疗　发现病鸡要及时隔离、确诊和治疗。最好进行药敏试验，确定敏感药物后进行治疗。

一般可选用的药物有：0.05%～0.1%的盐酸多西环素或氟苯尼考、0.1%～0.3%的磺胺嘧啶混饲 5～7 天；恩诺沙星、环丙沙星等以治疗量使用 5～7 天。如果配合中药黄连等抗菌药物效果更好。

（2）预防　由于目前本病无菌苗可用，又无检出阳性带菌鸡的有效办法。因此，主要依靠对孵化场和养鸡场严格实施清洁卫生和隔离消毒等措施，具体方法可参考鸡白痢。

二、禽大肠杆菌病（avian colibacillosis）

禽大肠杆菌病是由埃希氏大肠杆菌（escherichia coli）的某些致病菌株所引起的多种禽病的总称。其中，比较常见且危害严重的有大肠杆菌性败血症、肠炎、脐带炎、全眼球炎、气囊炎、卵黄性腹膜炎、大肠杆菌性肉芽肿和关节炎等病型。多种血清型的大肠杆菌是各种动物肠道的常在菌，因此大肠杆菌分布很广。目前所知，禽类的大肠杆菌菌株不是其他动物和人类大肠杆菌病的主要病原，由禽类分离获得的大多数血清型菌株仅对禽类有致病性。

（一）病原学

大肠杆菌为中等大小的革兰氏阴性菌，大小为 2～3 微米×0.6 微米，许多菌株能运动，具周身鞭毛。该菌血清型众多，抗原成分复杂。在普通琼脂平板上经 37℃、24 小时的培养，可形成光滑无色、隆突、边缘整齐，并呈颗粒状结构的菌落，直径为 1～3 毫米。此菌在肉汤中生长良好，使肉汤浑浊。

本菌分解葡萄糖、麦芽糖、甘露醇、木糖、甘油、鼠李糖、山梨醇、阿拉伯糖和乳糖，产酸产气，但不分解糊精、淀粉和肌醇。甲基红试验阳性，V－P 试验阴性。在麦康凯培养基上形成粉红色菌落，在 S.S 琼脂上一般不生长；在伊红-美蓝琼脂上形成黑色、带金属光泽的菌落。

大肠杆菌的抗原结构由菌体抗原（O）、表面抗原（K）、鞭毛抗原（H）组成。已发现的 O 抗原有 170 多种，H 抗原有 64 种，K 抗原有 103 种，这 3 种抗原互相排列组合可构成几千个血清型。其中，对禽类危害较大的有：在雏鸡中常见有 O_1∶K_1、O_2∶K_1、O_{78}∶K_{80}、O_8∶K_1、O_{15}、O_{18} 等；在母鹅生殖器官中分离到的致病性的血清型有 O_{141}∶K_{85}、O_7∶K_1 等；在雏鸭中发现的血清型有 O_{19}、O_{78}、O_{14}、O_{147}、O_2 等。致病性大肠杆菌与动物肠道内正常寄居的非致病性大肠杆在形态、染色特性、培养特性和生化反应等方面没有差别，但抗原构造不同。

大肠杆菌是一种条件性病原微生物，它广泛存在于饲料、垫草、粪便和畜舍灰尘中，也作为常在菌存在于正常动物的肠道中。当机体抵抗力下降，特别是在应激情况下（长途运输、气温骤变、饲喂不当等）细菌的致病性即可表现出来，或者细菌的寄生部位发生改变，使感染的禽发病。因此，本病常常成为某些传染病的并发病或继发病，如鸡传染性法氏囊病、传染性鼻炎及慢性呼吸道病等。

（二）流行病学

多种家禽对本病易感，其中以鸡、火鸡和鸭最易感。各种年龄都可感染发病，但以幼禽的易感性最强。病禽和带菌禽是本病的主要传染源。其传播方式主要是由于病鸡的粪便污染禽舍环境，病原菌飞扬在空气中，被易感禽吸入而经呼吸道感染；也可通过污染的饲料（如劣质的鱼粉和肉骨粉、羽毛粉等）、饮水经消化道感染。此外，大肠杆菌也可通过输卵管或泄殖腔污染蛋壳，病菌侵入蛋壳感染鸡胚。种鸡还可通过配种传播该病。

（三）临床症状和病理变化

本病潜伏期由数小时至3天。根据发病年龄、侵害部位以及与其他疾病混合感染的不同情况而表现出不同的病型。

1. 雏鸡脐炎 因脐部受大肠杆菌感染而引起的初生雏禽病。感染可发生于卵内，也可发生于出壳后。卵内感染是由于蛋壳被粪便污染或产蛋母禽患大肠杆菌性输卵管炎和卵巢炎时，细菌即可侵入蛋内感染鸡胚，使种蛋孵化率降低。鸡胚在孵化后期或临出壳前死亡，死胚卵黄囊内容物变为黄绿色黏稠物或干酪样物。未死的鸡胚出壳后即为弱雏，表现为腹部膨大，脐孔闭合不全，周围皮肤呈褐色，有刺激性恶臭，排泄绿色或灰白色水样粪便，多在出壳后2～3天内发生败血症死亡，残废率可达10%～12%。耐过禽则卵黄吸收不良，生长发育受阻。

2. 急性败血症 本型大肠杆菌病可发生于任何年龄的禽，是由该菌引起的急性全身性感染。多呈急性经过，表现为精神萎靡，排出绿白色稀粪和短期内死亡。本病一旦发生，特别是在严重应激的条件下，死亡率很高，可达50%。剖检在最急性型病例无明显病变，一般呈败血症变化；在病程稍长的病例，可见浆液性纤维素性心包炎、纤维素性肝周炎及腹膜炎病变，有时肝脏呈铜绿色，肝实质内有白色坏死灶，肾脏肿大充血。

3. 全眼球炎 鸡舍内空气中大肠杆菌浓度过高，可感染幼鸡引起眼球炎，或发生于大肠杆菌性败血症恢复期。另外，维生素A缺乏、使用传染性喉气管炎疫苗点眼及发生眼型鸡痘等均可诱发本病。表现为眼睑封闭，外观肿大，眼内蓄积多量脓液或干酪样物质，去除干酪样物质，可见眼球发炎，眼角膜变成白色不透明，上有黄色米粒大的坏死灶，多为单侧性，偶而双侧感染。内脏器官多无变化。病禽不喜走动，生长不良，羽毛蓬乱，逐渐消瘦死亡。

4. 气囊炎　本病多发生于2～12周龄的幼鸡，6～9周龄为发病高峰，常常是由大肠杆菌和其他病原体（支原体、传染性支气管炎病毒等）合并感染所致。病禽最初表现为甩头，轻度咳嗽，以后病情加重，表现呼吸困难、咳嗽，气囊感染后会蔓延到其他脏器，如肝脏、心脏、输卵管。剖检时可见气囊壁增厚、浑浊，囊内含有淡黄色干酪样渗出物；腹腔积液（腹水症）；肝脏表面有纤维素性渗出物覆盖。本病死亡率可达8%～10%。

5. 大肠杆菌性肉芽肿　本型是鸡和火鸡常见的一种疾病，尤其是火鸡更为多见。在病鸡的小肠、盲肠、肠系膜及肝脏、心脏等表面形成典型的肉芽肿，外观与结核结节及马立克氏病的肿瘤结节相似，应注意鉴别。

6. 关节及关节滑膜炎　本型多是大肠杆菌性败血症的一种后遗症，呈散发性。病禽行走困难、跛行，关节周围呈竹节状肥厚。剖检可见关节液浑浊，有脓性或干酪样渗出物蓄积。

7. 卵黄性腹膜炎和输卵管炎　本病主要发生于产蛋母鹅，鸡和鸭也可发生。在鹅俗称“蛋子瘟”，通常在鹅产蛋期间发病，死亡率很高，可达15%。病禽表现为产蛋停止、精神沉郁、腹泻，粪便中混有蛋清、凝固蛋白及卵黄小块，具恶臭味。剖检可见，腹腔中充满淡黄色腥臭的液体和破坏了的卵黄以及淡黄色的纤维素性渗出物。肠壁相互黏连，卵泡皱缩变成灰褐色或绛紫色。输卵管扩张，黏膜发炎，上有针尖状出血，内有纤维素性渗出物沉积。

8. 肠炎型　禽大肠杆菌病常见的病型。主要表现为下痢，黄绿色黏液性或水样稀便。主要病变为肠黏膜充血、出血、坏死，严重时在浆膜面上可见到密集的小出血点。肌肉、皮下结缔组织、心肌及肝脏多有出血斑点。

9. 神经型（脑型） 病禽除一般病状外，主要症状是昏睡及神经紊乱，歪头、斜颈、转圈、共济失调、抽搐等神经症状及下痢。剖检见脑膜充血、出血。

（四）诊断

各种类型的大肠杆菌病，根据临床症状和病理剖检只能做出初步诊断。确诊本病均需进行细菌学检查和因子血清试验。

1. 细菌学检查 根据不同的病型采取病料（肝、脾、心、血、眼、气管分泌物或关节液）进行涂片，革兰氏染色法染色后镜检，可见革兰氏阴性的中等大小杆菌。进一步将病料分别接种普通琼脂平板、麦康凯或远腾氏培养基上，置37℃温箱中培养24～48小时。在普通琼脂平板上形成无色菌落，麦康凯平板上为粉红色菌落，远腾氏平板上则为红色菌落并常见闪烁金属光泽。取可疑菌落进一步做生化试验，即可鉴定是否为大肠杆菌。

2. 因子血清试验 对已确定为大肠杆菌的分离株，在条件允许的情况下，可用已知大肠杆菌因子血清进行鉴定。如为常见的病原性大肠杆菌血清型，即可做出诊断。常见的致病血清型有几十种，占优势的为O_1、O_2、O_5、O_{35}及O_{78}等。

在对大肠杆菌进行检查的同时，还应仔细检查其他伴发性或继发性病原体的存在与否。

（五）防治

1. 预防 本病的预防措施主要是搞好环境卫生，保持禽舍通风良好；密度适当，排除各种应激因素；不使用劣质的鱼粉和肉骨粉；选择优良的消毒剂，如百毒杀、过氧乙酸、菌毒王等及时进行消毒，以减少空气中的大肠杆菌含量；同时，还应进行药物预防和免疫接种。目前，国内所用疫苗有大肠杆菌甲醛灭活苗和大肠杆菌灭活油乳苗2种。最好是用发病鸡分离的大肠杆菌菌株来制备多价菌苗进行免疫，可有效地控制本病的发生。

2. 治疗　许多抗菌药物对本病的治疗均有一定疗效。不过，在治疗过程中，由于大肠杆菌耐药菌株的不断出现及血清型的复杂性，因此在选择药物时应根据本场以往的用药情况全面考虑，最好选用一些新品种药物。有条件的话，可分离菌株进行药敏试验，根据试验结果选择最佳治疗药物。用药的原则是用药量要足，疗程要够，饮水与拌料相结合，消除诱因与给药相结合。常用的药物如0.1%盐酸多西环素、0.05%氟苯尼考、恩诺沙星、环丙沙星、磺胺与磺胺增效剂、“宝树呼霸”散剂等拌料，连用3～5天；泰乐菌素等饮水，均可作为大群治疗用药物。在个别治疗时，可用庆大霉素、卡那霉素等肌肉注射。对眼型的病例，可清除眼内干酪样物质，然后涂以可的松类的抗菌药膏、利福平眼药水点眼，同时在饲料中添加药物进行治疗。

三、禽霍乱（fowl cholera）

禽霍乱又称禽巴氏杆菌病或禽出血性败血症，是由多杀性巴氏杆菌引起的一种急性败血性传染病。其特征为急性型呈败血症症状，同时发生剧烈的下痢；慢性型发生肉髯水肿和关节炎。本病的发病率和死亡率均很高，是危害养禽业的主要疫病之一。

（一）病原学

多杀性巴氏杆菌为革兰氏阴性的球杆菌，不运动，大小为0.2～0.4微米×0.6～2.5微米。组织、血液中的菌体及新分离物经美蓝、瑞氏染色液染色后，呈明显的两极浓染，菌体多呈单个或成对排列。该菌不能形成芽孢，新分离的细菌具有荚膜，经培养后迅速消失。在急性病例，很容易从病禽的血液、肝、脾等器官中分离到病原菌；在慢性病例，可以采取病禽咽喉部位的黏液接种血液琼脂培养基或小白鼠，进行分离培养。

本菌为需氧或兼性厌氧菌，普通培养基上生长不良，在血清和血液培养基上生长良好。在血清和血红蛋白培养基上37℃培养18～24小时，在45°折射光线下低倍显微镜观察，菌落呈荧光反应。根据其有无荧光和荧光颜色将其分为3型：

（1）Fg型　荧光呈蓝绿色而带金光，边缘有狭窄的红黄色光带。该菌对猪、牛等家畜致病力强，对鸡等禽类的致病力弱。从禽类的慢性病例中可分离到这种类型的细菌。

（2）Fo型　荧光呈橘红色而带金光，边缘有乳白色光带，对鸡等禽类致病力强。从禽类的急性病例中可分离到这种类型。其对猪、牛等动物致病力弱。

以上Fg型与Fo型可互相转化。

（3）Nf型　为无荧光型。本型无致病力。

用特异性荚膜抗原吸附于红细胞上进行血细胞被动凝集试验，可将本菌分为A、B、D、E及F 5种血清型。用菌体凝集反应检查出至少有12种菌体抗原（O），并将其用阿拉伯数字表示。引起禽霍乱的主要是5：A、8：A及9：A。

本菌对外界环境的抵抗力很低，直射阳光、干燥及加热均可将其迅速破坏，但在粪便中可存活1个月，在尸体内存活1～3个月。一般常用的消毒药数分钟内即可将其杀死，如0.5%～1%福尔马林、1%石炭酸、新洁尔灭、3%来苏儿及过氧乙酸等。

本菌对大多数抗生素类、磺胺类及其他药物，如氟哌酸等均敏感。

（二）流行病学

各种禽类（家禽及野鸭）对本病均有易感性，其中尤以鸡、鸭、鹅最为易感，且多取急性经过。在鸡中，2～4月龄以上的育成鸡和成年鸡最易感，2月龄以内的鸡很少发生。地面平养鸡比笼养鸡发生率高。

病禽和带菌禽是本病的主要传染源。其中，带菌禽更为重要，因为这种禽常无任何症状，但可经常或间歇地排出病原而污染周围环境。一旦机体抵抗力降低或应激因素刺激时，即可导致本病的发生和流行。

病原菌随动物的分泌物及粪便排出而污染饲料、饮水及周围环境，易感动物则通过摄入这些饲料、饮水而经消化道感染。同时，也可由吸入污染了的空气和尘埃而经呼吸道感染。另外，还可经损伤的皮肤和黏膜而感染。

本病一年四季均可发生，但在高温潮湿的夏、秋多雨季节和气候多变的春季较常见。常为散发或呈地方流行性发生。

（三）临床症状

本病的潜伏期 2～9 天，有时在引进病鸡后 48 小时可突然暴发本病。

根据病程的长短，一般将本病分为最急性型、急性型和慢性型 3 种。

最急性型：本病多见于农村散养鸡和一些鸡群流行本病的初期，特别是肥壮和高产鸡。在鸡群中，常见一些鸡突然死亡，且生前无任何临床症状或于死前不久体温升高，鸡冠呈蓝紫色。

急性型：本型最为多见。病鸡先是精神委顿，独立一隅，呆立不动，羽毛蓬乱。之后，出现呼吸困难，口鼻流出具有泡沫的黏液，鸡冠肉髯呈蓝紫色。常发生剧烈的下痢，粪便呈灰白色、黄色或铜绿色，有时带有血液。病鸡体温高达 43～44℃，食欲丧失，饮欲增加。整个病程约 1～3 天，最后衰竭死亡。

慢性型：本型多由急性型转变而来，见于疫病流行的后期。病变常局限在身体的某些部位，有的病鸡呈现鼻炎和慢性肺炎的症状，鼻窦肿胀，流出黏液，呼吸困难，咳嗽；有的病鸡鸡冠和肉髯显著肿胀；有些则由于细菌侵袭关节部位，引起关节肿胀和化脓，因而出现跛行症状。慢性型病程可达 1 月以上，病鸡精神不振，日渐消瘦，最后死亡或成为带菌鸡。

鸭、鹅发生霍乱与鸡基本相似，最为多见的是急性型，发病和死亡很快。病鸭表现精神萎靡，尾翅下垂，食欲丧失，但有渴感，口鼻流液，因呼吸困难常张口伸颈，并常常摇头，以排出蓄积在喉部的黏液，故有“摇头瘟”之称。病鸭发生泻痢，粪便呈灰白色或黄绿色，通常在发病1～3天内死亡。病程稍长的病鸭经常出现咳嗽、鼻炎、关节发炎肿胀、病鸭行走困难或卧地不起等症状。

（四）病理变化

最急性型：本型病例在剖检时常不见明显的病理变化，仅见心冠状部有针尖大的出血点。

急性型：剖检可见各浆膜、皮下脂肪和心冠脂肪等处密布出血点，似喷洒状；肝脏肿大，表面及切面均可见有特征性的白色或黄白色针头大小的坏死灶；十二指肠黏膜有明显的点状出血和出血斑；心包发炎，心包腔内积有多量淡黄色浑浊有絮状物的液体；肺充血、出血，有时可能具有肺炎的变化；脾脏一般无明显变化或稍肿大。

慢性型：其病理变化因细菌侵袭部位的不同而不同。有的肺脏有较大的黄白色干酪样坏死灶，鼻腔和窦内有多量黏液性渗出物，咽喉部也常蓄积多量分泌物或附有纤维素性薄膜；有的病例关节肿胀，在关节周围和关节囊内有黏稠或干酪样渗出物；有些病例，尤其是公鸡，可见鸡冠、肉髯或耳片呈现水肿并坏死。

（五）诊断

本病依据流行特点、症状和病理变化，可进行初步诊断。确诊主要靠实验室诊断。

1. 实验室诊断 细菌学检查简便易行。可取肝、脾组织进行涂片，用瑞氏染液或美蓝染液进行染色、镜检，发现有多量两极浓染的卵圆形小杆菌，即可确诊。

如果病料中细菌含量较少，镜检未能确诊时，可无菌采取病料（急性死亡动物的肝、脾、心血或慢性病例的关节及局部病灶）接种于普通肉汤中进行增菌培养，之后取此培养物接种于血液琼脂平板上，37℃培养24小时后，可形成较小、湿润的无色透明菌落，无溶血。取此可疑菌落进行涂片、镜检，可见到典型的巴氏杆菌。

适合于初次分离多杀性巴氏杆菌的培养基有马丁氏琼脂、血液琼脂和葡萄糖淀粉琼脂（DSA）。马丁琼脂与DSA上的菌落形态类似，培养24小时后产生光滑、圆形、半透明、闪光和奶油状小菌落。斜射光观察，有荚膜的菌落呈虹彩光，无荚膜的呈现灰蓝色（无虹彩）。在琼脂培养基上都有一种特异气味。

本菌可发酵果糖、半乳糖、葡萄糖和蔗糖，不发酵肌醇、麦芽糖、鼠李糖和水杨苷，都能产生吲哚和氧化酶，不溶血，也不在麦康凯琼脂上生长。

2. 鉴别诊断　本病的急性型与鸡新城疫和鸭瘟极易混淆，在诊断时应注意区分。其鉴别要点见表5-1、表5-2。

表5-1　鸡霍乱与鸡新城疫的鉴别诊断

<table>
<tr><th colspan="2">项　目</th><th>鸡霍乱</th><th>鸡新城疫</th></tr>
<tr><td colspan="2">病原体</td><td>多杀性巴氏杆菌</td><td>鸡新城疫病毒</td></tr>
<tr><td colspan="2">流行情况</td><td>鸡、鸭、鹅均感染，传播较缓慢，且有间隔</td><td>感染鸡，传播迅速</td></tr>
<tr><td rowspan="2">症状</td><td>神经症状</td><td>无</td><td>流行后期常有</td></tr>
<tr><td>腹泻带血</td><td>常有</td><td>少有</td></tr>
<tr><td rowspan="3">病理变化</td><td>腺胃肌胃</td><td>无明显病变</td><td>乳头出血及溃疡</td></tr>
<tr><td>肝脏</td><td>多量灰白色、针头状坏死灶</td><td>无特殊变化</td></tr>
<tr><td>肠黏膜</td><td>出血性、卡他性肠炎</td><td>纤维素性坏死性肠炎</td></tr>
<tr><td colspan="2">细菌学检查</td><td>两极浓染的小杆菌</td><td>无</td></tr>
<tr><td colspan="2">抗菌药物治疗</td><td>有效</td><td>无效</td></tr>
</table>

表 5-2 鸭霍乱与鸭瘟的鉴别诊断

项目		鸭霍乱	鸭瘟
病原体		多杀性巴氏杆菌	鸭瘟病毒
流行情况		鸡、鸭、鹅等均感染	只感染鸭，传播相对缓慢
症状	眼睛	无	怕光流泪、眼睑水肿、封闭
	其他	频频摇头，有“摇头瘟”之称	头颈严重水肿，有“大头瘟”之称
病理变化	肺脏	多见充血、出血等肺炎病变	不明显
	食管和泄殖腔黏膜	不明显	有灰黄色或绿褐色结痂性或假膜性病灶
细菌学检查		两极浓染的球杆菌	无
抗生素治疗		有效	无效
鸭瘟高免卵黄治疗		无效	有效

(六) 防治

1. 治疗 禽群一旦发病，除采取消毒、隔离等措施外，应立即进行大群治疗。治疗可选用下列药物：

(1) 抗生素 盐酸多西环素、链霉素、氟苯尼考等抗生素均有良好疗效。链霉素，每只成鸡 100 000 单位/次，每天 2 次，连用 3 天；盐酸多西环素，0.05%～0.1%拌料，连喂 3～5 天。

(2) 磺胺类 磺胺二甲嘧啶（SMZ）、磺胺噻唑（SN）、磺胺二甲氧嘧啶（SMD）及磺胺喹噁啉（SQ）等均有疗效。

(3) 氟喹诺酮类 氟哌酸、恩诺沙星、环丙沙星、氧氟沙星、沙拉沙星等都有良好的治疗和预防作用。

(4) 高免血清 对个别经济价值比较大的禽可用禽霍乱高免血清进行治疗，每千克体重 2 毫升，每天 1 次，连用 2～3 天，疗效较好。

2. 预防　由于本病发病急、病程短、死亡快，往往来不及治疗或疗效不佳。因此，必须依靠综合性预防措施。主要包括以下内容：

（1）加强饲养管理　本病的发生常常是由于某些应激因素，使机体的抵抗力降低而引起内源性感染。因此，预防禽霍乱的关键在于做好平时的饲养管理工作，使家禽保持一定的抵抗力。同时，还应搞好环境卫生，尤其要保持清洁干燥，及时定期地进行消毒，以切断各种传播途径。

（2）搞好免疫接种　禽霍乱菌苗虽然免疫效果不够理想，但还应尽量进行预防接种。目前国内使用的菌苗主要有3类：

禽霍乱氢氧化铝甲醛灭活苗：该苗使用安全，无不良反应，但免疫不确实。因为禽巴氏杆菌血清型较多，用一个血清型菌株制备的疫苗，对其他血清型的巴氏杆菌无效。因此，最好采用当地或本场所分离的菌株制备疫苗。

禽霍乱 $G_{190}E_{40}$ 活疫苗：可用于3月龄以上的鸡、鸭、鹅，免疫期为3.5个月。但该苗在接种后禽群会产生一定的反应，尤其对纯种鸭群，应先进行小区试验，证明安全后再大群进行免疫注射。另外，在接种该苗的禽群中可能会存在带菌状态。因此，从未发生过禽霍乱的养殖场不宜应用该苗。

禽霍乱组织灭活苗：系用病禽的肝、脾组织制成，接种剂量为2毫升/只，肌肉注射。该苗接种安全，无不良反应，免疫效果比前两种要好，但成本较高，多用于发病后的紧急预防接种。另外，禽霍乱蜂胶苗免疫效果也较好。上述几种苗的具体使用见生物制品章节。

（3）药物预防　有计划地进行药物预防是控制本病的一项重要措施，特别是对那些不进行疫苗接种的禽场更为重要。雏禽一般从2月龄左右开始就要使用预防药物。常用的药物有环丙沙星、盐酸多西环素、土霉素、中草药以及磺胺类药物等，具体使用见常用药物章节。

四、传染性鼻炎（infectious coryza）

传染性鼻炎是由副鸡嗜血杆菌引起的一种鸡急性呼吸道传染病。其主要特征为颜面部水肿、流鼻涕和流眼泪。

本病广泛分布于世界各地，发病率高，可使雏鸡育成率降低，生长迟缓，成鸡产蛋量下降或停止，给养鸡业造成较大的经济损失。

（一）病原学

副鸡嗜血杆菌（haemophilus paragallinarum）为革兰氏阴性、两极浓染、无运动性的杆菌。在24小时培养物中，细菌呈短杆状或球杆状，大小为1～3微米×0.4～0.8微米，并极易形成丝状。在48～60小时内，细菌形态极不完整或呈碎片状。本菌在病料中或新分离的培养物中有荚膜。

本菌为兼性厌氧，在含有5％二氧化碳的环境中生长良好。许多细菌如葡萄球菌可分泌支持副鸡嗜血杆菌生长的V因子。因此，副鸡嗜血杆菌在葡萄球菌菌落附近可长出一种“卫星菌落”。若把本菌均匀涂布在2％鲜血琼脂平板上，再交叉划线接种葡萄球菌，在接种线边缘即有本菌生长，这可作为简单鉴定该菌的方法之一。

副鸡嗜血杆菌的生化特性为发酵葡萄糖、果糖、甘露醇、麦芽糖、山梨醇和糊精，能还原硝酸盐，不能产生靛基质（吲哚）。副鸡嗜血杆菌对外界环境的抵抗力不强，在室温下细菌于流水中生存不超过4小时，一般常用的消毒药均可将其杀死。但本菌在低温冷冻条件下可保存10年以上。本菌对青霉素不敏感，对氟喹诺酮类、氯霉素类、磺胺类等药物敏感。

该菌通过血清平板凝集试验可分为A、B、C 3个血清型。我国的多数分离株为A型，少数为C型。各型之间无交叉保护性。

（二）流行病学

本病只发生于鸡，尤以8～12周龄的幼鸡最常发生，其他家禽均不感染。

病原菌随着病鸡和带菌鸡的眼鼻分泌物及颜面水肿液排出体外，污染周围环境、饲料及饮水。易感鸡则通过吸入含有病原菌的飞沫和尘埃，经呼吸道感染本病；也可经饲料及饮水而感染。本病多发生于秋冬寒冷季节，鸡只密度过大、通风不良均是造成本病发生的诱因。营养不良、气温骤变以及其他病原微生物及寄生虫的合并感染，均能增加本病的发病率和死亡率。

（三）临床症状

本病的潜伏期为1～3天。病鸡首先表现甩头、流鼻涕，先是流稀薄的水样液体，以后即变成浓稠的黏液，同时一侧或两侧颜面部发生水肿，并可能蔓延到肉髯，眼结膜发炎、流泪，严重时眼睑黏在一起，造成失明。随着病程的发展，气管内炎症加重，黏液增多，病鸡发生呼吸困难，出现"咕噜"之声。此时多数病鸡会发生下痢，精神不振，羽毛松乱，食欲减退或丧失，幼鸡生长停滞，母鸡产蛋减少，公鸡肉髯严重水肿。病程一般2周左右，死亡率较低。但当并发或继发感染了其他疾病时，如慢性呼吸道病、传染性喉气管炎、传染性支气管炎、鸡痘等，则病鸡症状加剧，残废率增高。

（四）病理变化

剖检可见，鼻腔和鼻窦发生急性卡他性炎症，黏膜充血、肿胀，表面有大量黏液和渗出物的凝块。严重时，气管黏膜也具同样的病变，偶尔还发生肺炎和气囊炎。眼结膜常充血肿胀，面部和肉髯皮下水肿。病程较长的病例可见鼻炎，眶下窦内有黄白色干酪样物质，黏膜充血、增厚或有出血点。有继发感染时，则出现其他相应的病变。

（五）诊断

根据病鸡的临床症状和流行病学特点，结合病理剖检变化，可做出初步诊断。由于本病常与其他细菌、病毒混合感染，因此必须进行实验室检验才能确诊。

1. 细菌学检查

（1）涂片检查　用鼻窦、眼渗出物等涂片，用美蓝或革兰氏染色。若发现可疑细菌，则应进一步分离鉴定。

（2）病原分离　无菌采取病料（眼分泌物或眶下窦渗出物）接种于5%～10%鲜血琼脂平板，使成一条直线，再用铂耳接种葡萄球菌，使成一直线与其交叉；然后，置于密闭并点燃蜡烛的玻璃容器内，待蜡烛自熄后，于37℃培养24～48小时。如在接近葡萄球菌生长处有小而透明的菌落，且呈“卫星”样生长，取此菌落制备涂片，用美蓝染液染色镜检，可见呈明显两极浓染的卵圆形杆菌，即可认为是该菌。

2. 易感鸡接种　可采取病料或上述培养物，接种于2～3只正常幼鸡眶下窦内。若在接种后2～7天有流鼻涕和面部肿胀等症状时，也可认为是该菌。

3. 血清学检查　血清学试验有凝集试验、琼脂扩散试验及红细胞凝集抑制试验。常用的是平板凝集试验，取1∶5稀释的血清与副鸡嗜血杆菌凝集抗原各1滴于玻板上，用牙签混匀，3分钟内发生凝集者，即判为阳性。

4. 鉴别诊断　本病应与鸡败血支原体病、曲霉菌病、传染性喉气管炎相鉴别，其鉴别要点见表5-3。同时，还应与维生素A缺乏、传染性支气管炎相鉴别。维生素A缺乏时，病鸡趾爪蜷缩，眼睛流出牛乳样分泌物，喙和小腿皮肤的黄色消失；剖检可见鼻腔、口腔、咽、食管以至嗉囊的黏膜表面有大量白色小结节，严重时结节融合成一层灰白色的假膜覆盖于黏膜表面，而本病无此症状。传染性支气管炎较本病传播迅速，只有幼鸡可能会出现流鼻液，而颜面水肿非常少见；在成鸡剖检时，常见肾脏肿胀、多尿酸盐沉积。另外，应注意和大肠杆菌病的区别，眼炎型的大肠杆菌病和本病相似，区别则依靠细菌的分离鉴定。

表 5-3　鸡传染性鼻炎、败血支原体病、曲霉菌病和传染性喉气管炎的鉴别诊断

病名	鸡败血支原体病	传染性鼻炎	曲霉菌病	传染性喉气管炎
病原	鸡败血支原体	副鸡嗜血杆菌	主要是烟曲霉菌	病毒
自然宿主	鸡和火鸡能自然感染	只有鸡能自然感染	鸡、鸭、鹅等均能自然感染	只有鸡能自然感染
流行	主要侵害 4～8 周龄幼鸡，呈慢性经过，可经鸡蛋传染	主要侵害 8～12 周龄幼鸡，呈急性经过	主要侵害 1 月龄以内幼鸡，通过霉变的垫料和饲料感染	主要侵害成年鸡，传播迅速，发病率高
主要症状	流浆性和黏性鼻液，咳嗽，呼吸困难，后期眼睑肿胀，眼部凸出，眼球萎缩，甚至失明	眼和鼻有炎性分泌物，鼻孔周围有凝固结痂，肉髯水肿，眼结膜发炎，眼眶周围肿胀，严重的引起失明	呼吸困难，喘气，眼和鼻流液，但无呼吸啰音	鼻有分泌物，呼吸困难，显现头颈上伸和张口呼吸的特殊资态，呼吸有特殊姿态，呼吸有啰音，咳嗽，咳出血性黏液
病程	长达 1 个月以上，人工试验为 21～68 天	4～18 天	1 周左右	7～15 天
剖检	鼻、气管、支气管和气囊中含黏性分泌物，气囊浑浊，表面有结节性病灶，囊腔中含大量豆腐渣样渗出物	鼻腔和鼻窦黏膜卡他性炎，表面有大量黏液。严重时，鼻窦、眶下窦和眼结膜囊内含有豆腐渣样物质	肺、气囊和胸腹腔浆膜上有一种针尖至小米大的灰白色或淡黄色小结节，结节内容物呈豆腐渣样	喉黏膜发炎肿胀有多量黏液或黄白色假膜覆盖，气管腔内含血性渗出物或有干酪样凝固物，喉和气管黏膜出血

（续）

病名	鸡败血支原体病	传染性鼻炎	曲霉菌病	传染性喉气管炎
实验室诊断方法	分离培养支原体或取病料接种7日龄鸡胚卵黄囊，5～8天死亡，检查死胚，活鸡检疫可用凝集试验法	分离培养副鸡嗜血杆菌或取病料接种健康幼鸡，一般在2～7天内产生鼻炎症状	采取病鸡肺或气囊结节病灶，涂片检查曲霉菌菌丝；或取病料作曲霉菌分离培养	取病料接种9～12日龄鸡胚绒尿膜，3天后绒尿膜产生灰白色增生和坏死小灶。细菌培养不生长
药物疗效	链霉素及四环素族有效	磺胺类、链霉素、土霉素有效	制霉菌素有一定疗效	抗菌药物无效

（六）防治

1. 预防

（1）免疫接种

灭活疫苗：常用的有2种，一种是以鸡胚繁殖的福尔马林灭活苗，另一种是用肉汤繁殖的硫柳汞灭活苗。两种灭活苗要求最低含菌量达到10^8个/毫升以上。常以2～3个血清型菌株制成多价苗。一般可在30日龄左右首次免疫（1.5亿菌/羽），在120日龄时进行第二次免疫（3亿菌/羽），可保护整个产蛋期。

弱毒活疫苗：可注射或饮水免疫。应在开产前完成免疫接种，且禁止与其他活苗同时使用。

联合疫苗：国外有传染性支气管炎、鸡新城疫及传染性鼻炎三联灭活苗。国内有新城疫和传染性鼻炎二联灭活油乳苗。

（2）综合防制措施　加强饲养管理是预防本病的重要措施。改善鸡舍（经常进行空气消毒）通风条件，做好鸡舍内外的兽医卫生消毒工作及病毒性呼吸道疾病的防制工作，提高机体的抵抗力。鸡场内每栋鸡舍应做到全进全出，禁止不同日龄的鸡混养。清舍之后，要彻底消毒，空舍一定时间后才可进鸡。季节变化时，应防止寒冷与潮湿，防止维生素A缺乏。

鸡群发病后，要在加强饲养管理和做好综合防制措施的基础上积极进行治疗。病愈康复鸡不能留做种用，应与健康鸡隔离饲养，以防病原菌的扩散。

2. 治疗　应用中药和西药相结合及饮水给药与拌料给药相结合的方法进行治疗。

常用的药物有磺胺二甲基嘧啶 0.05％饮水、氟苯尼考 0.5～1 千克/吨料，也可用壮观霉素、泰乐菌素、红霉素、恩诺沙星、乳酸环丙沙星、沙拉沙星、氧氟沙星等。一般一个疗程 5～7 天，连续 2～3 个疗程。但本病不易根治，停药后可能复发。

五、梭状芽孢杆菌感染症（clostridial infection）

（一）禽溃疡性肠炎

禽溃疡性肠炎（uicerative enteritis）是雏鸡、雏火鸡及鹌鹑等禽类的一种急性细菌性传染病。其特征为突然发病、腹泻和迅速大量死亡。由于本病最早发现于鹌鹑，所以又称为“鹌鹑病”（quail disease）。

1. 病原学　本病是由大肠梭菌所引起。该菌为革兰氏阳性的杆状厌氧芽孢菌，大小为 3～4 微米，菌体平直或稍弯，两端钝圆，芽孢较菌体小，位于菌体一端。人工培养时，只有少数细菌可以形成芽孢。细菌的耐热性较强，80℃1 小时和 100 ℃ 3 分钟仍能存活。这种耐热性有利于细菌的分离，而其他细菌在此温度下均已死亡。

大肠梭菌能发酵葡萄糖、甘露糖、棉籽糖和海藻糖，微发酵果糖和麦芽糖，不发酵伯胶糖、纤维二糖、赤癣醇、肌醇、乳糖、鼠李糖、山梨醇和木糖等。不水解淀粉，不产生亚硝酸盐、吲哚、过氧化氢酶和脲酶。不能利用丙酮酸盐和乳酸盐，不液化明胶等。

2. 流行病学 多种禽类均可感染本病，但以鹌鹑的易感性最强，鸡、火鸡、鸽等次之。且最常发生于幼禽，发病最多的是4～12周龄的鹌鹑和鸡、3～8周龄的火鸡。

本病主要通过消化道感染。易感动物多由于食入了被粪便污染的饲料、饮水及接触垫草而感染。其传染源除了患病禽外，也有学者认为，慢性带菌者是造成本病持续性发生的主要来源。鸡患本病常伴发或继发于球虫病、传染性法氏囊病和各种应激因素。

3. 临床症状 急性死亡的病禽一般无明显症状，且多为体格健壮者。病程稍长者，可出现腹泻症状，粪便为白色的水样状。随着病情的发展，病禽即表现精神沉郁、眼睛半闭、羽毛蓬乱而无光泽，身体极度衰弱。本病病程约3周。在感染后7～14天死亡率最高，幼鹌鹑的死亡率可达100%，幼鸡为2%～10%。

4. 病理变化 急性鹌鹑病例的病变特征为十二指肠呈出血性肠炎变化，肠壁上布满点状出血。在慢性病例，这种病变更为严重和广泛，在小肠和盲肠的任何部位都可见有出血性坏死灶及溃疡，轻者为周边出血的小黄色溃疡灶。随着溃疡灶的增大，出血环消失，溃疡呈凸起或粗糙的圆形，有时相互融合成大片白喉样坏死。溃疡灶可达黏膜深层，而陈旧性溃疡灶则局限于黏膜表层，周边隆起。肠黏膜呈现纤维素性炎症，炎性物脱落形成套袖状；或内容物中有灰白色纤维素絮片，位于盲肠的溃疡灶中心凹陷，其中充满黑色不易剥离的物质，最后常导致肠壁穿孔，造成腹膜炎和肠黏膜黏连的发生。肝脏可见点状或大片边缘不规则的黄色坏死区，有时为灰色或黄色的圆形坏死灶，周边有淡黄色包围。脾脏常充血、出血和肿大。

5. 诊断

（1）实验室诊断　根据流行病学、临床症状和病理变化，可做出初步诊断。本病的进一步确诊需进行病原学检查。取病禽的肝脏组织或肠道溃疡灶进行涂片，用革兰氏染液染色后镜检，可见革兰氏阳性的大杆菌，一端具有芽孢。必要时，可无菌采取肝组织制成悬液接种于5～7日龄鸡胚卵黄囊内，接种后48～72小时鸡胚死亡。取卵黄液涂片、染色、镜检，可见典型的病原菌；将卵黄液饲喂幼鹌鹑，可产生本病的典型症状和病理变化。

大肠梭菌可在含0.2%葡萄糖、0.5%酵母浸提物的胰蛋白胨磷酸盐琼脂（pH7.2）上生长，并需加入8%马血浆，用肝脏病料接种，35～42℃厌氧培养1～2天。

（2）鉴别诊断　本病应与球虫病和组织滴虫病相区别。后两种病的急性病例均可排泄带血的红色粪便，而本病并无此症状。在剖检变化方面，球虫病病禽的肝脏不具有本病所具有的坏死灶。脾脏也无出血肿大病变。组织滴虫病的盲肠病变多限于一侧，且内容物常呈“香肠状”的干酪样结构。肝脏所形成的溃疡灶边缘隆起，中央凹陷。脾脏无明显病变，肠道也不见具有特征性的溃疡病灶。另外，在取肠内容物检查时，球虫病可见到典型的球虫卵囊。组织滴虫病则可见到呈钟摆状运动的原虫，这些均可与溃疡性肠炎相区别。

6. 防治

（1）预防　目前尚无有效商品疫苗可供使用。主要是加强饲养管理，平时要搞好禽舍环境卫生，定期消毒和经常更换垫料。避免应激反应，并有效地控制球虫病、法氏囊病和其他疫病的发生。

（2）治疗　对本病比较有效的药物为链霉素、杆菌肽及中草药中的抗菌药。链霉素用量一般为0.005%饮水或拌料；杆菌肽锌为0.005%～0.01%拌料；中药中有黄连制剂，如“鸡病清”，用量为0.5%拌料，连用5～7天。

（二）肉毒梭菌毒素中毒症

肉毒梭菌中毒（botulism）是由于禽摄入了肉毒梭菌产生的

外毒素而引起的一种食物中毒性疾病。其主要发病特征为全身肌肉发生麻痹、头颈伸直、软弱无力，因此又叫“软颈症”。家禽中以鸡鸭最为常见，人和家畜也可发生该病。

1. 病原学 本病的病原是C型肉毒梭菌所产生的一种外毒素。肉毒梭菌为严格厌氧的革兰氏阳性大杆菌，大小为4～6微米，常单个或成对存在，有时形成短链，能形成芽孢，芽孢位于菌体的一端。细菌在适宜的环境中可产生并释放外毒素，根据这些毒素血清学类型的不同，可以分成A、B、C、D、E 5型。其中，引起家禽发生肉毒梭菌中毒的主要是A型和C型毒素，尤以C型毒素的毒力最强，分布最广。

肉毒梭菌繁殖型的抵抗力一般，但芽孢型的抵抗力很强，在121℃高压蒸汽下10～20分钟才能被杀死。毒素的抵抗力也较强，尤其耐酸，但对热的抵抗力不强，煮沸10分钟即可将其破坏。

2. 流行病学 肉毒梭菌中毒可发生于多种禽类，尤以鸡和鸭最为多见，其中幼龄禽的易感性高于成年禽。本菌广泛存在于土壤、饲料、蔬菜、干草及罐头食品中。在健康动物的肠道内和粪便中也有存在，但细菌本身并不引起疾病。在营养丰富、高度厌氧的条件下（腐败的肉类、蔬菜、动物尸体等），细菌能产生强烈的毒素。家禽吃到这种含有毒素的腐败物，就会引起中毒。一些死水、浅塘和泥沼，如果被这种畜禽尸体或腐烂之物污染，水中含有毒素，当鸭、鹅下水吃到后就会引起中毒。此外，生长在腐烂肉类和畜禽尸体里面的蝇蛆也常含有毒素，家禽吃到后也很容易造成中毒。

本病在温暖潮湿的季节最易发生。因为气温高、湿度大，适宜于病菌的生长繁殖和产生毒素，肉类、蔬菜及动物尸体在此环境中也容易腐败分解。

3. 临床症状 本病潜伏期的长短，决定于摄入毒素的多少。一般在食入腐败食物后数小时至2天内出现中毒症状。主要症状为精神不振，食欲丧失，羽毛蓬乱，稍碰即脱毛，腿、颈、翅及眼睑软弱麻痹。麻痹症状从腿部开始，逐渐扩展到翅、颈和眼睑。严重病例由于颈部肌肉发生麻痹，造成头颈伸直，软弱无力，故也称“软颈症”。病禽外观嗜睡，常蹲坐，驱赶时双翅下垂、跛行；或由于两腿或翅的肌肉完全麻痹而发生瘫痪，不能行走。有时发生泻痢，排出含有多量尿酸盐的绿色稀粪，最后常由于心脏和呼吸衰竭而死亡。

肉毒梭菌中毒的病禽在剖检上无肉眼可见的病理变化。

4. 诊断　根据流行病学和临床症状可初步怀疑为本病，确诊本病应做实验室诊断。

本病的实验室诊断主要是检查病禽血清、嗉囊及胃肠道内容物中的毒素。一般认为，测定血清中的毒素是最为可靠的诊断方法。因为肉毒梭菌在健康动物肠道内也有存在，当动物死后，细菌即可能产生毒素。

血清中毒素的测定可采用动物试验。将小鼠分成实验组和对照组，实验组腹腔注射被检血清样品，对照组腹腔注射C型肉毒梭菌抗毒素处理后的血清样品。如果血清样品中含有毒素，则实验组于注射后24～48小时出现麻痹症状并有死亡，而对照组则全部健康成活。

5. 防治

（1）预防　应着重消除环境中肉毒梭菌及其毒素的潜在来源，及时清除死禽和淘汰病禽，不使家禽接触动物、野禽及老鼠的尸体。禁喂腐败的肉类、鱼粉或蔬菜。同时，要搞好环境卫生和灭蝇蛆工作。

（2）治疗　本病目前尚无特效的治疗药物。据一些资料报道，应用杆菌肽（每千克饲料0.1克），链霉素（每升饮水1克）以及定期使用氟苯尼考，均可降低死亡率。同时，可应用泻剂进行对症治疗，以加速有毒内容物的排出。按照每100只成年病禽（鸡或鸭）喂给500克泻盐，拌料饲喂。

（三）坏死（疽）性肠炎

坏死性肠炎（necrotic enteritis）是由魏氏梭菌引起的以腹泻和极度精神衰弱为主要特征的急性中毒性传染病。

1. 病原学 本病的病原是魏氏梭菌A型或C型（本菌又称产气荚膜梭菌或产气荚膜梭状芽孢杆菌）所产生的。α毒素与β毒素，可引起鸡肠黏膜坏死性病变。

魏氏梭菌是革兰氏染色阳性的大杆菌，可形成芽孢。培养要求厌氧条件，培养基中需加入血液或血清。

本菌大多数菌株可发酵葡萄糖、麦芽糖、乳糖和蔗糖，不能发酵甘露醇，不稳定发酵水杨苷。液化明胶，分解牛乳，不产生吲哚。在卵黄琼脂培养基上生长显示可产生卵磷脂酶，但不产生脂酶。在卵黄琼脂培养基平板上，一半加有抗毒素血清，另一半不加作为对照，37℃厌氧培养过夜。不加抗毒素血清的对照组菌落周围产生沉淀环，而加抗毒素血清一边的菌落周围有少量沉淀或无沉淀。由魏氏梭菌A型菌株肉汤培养物的上清液中获得的α毒素可引起普通鸡和无菌鸡的肠损害。

本菌的菌体一般消毒药易杀灭之，形成芽孢后抵抗力强大，一般消毒药不能杀灭之。

本菌对青霉素、磺胺、氟喹诺酮类药物敏感。

2. 流行病学 本病自然感染主要是鸡，特别是2～6月龄的鸡最易发生。另外，火鸡、鹌鹑也可发生本病。

魏氏梭菌主要存在于粪便、土壤、灰尘及污染的垫料中，通过污染的饲料和饮水经消化道侵入动物体内是主要的传染途径。另外，消化道黏膜的损伤也是本病的重要侵入门户。

本病的发生往往与饲料中鱼粉过多或小麦粉麸皮过多有关，且常和球虫病混合感染，并使病情复杂、死亡率提高。

3. 临床症状和病理变化 自然发生的病例表现严重的精神委顿，羽毛蓬乱；腹泻呈水样，腥臭，黄绿色，内有脱落的肠黏膜；食欲减退或废绝。病程很短，急性死亡。

眼观病变主要在小肠，尤其是回肠和空肠，部分盲肠也有相似病变。肠管扩张，充满气体，肠黏膜上附有疏松的或致密的伪膜。伪膜外观呈黄色或绿色，肠壁上有出血斑点。实验感染的病例，感染后3小时，可发现十二指肠和空肠肠黏膜增厚，色变灰，感染后5小时，肠黏膜发生坏死。随着病程的进展，出现严重的纤维素性坏死，继而出现白喉样的伪膜。

4. 诊断　本病一般根据流行病学、临床症状，特别是病理剖检变化，可做出初步诊断。确诊本病应当进行病原分离鉴定及其毒素鉴定等。

分离病原采取病料，应当刮取病变的肠黏膜及出血的淋巴样小结。病料划线接种在血液琼脂平板，37℃厌氧培养12～24小时，菌落生长部位呈现溶血，菌落周围呈现绿色不完全溶血现象（溶解兔、人及绵羊红细胞）。

鉴别诊断：本病易与溃疡性肠炎和小肠球虫感染相混淆。其区别在于，溃疡性肠炎是由大肠梭菌引起的，病变为小肠后段和盲肠的多发性坏死和溃疡以及肝坏死。而本病的病变限于回肠和空肠，肝脏与盲肠的病变很少发生及病原的分离鉴定可以区别开来。

球虫病与本病很相似，并且本病易与球虫混合感染。一般采取病原分离鉴定和药物治疗的方法加以区别。

5. 防治　预防本病可在饲料中添加泰乐菌素、氨苄青霉素、杆菌肽锌、氟喹诺酮类药物、土霉素及中草药物等，同时做好防疫卫生工作。

治疗本病可在饮水中加入氨苄青霉素、氟喹诺酮类等药物，有一定的治疗作用。

六、禽葡萄球菌病（staphylococcosis）

禽葡萄球菌病是由金黄色葡萄球菌引起的一种禽急性或慢性

传染病。其发病特征是幼禽呈急性型败血症；育成禽和成年禽多呈慢性型，表现为关节炎或趾瘤。

（一）病原学

金黄色葡萄球菌（staphylococcus aureus）为革兰氏阳性的圆形细菌，直径0.7～1微米。在固体培养基上培养的细菌呈葡萄状排列，菌落为光滑、隆起的小菌落，直径1～3毫米，初期呈灰黄白色，以后变成金黄色；在液体培养基中的细菌可呈短链状排列。金黄色葡萄球菌能产生溶血素和血浆凝固酶。

葡萄球菌对外界环境的抵抗力较强。在干燥的脓液或血液中，病原菌可存活2～3个月。但对消毒药比较敏感，一般常用的消毒药均可将其杀灭。

（二）流行病学

各种家禽均可发生本病，但以鸡最常发生，尤以40～60日龄的幼鸡发病最多，且多为急性败血症型；中雏和成年禽也有发生，呈急性或慢性经过。

本病主要通过皮肤或黏膜的创伤而感染。葡萄球菌广泛存在于外界环境中，也是皮肤、黏膜的正常菌系。当皮肤或黏膜损伤时，细菌即可侵入机体，引起发病。另外，本病也可通过直接接触和空气传播，初生幼雏还可通过脐孔感染，引起脐炎。

（三）临床症状

本病主要有急性败血型、慢性关节炎型和趾瘤型3种。其中，造成鸡群大批发病和死亡的主要是急性败血型。

急性败血型：主要见于40～60日龄的幼鸡。病鸡表现为体温升高，精神不振，不食不饮，部分病鸡出现腹泻，排出灰白色或黄绿色稀粪。病鸡的胸腹部皮下由于积累了血性渗出物而产生浮肿，呈紫色或紫黑色，触之有波动感，严重者可自然破溃并流出棕红色液体。有的病鸡皮肤上，特别常见于足、脚趾、脚趾之间及翅尖端部位有大小不等的出血和坏死病灶，局部形成暗红色的干燥结痂。病鸡多在发病后2～5天内死亡，死亡率差异较大，从10％到50％不等。1周龄内的雏鸡发生此病，常是通过脐孔感染所致。病鸡除具一般的败血症症状外，还表现脐孔发炎、肿大、腹部膨大，俗称“大肚脐”。

慢性关节炎型：中成鸡患病后，常表现为关节炎，病鸡多处关节肿大，尤其是足、翅关节，呈紫红或黑紫色。患鸡跛行，并常蹲伏不动，且由于采食困难而逐渐消瘦，最后常衰竭死亡。此种病型病程可达10多天。

趾瘤型：多见于成年鸡，尤其是重型种的肉用种鸡。病鸡的足底及周围组织由于局部细菌感染而形成一种球形脓肿。随着病程的发展，脓性渗出物凝固干燥，变成干酪样物，有时也可能足底溃烂而形成溃疡。病鸡由于疼痛而行走困难、跛行。

还可见到眼型及肺型葡萄球菌病。

（四）病理变化

急性败血型：患鸡胸腹部及腿翅等处皮下出血和炎性水肿，切开皮肤可见皮下组织呈弥漫性紫红色，蓄积大量胶冻样的粉红色液体，肌肉可见点状和条纹状出血，肝脏肿大、充血。病程稍长者，其肝、脾可见白色坏死灶，心包偶见蓄积多量胶冻样液体。

关节炎型：可见病鸡的肘关节、胫关节及趾关节等发炎肿胀，滑膜增厚、充血和出血，关节囊和腱鞘中积有浆液性纤维素性渗出物或干酪样物质。病程较长者，关节周围结缔组织增生致使关节畸形。

趾瘤型：仅见足底肿胀或化脓坏死。

（五）诊断

本病根据流行特点、症状及病理变化，即可做出初步诊断。

如确诊，尚需进行实验室诊断。

本病的实验室诊断主要是进行细菌学检查。取病鸡的皮下渗出物或采取肝、脾，用无菌生理盐水制成浸出液，制备涂片，用革兰氏染色法染色镜检，菌体为革兰氏阳性的球菌，渗出液的菌体呈单个或成对排列，病料浸出液则呈典型的葡萄串状排列。

同时，将病料接种于血液琼脂平板，37℃培养 24 小时，可形成光滑、湿润、不透明的中等大菌落。放 4℃冰箱过夜，平板上可见有明显的β溶血环。金黄色葡萄球菌在普通琼脂上就可生长。

分离的病原要进行致病性试验。致病性的金黄色葡萄球菌凝固酶和甘露醇发酵阳性，有菌落色素及溶血性。非致病性的表皮葡萄球菌则均为阴性。

鉴别诊断：本病应注意与坏疽性皮炎、病毒性关节炎、滑液支原体病和硒缺乏症等相区别。坏疽性皮炎是由魏氏梭菌和腐败梭菌引起，多发生于 4～16 周龄鸡和火鸡。除大腿、胸、腹部皮肤和深层组织、翅尖和趾坏死外，还可见出血性心肌炎，肝棕绿色有坏死点。镜检可发现大量革兰氏阳性大杆菌，但坏疽性皮炎有时易与葡萄球菌病混合感染。硒缺乏症主要是因日粮中硒的含量不足，表现躯体较低部位的皮下充血呈蓝紫色，并有浅绿色水肿。主要病变是胰腺变性、坏死和纤维化。若无继发感染，一般检查不到细菌，补硒后可很快控制。病毒性关节炎虽然也有关节肿大、跛行等症状，但一般精神、食欲无明显变化，体表没有化脓、溃烂现象，而且很少死亡。滑液支原体病也有关节肿胀及跛行症状，但病程较长，体表各部也无出血、化脓或溃烂。发病多因经蛋传播所引起而非外伤感染，用链霉素或泰乐菌素治疗有效，而对青霉素和磺胺类药物不敏感。若借助实验室诊断，则更易将本病与相似疾病区别开。

（六）防治

预防葡萄球菌病，首先要搞好禽舍内外的环境卫生，及时清除能够造成机体损伤的各种因素，避免创伤感染；适时断喙，同时要加强饲养管理，供给营养全面的全价饲料，尤其是注意补充各种维生素和微量元素，提高禽群的抗病能力。

多种抗生素对本病均有疗效。但由于金黄色葡萄球菌耐药菌株的存在和不断出现，最好在发病后尽早分离出病原菌做药敏试验，以选择敏感药物进行治疗。氟苯尼考 0.05%～0.1%拌料，连用 3～5 天；红霉素 0.02%拌料或饮水，连用 5～7 天。此外，氟喹诺酮类及氨苄青霉素、庆大霉素等药物，均可用于本病的治疗。

应用多价葡萄球菌灭活油乳苗，尤其是用发病鸡群分离的菌株制备的自家灭活苗，可收到一定的预防效果。

七、禽链球菌病（streptococcosis）

禽链球菌病是由致病性链球菌引起的禽的一种败血性传染病。其特征为急性型呈败血症症状；慢性型多为局部感染，表现为纤维素性心包炎和心内膜炎、纤维素性关节炎和爪垫炎、纤维素性卵巢－输卵管炎等。

（一）病原学

引起本病的链球菌主要包括 C 群的兽疫链球菌和 D 群的肠链球菌、粪链球菌及其不同品系。链球菌为革兰氏阳性的球菌，多呈链状排列，不能运动，无芽孢，有荚膜，需氧或兼性厌氧。在含糖、血液和血清及 pH 7.2～7.6 的肉汤中生长良好；在固体培养基上形成小而不透明的灰白色菌落，菌落边缘不整齐；在血液琼脂平板中可发生溶血现象。

链球菌对外界的抵抗力一般不强，对干燥、湿热较敏感。但 D 群链球菌的抵抗力较强，在阴暗处可存活数周，在尘埃和禽舍中可存活数月之久。本菌对消毒药比较敏感，一般常用的消毒药均可将其杀灭。

（二）流行病学

链球菌感染鸡、火鸡、鸭及鹅等多种禽类，且对各种年龄的禽均有致病性。但是，发病最多、最严重的是2月龄内的幼鸡。

链球菌可通过消化道和呼吸道传播，也可通过损伤的皮肤传播，尤其是笼养蛋鸡。本菌在外界环境中分布较广，同时也是禽类肠道正常菌的组成部分。因此，禽链球菌病为条件性传染病。气候突变、温度过高、密度过大、卫生条件恶劣、饲养管理不良等因素，均可促使本病的发生，死亡率为5%～50%。

（三）临床症状

在临床上，由不同血清型的链球菌所引起的疾病，其症状有所差异。D群链球菌感染可表现为急性和亚急性或慢性两种病型。

急性型：呈败血症症状，病禽表现精神沉郁、嗜睡、食欲减退，鸡冠发绀和腹泻。在1～2周龄以内的雏禽，其症状与鸡白痢相似，腹泻较为严重，可造成大批死亡（可达80%）。稍大的幼禽（30～40日龄）还表现步态不稳、行走摇摆、痉挛，有时翅膀和腿发生麻痹；在产蛋鸡还可引起产蛋减少或停止等症状。

亚急性或慢性型：多为局部感染，病禽表现精神沉郁，食欲减少，鸡冠苍白，体重下降，蛋鸡产蛋量下降。关节炎型病禽还表现跛行、爪垫肿胀和疼痛。在公鸡发生局限性链球菌感染，常见的是肉垂的坏死性炎症，其特征为肉垂肿胀和坏死，重者肉垂形成皱纹脱落。

由兽疫链球菌感染引起的禽链球菌病一般呈急性型，表现为精神倦怠，鸡冠和肉髯苍白或紫色，病鸡消瘦、羽毛蓬乱，排出黄色稀粪，严重者胸部皮下呈黄绿色。

（四）病理变化

D群链球菌和C群兽疫链球菌所引起的急性病例剖检变化基本相似，特征是肝脏淤血肿大，有出血点和粟粒大灰黄色坏死灶，心包积液，心肌和心冠脂肪有点状出血，胸腺肿胀、出血或有坏死灶；皮下水肿、出血，严重者尚有黄绿色胶冻渗出物。

慢性链球菌感染的病理变化随感染部位的不同而不同。心脏感染的可见心包增厚，表面有纤维素性渗出物，心瓣膜常有疣状物赘附着，呈黄色、灰白色或黄褐色，表面粗糙，这种病变最常发生于二尖瓣；关节感染的可见关节肿大，关节囊内有多量纤维素性渗出物蓄积，爪垫肿胀和坏死；生殖道感染的表现为纤维素性卵巢—输卵管炎。

（五）诊断

根据本病的流行病学、临床症状及病理变化，可做出初步诊断。确诊主要进行实验室检查。

本病在实验室检查时，主要进行细菌学检查。采取血液涂片或其他病变组织触片，以革兰氏染液进行染色、镜检，可见到呈链状排列的革兰氏阳性球菌。进一步确诊可进行细菌的分离培养和生化试验。

其生化特性为发酵糖类，通常产酸，接触酶阴性。禽源链球菌可发酵甘露醇、山梨醇和阿拉伯糖。除兽疫链球菌外均可在麦康凯琼脂上生长。

有条件的单位，还可从血清学方面进行鉴定。

在临床上，禽链球菌病应注意与葡萄球菌病、大肠杆菌病及巴氏杆菌病相鉴别，其鉴别依赖于细菌学检查。

（六）防治

1. 预防　目前对本病还没有疫苗，主要是采取加强饲养管理、提高机体抵抗力、搞好环境卫生等综合性防治措施。同时，应避免各种创伤的发生和各种应激因素的侵扰。

2. 治疗 可选用多种抗生素。但由于链球菌的抗药菌株较多，因此用药前最好进行药敏试验。氟苯尼考0.05%～0.1%拌料，连用3～5天。红霉素、泰乐菌素、氨苄青霉素、羟氨苄青霉素等饮水治疗效果良好。

八、弯曲杆菌病（campylobacteriosis）

弯曲杆菌病也称禽弧菌性肝炎，是由弯杆菌感染所引起的雏鸡和成年鸡的一种细菌性传染病。其症状往往不明显，病程较长，感染率高，死亡率低，常呈慢性经过。因此，易被忽视，但影响生长和产蛋。

（一）病原学

本病病原是革兰氏阴性、能运动、微嗜氧的弯杆菌属中的一种细菌。此病原可在含鸡血清的肉汤培养基中生长，也可在10% CO_2 环境中用牛肉浸膏琼脂培养基上培养。

培养物涂片为革兰氏阴性菌，豆点状或S状，偶尔见有螺旋体形。姬姆萨染色着色最好。菌落形态细小、圆形、湿润、边缘整齐，无色透明，在血液培养基中不溶血。能产生硫化氢，不发酵木胶糖和甘露醇，不产生靛基质。该病原体可利用5～7日龄的鸡胚进行分离，接种后孵化4～5天可引起死亡。对小剂量的链霉素、盐酸多西环素、金霉素、环丙沙星敏感，而对多黏菌素、杆菌肽、氟苯尼考和青霉素有抵抗力。禽弯杆菌能承受长期保存及广泛的温度变化，被感染的鸡胚卵黄或肝组织保存于－25℃冰箱至少存活2年，在37℃环境中可存活2周。

（二）流行病学

本病在自然情况下只有鸡易感，多见于雏鸡或产蛋鸡。接种

2日龄的雏鸡，在感染后48小时开始发病，最迟不超过12天。日龄较大的鸡接种后5～15天发病，由病变处可分离出病原体。感染途径主要是消化道。病鸡和带菌鸡是主要传染源，通过其粪便污染饲料、饮水、用具等而经口传染健康鸡，多为散发或地方流行性发生。饲养管理不善、应激因素、球虫病以及滥用抗生素药物而使肠道内正常菌群失调等，都是发生本病的诱因。

（三）症状

本病多呈慢性感染，病鸡精神不振，鸡冠有鳞片状皱缩，逐渐消瘦，产卵量下降25%～30%。小母鸡开产期延迟。个别鸡或整个鸡群常有腹泻。肉用仔鸡可引起增重减慢。通常鸡群只有一小部分鸡在某一时间内表现症状。在未治疗的鸡群中，此病可持续许多周。死亡率为2%～15%。

也有个别急性病例，感染后2～3天死亡，康复鸡仍可带菌、排菌。

（四）病理变化

本病最明显的病变在肝脏。肝脏可呈现肝硬变，表面散在黄色星状坏死灶。急性病例肝脏肿大、腹水和心包积液，并有因肝局部破裂出血而在肝被膜下形成的血肿，呈条状，有时血肿破裂，在腹腔内形成血凝块；有时仅有一部分肝脏发生病变；还有的肝脏大小及颜色无变化，仅表面散布有出血斑。由于肝脏的出血块造成死鸡的鸡冠苍白，皮下组织与肌肉贫血。慢性病例可使肝脏发生萎缩。雏鸡病变主要是肝脏小点状坏死和卡他性出血性肠炎，心脏松软灰白，心包积液，个别脾肿大。

（五）诊断

根据流行特点、症状和病理变化，可做出现场初步诊断。如要确诊，需要进行实验室诊断。

1. 细菌学检查

(1) 显微镜检查　取胆汁或盲肠内容物涂片做革兰氏染色、镜检，鸡弯杆菌为革兰氏阴性，呈短逗号、S形，老龄培养物呈球形的弧状细菌。制成悬滴标本，在暗视野或相差显微镜下观察，可见不同形态、能运动的弯杆菌。

(2) 细菌培养　取胆囊、肝、脾、心等组织制成悬液，胆汁则蘸取1～2滴，用接种环划线于鲜血琼脂平板，在厌氧条件下经24小时培养后形成细小、圆形、潮湿、光滑、隆起、几乎完全透明的无色菌落。如用胆汁或组织悬液接种于5～8日龄鸡胚卵黄囊，一般在接种后3～5天鸡胚死亡，体表皮肤出血，肝坏死。

(3) 生化试验　大多数弯杆菌过氧化氢酶反应呈阳性，能耐受1%氯化钠，可发酵甘露醇、麦芽糖、乳糖、葡萄糖而产酸，亚硝酸还原试验呈阳性，不产生H_2S。

2. 血清学检查　对本病常用的血清学诊断法为凝集试验，方法可参考第十一章。

3. 鉴别诊断　本病应注意和脂肪肝综合征相区别。脂肪肝综合征发生于过于肥胖的鸡，肝脂肪变性，呈土黄色，质脆易碎，往往因肝破裂造成内出血而死亡。本病的肝脏也是硬化易碎，但肝脏的脂肪变性不常见，确诊应靠实验室诊断。

（六）防治

1. 治疗　每千克饲料中加入环丙沙星0.5克，连喂3天，然后剂量减半再用5天。将严重病鸡挑出，每只肌肉注射链霉素5万～10万单位，每天2次，连用3天；盐酸多西环素，至少每千克饲料加1克，连喂3～5天，然后剂量减半再喂5天。

2. 预防　目前对本病的来源、传播方式尚未完全清楚。预防本病主要是搞好饲养管理，及时防止其他疾病。一般在环境舒适、营养充足、发育良好、体质健康的情况下，鸡群很少发生本病。

九、禽结核病（tuberculosis）

禽结核病是由禽型结核分枝杆菌引起的一种慢性传染病。其发病特征为病程缓慢，病禽逐渐消瘦，产蛋量下降和最终死亡。其病理特点是在多种组织器官形成肉芽肿和干酪样坏死。本病常呈散发。

（一）病原学

禽型结核杆菌多数呈杆状，两端钝圆，长约1～3微米，有时也可看到棒状的、弯曲的和钩形的。菌体偶尔发生分枝，不能形成芽孢。该菌最重要的染色特征是其耐酸性，对一般染色液较难着色，用抗酸染色法（萋—尼二氏抗酸染色法）进行染色，本菌被染成红色，其他细菌和组织染成蓝色。

本菌对外界环境，尤其是干燥环境的抵抗力较强。在干燥的痰液、病变组织和尘埃中可存活6～8个月，且有较强的耐酸性，对许多消毒药和染料也有较强的抵抗力，消毒药以福尔马林、漂白粉的效果较好。结核菌对紫外线、直射阳光及加热比较敏感。禽型结核杆菌对常用的抗生素如磺胺类、青霉素及其他抗生素有一定的抵抗力，对链霉素、异烟肼、对氨基水杨酸等药物较敏感。

（二）流行病学

结核病可发生于多种禽类，但以成年鸡最为多见，且较严重，其他禽感染往往比较轻微。病原菌随病禽的呼吸道分泌物或粪便排出体外，污染周围的土壤、垫料、饲料、饮水及用具，被健康禽摄入以后，细菌即侵入肠道内发生感染。鸡蛋在本病的传播上也具有一定的作用。

（三）症状

本病的潜伏期为2～12个月。初期病鸡无症状，待疾病发展到一定程度，即出现精神沉郁、极度疲劳。食欲虽正常，但病鸡发生进行性和明显的体重减轻，胸部肌肉萎缩，胸骨突出，并可能变形。随着病情的发展，病鸡严重贫血，鸡冠、肉髯和肉垂苍白、羽毛松乱、食欲正常或减少。如果关节和骨髓发生结核，病鸡则呈单侧或两侧性跛行，或者翅膀下垂无力，关节有时断裂并排出液状或干酪样物质。如果肠道发生结核，病禽则表现严重的下痢，病禽最终多因极度衰竭而死亡。病程极为缓慢，可长达数月甚至更长。

（四）病理变化

本病的病变最常见于肝、脾、肠和骨髓，在这些器官及其组织形成不规则的、灰黄色或灰白色大小不等的结核结节，结节比较坚硬，但容易切开。切开后，可见内有不同数量的黄色小病灶或含有一个黄白色干酪样物质的中心区，外被一层纤维组织性包膜包裹。此包膜的厚度和坚固性随结节的大小和时间的长短而不同。病变结节的多少不一，重者布满整个器官，以肝、脾最多，结节稍突出于器官表面，极易从其毗邻的组织中摘除。肝脾的体积明显肿大，肠壁和腹膜也常有许多大小不等的结核结节。此外，在卵巢、睾丸、胸腺等处也可见到结核结节。禽的结核结节一般很少发生钙化。

（五）诊断

本病经过临床诊断和病理变化检查，一般可做出初步确诊。进一步诊断可采取病禽的肝、脾组织进行涂片，用萋—尼二氏抗酸染色法染色、镜检，可见呈红色的杆状细菌。有条件和必要时，可采取病料，接种合适的培养基进行病原菌的分离和鉴定。

同时病鸡的眼睑、面部及肉髯发生水肿。部分病例还表现站立不稳、颤抖、抽搐等运动失调症状，最后常衰竭死亡。病程长者多伴有神经症状，表现头颈朝一侧弯曲，盲目前冲。

眼炎型：眼睑肿胀，角膜炎和结膜炎，眼睑内有多量分泌物，严重时单侧或双侧失明。

关节炎型：鸡只跛行，关节肿大。局部感染的伤口处流出黄绿色脓液。

以上几种类型可合并出现。

污染的种蛋常造成孵化率明显下降，死胚和弱雏明显增多。

（四）病理变化

剖检可见，皮下水肿，有淡黄色胶冻样渗出液，以头颈部更为明显。肌肉水肿，有出血点或斑。脑膜水肿，脑实质有点状出血。雏鸡可见卵黄吸收不良，蛋黄呈水样，呈绿色；年龄稍大的鸡可见肝、脾肿大，肝脏表面有大小不一的出血和灰黄色小米粒大小的坏死灶；肺脏具炎性病变，呈紫红色或大理石变化；气囊浑浊增厚，肠黏膜呈卡他性到出血性炎症。有的病例腹部膨大，积有多量黄绿色腹水。

（五）诊断

依据本病的流行特点、症状、病理变化，可做出初步诊断。确诊主要靠病原菌的分离和鉴定。

1. 病原的分离与鉴定　无菌采取肝、脾等病料，接种于普通琼脂平板或普通肉汤中，37℃培养 24 小时，在平板上形成光滑、微隆起、边缘整齐或波状的中等菌落。由于产生水溶性的绿脓素和荧光素，故能渗入培养基内，使培养基变为黄绿色。数天后，培养基绿色逐渐变深，菌落表面呈现金属光泽。肉汤培养基则均匀浑浊，呈黄绿色，于表面形成一层很厚的菌膜。取培养物进行涂片，用革兰氏法进行染色、镜检，可见单个或成对，偶尔呈短链的革兰氏阴性中等大杆菌。

分离细菌可用血琼脂、麦康凯琼脂、马丁肉汤等培养基。

2. 动物接种 用马丁肉汤培养物 0.2 毫升，接种 1 日龄雏鸡，观察症状；或 0.4 毫升腹腔接种小鼠，小鼠在 8 小时内死亡。

（六）防治

1. 预防 预防本病应加强环境卫生和饲养管理。而更为重要的是，在进行免疫接种和药物注射时的严格消毒，以及对种蛋、孵化室消毒程序的严格执行。同时，还应尽可能地避免各种应激因素的发生。

2. 治疗 绿脓杆菌对许多抗菌药物均敏感，但也极易产生抗药性。因此，在使用药物前最好进行药敏试验。庆大霉素肌肉注射，雏鸡 5 000 单位/只；育成鸡 1 万～2 万单位/只，每天 2 次；或庆大霉素 3 000～5 000 单位/只，配以 5%的糖饮水，连用 3 天；氟苯尼考 0.05 %拌料，连用 5 天。此外，氟喹诺酮类药物以及链霉素等药物均有较好的疗效。

十一、鸡亚利桑那杆菌病（**arizonosis**）

亚利桑那杆菌病是由沙门氏菌属的亚利桑那杆菌引起的鸡、火鸡及某些鸟类的败血性传染病。常表现为下痢、眼炎及神经症状。

（一）病原学

本病病原是沙门氏菌属的亚利桑那杆菌（salmonella arizonae），革兰氏染色阴性，不产生芽孢，有周鞭毛，能运动。培养特性与沙门氏菌相似，但在鉴别培养基上培养 7～10 天可缓慢发酵乳糖，指示剂发生变化，呈红色。与大肠杆菌又有相似之处，但某些鉴别培养基可抑制大肠杆菌生长（如S.S与亮绿琼脂培养基）。本菌不发酵卫矛醇、肌醇，不利用D—酒石酸盐，液化明胶缓慢，对缩苹果酸钠与半乳糖呈阳性反应。这些特点有助于将其与沙门氏菌群的其他成员分开。

本菌对环境的抵抗力较强，如污染的水中能存活5个月，在污染的饲料中存活17个月，在禽舍的设备和用具上存活5～25周。一般常用的消毒药及消毒方法均可将其迅速杀灭。

本菌在血清学上与沙门氏菌及肠道杆菌科的其他细菌密切相关，有菌体抗原（O）成分，也有鞭毛抗原（H）成分。

（二）流行病学

本病广泛地存在于多种禽类、哺乳动物及爬行动物中，人也易感而发生严重的胃肠炎和局灶性感染。

本病的传染源为病禽和带菌者。另外，本菌常存在于禽的肠道、卵巢中，野鸟、鼠类及爬行动物常携有本菌，通过污染的饲料、饮水经消化道和呼吸道传播。本病还可通过污染的卵及交配传播。

（三）临床症状

本病的潜伏期和沙门氏菌病相似。

多见于幼龄的鸡、火鸡，呈现败血症表现。精神委顿，下痢、肛门周围有粪便黏附，发热、运动失调、颤抖、蹲伏于地。少数的雏火鸡大脑受感染而出现神经症状，痉挛、斜颈、颈扭曲、腿麻痹等。成鸡与火鸡产蛋减少，产砂壳蛋，蛋壳颜色变淡等。

有的雏鸡、雏火鸡可有全眼球炎、眼球浑浊或干酪样物覆盖视网膜而失明。

（四）病理变化

雏鸡与雏火鸡病变往往表现为败血症、腹膜炎，卵黄吸收不良，肝肿大发黄或呈斑驳状，心脏肌肉颜色变淡而无光泽，肝、脾、肾脏及肺脏上有灰白色坏死灶，盲肠内有白色栓塞物或干酪样物。

有神经症状的病例大脑病变明显，脑膜充血、出血，有时见有干酪样物。

成年鸡与火鸡，可见肠道有卡他性炎症，气囊浑浊，卵巢炎、卵子变性变形，输卵管内有炎性渗出物。有的卵子破裂落入腹腔呈现卵黄性腹膜炎，腹腔中有淡黄色干酪样渗出物。

（五）诊断

根据流行病学、临床症状及病理剖检变化，可初步怀疑为本病。因其和沙门氏菌病、大肠杆菌病的某些病型相似，应通过病原菌的分离与鉴定加以确诊，具体要点见病原学部分。

（六）防治

1. 预防 首先，搞好环境卫生，遵守防疫制度是必要的；其次，可以应用本场分离菌株制成自家灭活疫苗进行免疫接种；再就是淘汰血清阳性的种鸡；另外，在饲料和饮水中添加抗菌药物，可减少本病的发生。

2. 治疗 本病的治疗和沙门氏菌病相似，请参看之。

十二、鸡奇异变形杆菌病（proteus mirabilis disease）

鸡奇异变形杆菌病是由奇异变形杆菌引起的鸡、主要是幼龄鸡的急性败血性传染病。临床表现为发热、腹泻与部分鸡出现神经症状。剖检病理变化以败血症为主。本病可造成幼龄鸡很高的死亡率，成鸡常呈慢性经过，是近年来发现的较严重的传染病之一，给养鸡业带来一定的经济损失。

（一）病原学

奇异变形杆菌是变形杆菌属的一种，属肠道杆菌科，周身具有鞭毛，运动活泼，无荚膜、无芽孢，革兰氏阴性，形态大小不一，呈单个或成对的球状、球杆状、杆状或长丝状多形态杆菌。在普通培养基上生长良好，10～45℃温度范围内均可生长。22℃培养时，泳动性最显著，于平板表面形成一层薄膜，在新鲜琼脂平板上点种细菌培养时，呈典型的迁徙性生长。

本菌可发酵葡萄糖，不发酵乳糖，迟缓发酵蔗糖，迅速分解尿素，能产生大量 H_2S，鸟氨酸脱羧酶阳性。

本菌可产生内毒素，不产生外毒素。

本菌对常用的消毒药敏感。对氟喹诺酮类药物、链霉素、庆大霉素敏感，其次是痢菌净、氟苯尼考、卡那霉素；而四环素类、青霉素及多黏菌素 B 几乎无效。

（二）流行病学

本病多见于鸡，火鸡、山鸡、鸽等禽类尚未见报道。幼龄鸡易感程度高于成年鸡且损失严重，尤以 3～4 周龄的雏鸡易感性最高。

病原体经消化道、呼吸道及损伤的皮肤、黏膜侵入动物体内造成发病，也可经污染的卵内及卵壳而垂直传播，使孵化率降低，弱雏、死胚数增加。

环境因素突变（如温度、饲料骤变、应用疫苗及其他应激因素）、卫生条件恶劣等使机体抵抗力降低，均可促使本病发生或由内源性感染。

（三）临床症状

本病人工感染潜伏期为 5 小时，自然感染为 2～5 天。

临床症状主要呈现体温升高，畏寒积堆，精神萎靡，尾翅下垂，羽毛蓬松，垂头缩颈，食欲不佳或废绝，排黄绿色或灰白色水样稀便。多数患鸡呈现一侧或两侧肢体无力而瘫痪，少数病例扭颈或呈观星状、转圈等神经症状。从濒死期鸡脑组织中可分离到该菌，病程1～3天。幼龄鸡死亡率高，耐过的常表现为发育不良而长期带菌。

成鸡常表现为下痢，产砂壳蛋或蛋壳颜色变淡，产蛋渐停止。鸡冠皱缩色暗，还可能发生卵黄性腹膜炎。

（四）病理变化

病死鸡呈现败血症变化。脾脏、胸腺、法氏囊、心脏、肾脏、盲肠扁桃体及小肠黏膜可见散在的出血点，肺淤血及出血，肝脏肿大、变性，脑组织呈现非化脓性脑炎而形成“血管套”，脑神经细胞变性坏死及软化灶（小脑白质）的形成。

（五）防治

1. 预防 预防本病很重要的是搞好环境卫生，减少病原及应激因素，注意饲养管理，给以全价饲料，另外及时淘汰带菌种鸡。饲料中可添加抗菌药物，以减少发病率与带菌率。可用本场分离菌制成疫苗对种鸡使用，也可用于小鸡。

2. 治疗 大群给药可于饮水和拌料中加入敏感药物（最好做药敏试验），少数病鸡肌肉注射庆大霉素、链霉素均可减少死亡。

十三、禽疏螺旋体病（spirochetosis）

禽疏螺旋体病，又称禽包柔氏病（borreliagallinarum disease），是禽类的一种急性、热性传染病。本病的死亡率不高，但发病率较高。我国于1983年在新疆的病鸡中检查到病原，并首次报道本病。

（一）病原学

病原为禽疏螺旋体，形态细长，长达6～30微米，有疏松排列的5～8个螺旋，能运动，需氧，较易染色。能在鸡胚上生长繁殖，在胚体及绒毛膜内的螺旋体含量最多。在宿主体外的螺旋体抵抗力不强，对一般消毒药、青霉素、土霉素等均敏感，在禽类宿主之间需有某些媒介昆虫才能生存。

（二）流行病学

本病多发生于热带及亚热带，温带较少见。自然感染主要通过媒介昆虫（波斯锐缘蜱的刺螫）传播。该蜱还能通过卵将本菌传给后代，并能连续传几代。鸡螨和鸡虱也可能传播本病。此外，也能通过皮肤伤口和消化道感染。鸡、火鸡、鹅和鸭均可自然感染。各种日龄的禽均易感，但老龄禽有较强的抵抗力，能自愈。幼禽较易感，发病率10％～100％不等，病死率1％～2％。若鸡群的管理不善、营养缺乏，病死率随之上升。本病多于5～9月间的温暖季节流行。

（三）临床症状

本病潜伏期自然感染为5～7天或更长一些。发病突然，体温明显上升，病鸡精神不振，食欲减少或废绝，呆立不动，头下垂，很少卧下，鸡冠始终保持红润，粪便呈黏液性，可分为3层：外层为浆液（蛋清样），中层绿色，内层有散在白色块状物。疾病后期出现严重贫血和黄疸。根据临床症状和预后可分为以下3种类型：

急性型：来势凶猛，病情重，食欲废绝，体温升高。此时若做血液涂片，可观察到许多螺旋体。但过5～6小时，随着体温的下降，血液中的螺旋体消失，重病鸡则很快死亡。

亚急性型：占本病的绝大多数。其特点是体温呈弛张热，螺旋体随体温升高在体内长时间存留，连续5～6天均可查到。其数量一天比一天多，最多时血液内的螺旋体常呈团状。

一过型：较少见。病初发热、厌食、精神不振、头下垂、呆立，1～2天后体温下降，血液内螺旋体消失，病情好转，不治即能自愈。

血相检查还可发现病鸡的中性粒细胞和大单核细胞明显增高，前者约占60%，后者约占12%。

（四）病理变化

剖检除可见贫血外，突出的病变为脾脏明显肿大，呈斑点状出血，肝肿大，有出血点和灰白的坏死灶；肾肿大，呈苍白或棕黄色，其他内脏器官呈现出血、黄斑；卡他性肠炎，血液呈咖啡色、稀薄等特征。

（五）诊断

目前关于本病的流行情况、症状、病变等资料不多，认识不很清楚。特别在首次发现本病的地区和场所，需做病原学、血清学等全面检查才能确诊。

1. 病原学检查 取病鸡发病初期的血液涂片，用姬姆萨染色或取内脏（如肝、脾、肾、肺等）做触片，经染色后镜检，也可用暗视野检查湿标本，发现有螺旋体即可确诊。

在病鸡血液内，本病病原的出现率与病鸡的体温成正比，这在诊断上是很重要的。血液涂片经瑞氏染色后菌体呈紫红色，而用复红染色后则呈淡红色。螺旋体的弯度较大，有的呈现U形和S形，有时见大小不等弧状的螺旋体互相缠绕成团状或束状。病的早期螺旋体多散在，后期多呈团状或束状，临死前则减少或消失。可将病鸡的血液接种到6日龄的鸡胚尿囊腔内，培养2～3天后，可在鸡胚尿囊液中找到螺旋体。也可抽病鸡血2毫升，加入液体培养基内，培养3～5天后血浆凝固，在凝团内和红细胞上层出现大量疏螺旋体。肝、肾、脾等在上述鸡胚内培养，亦可见本菌的生长。

2. 血清学检查　应用琼脂扩散试验，可以检测感染器官和感染血液中的疏螺旋体抗原，也可检测抗体。此外，应用直接荧光抗体技术、平板凝集试验等，可以快速查出病鸡组织和血液中的疏螺旋体。因此病较少见，这些方法还未普遍使用。

（六）防治

1. 预防　首先是加强禽场的兽医卫生管理，对检出的病禽隔离、淘汰。搞好灭蜱、灭蚊及消毒工作。用病禽脏器和血液或鸡胚培养物研磨后，加入0.1%福尔马林，50℃处理1小时，制成灭活菌苗，肌肉或皮下注射可对禽产生一定免疫力，但免疫期较短，而且只能防止发病，不能消除感染禽的带菌、排菌状态。

2. 治疗　可用盐酸多西环素按0.1% 拌料，连用3～5天；青霉素2万～3万单位，肌肉注射，每天2次，连用3天；卡那霉素、链霉素，按每千克体重5万～10万单位肌肉注射，每天2次，连用3天；氟苯尼考，每千克体重20毫克，肌肉注射，每48小时1次；或氟苯尼考可溶性粉，按0.05%～0.1%饮水，连用3～5天。磺胺类药、氨苄青霉素、氟喹诺酮类药等可使用。上述这些药物对禽疏螺旋体病均有一定疗效。

十四、丹毒（erysipelas）

禽类的丹毒是由红斑丹毒丝菌（emsipelothric rhusiopathiae）引起的急性败血性或呈慢性心内膜炎、关节炎等表现的传染病。常见于火鸡、鸡、鸽、鸭等，造成较大的经济损失。

（一）病原学

红斑丹毒丝菌（E. rhusiopathiae）属于乳杆菌科（iactobacillacese)。革兰氏阳性，在较老的培养物中呈长丝状，不形成芽孢，不耐酸。在急性病例中检查呈现多形性，细长或稍弯的棒状，长0.8～2.5微米，宽0.2～0.4微米，单个或形成短链。本菌兼性厌氧，在有血清或血液的培养基上生长良好，在4～42℃均能生长，适温为35～37℃，pH 7.4～7.8。

本菌有3种菌落类型。光滑菌落呈露珠状，无色至蓝灰色，边缘整齐，针尖大小（0.5～0.8毫米），这种细菌呈细长或稍弯的棒状，大多数直接从被感染的组织分离出的菌株均形成这种菌落；而有些菌株可形成粗糙型菌落，这种菌落不透明、干燥、扁平、个体较大，1～2毫米，边缘不规则或隆起，这种细菌在光镜下呈长丝状；从光滑型变异到粗糙型，形成中间型菌落。

本菌对各种环境及化学因素都有较强的抵抗力，尤其对干燥的抵抗力更强，因为这种细菌的细胞壁含脂量较高（达30%）。本菌可在加工肉品的烟熏或盐渍中生存，可在冰冻的肉和干燥血液及腐烂的肉尸或鱼肉中生存。离开组织后，此菌在70℃、5～10分钟可被杀死。

一般常用的消毒药和温热消毒法可将其杀灭。对青霉素与氟喹诺酮类药物较敏感。

（二）流行病学

许多禽类和鸟类及一些哺乳动物、水产动物对本病敏感，如鸡、火鸡、鸭、鹅、鸽、孔雀、山鸡、猪、牛、羊、鱼类、鼠类及野鸟等。本病常呈地方性流行，可能与土壤源性有关。本病的传染源为病禽和水产动物，一般可通过采食病死动物尸体及其制品，如肉骨粉、鱼粉等，经消化道、呼吸道和损伤的皮肤为侵入门户。天气湿热与寒冷季节多发。

（三）临床症状

本病的潜伏期为2～4天。

各种禽类的临床症状相似，最急性的常在流行初期突然死亡。病禽一般呈现精神沉郁、衰弱、腹泻等，产蛋鸡的产蛋量明显减少。有些病禽呈现慢性关节炎或心内膜炎，表现为渐进性消瘦、衰弱和贫血。

（四）病理变化

自然发病死亡的病禽病变为败血症病变。全身性充血、出血，头部皮肤、胸部肌肉及胸膜组织出血，心外膜、腹腔脂肪有出血斑点；肝、脾、肾肿大易碎；关节腔和心包液中有纤维素性脓性蛋白渗出物；腺胃和肌胃壁增厚，并有溃疡；有卡他性出血性肠炎，有的呈现赘生性的心内膜炎。

（五）诊断

根据流行病学、临床症状和病理变化，可初步怀疑本病。确诊则需要进行病原的分离与鉴定。

取肝、脾、心血和骨髓抹片，革兰氏染色、镜检，见有成堆或分散的革兰氏阳性、多形性的细杆菌，可做出诊断。必要时，可进行培养。当尸体腐败时，可取骨髓进行抹片或用于分离培养。动物试验时，常用的实验动物为鸽。

本病与禽霍乱、大肠杆菌病、沙门氏菌病、最急性的新城疫相似，区别则主要依靠细菌学检查。

（六）防治

1. 预防　预防本病应注意搞好环境卫生，防止应激因素的产生，经常进行消毒。目前，有些国家使用疫苗进行免疫接种，还可应用药物进行预防。

2. 治疗　本病的首选药为青霉素、磺胺类及氟喹诺酮类药物。

十五、鸭传染性浆膜炎（infectious serositis of duck）

鸭传染性浆膜炎是鸭疫巴氏杆菌所引起的鸭的一种急性败血性传染病。主要侵害2～7周龄的小鸭，其特征是纤维素性心包炎、肝周炎、气囊炎及干酪样输卵管炎和关节炎，是小鸭死亡最严重的传染病之一。

本病最早于1932年发生于美国，当时称新鸭病，以后又有鸭败血症、鸭疫巴氏杆菌病、鸭疫综合征等名称。目前，国内外学者采取了公认的传染性浆膜炎的命名。我国从1980年起在北京、广东、上海、广西、黑龙江及台湾等地先后发现了本病，其危害逐渐扩大，已引起人们的重视。

（一）病原学

病原是巴氏杆菌属的鸭疫巴氏杆菌（pasreurella anatipestifer），为一种短小球杆菌，无鞭毛，不产生芽孢，有荚膜，单个或成对存在，菌体大小不一，有两极着色特性，兼性厌氧。在巧克力琼脂上生长良好，初次分离时以厌氧环境为宜，37℃ 24小时可形成透明、闪光、隆起的奶油状菌落，直径1～5毫米。菌落在折射光线下发荧光。本菌还可在鸡胚中生长。不发酵碳水化合物，不产生靛基质和硫化氢，不还原硝酸盐，不水解淀粉。在麦康凯琼脂上不生长，在血液琼脂上不溶血。对外界环境的抵抗力尚不清楚，但在培养基中很容易死亡，常存活不到一周。对大多数抗菌药物均较敏感。但从各地分离的不同菌株，对药物的敏感性差异很大。用凝集试验和琼脂扩散试验，可将本菌分为2种血清型，即血清Ⅰ型和Ⅱ型。目前，我国发现的都是血清Ⅰ型。

（二）流行病学

本病主要感染鸭，各种品种的鸭都有不同的易感性，以2～4周龄的小鸭最易感，偶见于8周龄以上的鸭发生。本病常因引进带菌鸭而流行；也可通过被本菌污染的饲料、饮水或环境等而感染；还能经呼吸道、皮肤伤口（特别是脚的伤口）感染，消化道不引起发病。不良的环境条件是促使本病发生和流行的诱因。病死率高低不一（5%～75%），这主要取决于病鸭的日龄、环境的优劣、病原体的毒力和其他应激因素。

（三）临床症状

发病突然，病初从眼睛流出浆液性或黏液性的分泌物，常使眼睛周围羽毛黏连或脱落，鼻孔流出浆液性或黏性分泌物，有时分泌物干涸，堵塞鼻孔。有轻度咳嗽和打喷嚏，粪便稀薄呈绿色或黄绿色，嗜眠，缩颈或嘴抵地面，腿软弱，不愿走动或行走蹒跚。濒死前出现神经症状，如痉挛、摇头或点头、两腿伸张呈角弓反张，不久抽搐而死。幸存的鸭可能发育不良，呈犬坐姿势，斜颈、转圈、倒退等。病愈的鸭对本病有抵抗力。病程一般为2～3天，日龄较大的鸭（4～7周龄）可达1周以上。成鸭偶尔发生关节炎和头震颤。

（四）病理变化

主要病变除脱水和发绀外，最明显的病变是心包腔内和肝表面有一层纤维素性渗出物，心外膜浑浊增厚，心包膜与心外膜黏连，纤维素性气囊炎，气囊壁浑浊增厚，腹腔积水。由于在这些器官及全身其他组织的浆膜面上有大量纤维素性渗出物，因此称为“传染性浆膜炎”。

慢性病例可见到纤维素性化脓性肝炎和脑膜炎，脾脏肿大，表面有灰白色斑点，还有干酪样输卵管炎和关节炎等。

（五）诊断

根据流行病学、症状和病变的特点，只能作为初步诊断，确诊必须依靠实验室诊断。

1. 病原学检查

（1）直接涂片、镜检　在有病变的心包与肝周炎病灶上直接触片，用美蓝染色，镜检可见大量的两极浓染杆菌，即可确定诊断。如果仍不能确诊，可进行细菌培养鉴定。

（2）细菌分离与鉴定　无菌采取病料（心血、肝脏、关节液等）接种于巧克力琼脂平板或血液琼脂平板上，于37℃温箱中培养48小时生长良好。若能在含5%～10% CO_2 环境中培养，则有利于生长。在巧克力琼脂板上形成表面光滑、稍突起、圆形呈奶油状的菌落，直径1～1.5毫米。在血琼板上不溶血。本菌不能在普通琼脂和麦康凯琼脂培养基上生长。取可疑菌落进行涂片镜检和生化试验，以鉴定之。本菌不能利用碳水化合物，靛基质试验、甲基红试验、尿素酶试验和硝酸盐还原试验均为阴性；不产生硫化氢，液化明胶，过氧化氢酶试验阳性。

2. 血清学检查　琼脂扩散试验、荧光抗体技术等均可用于本病的诊断。

3. 鉴别诊断　本病与大肠杆菌病和禽霍乱有许多相似之处，往往发生误诊，特别是首次诊断，必须全面分析。确切的鉴别，依赖于病原菌的分离与鉴定。

（六）防治

1. 治疗　本菌一般对青霉素、链霉素、庆大霉素、卡那霉素及一些磺胺药物均敏感。由于各地长期使用的抗菌药物各不相同，因此，不同地区的分离菌株对药物的敏感性也不尽相同。所以，最好能进行药敏试验来选择最佳药物。根据近年来临床治疗的经验，可选用下列药物：①青霉素、链霉素各20 000单位/

只，混合肌肉注射，每天 2 次，连用2～3 天；②庆大霉素或卡那霉素，每只鸭每次 3 000 单位，肌肉注射，每天 2 次，连用 2～3 天；③四环素，5～10 毫克，肌肉注射，每天 2 次，连用 2～3 天；④氨苄青霉素，100 千克水 5 克，连用 3～5 天；或 50 千克料加 5～10 克羟氨苄青霉素连用 3～5 天。

2. 预防

（1）加强饲养管理 防止密度过大和鸭舍潮湿；保持空气新鲜和鸭舍干净；科学饲养，提高鸭的抗病力。防好其他疫病，消除各种诱因，注意空气与环境的消毒等。

（2）菌苗接种 目前，国内已研制出预防本病的氢氧化铝甲醛灭活苗及灭活油乳苗，经试用效果较好。最好是用当地分离菌株的 48 小时培养物，经 0.4%福尔马林灭活后，加入油佐剂制成乳剂灭活苗。在雏鸭 1 周龄和 2 周龄时，各颈部皮下注射 0.5 毫升，可获得较好的免疫效果。

第六章　禽真菌、支原体和衣原体病

一、真菌感染（fungal infections）

真菌是一类单细胞或多细胞的微生物，在自然界中分布极广，种类繁多。根据真菌的致病作用，将病原真菌分为两类：一类为真菌病的病原；一类是真菌中毒病的病原。还有少数真菌，兼具感染性和产毒性，如烟曲霉、黄曲霉等。本章主要介绍真菌感染引起的禽曲霉菌病、禽念球菌病和冠癣。

（一）禽曲霉菌病

曲霉菌病（aspeigillosis）见于各种禽类（鸡、火鸡、鸭、鹅）和哺乳动物（包括人类）。幼禽常呈急性群发性，成年禽则为散发。本病的特征是在组织器官中，尤其是肺和气囊发生广泛的炎症和小结节，所以又称曲霉菌性肺炎。本病的发病率和死亡率都很高，可以造成大批死亡，使养禽业遭受重大经济损失。此病在我国广泛存在。

1. 病原　引起本病的病原主要是烟曲霉菌，其次是黄曲霉菌。烟曲霉菌的形态特点是分生孢子梗顶部具有烧瓶状顶囊，顶囊上的小梗分生孢子形成链珠状团块；而黄曲霉菌则是分生孢子梗顶部为球状顶囊，小梗和分生孢子呈放射状排列。这些霉菌和它产生的孢子在自然界中分布极广，如稻草、谷物、木屑、发霉的饲料及空气、尘埃中都可能存活。孢子的抵抗力很强，煮沸 5 分钟，120℃干热 1 小时才能被杀死，在一般消毒液中 1～3 小时才能灭活。

2. 流行病学　曲霉菌的孢子广泛分布于自然界，健康禽类常因接触发霉饲料和垫料而感染。各种禽类均能感染曲霉菌，哺乳动物和人也可感染。在禽类中，幼禽易感性最强，尤其是20日龄以下的幼雏，其发病率可达70%～80%，死亡率30%～40%，严重时可达80%，而成年禽常呈个别散发且多为慢性型。

污染的垫料、空气和发霉的饲料是引起本病流行的主要传染来源。易感动物主要通过呼吸道和消化道而感染本病，孵化时霉菌孢子也可穿透蛋壳使胚胎感染。育雏室内阴暗潮湿、空气污浊、过分拥挤以及营养不良，均是引起本病的主要诱因。

3. 临床症状　病禽可见呼吸困难，常张口伸颈呼吸，腹部和两翅随呼吸动作发生明显扇动，有时发出啰音。精神沉郁，常缩头闭眼，流鼻液，食欲减退，渴欲增加，体温升高，后期常有泻痢，泄殖腔周围沾有污粪。有的病例发生眼炎，眼睑充血肿胀，眼球向外凸出，多在一侧眼的瞬膜下形成黄色干酪样物质，致使眼睑鼓起，重者可见角膜中央形成溃疡。本病急性型病程一般2～7天。成年鸡和育成鸡多为慢性，也可由急性转为慢性。病鸡生长迟缓，反应迟钝，常闭目呆立，排黄色粪便，产蛋鸡则产蛋量减少或停止，鸡逐渐消瘦死亡，病程可长达数周。

4. 病理变化　主要局限于呼吸系统，尤以肺脏和气囊最为明显。初期为卡他性炎症，炎症渗出液中若含有菌丝，则眼观为灰白色；若含有分生孢子，则渗出物变为绿色。以后，因肉芽组织增生，受害器官和组织常呈肥厚，并在肺脏、气囊和胸膜上形成针头大小或粟粒大的黄白色或灰白色结节。有时可互相融合成大的团块，结节切面层次分明，中心为干酪样坏死组织，有时可发现绒球状菌苔。另外，在气管、支气管、肠壁、心脏等器官上都可以发现散在的灰白色结节。慢性病例可见气囊呈“皮革”状，气囊内充满黄白色渗出物或大块干酪样物质。

5. 诊断　曲霉菌病的诊断主要是依据病原菌的分离鉴定、临床症状、病理变化和流行病学，有条件的和必要时也可以进行人工发病试验。

（1）显微镜检查　取肺和气囊上的结节病灶于玻片上，剪碎，加1～2滴生理盐水或20%的氢氧化钾溶液，加盖玻片在低倍显微镜下观察，可见到特征性的霉菌菌丝和分生孢子。

（2）分离培养　将病变组织切下一小块，接种于马铃薯培养基或沙保氏培养基上，置于30℃左右培养，逐日观察，连续3天，观察霉菌菌落形态并镜检菌丝和孢子结构。最初菌落为白色绒毛状，后变为蓝色、棕色或其他颜色。镜检可见顶囊的分生孢子。

（3）鉴别诊断　禽曲霉菌病应与支原体病、雏鸡白痢等相区别。支原体感染时，可见流出鼻液及气囊炎。雏鸡白痢时，除肺脏有坏死病变外，心、肝、脾等器官也可有病变，并能检查到细菌。

6. 预防和控制　预防本病的主要措施是加强卫生管理；保证鸡舍内通风良好；及时清洗和消毒水槽、料槽等用具；并经常更换料槽、水槽的放置地点，以防周围滋生霉菌。垫料应经常翻晒或用福尔马林熏蒸消毒，严禁使用发霉饲料及垫料。

一旦发病，应彻底清扫和消毒鸡舍，并及时查明发病原因，以清除传染来源。病鸡可用制霉菌素进行治疗，每千克饲料50万单位，拌料喂服，健康雏鸡减半。同时，在饮水中加入硫酸铜（1∶2 000倍稀释）进行全群饮用，连用3～5天，在一定程度上可控制疾病的发生和发展。

其他药物亦可参考使用。

（1）克霉唑（clotrimazole）　本药抗菌浓度为1～4微克/毫升，口服量每天3次，每次每千克体重20微克。

（2）5-氟胞嘧啶（5-flucytosine）　口服吸收良好，一次口服150毫克/千克后，可使血液浓度升到1～40微克/毫升，能维持8～10小时。

（3）两性霉素B　雾化吸入治疗，每次0.1～0.3毫克（鸡用无菌注射用水溶解，浓度为0.2%～0.3%），每天2～3次。

（二）禽念球菌病

禽念球菌病又叫消化道真菌病、鹅口疮、霉菌性口炎或念珠菌病，是由念球菌引起的一种家禽消化道真菌病，主要发生于鸡和火鸡。其特征是在口腔、咽、食管和嗉囊的黏膜生成白色的假膜和溃疡。本病分布于世界各地，人及家畜也可感染。

1. 病原　引起本病的病原主要是念珠菌属的白色念珠菌，在沙保氏琼脂培养基上形成白色奶油状凸起明显的菌落。幼龄培养物有圆形出芽的酵母细胞，菌体大小约为5.5微米×3.5微米，可伸长形成假菌丝，革兰氏染色呈阳性，但着色不甚均匀；老龄培养物菌丝有横隔，偶然出现球形的肿胀细胞，细胞膜增厚，即所谓厚膜孢子。

2. 流行病学　本病可发生于多种禽类（鸡、火鸡、鸽、鹅及鹌鹑），尤以鸡、鸽和火鸡常见，其次是鹅。在发病动物中，幼禽的易感性大于老龄禽。

病原体随着病禽的粪便和口腔分泌物排出体外，污染周围的环境、饲料和饮水；易感动物则由于摄入这些被污染了的食物和饮水而感染本病，消化道黏膜的损伤也有利于病原菌的侵入。另外，本病也可通过污染了的蛋壳而传染。恶劣的环境卫生条件、禽群过分拥挤、饲养管理不良等因素，均可诱发本病。

3. 临床症状　本病多发生于2月龄以内的小鸡，成鸡感染较少。病鸡表现生长不良、发育受阻、精神委顿、羽毛蓬乱、嗉囊扩张及消化障碍。本病在火鸡、鹅及鸽已有发病的报道，其临床症状与鸡相似。

另据资料报道，幼鸭白色念球菌病的主要症状是呼吸困难、喘气、肺部出血，气囊混浊，发病率和死亡率均较高。

4. 病理变化　病变多位于消化道，尤其是嗉囊，在黏膜的表面散布有薄层疏松的褐白色坏死物，并散布有白色、圆形隆起的溃疡灶，表面往往剥脱。此种病变也可见于口腔、咽及食道，口腔黏膜上面的病变形成黄色、干酪样的溃疡状斑块。腺胃偶尔也受侵害，表面黏膜肿胀、出血，表面覆盖一层黏膜性或坏死性渗出物，肌胃的角质层发生溃烂。

5. 诊断 根据流行病学、临床症状和病理变化，在发病现场一般可做出初步诊断。进一步检查，需采取消化道的渗出物或黏膜为病料进行实验室诊断。

（1）病原菌的分离培养 用病料直接涂片镜检，有时很难确认孢子或菌丝，因此需进行分离培养。将病料接种于沙保氏培养基，经27℃或37℃培养24～48小时，可形成白色奶油状高度隆凸的菌落。菌落具有酿酒味，涂片镜检可见卵圆形出芽的酵母细胞，老龄培养物可出现带隔膜的菌丝和球形带厚膜的肿胀细胞。

（2）动物试验 在实验动物中，家兔对本病最易感，病料经皮下注射0.5毫升，可在肾、心脏形成局部脓肿，有时可能发生全身性反应。

6. 预防和控制 本病目前尚无疫苗可供预防，主要是药物预防和加强饲养管理，改善环境卫生条件。鸡群不能过分拥挤，舍内通风良好，及时消除一切不利于鸡健康的因素并加以改进。鸡群中一旦有鸡发病，应立即隔离治疗，并及时进行消毒。

个别治疗时，可向病鸡嗉囊中灌入2%硼酸溶液进行消毒；口腔黏膜上的溃疡灶，可用碘甘油进行涂敷，同时以1∶2 000的硫酸铜水溶液（1克硫酸铜加2 000毫升水）作饮水，连用3～5天。在个别治疗的同时，还应对大群进行治疗，可在每千克饲料中添加制霉菌素50～100毫克，或克霉唑300～500毫克，连喂7天；同时，饮水中加入硫酸铜（1∶2 000），连饮5天，可减轻病变的程度。鸽的带菌率很高，应对种鸽定期用0.05%灭滴灵溶液饮水，连用5～7天为一个疗程，每年定期驱虫3～4次。饮服1∶1 500碘溶液，连用15～20天。

信鸽感染本病时，应在飞行比赛前1个月用药治愈，然后才可参加比赛。

（三）冠癣

家禽冠癣又称黄癣、头癣、毛冠癣，是一种慢性皮肤霉菌病，主要发生于鸡，偶尔也感染火鸡和其他禽类。其特征是头部无毛处，尤其是鸡冠生长黄白色鳞片状的顽癣，严重时可蔓延到颈部和躯体，引起羽毛脱落。

1. 病原　本病病原是麦格氏毛癣菌，也称鸡头癣菌或鸡毛癣病。该菌具有真菌的一般特性，在萨布罗氏葡萄糖琼脂培养基上生长良好，形成白色如天鹅绒、中央隆起、表面具有放射状沟痕的小圆碟状菌落。菌落生长后，有一种玫瑰红或草莓红或更深的红色色素弥漫扩散于整个培养基中，显微镜下可见有分支菌丝并互相缠绕，有隔膜将菌丝分成一节节，但节间距离长短不一，孢子为厚膜孢子，成团排列。

2. 流行病学

（1）易感动物　所有禽类均可感染，但在自然条件下，主要发生于鸡，其次是火鸡和其他一些禽类。人工感染可引起小白鼠、豚鼠和兔发病，但豚鼠病变不典型，牛、马、犬等无感受性，人亦可感染。

（2）易感龄期和品种　6月龄以下的鸡和火鸡，因冠和肉髯未充分发育，患病较少。不同品种对本病的易感性有较大的差异，一般认为重型种鸡较为敏感。充分发育冠的家禽最易感染。

（3）发病季节　春夏季节阴雨潮湿的天气及卫生不良，可促进本病的发生和传播。

（4）传播途径　本病的感染主要通过皮肤伤口而发生。因此，蚊、蚋叮咬起着重要作用。但鸡只直接接触也可传播。病鸡患部脱落的垢屑污染饲料或物品，也可使本病发生传播。一般认为，本菌经气源性的可能性很小。

3. 症状与病变　最明显的症状和病变见于冠和肉髯。受损害的冠或肉髯，表面先形成白色或灰黄色小点。随着病菌的蔓延，整个冠和肉髯的表面由于病菌的生长和垢屑的堆积，有如被撒上一层面粉或霜粉，并随着时间的推移，这些垢屑越积越厚，形成一层皱褶状的痂皮。某些病例中，病变会扩展到颊、耳周围的皮肤。严重时，甚至蔓延至全身羽毛覆盖区，引起羽毛呈碎片状脱落，皮肤变厚以至形成痂皮。这些痂皮遍布全身，特别是羽毛囊周围更为明显。轻症者可能对全身影响不大，但某些病情较重者由于结痂增厚，皮肤发痒，可引起病禽精神不安或萎靡不振、食欲减少、消瘦或贫血，产蛋鸡可呈现产蛋下降。某些严重的病例，病原菌可侵入上呼吸道及消化道，引起气管、口腔、咽喉及食道等部位的黏膜发生点状或小结节状坏死，并有黄色干酪样物沉积，有时也见肺及支气管、嗉囊及小肠黏膜有同样病变。

4. 诊断 根据典型病变即可做出诊断，如需进一步确诊，可做病原检查。

做病原检查时，可取病变部位的表皮垢屑，置于洁净载玻片上，加 10%氢氧化钠或氢氧化钾处理 1～2 小时，然后用低倍显微镜观察，即可见短而弯曲的菌丝体及孢子群。

5. 预防和控制 加强卫生的消毒措施，严防本病传入。鸡群中发现此病后，立即将病鸡隔离或淘汰，污染的鸡舍应进行彻底的清洗和严格的消毒。轻症感染的禽只的治疗，可用下列药物：

(1) 福尔马林软膏 先将凡士林装在玻璃瓶内，置水浴箱中加热融化；然后，加入 5%的福尔马林，将瓶口塞紧，用力振摇混合均匀，待冷却凝固后使用。

(2) 甘汞软膏 配制方法同前，加入凡士林 22 份加甘汞 3 份。

(3) 碘甘油 碘酊 1 份加甘油 6 份，充分混匀后即可使用。

(4) 水杨酸酒精溶液 将水杨酸按 10%～15%溶于酒精内。

(5) 市售癣药水 进行治疗时，一般先将患部用肥皂水清洗干净，然后再涂擦上述药物，最好每日换药1次，连续数日即可痊愈。

某些感染面积较大、损害深部组织的病禽，必要时可用制霉菌素进行口服治疗。

二、禽支原体病（mycoplasmosis）

禽支原体病是由禽源支原体所引起的禽的一类疾病的统称。主要包括鸡慢性呼吸道病、传染性滑膜炎和火鸡支原体病3种。本病广泛分布于世界各地，同沙门氏菌一样，危害十分严重，控制此病的发生是一项十分艰巨的任务。

（一）鸡慢性呼吸道病

鸡慢性呼吸道病（chrome resperitory disease，CRD），又称鸡败血支原体病，是由鸡败血支原体（MG）所引起的鸡和火鸡的一种慢性呼吸道传染病。其发病特征为气喘、呼吸啰音、咳嗽、流鼻液及窦部肿胀。本病的发展缓慢，病程较长，在鸡群中可长期蔓延。其死亡率虽然不高，但可造成幼鸡生长不良、成鸡产蛋减少，给养鸡业造成极大的经济损失。

1. 病原　病原为鸡败血支原体（MG），是介于细菌和病毒之间的一类微生物，大小为0.25～0.5微米。一般呈球形，姬姆萨染色效果良好，但革兰氏染色呈弱阴性。本病原对培养基的要求比较苛刻，在含有10%～15%鸡、猪或马血清，在这些血清琼脂培养基上于37℃潮湿的环境下培养2～5天，可长出特征性的菌落。其特征为细小（0.2～0.3毫升）光滑、圆形透明，具有一个致密突起的乳头状中心点。

支原体对外界环境的抵抗力不强，一般常用的消毒药均可将其杀灭，但对青霉素具有抵抗力。因此，在分离培养支原体时，可用青霉素作为细菌和真菌污染的抑制剂。鸡粪中的支原体在

20℃下只能存活1～3天，在低温条件下可长期存活，据试验证明，支原体冻干培养物在4℃下可存活7年。

2. 流行病学 各种日龄的鸡和火鸡均能感染本病，尤以1～2月雏鸡最敏感，成鸡则多呈隐性经过，对其他禽类则无致病性。

本病的严重程度及死亡与有关并发症和环境因素的好坏有极大关系，如并发大肠杆菌病、鸡副嗜血杆菌病、呼吸道病毒感染以及环境卫生条件不良、鸡群过分拥挤、维生素A缺乏、长途运输、气雾免疫等因素，均可促使本病的暴发和复发，并加剧疾病的严重程度，使死亡率增加。

隐性带菌鸡是本病的主要传染源，病原体通过空气中的尘埃或飞沫经呼吸道感染，也可经被污染的饲料及饮水由消化道而传染。但最重要的传播途经是经卵垂直传播，它可以构成类似鸡白痢的循环传染，使本病代代相传。此外，在发病公鸡的精液和母鸡的输卵管中都发现有病原体的存在。因此，在配种或授精时，也可能发生传染。

经卵传播的更大危害还在于一些生物制品厂家用带菌蛋生产疫苗，在使用这种疫苗的鸡群中人为地造成传播。因此，提倡用无特定病原体（SPF）鸡蛋生产疫苗。

3. 临床症状 本病主要发生于1～2月龄的幼鸡，症状也较为严重。病鸡最初为流鼻液、打喷嚏，其后也出现咳嗽、气管啰音、有吞咽动作、采食量减少及生长停滞。到了后期，如果鼻腔与眶下窦中蓄积分泌液，则可导致眼睑肿胀，并流出带泡沫的分泌物。严重时，眼睑突出，内蓄积较多量干酪样渗出物，眼球萎缩，常造成一侧或两侧失明。

成年鸡的症状与幼鸡相似，但较缓和，病鸡表现食欲不振，体重减轻。在产蛋期，其产蛋量急剧减少，孵化率下降，但呼吸道症状一般不很严重，而公鸡常具有明显的呼吸症状。

火鸡的临诊症状与鸡大致相似，眼睛流出泡沫样分泌物，鼻窦部也出现明显的肿胀。严重病例眼内蓄积多量干酪样渗出物，常导致眼的部分或全部封闭。在无窦炎发生的病例，呼吸道症状相对明显一些。

本病一般呈慢性经过，病程达1月以上。在成年期多呈散发，幼鸡群则往往大批流行。尤其在冬季发病最严重，发病率为10%～50%，死亡率一般很低，但在其他诱因及多有并发症存在的情况下，死亡率可达30%～40%。

病愈鸡可产生一定程度的免疫力，但可长期带菌，尤其是种蛋带菌，因此往往成为散播本病的主要传染源。

4. 病理变化　单纯感染败血支原体的病例，可见轻度的鼻与眶下窦炎。自然感染的病例多为混合感染。剖检可见，病变主要是在鼻腔、喉头、气管内有多量灰白色或红褐色黏液或干酪样物质，气囊早期为轻度混浊、水肿，表面有一种增生性结节病灶，外观呈念珠状。随病势的发展，气囊增厚，囊腔中含有大量干酪样物质。肺脏有一定程度的炎症。在一些严重的病例，窦腔内积液或干酪样物，炎症蔓延到眼睛，常可见一侧或两侧眼睛肿大，眼球部分或全部封闭。剥开眼结膜，可挤出灰黄色的干酪样物质。在典型的气囊炎病例，可见纤维性或纤维素性化脓性心包炎、肝周炎。

5. 诊断　根据流行情况、临床症状及病理变化可做出初步诊断，但进一步确诊还须进行下列诊断。

（1）实验室诊断　本病的病原分离比较困难，因为需要特殊培养基，而且往往因病原特别是细胞内的病原在机体中处于潜伏状态时，用一般方法较难分离。在鉴定上较困难，这是因为病料中常含有非致病性支原体，它们生长快，掩盖了致病性支原体的生长。再者，分离和鉴定还需要花费很长时间。因此，在生产中常用血清学诊断，必要时才进行病原的分离与鉴定。

血清学试验：本病的血清学诊断常用试管或平板凝集试验以及血凝抑制试验（HI），也可用卵黄代替血清进行这些试验。其中，最常用的是快速平板凝集试验。试管凝集试验主要在需要定量的情况下才应用；HI试验则用于复核各种快速平板凝集试验的结果，其方法见第十一章。

病原体的分离鉴定：采取鸡的气管、气囊或鼻窦内渗出物，制备1∶1混悬液，加入青、链霉素各1 000～2 000单位/毫升处理后，接种于含有10%～15%鸡或猪血清的牛心肉汤培养基中，37℃培养5～7天。取培养物制备涂片，用姬姆萨法染色、镜检，可见到小球状或卵圆形病原体，也常呈丝状存在。再取肉汤培养物接种于固体培养基，于37℃湿润的环境中培养3～5天，即可得到典型的支原体菌落。

鉴定支原体常用的方法是生长抑制试验，多用纸片法。免疫扩散也可用于鉴定。

（2）鉴别诊断　本病在诊断时，应与传染性鼻炎、曲霉菌病，大肠杆菌病及传染性喉气管炎相鉴别。

6. 预防与控制　本病既可水平传播，又可垂直传播。因此，在预防上，要做到如下几点：

（1）建立无支原体感染的种鸡群　引进种鸡或种蛋必须从确定无支原体的鸡场购买，并定期对鸡群进行检查。种鸡在8周龄时，每栏随机抽取3%做平板凝集试验，以后每隔4周重检一次。每次检出的阳性鸡应彻底淘汰，不能留作种用，坚持净化鸡群的工作。

（2）对来自支原体污染的种鸡群的种蛋，应进行严格消毒　每天从鸡舍内收集种蛋后，在2小时内用甲醛进行熏蒸消毒，之后储存于蛋库内。入孵前除进行常规的种蛋消毒外，还需先将种蛋预热（37℃），然后将温热的种蛋放入冷的含0.05%～0.1%红霉素的溶液中浸泡15～20分钟。由于温度的差异，抗生素被吸收入蛋内，以减少种蛋传染。

也可应用种蛋加热孵化法，即在孵化器内45℃处理种蛋14小时，凉蛋1小时，当温度降至37.8℃时转入正常孵化。这种方法可杀死卵内90%的支原体。只要温度控制适当，对孵化率没有影响。

(3) 药物控制种蛋带菌　对带菌种鸡，如果确实由于某些特殊原因不能淘汰，那么，在开产前和产蛋期间应肌肉注射2.5%蒽诺沙星或链霉素，同时在饮水中加入红霉素、北里霉素等药物或在饲料中拌入氟喹诺酮类药物或盐酸多西环素或氟苯尼考，可减少种蛋带菌。

(4) 对雏鸡要搞好药物预防　由于本病可以垂直传播，因此刚出壳的雏鸡即有可能感染。所以，需要在早期就应用药物进行饮水，连用5～7天，可有效地控制本病及其他细菌性疾病，提高雏鸡的成活率。

(5) 预防本病的疫苗　进口苗有弱毒菌苗和灭活苗可供应用。前者供2周龄雏鸡滴鼻免疫；后者适用于各种年龄，1～10周龄颈部皮下注射，10周龄以上可肌肉注射，每次0.5毫升，连用2次，其间间隔4周。国内中国兽药监察所支原体研究室所研制的弱毒冻干苗（具体使用见生物制品章节）可以使用。也有些单位试制出了皮下或肌肉注射的鸡败血支原体灭活油乳苗，幼鸡和成鸡均可应用，每只0.5毫升。

治疗本病的常用药物种类较多，有红霉素、泰乐菌素、北里霉素、盐酸多西环素、氟喹诺酮类如蒽诺沙星以及土霉素、庆大霉素等。由于本病经常与其他疾病，尤其是细菌性疾病同时发生或继发发生，再加上耐药性败血支原体菌株的存在。因此，在治疗时最好选择一些抗菌谱比较广、比较新的药物进行治疗。如2.5%的蒽诺沙星注射液，每千克体重肌肉注射0.2～0.4毫升；也可大群饮水治疗，每100毫升2.5%的注射液溶于50千克水中，连用5～7天。此外，红霉素、北里霉素、高力米先等药物，均有较好的疗效。个别治疗时，也可用链霉素肌肉注射，成鸡每天一次，每次0.2克（100万单位注射5只），连用3～5天，5～6周龄幼鸡50～100毫克/只。最好以药敏试验的结果参考用药。

（二）鸡传染性滑膜炎

鸡传染性滑膜炎又称鸡滑膜支原体病（mycoplasma synoviae infection），是由滑膜支原体（MS）引起的一种鸡和火鸡的传染病，其主要表现为渗出性的关节滑膜炎、腱鞘炎和轻度的上呼吸道感染。本病呈世界性分布，常发生于各种年龄的商品蛋鸡群和火鸡群，在我国部分鸡场阳性率可达20%以上。

1. 病原 滑膜支原体（MS）与败血支原体（MG）在许多特性上是相似的，为多形态的球状体，直径约0.2微米，姬姆萨染色较好，在固体培养基上生长。典型的菌落特征为圆形隆起，略似花格状，有凸起的中心或无中心。

滑膜支原体对外界环境的抵抗力同败血支原体相似，不耐热。一般常用的消毒药物均可将其杀死。

2. 流行病学 本病主要感染鸡和火鸡，鸭、鹅及鸽也可自然感染。急性感染主要见于4～16周龄的鸡和10～24周龄的火鸡，偶见于成年鸡；而慢性感染可见于任何年岭。

本病的传播途径主要是经卵垂直传播，其次是呼吸道，另外也可直接接触传染。

3. 临床症状 本病的潜伏期为5～10天。病原体主要侵害鸡的跗关节和爪垫，严重时也可蔓延到其他关节滑膜，引起渗出性滑膜炎、滑膜囊炎及腱鞘炎。病鸡表现出行走困难，跛行，关节肿大变形，胸前出现水泡，鸡冠苍白，食欲减少，生长迟缓，常排泄含有大量尿酸或尿酸盐的青绿色粪便，偶见鸡有轻度的呼吸困难和气管啰音。上述急性症状之后继以缓慢的恢复，但关节炎、滑膜炎可能会终生存在。成禽产蛋量可下降20%～30%。本病发病率为5%～15%，死亡率1%～10%。

火鸡症状与鸡相似，跛行是最明显的一个症状，患禽的一个或多个关节常见有热而波动的肿胀。本病的发病率及死亡率均较低，但踩踏和相互啄咬可能引起较大的死亡率。

4. 病理变化　剖检可见病鸡的关节和足垫肿胀，在关节的滑膜、滑膜囊和腱鞘有多量炎性渗出物，早期为黏稠的乳酪状液体，随着病情的发展变成干酪样渗出物。关节表面，尤其是跗关节和肩关节常有溃疡，呈橘黄色。肝脾肿大，肾脏肿大呈苍白的斑驳状。呼吸道一般无变化，偶见有气囊炎病变。

5. 诊断　根据流行病学、临床症状及病理变化，可做出初步诊断。此外，要进行实验室诊断，并注意鉴别诊断。

（1）实验室诊断　本病的实验室诊断方法主要包括病原体的分离鉴定和凝集试验，其方法与鸡败血支原体病的相同。但应注意，在凝集试验中，本病的诊断抗原与败血支原体抗体之间可能会出现一定的交叉反应。

此外，本病的实验室诊断还可采用动物实验，取病鸡关节液及胸部水泡病料，研碎过滤，注射入 4 周龄幼鸡的足垫关节内，接种鸡在 1 周内足垫发炎肿胀，即可定为阳性。

（2）鉴别诊断　本病应与葡萄球菌病、病毒性关节炎相区别。葡萄球菌病通过镜检可排除，而病毒性关节炎病鸡的血清不能凝集本病的抗原，以此即可区分。

6. 预防与控制　本病的预防所用疫苗有进口的禽滑液囊支原体菌苗，1～10 周龄用于颈部皮下注射，10 周龄以上用于肌肉注射，每只每次 0.5 毫升，连用 2 次，间隔 4 周，其他预防和治疗参照鸡慢性呼吸道病。

（三）火鸡支原体病

火鸡支原体病是由火鸡支原体感染引起的火鸡的一种慢性疾病。其主要表现为气囊炎，其次为生长发育不良、骨骼异常和孵化率降低。

本病呈世界性分布，在火鸡群中广泛存在。尤其是在雏火鸡中，其发病率可达20%～60%。

1. 病原 火鸡支原体（MM）是血清型不同于MG、MS的一种类禽源性支原体，其形态、特性同MG相似，呈球状或卵圆形，直径约0.4微米。姬姆萨染色时着色良好。病原体可单在、成双或成丛状排列。

火鸡支原体对外界环境及理化因素的抵抗力同其他禽源支原体相似，一般常用的消毒药均可将其消灭。

2. 流行病学 本病发生于火鸡，其他禽类不感染，且主要发生于12周龄以内的雏火鸡，尤以3～6周龄的更为敏感。

本病主要经过蛋而在火鸡群中传播，其次是通过呼吸道、生殖道间接或直接传播。

3. 临床症状 本病主要引起雏火鸡发生气囊炎，呼吸道症状一般不明显。病禽生长发育不良，身体矮小，跗关节肿大，颈椎变形，种蛋孵化率降低。另外，火鸡支原体常与败血支原体同时感染，引起火鸡产生严重的窦炎和气囊炎。

4. 病理变化 剖检可见最严重的是气囊炎病变，气囊壁混浊、增厚，囊壁和囊腔内附有大量黄色纤维素性渗出物，且有不同大小的干酪样物絮片游离于气囊腔中。骨骼发生弯曲、扭转等异常现象，其他器官一般无变化。

5. 诊断 根据流行病学、病理变化和临床症状可做出初步诊断。本病的实验室诊断，主要采用血清或卵黄快速平板凝集试验，其方法与鸡败血支原体病相同。

6. 预防与控制 本病的预防与鸡败血支原体病相似。另外，由于火鸡支原体病可通过交配感染，菌体可存在于初生幼雏中。因此，在采取精液、对母火鸡人工授精以及初生雏禽雌雄鉴别时，应执行严格的卫生措施，以减少交叉污染。

治疗本病可首选泰乐菌素、普杀平、林肯霉素及链霉素。红霉素对本病无效。

三、禽衣原体病（avian changdiosis）

禽衣原体病是家禽（火鸡、鸭、鸽、鸡等）、各种野禽、哺乳动物包括人的一种急性接触性传染病。幼禽比成年禽易感，较易出现临床症状，死亡率较高。根据衣原体的血清型及禽类宿主不同，可表现眼结膜炎、鼻炎、腹泻及心包炎、气囊炎、肺炎、腹膜炎等。本病在世界各国都有发生，20 世纪 50 年代以来，衣原体病不断引起严重的经济损失。本病又称鹦鹉热（psittacossi）或鸟疫（ornithosis）。人衣原体病表现似流感样或肺炎症状。

1. 病原 病原为鹦鹉热衣原体（chlamgdia psittaci），是寄生于细胞内的介于立克次体与病毒之间的一类生物，不能在人工培养基上生长，为革兰氏阴性。既含有 DNA 又含有 RNA，以二等分裂繁殖。

衣原体是圆形细小的微生物，直径 0.12～1.50 微米。由于发育阶段不同，其直径也就不同。小的叫原生小体或原体，具有传染性；大的叫始体，无传染性，是衣原体在宿主细胞内发育周期中的繁殖体，由原生小体发育增大而成。

衣原体能在鸡胚卵黄内生长，也能在易感的脊椎动物细胞中繁殖，在受感染的细胞内可形成各种形态的包涵体。对青霉素、四环素、磺胺等敏感，用姬姆萨、马基维诺等染色法着色良好。

2. 流行病学 衣原体可感染多种家禽和鸟类，但不同的禽易感性是不同的。已知鹦鹉热衣原体强毒株是由海鸥和白鹭携带并大量排菌，而自身不显病状。家禽常受感染发病的是火鸡、鸭和鸽，鸡对鹦鹉热衣原体具有较强的抵抗力。我国报道的禽类衣原体感染主要是鸭、鸽、虎皮鹦鹉和鹌鹑等，一般认为幼禽比成年禽易感。病禽和带菌禽是本病的传染源。许多学者认为，衣原体一般经口或呼吸道侵入易感动物，直接或经菌血症再定位于多种不同的组织和器官，受感染的家禽是保持隐性感染还是引起疾病，取决于病原的毒力、感染量、宿主的年龄和抵抗力。在应激或宿主抵抗力下降时，则可能活化而大量增殖，经菌血症阶段再定位于多种不同组织和器官。肠道潜伏感染的衣原体可长期随粪便排出，这在病原扩散上具有重要意义。

3. 临床症状 自然感染衣原体的病例，其潜伏期随吸入的衣原体数量和毒株的毒力不同而不同，可为2～8周。病禽发热，食欲减退，昏睡，腹泻，体重减轻，并随感染动物不同而有差异。

（1）火鸡 感染强毒株衣原体的火鸡病状是恶病质、厌食、体温升高、排黄绿色胶冻样粪便，严重感染的母火鸡产蛋率迅速下降。发病高峰期有50%～80%火鸡出现症状，死亡率为10%～30%。感染弱毒株的火鸡表现厌食，拉绿色稀粪，对产蛋量影响不大，约5%～20%出现症状，死亡率为1%～4%。

（2）鸭 鸭衣原体病是一种严重的消耗性疾病。发病幼鸭颤抖，共济失调，无食欲，排绿色水样粪，还表现流泪、结膜炎和鼻炎症状，在眼和鼻孔周围有浆液性和脓性分泌物。疾病发展时病鸭消瘦，陷于恶病质状态。死前常发生痉挛。发病率为10%～80%，死亡率为0～30%，这取决于感染时的年龄和是否并发沙门氏菌病。

（3）鸽 急性病鸽的症状表现为厌食、委顿和腹泻，有些发生结膜炎、眼睑肿胀和鼻炎。呼吸困难，发出咯咯声。病鸽衰弱、消瘦。康复鸽变成无症状带菌者。有些鸽不表现症状或只见轻微腹泻而成为带菌者。

（4）鸡 鸡对鹦鹉热衣原体有一定的抵抗力。血清学调查表明，鸡群的感染率很低，只有幼鸡发生急性感染，腹部异常膨大，出现死亡。大多数自然感染鸡症状不明显，呈一过性。

4. 病理变化

（1）火鸡 由强毒株引起的严重感染的病例，病变表现为肺脏广泛性充血，胸腔内有纤维性渗出物；心脏可能肿大，心外膜壁层与脏层增厚、充血，表面覆盖厚的纤维素性或黄色絮状渗出物；肝脏肿大，色变淡，表面覆盖有纤维素性渗出物；气囊增厚；脾脏肿大、变软，有灰白色小点。

弱毒株引起的肉眼变化与强毒株相同，只是病变不那么严重，只在死亡的火鸡中才出现肺炎。弱毒株衣原体一般引起慢性持久性的感染，死亡率低。

（2）鸭 剖检可见胸肌萎缩，全身性浆膜炎；肝脾肿大，还常见浆液性或纤维性心包炎，有些肝脏和脾脏有灰白或黄色坏死灶。

（3）鸽 气囊、腹腔浆膜或心外膜增厚，表面有纤维蛋白渗出物；肝常见肿大，变软变暗；发生卡他性肠炎时，泄殖腔内容物中可见多于常量的尿酸盐。

（4）鸡 急性病鸡可见纤维素性心包炎和肝肿大。

5. 诊断 仅根据流行病学资料、临床表现和病理变化，一般难以确诊。确诊需要进行病原学检查和血清学试验。

（1）病原学检查 无菌采取病死禽的气囊、脾、心包、心肌、肝和肾；活禽可采取粪便、泄殖腔棉拭子；发热期可取血液(肝素抗凝)、结膜分泌物和腹水。这些样品可以直接抹片染色镜检，或者经适当处理后接种鸡胚卵黄囊内和易感细胞。一般感染后 2～7 天即可检查，直接取感染细胞或死亡鸡胚卵黄制备触片，用姬姆萨染色法进行染色，显微镜镜检。可见衣原体原生小体呈红色或紫红色，始体呈蓝绿色，细胞内的包涵体呈深紫色。只有包涵体中的原生小体具有诊断意义，因为始体易于同正常细胞混淆，而且不易与背景区分。

此外，还可将样品接种 3～4 周龄小鼠，接种途径可经腹腔，脑内或鼻内。腹腔接种检查腹腔渗出物和脾脏，脑内接种检查脑膜印片；鼻内接种则检查肺印片。

（2）血清学试验 采集急性期和恢复期的血清进行血清学检测。

补体结合试验：是广泛应用的经典方法。一般用热处理过的衣原体特异性较好，但灵敏度不够高。一般来说，血清滴度较高（家禽≥64），表明现在或近期感染；恢复期的血清比急性期的滴度增加4倍以上，可诊断正在感染衣原体。补体必须来源于无衣原体感染的豚鼠。

免疫荧光和免疫酶试验：如标记抗体的质量很高，可大大提高检测衣原体抗原或抗体的灵敏度和特异性，是最有前途的诊断新技术之一。

间接血细胞凝集试验：应用纯的衣原体致敏绵羊红细胞后用于禽血清中衣原体抗体的检测，此法简单快速，但诊断抗原效价极易下降，有时易出现非特异性反应。

此外，也可进行琼脂扩散试验、血凝抑制试验等。

（3）鉴别诊断　怀疑为衣原体时必须排除巴氏杆菌、火鸡支原体病、大肠杆菌病和禽流感等禽病。

6. 预防和控制　目前尚无免疫保护期长的商业衣原体疫苗可供应用。控制衣原体的最佳方法是使禽类不与任何污染的器具、房舍接触，并防止与潜在的贮存宿主或野禽等接触。此外，禽场应实施搞好环境卫生、限制人员流动等措施。

火鸡发生衣原体时，可在每吨饲料中加入400克的金霉素进行治疗。此外，盐酸多西环素、氟苯尼考、红霉素等均有一定的疗效。其他禽类鹦鹉热衣原体感染的治疗与火鸡大体一样，但其他禽类发生衣原体病时常常并发沙门氏菌病。因此，多种药物交替进行，也许是清除慢性感染的有效办法。

第七章　家禽寄生虫病

一、球虫病（chicken coccidisis）

鸡球虫病是由艾美耳科艾美耳属（eitneria）的球虫寄生于鸡的肠上皮细胞内所引起的一种原虫病。本病在我国普遍发生，特别是从国外引进的品种鸡。15～50日龄的雏鸡最易感染，死亡率最高可达80%以上。病愈的雏鸡生长发育受阻，长时间不易复原。成年鸡多为带虫者，其增重和产蛋能力降低。

（一）病原

据报道，世界各地艾美耳属球虫大约有14种，但目前世界公认的有9种，即柔嫩艾美耳球虫（E. tenella）、巨型艾美耳球虫（E. maxima）、堆型艾美耳球虫（E. acervulina）、和缓艾美耳球虫（E. mietis）、哈氏艾美耳球虫（E. hagan）、早熟艾美耳球虫（E. praecox）、毒害艾美耳球虫（E. necatrix）、变位艾美耳球虫（E. mivati）、布氏艾美耳球虫（E. prunetti）。以上9种艾美耳球虫在我国均见报道，其中，以柔嫩艾美耳球虫和毒害艾美耳球虫致病性最强。9种鸡球虫的形态特征见表7-1。

表 7-1　鸡各种球虫的特征

种类	卵囊					从子孢子进入宿主体内到卵囊出现的时间（天）	寄生部位	病变	致病力
	大小（微米）		形状	颜色	形成子孢子需要的时间（小时），25℃				
	范围	平均							
柔嫩艾美耳球虫	25～20×20～15	22.62×18.05	卵圆	囊壁淡绿原生质淡褐	19.5～30.5 平均 27	7	盲肠	盲肠高度肿大，出血	卌
巨型艾美耳球虫	40～21.75×33～17.5	30.76×23.90	卵圆	黄褐	48	6	小肠	肠壁增厚，肠道出血	卄
堆型艾美耳球虫	22.5～17.5×16.75～12.5	18.8×14.5	卵圆	无色	19.5～24	4	十二指肠、小肠前段	肠壁增厚，肠道出血	+
和缓艾美耳球虫	19.5～12.75×17～12.5	15.34×14.3	近于圆形	无色	23.5～26 平均 24～24.5	5	小肠前段	不明显	+
哈氏艾美耳球虫	20～15.5×18.5～14.5	17.68×15.78	宽卵圆	无色	23.5～27	6	小肠前段	肠黏膜卡他性炎，肠壁浆膜有针头大出血点	卄
早熟艾美耳球虫	25～20×18.5～17.5	21.75×17.33	椭圆	无色	23.5～38.5	4	小肠前1/3段	不明显	+
毒害艾美耳球虫	0.1×16.9		长卵圆	—	—	7	小肠中1/3段	肠壁增厚、坏死，肠道出血，浆膜层有圆形白色斑点	卌
布氏艾美耳球虫	30.3～20.7×24.2～18.1	26.8×21.7	卵圆	—	—	7	小肠下段，盲肠	小肠有斑点状出血，黏液增多	卌
变位艾美耳球虫	11.1～19.9×10.5～16.2	15.6×13.4	椭圆宽卵圆	无色	—	4	小肠前段（延伸到直肠、盲肠）	灰白色圆形卵囊斑、严重感染斑块融合，肠壁肥厚	卌

（二）生活史

鸡球虫只需要一个宿主就可完成其生活史。在发育过程中均经历外生性发育（孢子生殖）与内生性发育（裂殖生殖与配子生殖）两个阶段。寄生在肠上皮细胞内的球虫发育至一定阶段，形成卵囊。卵囊随粪便一起排到外界，在适宜的环境中，经过几昼夜卵囊内就形成4个孢子囊，每个孢子囊内含有2个子孢子，即成为感染性卵囊。当鸡食入了这种感染性卵囊后，囊壁被胃肠内消化液溶解，子孢子逸出，钻入肠上皮细胞。发育为圆形的裂殖体。裂殖体经过裂殖生殖形成许多裂殖子，体积增大，上皮细胞被破坏，裂殖子由破坏了的上皮细胞内逸出，又侵入新的上皮细胞内，以同样的裂殖生殖法破坏新的上皮细胞。如此反复进行无性繁殖，若干世代之后，即出现有性生殖（配子生殖）。此时，裂殖子先形成大配子体和小配子体，继而再形成大配子和小配子。小配子为雄性细胞（雄配子），大配子为雌性细胞（雌配子）。雌雄配子融合为合子，合子周围迅速形成一层被膜，即成为平时粪检时所见到的卵囊。卵囊到外界后又进行孢子生殖，达到感染性阶段后如被鸡食入便又重复以上发育过程。

（三）流行病学

1. 鸡感染球虫的途径和方式是食入了感染性卵囊 凡被病鸡或带虫鸡的粪便污染过的饲料、饮水、土壤、用具等均有卵囊存在。鸟类、家禽和某些昆虫以及饲养管理人员均可以成为球虫病的机械性传播者。

2. 各种鸡均可感染，但引入的新品种鸡比本地种发病率和死亡率高 从年龄上看，本病多发于15～50日龄的雏鸡，3月龄以上的鸡较少发病。河南省南部7～40日龄的雏鸡发病率和死亡率比较高，40～50日龄以上鸡发病率和死亡率低。成年鸡几乎不发病，具有年龄免疫现象，成鸡多为带虫者。

3. 本病多发生于气候温暖、雨水较多的季节 在我国北方，大约4月份开始到9月末为流行季节，7～8月最为严重。在河南南部，本病从3月份开始到9月末为流行季节，5～8月为发病高潮期，并在多雨、气温骤降时突发。

4. 卵囊的抵抗力很强 在土壤中可保持生活力4～9个月，在有树阴的运动场可保持15～19个月的生活力。潮湿与温暖地带最利于卵囊的发育，而对高温和干燥抵抗力较弱。连续使用陈旧鸡舍和场地往往是引起球虫病流行的重要因素。

5. 饲养管理不良 日粮中维生素不足、环境潮湿、饲养密度大、运动场小、卫生条件差时，最易引发球虫病。

（四）致病作用

裂殖体在肠上皮细胞中大量增殖时，破坏肠黏膜，引起肠管发炎和肠黏膜上皮细胞崩解，使消化机能发生障碍，影响营养物质吸收。由于肠壁的炎性变化和毛细血管的破裂，大量体液和血液流入肠腔内（如柔嫩艾美耳球虫引起的盲肠黏膜出血），导致病鸡消瘦、贫血和下痢。

崩解的上皮细胞变为有毒物质，蓄积在肠管中不能迅速排出，使机体发生自体中毒。临床上出现精神不振、足和翅轻瘫及昏迷等现象。因此，可以把球虫病视为一种全身中毒过程。此外，受损伤的肠黏膜是病菌和肠内有毒物质入侵机体的门户。

（五）症状

1. 急性型 病程约数天至2～3周。病初精神不好，羽毛耸立，头蜷缩，独立一隅。食欲减退，泄殖孔周围的羽毛为液状排泄物污染、黏着。以后，由于肠上皮细胞的大量破坏和机体中毒的加剧，病鸡出现共济失调、翅膀轻瘫、渴欲增加、食欲废绝、嗉囊内充满液体、黏膜和鸡冠苍白、迅速消瘦、粪便呈水样或带血等症状。在柔嫩艾美耳球虫引起的盲肠球虫病，开始时粪便为咖啡色，以后多为完全的血便。末期发生痉挛和昏迷，不久即死亡。如不及时采取措施，死亡率可达 50%～100%。

2. 慢性型　病程约数周到数月。多发生于 4～6 月龄的鸡或成年鸡，症状与急性相似，但不明显。病鸡逐渐消瘦，足和翅膀发生轻瘫，有间歇性下痢，产蛋量减少，死亡的不多。

（六）病理变化

病鸡消瘦，鸡冠和黏膜苍白或发紫。泄殖腔周围羽毛被粪、血污染，羽毛逆立凌乱。体内的病变主要发生于肠壁，其程度、性质与病变部位和球虫的种类有关。

柔嫩艾美耳球虫主要侵害盲肠。在急性型，一侧或两侧盲肠显著肿大，可为正常的 3～5 倍。其中，充满凝固的或新鲜的暗红色血液，盲肠上皮变厚，有严重的糜烂甚至坏死脱落，与盲肠内容物及血凝块混合，形成“肠栓”。

毒害艾美耳球虫损害小肠中段，可使肠壁扩张、肥厚，并导致严重的坏死。肠黏膜上有明显的灰白色斑点状坏死病灶和小出血点相夹杂。肠壁深部及肠管中均有凝固的血液，使肠管外观呈淡红色或黑色。

堆型艾美耳球虫多在十二指肠和小肠前段。在被损害的部位，可见有大量淡灰白色斑点汇合成带状横过肠管。

巨型艾美耳球虫损害小肠中段，肠壁肥厚，肠管扩张，内容物黏稠，内有脱落的肠黏膜絮片，呈淡灰色、淡褐色或淡红色，有时混有很小的凝血块，肠壁上有溢血点。

哈氏艾美耳球虫损害小肠前段，肠黏膜有严重的卡他性炎症和出血。其特征为肠壁上出现大头针帽大小的红色圆形出血斑点。

变位艾美耳球虫主要损害小肠前段，使肠壁增厚，肠管扩张，有灰白色圆形卵囊斑，严重感染则斑块融合。

由于球虫寄生的轻重程度不一，有时会有多种球虫混合感染。所以，剖检病鸡时，可能会同时见到肠管有多种球虫所引起的病变。

（七）诊断

一方面，在急性型球虫病时，有时粪检看不到卵囊；而更重要的一方面是，成年鸡和雏鸡的带虫现象极为普遍。因此，仅根据镜检粪便或肠壁刮取物看到球虫卵囊就肯定为球虫病是不正确的。正确的诊断应根据粪便检查、临床症状、流行病学材料及病理变化等多方面情况综合判定。

检查球虫卵囊可采用直接镜检法和集卵法。直接镜检法就是取粪便或病变部刮取物少许，涂于载玻片上，加饱和盐水1～2滴调和均匀，加盖玻片，置显微镜下放大100～400倍观察。集卵法操作相对复杂，但检出率高。具体操作如下：取5～10克新鲜待检粪便或肠内容物放于小烧杯中，加常水10～15毫升，搅拌均匀。双层纱布过滤，滤液盛于10毫升离心管中，离心沉淀1～3分钟（1 500～2 500转/分），弃去上清液。再次向沉渣中加入常水，并用胶头滴管伸入管底将沉淀吹起，离心同上。再次弃去上清液，向沉渣中加入饱和盐水，并再次吹匀和离心。用细菌接种环将最后所得的上清液的表面膜挑出，置于载玻片上，加上盖玻片，镜检。

若要进行虫种鉴定，可将液膜挑出，接种于盛有2.5%的重铬酸钾小瓶内（液面高度为0.5～1厘米），置于25℃±1℃的恒温条件下培养，每隔数小时检查一次。根据卵囊大小、形状、颜色、结构特征和孢子化时间，并结合寄生部位等进行综合判定。

（八）预防和控制

平时要加强鸡舍的卫生管理工作，保持鸡舍干燥，按时清除运动场的粪便，并将鸡粪堆积发酵处理。鸡笼及用具每隔3～5天在阳光下暴晒1～2小时。饲养人员操作规范化，防止饲料、饮水及用具被鸡粪污染。经常发生球虫病的鸡场可在易发病日龄期用药物预防。

克球粉、氨丙啉、地克珠利及多种磺胺类药物等对鸡球虫病均有很好的防治效果，具体剂量和使用方法可参阅有关药物章节。同时，在治疗期间补充维生素K和维生素A，可加速球虫暴发后的康复。

由于所有的抗球虫药物都不同程度地受到耐药虫株的威胁，并且表现一定程度的交叉耐药性，使药物防治效果差或归于失败。因此，在预防和治疗时，可采用轮换用药和配合用药的方案。轮换用药就是在一定时期内连续应用某一种药，然后再换另一种药物。配合用药是指配合使用两种或多种抗球虫药，利用它们之间的协同作用以扩大抗球虫谱，提高疗效。不管采取何种方案，所使用药品的作用机制应有差别。另外，对于连续用药进行预防的鸡群，应注意停药期间的卫生管理，防止停药期暴发本病。

近几年来，国内外研究者应用鸡胚培养和从致病性虫株中选择早熟及晚熟虫株的方法培育球虫虫株，将其致弱后做成疫苗，感染雏鸡后致病力明显下降，但能够较好地保持原虫株的免疫原性。试验表明，那些球虫苗免疫鸡群一旦发病，连续用药2天即可控制，从而解决了耐药性和药物残留问题。因此，一旦完善了有关球虫疫苗的保存、运输、免疫时机、免疫剂量及免疫保护性和疫苗安全性等技术后，解决球虫病的普遍发生将指日可待。

二、组织滴虫病（histomoniasis）

组织滴虫病又叫盲肠肝炎或黑头病，是由动鞭毛纲（zoomastigophora）毛滴虫目（trichomonadida）单鞭毛科（monocercmonadidae）组织滴虫属（histomonas）的火鸡组织滴虫（H. meleagridis）寄生于禽类盲肠和肝脏而引起的。本病多发生于雏火鸡。成鸡虽也能感染，但病情轻微。本病的主要特征是盲肠发炎、溃疡和肝脏表面具有特征性的坏死灶。

（一）病原

火鸡组织滴虫为多形性虫体，大小不一，近似圆形和多形虫样，伪足钝圆。无包囊阶段，有滋养体。盲肠中虫体数量不多，其形态与培养基中虫体相似，直径5～30微米。常见有一根鞭毛，作钟摆样运动，核呈泡囊状。在组织细胞内的虫体，足有动基体，但无鞭毛，虫体单个或成堆存在，呈圆形、卵圆形或变形虫样，大小为4～21微米。

（二）生活史和流行病学

组织滴虫行二分裂法繁殖。寄生于盲肠内的组织滴虫，可进入鸡异刺线虫体内，在卵巢中繁殖，并进入其卵内。异刺线虫卵到外界后，组织滴虫因有卵壳的保护，故能生存较长的时间，成为重要的感染源。本病通过消化道感染，在急性暴发流行时，病禽粪便中含有大量病原，沾污了饲料、饮水、用具和土壤，健禽食后便可感染。蚯蚓吞食土壤中的异刺线虫卵时，火鸡组织滴虫可随虫卵生存于蚯蚓体内，当雏鸡吃了这种蚯蚓后就被滴虫感染。因此，蚯蚓在传播本病方面也具有重要作用。2周龄至4月龄雏火鸡对本病的易感性最强，患病后死亡率也最高，8周龄至4月龄的雏鸡也易感；成鸡感染后症状不明显，常成为散布病原的带虫者。

本病的发生无明显季节性，但温暖潮湿的夏季发生较多。

本病常发生于卫生和管理条件差的鸡场。鸡群过分拥挤，鸡舍及运动场不清洁，通风和光照不足，饲料缺乏营养，尤其是缺乏维生素A，都是诱发和加重本病流行的重要因素。

（三）症状

潜伏期15～21天，最短为5天。病鸡表现精神不振，食欲减少以至停止。羽毛粗乱，翅膀下垂，身体蜷缩，怕冷，下痢。排泄淡黄色或淡绿色粪便，严重的病例粪中带血，甚至排出大量血液。有的病雏不下痢，在粪便中常发现盲肠坏死组织的碎片。病的末期，由于血液循环障碍，鸡冠呈暗黑色，因而有“黑头病”之称。病程一般为1～3周，病愈康复鸡的体内仍有虫体存在，带虫可达数周到数月。成鸡很少出现症状。

（四）病理变化

本病的病变主要局限在盲肠和肝脏，一般仅一侧盲肠发生病变，个别也有两侧盲肠同时受害的。在最急性病例中，仅见盲肠发生严重的出血性炎症，肠腔中含有血液，肠管异常膨大。典型的病例可见盲肠肿大，肠壁肥厚坚实，盲肠黏膜发炎出血、坏死甚至形成溃疡，表面附有干酪样坏死物或形成横截面呈同心圆状的坚硬肠芯。这种溃疡可达到肠壁的深层，偶尔可发生肠壁穿孔，引起腹膜炎而死亡。此种病例中常见到盲肠浆膜面黏附多量灰白色纤维素性渗出物，并与其他内脏器官相黏连。

肝脏肿大并出现特征的坏死病灶。这种病灶突出于肝脏表面，呈圆形或不规则形，中央凹陷，边缘隆起。病灶颜色为淡黄色或淡绿色。病灶的大小和数量不定，自针尖大、豆大至指头肚大，散在或密发于整个肝脏表面。

（五）诊断

可根据流行病学、临床症状及特征性病理变化进行综合性判断。尤其是肝脏与盲肠病变具有特征性，可作为诊断的依据。还可采取病禽的新鲜盲肠内容物，加温（40℃）生理盐水稀释后作悬滴标本镜检虫体，可发现虫体在鞭毛协助下摆动或翻转。

本病在症状和剖检变化上与鸡盲肠球虫病相似。鉴别点在于本病检查不到球虫卵囊，盲肠常一侧发生病变及后者无本病所见的肝脏病变。但两种原虫病有时可以同时发生。

（六）预防和控制

平时注意雏鸡与成鸡分群喂养，并定期对鸡群进行异刺线虫的驱虫。鸡舍定期用苛性钠消毒，注意通风及光照，保持饲料营养全价。鸡应与火鸡分开饲养。

治疗时，可使用下列药物：0.5%浓度的灭滴灵饮水，连用7天，停药3天，再用7天，有明显治疗效果。

三、鸡住白细胞虫病

鸡住白细胞虫病是由住白细胞虫科（plasmodiidae）、住白细胞虫属（leucoaytozoon）的卡氏住白细胞原虫（Leucocytozoon caulleryi Mathis et Leger，1909）和沙氏住白细胞原虫（Leucocytozoon sabrazesi Mathis et Leger，1909）寄生于鸡的血液和内脏器官所引起的一种原虫病。卡氏住白细胞原虫病最早是由Mathis和Legar于1909年在越南北部发现。随后，泰国（Campbell，1954）、日本（Akiba等，1958）、中国台湾（Liu，1958）、菲律宾（Manuel，1967）、新加坡（Chew，1968）、马来西亚（Omar，1968）等国家或地区相继报道。1980年，我国在广州地区分离出L. caulleryi病原，证实了本病在中国内地的存在。目前，我国广西、福建、云南、贵州、湖南、北京、上海、河南等20多个省、市、自治区流行此病。沙氏住白细胞原虫病则主要分布于东南亚各国及我国南方各地。本病主要流行于传播媒介——蠓或蚋的活动季节。病鸡出现严重贫血、鸡冠苍白、腹泻（排绿色水样稀便）等症状，严重感染的病例常因出血、咯血、呼吸困难而突然死亡。剖检可见全身皮下、肌肉和内脏器官表面全身广泛性出血，脏器表面出现白色裂殖体结节。本病对雏鸡危害严重，可引起雏鸡大批死亡或生长发育停滞、蛋鸡产蛋量下降甚至停产，严重影响生产性能，造成较重的经济损失。

（一）病原

住白细胞虫隶属于原生动物门，顶复亚门，孢子虫纲，真球虫目，血孢子虫亚目，住白细胞虫科（leucocytozoidae）住白细胞虫属（leucocytozoon）。

我国已发现鸡的住白细胞原虫病的病原有两种：即卡氏住白细胞原虫（Leucocytozoon caulleryi Mathis et Leger，1909）和沙氏住白细胞原虫（Leucocytozoon sabrazesi Mathis et Leger，1909）。

1. 卡氏住白细胞原虫　其在鸡体内的配子生殖阶段大致可分为5个时期：

第一期：主要见于血液涂片或组织触片中，虫体游离在血液中而未进入宿主细胞。虫体大小为1.0微米×1.7微米，呈紫红色圆点状。

第二期：虫体已侵入红细胞或成红细胞中，每个红细胞中可寄生1～7个虫体，其大小、形状与第一期虫体相似。

第三期：常见于组织印片中，虫体开始生长，并明显比第二期大，寄生于宿主细胞内或外，其大小为11.8微米×9.2微米，呈深蓝色，近似圆形，虫体核的大小为7.97微米×6.53微米，中间有一深红色的核仁，偶见2～4个核仁。

第四期：虫体寄生于宿主细胞内或外，已能区分大、小配子体，其大小、形状与第三期虫体差别不大。

第五期：常见于末梢血液涂片。成熟的大配子体呈圆形或椭圆形，大小为15.5微米×15微米，细胞质丰富呈深蓝色，细胞核较小，呈肾形、椭圆形或梨形，大小为5.8微米×2.9微米，核仁呈圆点状；成熟的小配子体呈不规则圆形，大小约为12～14微米，细胞质少，呈浅蓝色，核几乎占去虫体的全部体积，呈梨形或哑铃状，核仁呈紫红色，杆状或圆点状。宿主细胞增大呈圆形，细胞核被挤压呈一深色狭带，围绕虫体的1/3。

2. 沙氏住白细胞原虫 成熟的配子体呈长椭圆形。宿主细胞常被挤压成纺锤形。宿主细胞核被虫体挤向一侧或挤向虫体的两旁，呈半月状，宿主的细胞质向两端伸展似菱角。大配子体的大小为22微米×6.5微米，呈深蓝色，核仁明显呈褐红色；小配子体的大小为20微米×6微米，呈浅蓝色，核仁不明显。

（二）生活史

1. 卡氏住白细胞原虫 其生活史包括3个阶段，即裂殖生殖、配子生殖和孢子生殖。

裂殖生殖和配子生殖的大部分在中间宿主鸡的体内完成；配子生殖的一部分及孢子生殖在传播媒介体内完成。卡氏住白虫的传播媒介主要是荒川库蠓或称哮库蠓（culicoides arakawai)。

（1）裂殖生殖 含有成熟子孢子的卵囊聚集在库蠓或蚋的唾液腺内。当库蠓或蚋叮咬鸡体时，卵囊即随着库蠓或蚋的唾液进入鸡体内。子孢子首先寄生于鸡血管内皮细胞，每个子孢子在此至少繁殖成多个裂殖体。感染后第9～10天宿主细胞破裂，释放出裂殖体。这些裂殖体随着血流转到其他部位寄生，主要是肝脏、肺脏和肾脏，其他组织如心脏、脾脏、胰腺、胸腺、肌肉、腺胃、肌胃、肠道、气管、卵巢、睾丸、脑等也可寄生。在上述器官发育成熟后，到第14～15天裂殖体破裂，释放出成熟的球形裂殖子。这些裂殖子可通过3条途径进一步发育：①再次进入肝实质细胞形成肝裂殖体；②被巨噬细胞吞噬发育成巨型裂殖体；③进入白细胞或红细胞开始配子生殖。肝裂殖体及巨型裂殖体可重复繁殖2～3代。

（2）配子生殖 成熟的裂殖体进入鸡的末梢血液或组织的白细胞和红细胞中，进行配子生殖，发育为大、小配子体。

（3）孢子生殖 当媒介昆虫库蠓或蚋叮咬鸡时，存在于鸡末梢血液中的大、小配子体被吸入库蠓或蚋的胃中。在胃内，大、小配子体迅速发育为大、小配子，小配子进入大配子后，相互结合，数小时即可形成动合子，大小约为30微米×40微米。动合子进入库蠓或蚋胃壁的上皮细胞内，形成卵囊，卵囊进一步发育成为具有感染力的含有大量子孢子的孢子化卵囊，其聚集在库蠓或蚋的唾液腺中。当库蠓或蚋叮咬健康鸡时便进入鸡体内，开始新一轮的感染。

2. 沙氏住白细胞原虫 沙氏住白细胞原虫的传播媒介为蚋，在我国已发现2种：红头斑蚋和黑色蚋。其生活发育史过程与卡氏住白细胞原虫相似，分为裂殖生殖期、配子生殖期及孢子生殖期，但其潜伏期很短。感染有沙氏住白细胞原虫的蚋叮鸡吸血后，一般6～12天（平均7天）在血液中即有呈圆形的配子体出现；第10～12天出现较多；感染后12～13天，血中出现圆形和长形配子体且数量几乎相等；感染14天后，虫体以梭形配子体为主。

（三）流行病学

不同品种、性别、年龄的鸡均能感染。多发生于3～6周龄的雏鸡，死亡率高达50%～80%；中鸡（5～7月龄）发病也严重，但死亡率不高，一般为10%～30%；成年鸡具有一定的抵抗力，一般不表现临床症状，死亡率低，通常为5%～10%。不同品种和性别的鸡均有易感性，但本地鸡对本病的抵抗力较强，死亡率亦较低。一般来说，散养的鸡感染率高于舍饲鸡，平养鸡感染率又高于笼养鸡。

除家鸡以外，在雉鸡、锦鸡、珠鸡、竹鸡、鹌鹑等雉科野禽类，还没有发现卡氏住白细胞原虫或沙氏住白细胞原虫的自然发病病例。卡氏住白细胞原虫、沙氏住白细胞原虫的子孢子在传播媒介——蠓、蚋体内超过18天就失去感染力，且库蠓或蚋是以幼虫越冬，而幼虫体内不可能携带住白细胞原虫。耐药性虫株的出现、感染耐过的鸡，是本病每年重复流行的最初感染源。

本病是虫媒性疾病，通过传播媒介分别叮咬病鸡和健康鸡进行传播。住白细胞原虫病的发生及流行，与气候、地理位置、季节和传播媒介（蠓、蚋）的活动密切相关。热带、亚热带地区和地势低洼地区，夏秋季节，蠓、蚋大量繁殖，大大增加了家禽感染住白细胞原虫的机会。库蠓和蚋在其活动季节，每天出现清晨（日出前后）和傍晚（日落前后）两次活动高峰的规律，而住白细胞原虫配子体在鸡外周血液中具有昼夜周期性出没的特性。该特性恰与传播媒介的活动规律和白天吸血的习性相关联，有利于更多的配子体进入媒介昆虫体内繁殖，导致本病的广泛传播。

鸡住白细胞原虫病呈世界性分布，鸡卡氏和沙氏住白细胞原虫病主要流行于南亚和东南亚一带，越南、泰国、印度、马来西亚和日本等国家和地区。我国也普遍存在，尤其在我国南方各省区，本病的发生相当常见。

本病的发生和流行与传播媒介密切有关，具有明显的季节性。一般气温在20℃以上库蠓繁殖快，活动力强，本病的发生也严重，热带、亚热带地区气温高可终年发生。鸡卡氏住白细胞原虫病在日本多发生于5～11月；中国台湾多发生于4～10月；广州发生于4～10月，5月为发病高峰期；贵州多发生于6～9月，7月为发病高峰期；河南发生于6～8月；四川多发生于4～10月。沙氏住白细胞原虫病在福建3月初开始发病，5～6月达高峰，7～9月停止，11～12月达第二次高峰，1～2月又停止（林宇光等，1979）。

（四）致病机理

由于裂殖子侵入宿主血管内皮细胞或器官组织内，引起白细胞或红细胞膨大、变性，胞质变浅及出现小空泡。红细胞和白细胞被大量破坏以及小血管的广泛破裂出血引起严重的贫血。

（五）症状

自然感染的潜伏期为6～10天，以3～6周龄的雏鸡发病严重，死亡率高。病鸡出现精神沉郁、食欲不振、羽毛蓬乱、下痢、鸡冠和肉垂苍白等症状。感染后12～14天，突然出现出血、咯血，呼吸困难而死亡。感染稍轻者，可延迟1～2天出现出血死亡。中鸡和成年鸡感染后病情较轻，死亡率也较低，病鸡鸡冠苍白、消瘦，拉水样的白色或绿色稀粪。中鸡发育受阻，生长缓慢。成年鸡常引起产蛋下降或停止。

（六）病理变化

鸡冠、肉髯、颜面等皮肤及黏膜苍白；全身性出血（全身皮下广泛出血，肌肉特别是胸肌、腿肌、心肌有不同程度的出血斑点或条纹，全身脏器肿大、出血，尤其是肺脏、肾脏严重出血。有时出血也见于气管、胸腔、消化道及脑等处）及特征性病变——白色裂殖体小结节（胸肌、心肌、肺脏、肾脏、肝脏等器官上有针尖至粟粒大小、灰白或稍带黄色与周围界限明显的小结节，有时外围有出血环）；组织切片镜检各器官组织中的小结节，即为巨型裂殖体形成的集落，挑出小结节压片镜检，可见许多裂殖子。

（七）诊断

根据发病季节、临床症状及病理剖检变化做出初步诊断。确诊需找到病原体。用消毒注射针头在鸡的翅下小静脉或鸡冠取一滴血液，涂薄片，瑞氏或姬氏染色，置高倍镜下观察，发现虫体即可确诊。亦可取肌肉及实质器官内的小结节压片，染色，镜检，可看到许多散在裂殖子。有报道用湿片检查法查出裂殖体：取病鸡的肺脏、心脏、肾脏及脾脏等，作一新切面，在放有50％甘油水溶液的玻片上按压数次，使片上液体微混，加盖玻片，镜检。可见有无色光滑、直径68～448微米的球体，内部不透明。有时球体破裂后，其内容物为无数尘埃样小粒，呈香蕉状。宿主细胞无此球体，故易于辨认。此法省时省力，可用于临床诊断。

有时可取病鸡的肾、脾、肺、肝、胰、腔上囊、卵巢制成切片，H·E染色，镜检。可发现圆形大裂殖体存在部位，数量与眼观病变程度一致。其中，肾与脾内裂殖体最多，聚集或散在，最多一丛为17个，直径为27～40微米。

（八）预防和控制

库蠓及蚋多产卵于有机质丰富的土壤和粪中，幼虫在水边变蛹，并羽化为成虫。因此，在流行季节要搞好鸡舍及其周围的环境卫生，及时清除污水、粪便及杂草，必要时用药物灭蠓。鸡舍要设置适宜隔离窗纱，阻止库蠓和蚋进入。

药物治疗应在感染早期进行，最好是在疾病即将流行或正在流行的初期用药杀虫，效果良好，晚期用药往往因为病鸡器官发生器质性病变而效果很差。一个鸡场连续多年使用同一种药物，虫体可能产生抗药性，可改用另一种药物或同时使用两种有效药物，即可获得良好的控制效果。另外，由于病鸡采食及饮水量锐减，采用拌料或饮水给药往往达不到治疗剂量。因此，对严重病鸡采用注射给药，而采食及饮水量变化不大的病鸡可口服给药。

治疗可用下列药物：

泰灭净：按每吨饲料添加泰灭净粉剂100克，连用14天，然后改为预防量；或按每升水添加泰灭净钠粉0.1克，然后改为预防量。

氯羟吡啶：按每千克饲料250毫克混于饲料，连服7天。

乙胺嘧啶：按每千克饲料25～30毫克拌于饲料中饲喂。

贝尼尔（三氮脒）：0.01%饮水5天。

免疫预防：已证实将含有裂殖体的组织脏器悬液用福尔马林灭活后，对30日龄的鸡进行免疫接种后，对鸡卡氏住白细胞原虫病具有一定的保护作用。至于非常好的虫苗，目前尚未见报道。故有待进一步研究新型虫苗，以提高预防本病的效果。

四、家禽绦虫病

寄生于家禽肠道内的绦虫，种类多达40余种，隶属于戴文科、膜壳科、裸头科等。但在我国，最常见的为戴文科赖利属（raillietina）和戴文属（davamea）以及膜壳科剑带属（drepanidotaenia）的多种绦虫，均寄生于禽类的小肠（主要是十二指肠）。严重感染时，常引起贫血、消瘦、下痢、产蛋量减少或停止。幼鸡即使是轻度感染，也易诱发其他疾病引起死亡。

（一）病原及生活史

1. 赖利绦虫 我国常见的有棘沟赖利绦虫（R. echinobothrida）、四角赖利绦虫（R. tetragona）和有轮赖利绦虫（R. cesticillus）。

（1）棘沟赖利绦虫 棘沟赖利绦虫是禽类的大型绦虫，成熟虫体长25厘米，吸盘4个，呈圆形，上有8～15列小钩，顶突上有两列小钩（200～240个）。每个成熟节片中有一套生殖器官，生殖孔不规则开口于体节一侧，睾丸20～40个，位于排泄管内侧。卵巢的直径为25～40微米。孕节常沿中央纵轴线收缩而呈哑铃形，并在节片与节片之间形成小孔，故常见纵行小孔贯穿在链体后部。

（2）四角赖利绦虫 虫体外形和大小与棘沟赖利绦虫相似。头节顶突较小，有一列小钩，约100个。吸盘4个均呈卵圆形，吸盘上有小钩8～70列，吸盘和顶突上的小钩均易脱落。颈细长。每个成节有一套生殖器官，生殖孔向一侧开口。睾丸18～35个。孕卵节片中子宫分为很多卵袋，每个卵袋内含有8～12个虫卵。虫体与棘沟赖利绦虫的区别除吸盘呈卵圆形外，其头节较纤弱，颈节较细长，孕节常呈近方形。

（3）有轮赖利绦虫 成虫体长12厘米，有一特别大而宽扁的顶突，形似轮状突出于前端，其上有两列小钩（400～500

个），位于顶突近基部处。吸盘无钩。成节中有睾丸 15～30 个，生殖孔不规则地开口于虫体两侧。孕卵节片子宫分成许多卵袋，每个卵袋内含有一个直径 30～35 微米的虫卵，卵袋直径为 50～90 微米。

棘沟赖利绦虫寄生于鸡、火鸡和雉鸡的小肠内；四角赖利绦虫寄生于鸡、火鸡、孔雀和鸽的小肠内；有轮赖利绦虫寄生于鸡、火鸡、雉鸡和珠鸡的小肠内。3 种绦虫都必须经过中间宿主才能完成其发育史。棘沟和四角赖利绦虫的中间宿主是蚂蚁（tetramorium caespitum，T. semilaeve 和 pheidole sp）。孕节和卵袋随粪便排至外界，被蚂蚁吞食，卵袋在消化道内溶解，六钩蚴逸出，钻入体腔，禽类吞食了含有似囊尾蚴的蚂蚁或家蝇（也可作为四角赖利绦虫中间宿主）后，中间宿主被消化，逸出的似囊尾蚴用吸盘和顶突固着在小肠壁上，经过 19～23 天发育为成虫，并能见到孕节随粪排出。

轮赖利绦虫的中间宿主是蝇科的蝇类和多种鞘翅目昆虫，如步行虫科、金龟子科和伪步行虫科的甲虫。温暖季节，在中间宿主体内经 14～16 天，似囊尾蚴发育成熟；温度低时，可延长至 60 天后，似囊尾蚴在其小肠上经 12～20 天发育为成虫。

2. 戴文绦虫　绦虫病是由戴文科戴文属的节片戴文绦虫（D. proglottina）寄生于禽类引起的。成虫体长 0.5～3 毫米，由 3～5 个节片组成，最多不超过 9 个。整体似舌形，节片由前向后逐渐增宽。顶突上有 60～100 个小钩，吸盘上有 3～6 列小钩。生殖孔规则地交替开口于每个节片侧缘前角。每节睾丸 12～21 个，在节片后部排成两列。雄茎囊显著，横列于节片前部，其长度占节片宽度一半以上。雄茎常明显地突出于节片边缘。卵巢和卵黄腺位于节片中部。孕节子宫分裂为许多卵袋，每个卵袋内含有一个虫卵。虫卵呈球形，直径 28～40 微米，卵内含有一个六钩蚴。

节片戴文绦虫寄生于鸡、鸽和鹌鹑的十二指肠内。孕节随粪便排到外界后，能蠕动并释放出虫卵。被中间宿主蛞蝓或陆地螺蛳吞食，卵在消化道孵出六钩蚴，移行到适宜的组织，经 3～4 周（夏季）发育成似囊尾蚴。禽类吞食了含有似囊尾蚴的中间宿主后约经 2 周，似囊尾蚴发育为成熟的绦虫。

3. 剑带绦虫 剑带绦虫病是由膜壳科剑带属的矛形剑带绦虫（D. lanceolata）寄生于鹅、鸭引起的。该虫属禽类大型绦虫，长 3～13 厘米，呈矛形。头节小，顶突上有 8 个小钩。链体有节片 20～40 个，前端窄，往后逐渐加宽，最后节片宽 5～18 毫米。睾丸椭圆形，横列于卵巢内方生殖孔的一侧，卵巢和卵黄腺则在睾丸的外侧，生殖孔位于节片前角侧缘。卵呈椭圆形，无卵袋包裹。

剑带绦虫寄生于鹅、鸭的小肠，孕节和卵随粪便排于外界。如落入水中被剑水蚤吞食，在消化液的影响下，六钩蚴从卵中逸出，借助小钩和穿刺腺的作用，穿过肠壁进入血腔。在水温 9～12℃下，约经过 6 周发育成似囊尾蚴。鹅、鸭等水禽类吞食含有似囊尾蚴的剑水蚤后，剑水蚤被消化，似囊尾蚴进入小肠，并翻出头节，用吸盘固着在肠壁上，约经 19 天发育为成虫。

此外，寄生于鸭、鹅等水生禽类的绦虫还有冠状膜壳绦虫（hymenolepis coronula）、刺毛膜壳绦虫（H. setigera）、缩短膜壳绦虫（H. compressa）和秋沙鸭双睾绦虫（diorchis nyrocae）等。

（二）流行病学

上述三种赖利绦虫均为全球分布，凡养鸡的地方，几乎都有这三种绦虫的存在。这可能与中间宿主蚂蚁、蝇及鞘翅目昆虫广泛存在有关。我国各省均有发生。在河南，有轮赖利绦虫的感染强度为 22（指每只鸡所感染的虫体条数，下同），感染率为 10%；棘沟赖利绦虫的感染强度为 23，感染率是 39.8%；四角赖利绦虫的感染强度为 77.6，感染率为 18.8%。各种年龄的鸡均能感染，但以雏鸡最易感。该病发生与饲养管理有关，若饲养条件好又能及时驱杀中间宿主，则感染与发病较少。

各种年龄的鸡均可感染节片戴文绦虫，雏鸡的易感性更强。禽类在潮湿环境中易感染本病，主要是因为蛞蝓等软体动物适宜于潮湿环境。卵自终末宿主排出后，六钩蚴在阴暗潮湿的环境中能存活 5 天左右，干燥和霜冻使之迅速死亡。本病几乎分布世界各国，河南许昌地区感染强度为 65，感染率为 0.12%。

剑带绦虫呈世界性分布，我国除福建、江西、四川有报道外，河南省呈地方性流行。如驻马店、周口、信阳、南阳等，鹅的感染率为 0.45%～1.1%，感染强度为 4；信阳鸭的感染强度是 4，感染率是 0.45%。剑水蚤生活期限为一年，似囊尾蚴可以在中间宿主体内生活至春季。因此，春季孵出的雏鹅、雏鸭即可受到感染，成年鹅一般为带虫者。

（三）致病作用和症状

各种年龄的鸡均可感染绦虫病，但以 17 日龄以后的雏鸡最易感染，并常使 25～40 日龄的鸡出现大批死亡。虫体以其头节伸入肠黏膜下层，使肠壁上形成结节样病变，肠黏膜遭受破坏，引起显著的肠炎，发生消化障碍。粪便稀薄，呈淡黄色，有时带血，食欲减退，渴欲增加。当大量虫体聚集在肠内时，可引起肠阻塞，甚至造成肠破裂和腹膜炎。虫体代谢产物还能引起中毒，发生痉挛，病鸡羽毛蓬乱，精神沉郁，不喜欢运动，久之出现贫血现象，高度衰弱和渐进性麻痹而死亡。轻度感染则发育受阻，产蛋下降或停止。鸭、鹅严重感染时，还出现突然倒向一侧现象，行走不稳，有时伸颈，张口摇头，仰卧而脚爪作划水样运动。

（四）病理变化

肠黏膜肥厚，肠腔内有多量恶臭黏液。病鸡贫血、黄疸。小肠内如有棘沟赖利绦虫感染时，肠黏膜呈结节样病变，其内可找到虫体或黄褐色干酪样栓塞物。有时可在浆膜面见到疣状结节。

（五）诊断

生前检查粪便，发现孕卵节片或水洗沉淀法查到粪便中的虫卵即可确诊。对可疑病鸡、鸭和鹅可剖检诊断，也可在产蛋前一个月进行诊断性驱虫，然后收集粪便查找虫体。

（六）预防和控制

预防绦虫应改善环境卫生和饲养管理，扑灭中间宿主，加强粪便管理，随时注意感染情况。平养鸡应每年驱虫2～3次。笼养鸡应上架前驱虫一次，上架后一般不会发生本病。鸭、鹅绦虫的预防主要是消灭中间宿主和定期驱虫。流行地区，每年春秋各驱虫一次，粪便集中处理。对3～4月龄雏鸭、鹅单独饲养于安全的水面，以保证其不被感染。

常用驱虫药物有以下几种：吡喹酮，按每千克体重20毫克，内服；硫双二氯酚，每千克体重100～200毫克，口服；丙硫咪唑，鸡为每千克体重30毫克，鸭为每千克体重25毫克、鹅为每千克体重40毫克，口服。

五、鸡蛔虫病

鸡蛔虫病由禽蛔科禽蛔属（ascaridia）的鸡蛔虫（agalli）寄生于鸡的小肠内引起的。此病遍及全国，是一种常见的寄生虫病。在大群饲养的情况下，常常影响雏鸡的生长发育，甚至引起大批死亡，造成严重损失。

（一）病原

鸡蛔虫是鸡体内最大的一种线虫，呈黄白色。雄虫长26～

70毫米，雌虫长65～110毫米。虫体表面有横纹，头端有3个唇片。雄虫尾端有尾翼和10对尾乳突，有一个圆形或椭圆形的肛前吸盘，交合刺等长。雌虫阴门开口于虫体中部。虫卵呈椭圆形，深灰色，大小为70～90×47～51微米，壳厚而光滑，新鲜虫卵内含单个胚细胞。

（二）生活史

雌虫在小肠内产卵，卵随粪便排出体外。在有氧及适宜的温度和湿度条件下，经17～18天发育为感染性虫卵。鸡吞食了被感染性虫卵污染的饲料和饮水而感染，蚯蚓也可吞食虫卵，当鸡啄食蚯蚓时也可感染。感染性虫卵进入鸡体后在腺胃和肌胃内孵出幼虫，进入十二指肠内停留9天，在此间进行第二次蜕化变为第三期幼虫，而后钻进黏膜进行第三次蜕化变为第四期幼虫，再经17～18天后重返肠腔，进行第四次蜕化而成为第五期幼虫，继而发育为成虫。鸡蛔虫生活史无组织内移行过程，因此自感染至发育为成虫仅需35～50天。成虫在鸡体内可寄生9～14个月。

（三）流行病学

虫卵对外界不良因素和常用消毒药物抵抗力很强，但对干燥和高温（50℃以上）甚敏感，特别是在阳光直射、沸水处理和粪便堆积等情况下，可迅速致死。在荫蔽潮湿的地方，可生存很长时间。感染性虫卵在土壤内一般能保持6个月的生活力。虫卵在温度为19～39℃和90%～100%的相对湿度时，容易发育到感染期，相对湿度低于60%时不易发育；温度高于39℃时，虫卵发育至感染期即行死亡。温度为45℃时，虫卵在5分钟内死亡。在严寒季节，经3个月冻结，虫卵仍不死亡。

3～4月龄以内的鸡易遭侵害，雏鸡只要有4～5条、幼鸡只要有15～25条成虫寄生即可发病。超过5～6个月的鸡抵抗力较强，1岁以上的鸡为带虫者。

饲养条件与易感性也有很大关系。饲料中含动物性蛋白多、营养价值完全时，可使鸡产生较强抵抗力；含足够维生素 A 和 B 族维生素的饲料，亦可使鸡具有较强抵抗力，特别是维生素 A 与本病关系密切。试验证明，当鸡只维生素缺乏时，其体内蛔虫数量较正常营养的雏鸡多，虫体也较大。因此，饲料中维生素含量适当，对预防本病的发生具有重要意义。此外，笼养状况下的鸡发病少于平养的鸡。

（四）致病作用

幼虫侵入肠黏膜时，破坏黏膜及肠绒毛，造成出血和发炎，并易导致病原菌继发感染。此时，在肠壁上常见有颗粒状化脓灶或结节形成。严重感染时，成虫大量聚集，相互缠结，可能发生肠堵塞，甚至引起肠破裂和腹膜炎。虫体代谢产物常使雏鸡发育迟缓，成鸡产蛋率下降。

（五）症状

雏鸡常表现为生长发育不良，精神萎靡，行动迟缓，翅膀下垂，呆立不动，羽毛松乱，鸡冠苍白，黏膜贫血。消化机能障碍，食欲减退，下痢和便秘交替，有时稀粪中混有带血黏液，并逐渐衰弱死亡。成鸡多属轻度感染，症状不明显，偶有重症感染者，表现为下痢、贫血、产蛋量下降等。

（六）诊断

需进行粪便检查和尸体剖检。粪检发现大量虫卵（要与异刺线虫卵区别）或剖检发现大量虫体时，方可确诊。

（七）预防和控制

平时加强饲养管理，喂配合饲料，尤其注意饲料中维生素 A、B 族维生素的含量。不同日龄的鸡分开饲养。鸡舍及运动场上的粪便应及时清除，集中起来进行生物热处理。饲槽及饮水器每隔 1～2 周用沸水消毒一次。雏鸡在 2 月龄或上架前驱虫一次，产蛋前再驱虫一次。

常用驱虫药物有以下几种：左咪唑，每千克体重 20～40 毫克，口服；丙硫咪唑，每千克体重 30～50 毫克，口服；塞苯唑，每千克体重 500 毫克，口服。枸橼酸哌嗪（驱蛔灵），每千克体重 0.20～3 克，口服。

六、鸡异刺线虫病

鸡异刺线虫病是由异刺科异刺属（heterakis）的鸡异刺线虫（H. gallinae）寄生于鸡的盲肠引起的。其他禽鸟亦有异刺线虫寄生。

（一）病原

鸡异刺线虫又称盲肠虫，主要寄生于鸡、火鸡、珍珠鸡及水禽盲肠中，分布广。异刺线虫虫体小，细线状，呈淡黄色或白色。雄虫长 7～13 毫米，雌虫长 10～15 毫米。头部有 3 个不明显的唇片围绕口孔，口囊呈圆柱状，食道末端有一膨大的食道球。雄虫尾直，末端尖细，交合刺 2 根，不等长，有一个圆形的泄殖腔前吸盘。雌虫尾部细长，阴门开口于虫体中部稍后方。卵呈椭圆形，灰褐色，大小为 65～80 微米×35～46 微米，壳厚而光滑，内含未分裂的卵细胞。

（二）生活史

成虫在盲肠内产卵，随粪便排出体外，在潮湿和适宜的温度环境（18～26℃）中经过 7～12 天发育为感染性虫卵，鸡食入此种虫卵而感染。有时感染性虫卵或感染性幼虫被蚯蚓吞食，它们能在蚯蚓体内长期生存，成为鸡的又一感染来源。感染性虫卵进入鸡小肠内经 12 小时，幼虫逸出并移行到盲肠，钻入黏膜内，经过一个时期的发育后，重返肠腔发育为成虫。自吞食感染性虫卵至发育为成虫，需 24～30 天。成虫寿命为 1 年。

虫卵对外界因素的抵抗力甚强，在阴暗潮湿处可保持活力 10 个月，在 10%硫酸和 0.01%升汞液中均能发育；能耐干燥 16～18 天，在既干燥又有阳光直射下则很快死亡。

（三）致病作用和症状

鸡异刺线虫寄生时能损伤肠黏膜，引起出血；其代谢产物可使机体中毒。幼虫寄生于盲肠黏膜时，可引起盲肠肿大，盲肠壁上形成结节，有时发生溃疡。病鸡主要表现食欲不振或废绝，贫血，下痢和消瘦。成年母鸡产蛋减少或停止，幼鸡生长发育不良，逐渐衰弱死亡。

此外，异刺线虫又是黑头病（盲肠肝炎）的病原体火鸡组织滴虫（histomonas meleagridis）的传播者。当同一鸡体内同时有异刺线虫和组织滴虫时，后者可侵入异刺线虫的卵内，并随之排出体外。组织滴虫得到异刺线虫卵壳的保护，即不易受外界环境因素的损害而死亡。当鸡食入这种虫卵时，即同时感染异刺线虫和火鸡组织滴虫，导致鸡发生盲肠肝炎，极易死亡。

（四）诊断

可应用饱和盐水浮集法检查粪便中的虫卵，但须注意与鸡蛔虫卵相鉴别。鸡异刺线卵呈长椭圆形，小于鸡蛔虫卵，呈灰黑色，壳厚，内含未分裂卵细胞。死后剖检，主要可见盲肠发炎，黏膜肥厚，其上有溃疡。肠内容物有时凝结成条，其中含有虫体。

（五）预防和控制

可参考鸡蛔虫病的防治措施。

七、比翼线虫病

比翼线虫病是由比翼科比翼属（syngamus）的线虫寄生于鸡、火鸡、雉、珠鸡、鹅和各种野禽的气管内所引起的。病禽的主要症状是张口呼吸，故又称开嘴虫病。由于病原体的寄生状态表现为雌雄交合在一起，故又称交合虫或比翼线虫。本病呈地方性流行，主要侵害幼雏，死亡率很高。

（一）病原

虫体因吸血而呈红色，头端大，呈半球形，口囊宽阔呈杯状，基底部有三角形小齿。雌虫比雄虫大，阴门位于虫体前部。雄虫细小，交合伞厚，肋短粗，交合刺小。雄虫以其交合伞附着于雌虫的阴门部，呈交配状态，构成Y形。

1. 斯克里亚平比翼线虫（S. skrjabinomorpha） 雄虫长2～4毫米，雌虫长9～25毫米，口囊基底部有6个齿。卵呈椭圆形，大小约为90微米×49微米，两端有厚的卵塞。

2. 气管比翼线虫（S. trachea） 雄虫长2～4毫米，雌虫长7～20毫米，口囊部有6～10个小齿。虫卵大小为78～100微米×43～46微米，两端有厚的卵塞，内含16～32个卵细胞。

（二）生活史

比翼线虫的雌虫在气管内产出虫卵，然后随气管黏液到达口腔，经咽入消化道，随粪便排到外界。虫卵在适宜的温度（27℃左右）下，经过3天发育，成为感染性虫卵，也可孵化出感染性幼虫（外被囊鞘）。感染性虫卵或幼虫被终末宿主吞食后，幼虫钻入十二指肠、肌胃或食道壁，随血液到达肺脏，在肺脏经两次蜕皮，于感染后14～17天移行到气管内发育为成虫。

带囊鞘的感染性幼虫也可被蚯蚓、蛞蝓、蜗牛、蝇类及其他节肢动物吞食，在其体内不进行发育而成为储运宿主，鸡摄食到此类动物而发生感染。

（三）流行病学

宿主的感染主要发生于鸡舍、运动场、潮湿的草地和牧场。疫区幼鸡往往普遍感染。感染性幼虫在外界环境中抵抗力较弱，但在蚯蚓体内能保持4年之久仍有感染力，在蛞蝓和蜗牛内可生活1年以上。在野鸟和野生火鸡，任何年龄都易感，但无致病作用，可能是本虫的自然宿主。

（四）致病作用和症状

严重感染时，由于幼虫移行，损伤肺脏，引起肺溢血、水肿和大叶性肺炎。成虫寄生时，由于吸血时对黏膜的损伤和刺激，可继发卡他性和黏液性气管炎。

雏鸡寄生少量虫体便表现症状，伸颈，张口呼吸，将头左右摇甩，排出黏性分泌物，有时分泌物内可找到虫体。初期食欲减退或废绝，精神不振，消瘦，口内充满泡沫性唾液。最后引起呼吸困难。直至窒息死亡。幼虫移行时引起肺炎的症状是呼吸困难，精神沉郁，但无张嘴呼吸症状。

（五）诊断

根据临床症状，结合粪便检查有无虫卵，或剖检病鸡查气管黏膜有无虫体附着进行确诊。临床上，要与鸡传染性支气管炎、新城疫等做出鉴别。

（六）预防和控制

鸡粪发酵处理。鸡舍、运动场保持干燥卫生。防止野鸟飞入鸡舍。对有病鸡场，应经常检查和驱虫。常用药物有以下几种：碘溶液（碘片10克，碘化钾1.5克，蒸馏水1 500毫升），雏鸡

1～1.5毫升，气管注射或经口灌入；丙硫咪唑，30～50毫克/千克体重，口服。

八、斧钩华首线虫病

本病是由华首科（acuariidae）头饰带属（cheilospirura）的斧钩华首线虫（C. hamulosa）寄生于鸡和火鸡体内引起的寄生性线虫病。

（一）病原

斧钩华首线虫又名钩唇头饰带线虫或扭状胃虫，寄生于鸡和火鸡的肌胃角质层下方。本病在我国南方比较多见，北方也有发现。虫体两端尖细，在前部有4条绳状饰带，为表皮隆起构成，边缘不规则，起始于口部，两两并列，呈不整齐的波浪形向后延伸，几乎达虫体后部，但不折回，末端也不相吻合。口有两个侧唇。雄虫长10～14毫米，泄殖孔前乳突4对，后乳突6对，两根交合刺左长右短。雌虫长16～29毫米，阴门位于虫体中部稍后方。虫卵大小为40～45微米×24～27微米。

（二）生活史

虫卵通过宿主的粪便排出体外，被中间宿主吞食，在其体内发育为感染性幼虫，终末宿主鸡和火鸡吞食了含感染性幼虫的中间宿主而感染。斧钩华首线虫的中间宿主为蚱蜢、甲虫和象鼻虫等。自感染到到达肌胃角质层下需35天，120天后才开始产卵。

（三）致病作用

斧钩华首线虫可导致寄生部位溃疡、出血，并形成小瘤样结节。由于虫体毒素作用，肌胃机能减弱。

(四) 症状和病理变化

病鸡表现精神沉郁，食欲减退或废绝，下痢，粪呈黄白色。久之则病鸡消瘦、贫血，缩头垂翅，羽毛松乱，对1月龄雏鸡危害严重，死亡率高。病原往往在剥离肌胃角质层时才能发现。在虫体寄生部位的胃壁变薄，部分可见到软而带红黄色的小瘤。

(五) 诊断

主要采用粪便虫卵检查和尸体剖检来确诊。

(六) 预防和控制

防止小鸡与中间宿主接触；对1月龄雏鸡进行预防性驱虫；可试用丙硫咪唑、左咪唑驱虫，具体用法用量参考鸡蛔虫病。

九、棘口吸虫病

本病是由棘口科（echinostomatidae）棘口属（echinostoma）的卷棘口吸虫（E. revolutun）寄生于禽、鸟类的肠道内而引起的一种寄生虫病。

(一) 病原

卷棘口吸虫呈细叶状，新鲜虫体呈淡红色。体表有小刺，长7.6～12.6毫米，宽1.26～1.6毫米。虫体的前端有发达的头冠，上有35～37个小刺，头冠两侧各有角质刺5个，排列成簇。口吸盘在虫体前端，食道长，腹吸盘位于两肠管分叉后方，大于口吸盘。睾丸呈椭圆形或稍有缺刻，前后排列于虫体后部。卵巢圆形，位于睾丸之前虫体中央或稍前。在卵巢和腹吸盘之间有弯曲的子宫，内充满虫卵。卵黄腺发达，分布在腹吸盘后的虫体两侧，直达虫体后端。虫卵呈椭圆形，金黄色，前端有卵盖，内含未分裂的胚细胞和许多卵黄细胞。虫卵大小为 114～126 微米。

（二）生活史及流行病学

卷棘口吸虫的发育需要两个中间宿主。第一中间宿主有两种椎实螺—折叠萝卜螺（radix plicatula）和小土蜗（galba pervia）及一种扁卷螺—凸旋螺（gyraulus convexiusculus）。第二种中间宿主除上述 3 种螺外，还有 2 种扁卷螺，即半球多脉扁螺（palypylis hemisphaerula）和尖口圆扁螺（heppeutis cantori），蝌蚪和某些鱼类也可作为第二中间宿主。

成虫寄生在禽类的肠道内，虫卵随粪便排出体外落入水中，在适宜的环境中孵出毛蚴。毛蚴游于水中，遇到第一中间宿主即钻入其体内，发育为胞蚴、雷蚴、子雷蚴和尾蚴。成熟的尾蚴离开螺体后，在水中游动，遇到第二中间宿主，即侵入其体内，脱去尾部形成囊蚴。家禽吞食了含有囊蚴的螺蛳、蝌蚪或鱼类而感染。囊蚴在禽消化道内囊壁被消化，幼虫脱囊而出，吸附在终末宿主的直肠和盲肠黏膜上发育为成虫。自吞入囊蚴到发育为成虫需 16～22 天。

卷棘口吸虫在我国各地都有流行，对雏禽的危害较大。鸭的感染率高于鸡、鹅，感染强度为 1～25。鸭、鹅是由于在水中捕食蝌蚪、螺蛳或食入浮萍及其他水生饲料而感染，鸡多因在水边吃入蝌蚪或螺蛳而感染。

（三）致病作用及症状

由于虫体的吸附及体表小刺的机械性刺激作用，引起肠黏膜损伤和出血。虫体的毒素被机体吸收，患禽表现食欲减退、下痢、消瘦、贫血、生长发育受阻，重者引起死亡。剖检时，在直肠和盲肠黏膜上有许多虫体吸附，呈现出血性肠炎病理变化。

(四) 诊断

用直接涂片法或沉淀法检查粪便找到虫卵，结合流行病学及症状确诊，死后可进行剖检，在肠道内找到虫体即可确诊。

(五) 预防和控制

预防本病可对患禽进行有计划的驱虫，驱出的虫体和排出的粪便应严格处理。每天从禽舍内清理出的粪便应堆积发酵，杀灭虫宿主。治疗可用硫双二氯酚和氯硝柳胺，具体用量及用法参考有关药物章节。

十、前殖吸虫病

前殖吸虫寄生于禽类的输卵管、腔上囊和泄殖腔内，偶见于肠道。前殖吸虫种类多，属前殖科（prosthogonimidae）的前殖属（prosthogonimus)。本病在我国分布很广，常引起患禽输卵管发炎，卵巢机能紊乱，病禽产无壳蛋和软壳蛋，有时继发腹膜炎而死亡。

(一) 病原

前殖属吸虫呈梨形或椭圆形，体表有小刺，口吸盘在虫体前端，腹吸盘在肠管分叉之后。睾丸呈椭圆或卵圆形，不分叶，左右并列于虫体中部。卵巢分叶。虫卵较小，呈椭圆形，棕褐色，前端有卵盖，后端有一小突起，内含一个胚细胞和许多卵黄细胞。较常见的 5 种前殖吸虫为：卵圆前殖吸虫（P. ovatus)，梨形，长 3～6 毫米，宽 1～2 毫米，虫卵大小为 22～24 微米×13 微米；楔形前殖吸虫（P. cuneatus)，呈梨形，长 2.89～7.14 毫米，宽 1.7～3.71 毫米，虫卵大小为 22～28 微米×13 微米；透明前殖吸虫（P. pellucidus)，椭圆形，扁平透明，体表小刺分布于虫体前半部，长5.86～9.0毫米，宽2.0～4.0毫米，虫卵大小25～29微米×11～15微米；鲁氏前殖吸虫（P. rudolphi），呈椭圆形，长1.35～5.75毫米，宽1.2～3毫米，虫卵大小24～30微米×12～15微米；家鸭前殖吸虫（P. anatinus），梨形，长38毫米，宽2.3毫米，虫卵大小为23微米×13微米。

（二）生活史

前殖吸虫的发育需要两个中间宿主，第一中间宿主为淡水螺，第二中间宿主为蜻蜓及其幼虫。成虫在输卵管或腔上囊内产卵，卵随粪便排入水中，被第一中间宿主淡水螺吞食后，在其体内孵出毛蚴，并进一步发育为胞蚴和尾蚴，无雷蚴阶段。成熟的尾蚴离开螺体，进入水中，遇到第二中间宿主——蜻蜓的幼虫或若虫时，尾蚴即钻入它们的体内，在肌肉中形成囊蚴。当蜻蜓幼虫过冬或发育为成虫时，囊蚴均能保持生命力。家禽和野禽吃入了含有囊蚴的蜻蜓幼虫和成虫而感染。蜻蜓被消化后，囊蚴在禽类的肠道脱囊，经肠进入泄殖腔，再转入腔上囊和输卵管。经1～2周发育为成虫。

（三）流行病学

本病发生季节与蜻蜓出现的季节一致。每年5～6月份，蜻蜓的幼虫和若虫准备蜕化变为成虫时，它们爬出水面到达草上，散养于水边的禽类因啄食蜻蜓而感染。蜻蜓成虫在阴凉的早晨栖息时也常被禽类食入。在我国江湖河流交错的地方，适宜各种淡水螺的孳生和蜻蜓繁殖，从而造成本病流行。

（四）致病作用

前殖吸虫在输卵管内寄生，以其小刺和吸盘刺激输卵管黏膜，并破坏腺体的正常机能。最初，破坏卵壳腺的正常机能，使石灰质的产生加强或停止；然后，破坏蛋白腺的功能，引起蛋白分泌过多。因积聚的蛋白刺激，干扰了输卵管的收缩，影响卵的通过而产生畸形蛋、软壳蛋和无壳蛋等。若输卵管炎症加剧，继发细菌感染，可引起输卵管破裂，卵黄、蛋白或石灰质落入腹腔导致腹膜炎而死亡。鸡、鸭首次感染后，可产生免疫力；二次感染时，虫体可离开输卵管与卵黄、蛋白一起包入蛋内。所以，有时见到蛋内有虫体存在。

（五）症状

鸡的症状比鸭明显，初期症状不显著，不时排出薄壳蛋或无壳蛋，以后畸形蛋比例增加，产蛋率下降甚至停产。患禽表现食欲减退或绝食，精神委顿、消瘦、羽毛脱落、腹部膨大，活动减少，有时从泄殖腔排出卵壳碎片或流出石灰水样液体。后期体温升高，渴欲增加，泄殖腔突出，肛门边缘高度潮红，严重者死亡。

（六）诊断

可根据症状和死亡禽的剖检进行诊断。剖检时，主要病变在输卵管，可见黏膜充血，极度增厚，壁上有虫体寄生。继发腹膜炎时，在腹腔内有大量的黄色浑浊液体。

（七）预防和控制

改散养家禽为舍饲；不在清晨或傍晚及雨后到池塘放牧；定期检查家禽并驱虫；用物理或化学方法灭螺。驱虫可用硫双二氯酚和氯硝柳胺等，具体使用剂量及方法见药物章节。

十一、鸡皮刺螨病

本病是由皮刺螨科皮刺螨属（demanyssus）的鸡皮刺螨（D. gallinae）所引起，其寄居于鸡、鸽、家雀等禽鸟类的窝巢内，吸食禽血。

（一）病原

虫体呈长椭圆形，后部略宽。体表密生短绒毛呈淡红色或棕灰色。雌虫体长0.72～0.75毫米，宽0.4毫米，饱血后其长度可达1.5毫米。雄虫体长0.6毫米，宽约0.32毫米。体表有细皱纹与短毛。假头长，螯肢一对，呈细长的针状，用以穿刺宿主皮肤而吸取血液，足很长，上有吸盘。

（二）生活史

鸡皮刺螨属不完全变态的节肢动物，其发育过程包括卵、幼虫、若虫和成虫4个阶段，其中若虫为2期。侵袭鸡只的雌虫在吸饱血后，每次产卵10枚。在20～25℃的情况下，经过2～3天后孵化为3对足的幼虫。幼虫不吸血，经过2～3天后蜕化为4对足的第一期若虫。第一期若虫吸血后，隔3～4天蜕化为第二期若虫。第二期若虫再经0.5～4天后蜕化为成虫。鸡皮刺螨主要在夜间侵袭动物吸血，如果鸡于白天留居舍内或母鸡孵卵时，亦可遭受侵袭。受到侵袭的鸡日渐衰弱、贫血，产蛋率下降，甚至引起死亡。鸡皮刺螨还是鸡脑炎病和以圣路易脑炎病毒的传播者和保毒宿主。

（三）预防和控制

可用氰戊菊酯和溴氰菊酯杀灭鸡体上的螨；亦可用这类药物的水乳剂对鸡舍进行消毒，尤其是栖架、墙壁缝隙。产蛋箱要清洗干净，用沸水浇烫后，再在阳光下暴晒，以彻底杀灭虫体。

十二、鸡奇棒恙螨病

鸡奇棒恙螨病是恙螨科奇棒属（neoschongastia）的鸡奇棒

恙螨（N. gallinarum）的幼虫寄生于鸡及其他鸟类引起的。主要寄生部位是翅膀内侧、胸肌两侧及腿内侧皮肤上。分布于全国各地。

（一）病原

鸡奇棒恙螨又称鸡新勋恙螨，其幼虫很小，不易发现，饱食后呈黄色，大小为0.42毫米×0.32毫米，分头胸部和腹部，有3对足。

（二）生活史

恙螨在发育过程中，仅幼虫营寄生生活；成虫多生活于潮湿的草地上，以植物液汁和其他有机物为食。雌虫受精后，产卵于泥土上，约经2周时间孵出幼虫。幼虫遇到鸡及其他鸟类便爬至其体上，刺吸体液和血液，有1～30天饱食时间，在鸡体上的寄生时间为5周以上。幼虫落地数日后发育为成虫。由卵发育为成虫需1～3个月。

（三）症状

患部奇痒，出现痘疹状病灶，周围隆起，中间凹陷呈痘脐形，中央可见一小红点，即恙螨幼虫。大量虫体寄生时，腹部和翼下布满此种病灶。病鸡贫血、消瘦、垂头、不食，部分鸡死亡。

（四）诊断

在痘疹状病灶的痘脐中央凹陷部可见有小红点，用小镊子取出镜检，可发现虫体。

（五）预防和控制

应避免在潮湿地方放鸡。发现病鸡，可用70%酒精、碘酊或5%硫磺软膏涂擦病灶，一次可杀死虫体，数日病灶消失。

十三、禽隐孢子虫病

隐孢子虫病（cryptosporidiosis）是一种世界性的人畜共患病。它能引起哺乳动物（特别是犊牛和羔羊）的严重腹泻和禽类的剧烈呼吸道症状，也能引起人（特别是免疫功能低下者）的严重疾病。目前，初步确认能导致隐孢子虫病的病原体共6种：寄生于哺乳动物体内的小隐孢子虫（C. parvum）和小鼠隐孢子虫（C. muris）；寄生于禽类的火鸡隐孢子虫（C. meleagridis）和贝氏隐孢子虫（C. baileyi）；寄生于鱼类的鼻隐孢子虫（C. nasorum）和寄生于爬行类的响尾蛇隐孢子虫（C. crotali）。禽类隐孢子虫病是由隐孢子虫科（Leger，1911）、隐孢子虫属（Cryptosporidium Tyzzer，1907）的火鸡隐孢子虫（C. meleagridis）和贝氏隐孢子虫（C. baileyi）寄生于家禽的呼吸系统、消化道、法氏囊和泄殖腔内引起的一种原虫病。

（一）病原学

禽隐孢子虫隶属于原生动物门，顶复亚门，孢子虫纲，真球虫目，隐孢子虫科（cryptosporidiidae），隐孢子虫属（cryptosporidium）。

寄生于家禽的虫体有贝氏隐孢子虫（C. baileyi Current 等，1985）和火鸡隐孢子虫（C. meleagridis Slavin，1955）。

1. 贝氏隐孢子虫 寄生于禽类的呼吸道、泄殖腔、法氏囊。卵囊大多为椭圆形，部分为卵圆形和球形，大小为4.5～7.0微米4.0～6.5微米（平均为6.16微米×5.04微米）；卵囊壁薄、光滑、单层、无色；无微孔、无极粒和孢子囊，每个卵囊内含有4个裸露的香蕉形的子孢子和1个残体，残体由一个折光体和一些颗粒组成；子孢子呈香蕉形，大小为5.7～6.0微米×1.0～

1.43 微米（平均为 5.88 微米×1.21 微米）；残体呈球形或椭圆形，大小为 3.1l～3.56 微米×2.67～3.38 微米（平均为 3.4 微米×2.93 微米），中央为均匀物质组成的折光球，外周有 1～2 圈致密颗粒。

2. 火鸡隐孢子虫 寄生于火鸡、鸡、孔雀、鹌鹑和鹅的呼吸道或消化道。卵囊呈球形，直径为 5 微米，内有 4 个长形的子孢子。裂殖体大小为 4 微米×5 微米，内含 8 个细长镰刀状的裂殖子。大配子卵圆形，大小为 4～5 微米×3～4 微米，小配子体球形或卵圆形，可产生 16 个无鞭毛的小配子，小配子呈杆状，大小为 1 微米×0.3 微米。

（二）生活史

隐孢子虫为单宿主寄生性原虫，各期虫体均寄生于黏膜上皮细胞表面的带虫空泡中。带虫空泡是由微绒毛融合形成，在虫体与上皮细胞接触处，虫体表膜反复折叠形成营养器。隐孢子虫的生活史过程分为配子生殖和孢子生殖。

配子生殖：Ⅱ型裂殖体释放出后进行配子生殖，分别形成大、小配子体。小配子体呈圆形，大小为 4 微米×4 微米，以出芽方式产生 16 个无鞭毛的小配子。大配子体大小为 4.7 微米×4.7 微米，小配子钻入大配子体内完成受精，并形成合子。

孢子生殖：在宿主体内可产生两种不同类型的卵囊，即薄壁卵囊和厚壁卵囊。薄壁卵囊占 20%，在宿主体内可自行脱囊，子孢子逸出后直接侵入宿主上皮细胞并继续发育繁殖，而使宿主重复感染，从而造成宿主的自体循环感染；厚壁卵囊占 80%，在宿主细胞内孢子化，孢子化的卵囊随粪便排至外界，污染周围环境，造成个体间的相互感染。

（三）流行病学

禽类隐孢子虫的宿主范围也很广，可感染 30 多种鸟类、25

种非雀形目种类和6种雀形目种类。我国在鸡、鸭、鹅、火鸡、鹌鹑、孔雀、鸽、鹦鹉、金丝雀等鸟禽类体内均有发现。隐孢子虫主要危害雏禽，成年禽则可带虫而不显症状。

隐孢子虫主要经过发病的鸟、禽类和隐性带虫者粪便中的卵囊污染饮水或饲料而经消化道感染，也可经呼吸道感染。鼠类或昆虫亦可机械传播。一般来说，饲养密度大、通风不良、饲养管理不善或环境卫生较差的禽场感染率较高。

隐孢子虫病呈世界性分布，亚洲、欧洲、澳大利亚、北美等地都有报道。我国陕西、吉林、黑龙江、甘肃、广东、四川、上海、北京、安徽等地均发现隐孢子虫。在禽类中以贝氏隐孢子虫流行最为广泛，尤其在肉用仔鸡中流行更为严重。据报道，鸡在自然感染情况下，其感染率为6.4%～88.0%，每年4～6月和11～12月发病率较高；鸭感染率为10%～64.3%；鹌鹑感染率为40%。而且，在不同地区其感染率也有很大差异。

(四) 症状

本病以鸡、火鸡和鹌鹑的发病最为严重。主要是由贝氏隐孢子虫引起。潜伏期为3～5天，排卵囊时间为4～24天。病禽表现为精神沉郁、缩头呆立、双翅下垂、食欲减退或废绝、呼吸困难、有湿性啰音，打开口腔可见大量泡沫状渗出物，眼睛有浆液性分泌物，腹泻，便血，体重减轻或死亡。剖检可见病禽喉头、气管水肿，并有大量白色或灰白色泡沫状渗出物。气囊浑浊呈云雾状，法氏囊、泄殖腔黏膜水肿。有的鸭还出现双侧眶下窦内含有大量黄色液体，镜检其中含有大量隐孢子虫卵囊。

鸭贝氏隐孢子虫感染是一种以呼吸道和法氏囊上皮细胞增生、炎性细胞浸润为特征，引起细胞增生性气管炎、支气管炎、肺炎和法氏囊炎的寄生性原虫病。

火鸡隐孢子虫致病力不强，但对雏鸡可引起下痢和呼吸道症状，严重感染可引起火鸡死亡。

（五）病理变化

尸体消瘦，脱水，肛门周围被粪便污染。肠道或呼吸道等虫体寄生部位呈现卡他性及纤维素性炎症，严重者有出血点。病理组织学变化主要表现为上皮细胞微绒毛肿胀、萎缩变性甚至崩解脱落和炎性渗出。

（六）诊断

病禽的临床症状不明显，常以隐性经过。出现临床症状的病禽，也因其不具备特征性症状而不易被重视。因此，确诊本病主要依靠实验室检查。

1. 粪便漂浮法　取粪便 5 克，加水 15～20 毫升，搅拌压碎，用铜筛过滤，将滤液以 3 000 转/分离心 10 分钟，弃去上清液，剩余沉淀物加漂浮液（蔗糖 45 克、蒸馏水 355 毫升、石炭酸 6.7 毫升）充分混匀，以 3 000 转/分离心 10 分钟，用金属环蘸取表面漂浮物，置于（40×10 倍）显微镜下观察。

2. 病理组织学诊断　取病禽气管、支气管、法氏囊或肠道作病理组织切片，在黏膜表面发现大小不一的虫体即可确诊。

3. 染色法　取相应器官的黏膜涂片或新鲜粪便涂片，自然干燥后用甲醇或乙醇固定 10 分，然后以改良抗酸染色法、金胺酚染色法染色，置于油镜下观察，发现卵囊即可确诊。应用改良抗酸染色法时卵囊呈椭圆形，被染成紫红色或红色，背景为蓝绿色，轮廓清晰，易于观察。

4. 动物接种　动物接种采用 1～5 日龄雏禽，经口接种病料，在接种后 3 天起检查粪便中排出的卵囊（漂浮法或染色法），6 天后解剖取相应器官的黏膜进行检查。

近年来，国外已广泛应用多种免疫学方法诊断隐孢子虫病，但国内报道较少。免疫学诊断方法主要用于检测特异性 IgG、

IgM、IgA 抗体或隐孢子虫卵囊抗原，具有高度的敏感性和特异性。已报道的有 ELISA 法，此方法具有较高的特异性、敏感性，适用于本病的诊断和流行病学调查。与常规方法检测粪便中卵囊比较，其敏感性为 82.3%，特异性为 96.7%。免疫荧光法可用于抗原和抗体分析鉴定和定位检查。此法对隐孢子虫特异性抗体检测的敏感性为 92.6%，特异性为 85.8%（Tsaihong JC 等）。用流式细胞仪免疫检测法定量检测人粪便中隐孢子虫卵囊，已证明比直接免疫荧光法敏感 10～15 倍，每毫升粪便中含有 1 000 个卵囊即可用此法检出。近年来发展起来的 PCR 法常应用于隐孢子虫卵囊的检测和人类粪便中的隐孢子虫卵囊。此方法具有快速、简便、准确、高度敏感、高度特异等优点，对无症状患者和症状轻微患者的检测，更具优越性，在隐孢子虫病临床诊断和流行病学调查中具有广阔的应用前景。

（七）预防和控制

目前尚无特效药物杀灭虫卵，可试用盐霉素、磺胺喹噁啉等。国内张友三等（1989）用磺胺类药物治疗鸡隐孢子虫病，认为效果较好。由于免疫功能健全宿主的隐孢子虫感染多数具有自身限制性，因此，在无其他病原存在时，采用包括止泻、补液及补充维生素、电解质等对症疗法和应用免疫调节剂，提高机体非特异性免疫力的方法是可行的。

隐孢子虫卵囊抵抗力很强，对各种消毒剂具有强大抵抗力，如 10%福尔马林作用 18 小时才能杀灭卵囊，因此采用消毒方法控制本病对集约化养禽业来说缺乏实际意义。尽管如此，定期热水处理用具，撒布石灰、石灰乳或采用其他消毒及卫生防护措施，对防止合并感染或继发感染本病具有重要意义。

目前尚无有效药物治疗。在饲料中添加大蒜素（每千克体重 600 毫克）、复方新诺明（每千克体重 8.6 克）连喂 5 天，对雏鸡实验性隐孢子虫病有一定的治疗作用。在饲料中增加 0.04 的乙酰螺旋霉素，对雏鸡贝氏隐孢子虫感染亦有一定的治疗效果。对本病的治疗还可采用对症治疗。

感染隐孢子虫鸡对再次感染可产生很强的免疫保护力。因此，采用免疫方法控制本病，可作为一个重要防制途径。

第八章 家禽营养代谢性疾病

营养代谢病是营养缺乏病和新陈代谢障碍病的统称。营养物质供应不足或缺乏，或神经、激素及酶等对物质代谢的调节发生异常，均可导致营养代谢性疾病。随着畜牧业的发展，动物营养代谢病作为群发性普通病日趋突出。营养代谢病包括碳水化合物、脂肪、蛋白质、维生素、矿物质等营养物质的不足或缺乏；新陈代谢病包括碳水化合物代谢障碍病、脂肪代谢障碍病、蛋白质代谢障碍病、矿物质代谢障碍病、水盐代谢障碍病及酸碱平衡紊乱。近年来，有人主张将与遗传有关的中间代谢障碍及分子病也列入新陈代谢病的范畴。

家禽营养代谢病没有活的致病因子，无传染性和体温反应。其病因主要由营养不足、营养平衡失调所致。病程发展缓慢，常需数周至数月，具有群发的性质，一般以幼仔鸡、高产蛋鸡及生长发育快的肉鸡多发，症状也较明显。本类疾病早期诊断困难，通过调查分析饲料及其添加剂的来源与品质有助于做出诊断。发病后治疗费用高，疗效缓慢，经济损失较大。因此，预防是控制此类疾病的关键。

一、蛋白质和氨基酸缺乏症

家禽为维持正常的生长发育和生产性能，必须由饲料中不断地摄入蛋白质。饲料蛋白质的主要营养作用是以氨基酸的形式吸收进入体内，用以合成家禽自身所特有的蛋白质和其他活性物质，如激素、嘌呤、嘧啶、血红素和胆汁酸等，这些功能是其他营养物所不能代替的。因此，在家禽饲料中蛋白质含量不足或氨基酸配比不平衡时，就会造成蛋白质和氨基酸缺乏症，导致家禽生长停滞，发生疾病，时间稍长则导致死亡。

蛋白质是由 18 种氨基酸和 2 种酰胺构成的复杂的有机物，饲料蛋白质的营养价值主要决定于氨基酸的组成。家禽必需的氨基酸有蛋氨酸、赖氨酸、组氨酸、色氨酸、苏氨酸、精氨酸、异亮氨酸、亮氨酸、苯丙氨酸和缬氨酸等 10 种必须从饲料中摄取的氨基酸。其中，限制性氨基酸为赖氨酸、蛋氨酸和色氨酸。各种家禽对蛋白质和氨基酸的需要量有差别。因此，日粮配合中应分别施予。

（一）病因

引起家禽蛋白质与氨基酸缺乏，总的来讲是由于摄入蛋白质不足或消耗过多，以及一种或某几种氨基酸不足而造成的。

1. 饲料中的蛋白质和氨基酸含量绝对不足，是最常见的原因　家禽饲料中蛋白质和氨基酸的含量有较大的差异，如果饲料种类单一，日粮配合不合理，长期缺乏动物性蛋白饲料，可造成蛋白质和氨基酸的缺乏。另外，家禽对蛋白质和氨基酸的需要量与家禽的种类、品种、年龄、生产性能、环境温度、日粮能量水平等因素有密切关系，长期不变地使用某一配方，也会引起蛋白质与氨基酸的缺乏。

2. 氨基酸搭配不平衡　由于饲料蛋白质的不足，必然会造成氨基酸的缺乏和不平衡。一种氨基酸的缺乏会影响到其他氨基酸的利用而造成多种氨基酸的缺乏。此外，某些氨基酸之间的拮抗作用、转化关系等考虑不周，也可造成某些氨基酸的缺乏。

3. 家禽的许多疾病都可造成家禽的采食量减少，食欲下降或废绝，而使蛋白质的摄入不足；消化道炎症及消化功能障碍，影响家禽对蛋白质的摄入、消化、吸收和利用；某些热性病、慢性消耗性疾病可使体内蛋白质的消耗增加；糖、脂肪摄入不足时，能量缺乏，使蛋白质分解加强，同时也影响到蛋白质的合成。

（二）临床症状与病理变化

雏禽缺乏蛋白质和氨基酸时，由于缺少组成禽体的主要原料而表现为生长发育缓慢，羽毛蓬松、无光泽，虚弱无力，精神不振，食欲下降，体温略低，常拥挤成堆；血浆胶体渗透压低而常发生皮下水肿，红细胞总数和血红蛋白下降而贫血，增重达不到预期效果。

成年家禽除表现上述一些症状外，主要表现为渐进性消瘦，产蛋量下降或停止；公禽由于产生的精子活力差，配种率和孵化率都低。

无论幼禽或成禽，由于血液中的白蛋白和球蛋白含量下降，病禽的抗病能力差，常继发多种其他疾病而造成死亡。

病理剖检，多数病例消瘦、皮下脂肪消失、水肿、肌肉苍白萎缩、血液稀薄且凝固不良，胸、腹腔和心包腔积液，全身几乎无脂肪，心冠沟脂肪呈凝胶样。

（三）诊断

根据临床症状和病理变化，结合对饲料的分析，找出病因，一般不难做出诊断。此外，患病时，血液中总蛋白、白蛋白、球蛋白、红细胞总数和血红蛋白含量明显下降。必要时，测定这些指标也有助于本病的诊断。

（四）预防和控制

一般情况下，家禽饲料中完全缺乏蛋白质是不存在的，往往是由于饲料中蛋白质和氨基酸的含量不足或氨基酸不平衡而发生本病。为了预防本病的发生，应注意以下几点：

第一，保证家禽日粮中蛋白质的含量。要适当搭配植物性饲料和动物性蛋白饲料，雏鸡和肉鸡应为20%左右，产蛋鸡应为

14%～16%，其中动物性蛋白饲料不应少于3%。

第二，注意各氨基酸之间的平衡和搭配关系，尤其是限制性氨基酸含量。

第三，确定家禽对蛋白质和氨基酸需要量时，要根据家禽的种类、品种、年龄、生产力、环境温度、日粮的能量水平等因素的不同来调整，不可长期固定不变地使用某一饲料配方。

第四，在配合饲料时，应注意蛋白质的品质。品质差的蛋白质含必需氨基酸的种类不齐全，含量也少。

二、维生素缺乏症

维生素是维持动物机体生命、生长和繁殖所不可缺少的一类低分子有机化合物。它既非构成组织的主要原料，又非体内能量的来源，但它在调节物质代谢方面却起着十分重要的作用。因饲料中维生素和维生素原不足或缺乏，以及机体内维生素合成紊乱而引起的疾病，统称为维生素缺乏症。

（一）脂溶性维生素缺乏症

1. 维生素A缺乏症　维生素A缺乏症是维生素A长期摄入不足或吸收障碍所引起的一种慢性营养缺乏症，以夜盲、干眼病、角膜角化、生长缓慢、繁殖机能障碍及脑和脊髓受压迫为特征。各种家禽各个发育阶段均可发生。

（1）病因　家禽维生素A缺乏症常由原发性维生素A缺乏和继发性维生素A缺乏引起。

原发性维生素A缺乏是家禽饲料中维生素A或维生素A原含量不足，家禽体内维生素A储备耗竭；饲料加工储存不当引起维生素A的破坏；雏禽快速发育及产蛋高峰及疾病过程中维生素A需要量增加而致相对缺乏；饲料中含硝酸盐和亚硝酸盐过多，引起维生素A和A原分解；饲料内中性脂肪和蛋白质不足、维生素A和胡萝卜素吸收不完全、参与维生素A运输的血浆脂蛋白合成减少等均可引起缺乏症。

继发性维生素A缺乏是由于慢性消化不良、肝脏和胆道疾病引起维生素A的吸收和转化不足而引起的缺乏症。

(2) 临床症状和病理变化　幼禽缺乏维生素A，经6～7周可出现症状。病初，雏禽精神不振，羽毛蓬乱，生长停滞，流眼泪，眼睑内积聚黄白色干酪样物，喙和小腿皮肤黄色消退。继而出现神经过敏和共济失调，常歪头。捕捉等刺激常引起间歇性神经症状发作，头扭转，转圈运动，同时作后退运动和惊叫。

成年禽维生素A缺乏多见于产蛋期，呈慢性经过。病禽逐渐消瘦，体弱，羽毛蓬乱，步态不稳，产蛋量明显下降，孵化率也低。眼内蓄积乳白色干酪样分泌物，角膜软化或溃疡，上下眼睑常被黏着，外观似乎失明。舌背、舌系带、硬腭、喉头和食道前端有米粒大小干酪样疱状结节，剥离后黏膜完整而无出血和溃疡。鼻孔常流出黏稠鼻液，以致堵塞鼻道而引起呼吸困难。由于黏膜腺管鳞状化而发生脓疱性咽炎和食管炎。

尸体剖检的主要变化是眼、消化道、呼吸道、泌尿生殖器官等上皮组织角化、脱落、坏死。雏禽鼻窦、喉头、气管上端有多量黏液性分泌物和少量干酪样物，食道上端至嗉囊口均有散在的粟粒大白色脓疱。在腹腔内，肝表面、心外膜、心包、肾外膜、肾盂和输尿管均有明显的白色尿酸盐沉积。实验室检查，血浆中维生素A含量低于0.18微摩/升。

(3) 诊断　本病的诊断依据是，饲料中缺乏含维生素A和A原的成分；家禽眼流浆液黏液性或脓性分泌物，角膜软化，共济失调和麻痹等临床表现；血浆中维生素A在0.18微摩/升以下；维生素A治疗有效等，可建立诊断。

本病应注意与传染性鼻炎、传染性支气管炎、鸡痘、大肠杆菌病及痛风病相区别。

(4) 预防和控制　家禽维生素A缺乏症的预防主要在于平

时加强饲养，除注意必需的蛋白质、脂肪、糖和矿物质外，还必须保证有足够的维生素 A 和 A 原。疾病发生后，首先要改换饲料，供给富含胡萝卜素的饲料。雏鸡可在饲料中添加生肝块；也可将 1～2 毫升鱼肝油混于饲料中饲喂；并对角膜软化、溃疡等冲洗后涂以抗菌眼膏。

2. 维生素 D 缺乏症 维生素 D 缺乏症是家禽日粮中维生素 D 供给不足、消化吸收障碍或光照不足所致的一种慢性进行性营养不良症。各个发育阶段的家禽均可发生。

（1）病因 家禽体内维生素 D 主要来源于饲料和体内合成，日光照射可使维生素 D_3 原转变为维生素 D_3。因此，家禽饲料中维生素 D 含量长期不足、笼养期间光照不足或肾脏功能不全而对维生素 D 的转化能力降低等均可引起维生素 D 缺乏，致使肠道吸收钙、磷量减少，血钙、血磷含量降低，骨中钙、磷沉积不足，乃至骨盐溶解，最后导致成骨作用障碍。幼禽表现为佝偻病，成年家禽发生骨质软化症。

（2）临床症状和病理变化 雏禽患病时生长缓慢，健康不佳，行走困难、跛行、步态不稳、左右摇摆，常以跗关节蹲伏，故有“佝偻病”或“软骨病”之称。嘴（喙）变形，指压即弯，故称“橡皮嘴”。产蛋母鸡产蛋率下降，蛋壳薄或产软壳蛋，腿软不能站立，呈“企鹅型”蹲伏姿势，嘴、爪和龙骨、胸骨变软，弯曲。

病理解剖可见肋骨与脊椎结合部、肋骨与肋软骨结合部以及肋骨的内侧表面有局限性肿大，并形成白色、突起的串珠状结节。X 线检查，骨骺肿大，长骨弯曲，自发性骨折，纤维性骨营养不良及继发性甲状旁腺机能亢进。

实验室检查可出现血磷和血钙降低，血浆碱性磷酸酶总活力和骨型碱性磷酸酶均升高。血清中 1，25-二羟胆钙化醇及 24，25-二羟胆钙化醇下降，甚至不能检出。

（3）诊断 可根据饲料中维生素 D 原不足及光照时间短、

临床上出现佝偻病或软骨症状、产蛋鸡产蛋情况确定诊断。血磷、血钙降低及碱性磷酸酶活性升高，也是建立诊断的依据。

（4）预防和控制　治疗和预防维生素 D 缺乏，主要在加强饲养管理，给予充足的光照时间。在饲料中补充富含维生素的成分，钙磷比例要适当；不长期大量饲喂影响钙、磷吸收的物质，如磺胺类药物，四环素类药物等。对于病禽，治疗可用鱼肝油、维生素 AD_3 等添加到饲料中，每千克饲料添加量为 5～60 毫升，预防时添加量为每千克饲料 500 国际单位。

3. 维生素 E 缺乏症　维生素 E 缺乏症是由于饲料中维生素 E 不足所致的一种营养代谢障碍综合征。维生素 E 与硒有密切关系，它们之间有一定的协同作用。因此，家禽饲料中如果维生素 E 与硒同时缺乏，则症状严重；如缺乏二者之一，则症状较轻。

（1）病因　饲料中维生素 E 含量不足而导致生物膜结构及膜结合酶活性的改变，使生物膜功能及其他代谢功能障碍。造成饲料中维生素 E 不足的原因主要是：饲料中缺乏富含维生素 E 的成分；饲料加工、贮存过程中维生素 E 被氧化酶破坏；饲料中不饱和脂肪酸过多，其酸败时产生的过氧化物使维生素 E 氧化；维生素 E 相对需要量增加等。

（2）临床症状和病理变化　维生素 E 缺乏的临床症状，因家禽种类、受害的组织和器官不同可分为 3 个病型：

脑软化症：15～30 日龄雏鸡多发。病雏共济失调、站立不稳、行走摇摆、飞舞、喜后坐于胫关节上，躺倒于地面，头向后仰或向下弯曲，双腿痉挛。病理解剖呈现脑膜水肿，小脑肿胀柔软，表面有小出血点，可见到黄绿色浑浊样坏死区。

渗出性素质：1 月龄内雏鸡多发。患鸡皮下水肿，胸腹部皮下蓄积大量紫蓝色液体。病理剖检，病鸡胸部、腿部肌肉及肠壁有轻度出血。

肌营养不良：常发生于 2～3 周龄的幼鸭。患鸭全身衰弱，肌肉萎缩，运动失调，站立，常引起大批死亡。病理剖检，胸肌和腿部肌肉中出现灰白色条纹，肌肉色泽苍白、贫血，故有“白肌病”之称。

(3) 诊断　依据临床表现、病理变化、防治试验和实验室检查诊断。血液和肝脏维生素E含量的测定和羟尿酸溶血试验可作为评价家禽体内维生素E状态的指标。羟尿酸溶血试验，健康雏鸡标准溶血率不超过8%，维生素E缺乏时溶血率可为23%～33%。

(4) 预防和控制　调整日粮，合理加工、贮存饲料，减少饲料中不饱和脂肪酸的含量；多喂青绿饲料、谷物，饲料中加0.5%植物油，同时每千克饲料补充0.05～0.1毫克的硒制剂。或每千克饲料添加维生素E10～20毫克，连用10～14天，即可预防本病。治疗时，可给每只病鸡口服维生素E制剂300国际单位。

4. 维生素K缺乏症　维生素K缺乏症是由于维生素K缺乏而引起的出血性疾病，以血液中凝血酶原等凝血因子减少、血液凝固过程发生障碍、血凝时间显著延长以及身体和内脏的广泛性出血为特征。主要发生于雏禽。

(1) 病因　维生素K是机体合成凝血酶原的必需物质，也与肝脏中凝血因子Ⅶ、Ⅸ、Ⅹ的合成有关。因此，维生素K缺乏时，凝血时间显著延长，皮下、肌肉及胃肠道出血。造成维生素K缺乏的原因是家禽日粮中缺乏富含维生素K的成分；家禽患肝脏病和胃肠疾病时，脂类物质的消化吸收障碍，以致脂溶性维生素K的吸收减少而患缺乏病；大量或长期使用磺胺类药物与抗菌素使家禽胃肠道内微生物数量减少，维生素K合成不足。也有人认为，本病的发生还与遗传因素有关。

(2) 临床症状与病理变化　维生素K缺乏时，主要表现为凝血时间延长和具有出血素质。在小鸡饲料中缺乏维生素K，2～3周后即可出现出血症状。病鸡表现为食欲减退或不食，呼吸极度困难，两翅下垂、闭眼、缩颈、颤抖、呆立或蜷缩集堆。鸡冠、肉髯、皮肤苍白而干燥，翼下有大量出血点。病理剖检表现为血液凝固不良，大腿、头、颈部皮下、胸肌、胸腔、心脏均被出血覆盖；肝脏、肾脏严重贫血，并有针尖大小的出血点。

（3）诊断　依据临床表现、病理变化和防治试验可建立诊断。凝血相检验可作为评价家禽体内维生素 K 状态的指标。

（4）预防和控制　针对诊断时找出的病因采取相应对策。给雏鸡日粮中添加维生素 K_3 每千克饲料 1～2 毫克，并配合适量青绿饲料、鱼粉、肝脏等富含维生素 K 的饲料成分，可起到有效的预防作用；及时治疗胃肠道及肝脏的疾病，以改善对维生素 K 的吸收利用；磺胺、抗生素药物的应用时间不易过长，以免破坏胃肠道微生物合成维生素 K。治疗时，每千克饲料加维生素 K_3 3～8 毫克，同时每吨饲料中加入维生素 C2 克、多维 5 克，可使本病很快减轻。在急性发作时，可肌肉注射维生素 K_3 0.5～2 毫克/只，连续 3～5 天。

（二）水溶性维生素缺乏症

水溶性维生素包括 B 族维生素和维生素 C，家禽肠道内微生物能合成少量的 B 族维生素，但还必须从饲料中补充供应。有的饲料可能缺乏一种或多种 B 族维生素，长期饲用可引起不足或缺乏。

1. 维生素 B_1 缺乏症（硫胺素缺乏症）　维生素 B_1 缺乏症是由于饲料中维生素 B_1 不足或饲料中含有干扰维生素 B_1 作用的物质所引起的一种营养缺乏症，临床表现以神经症状为特征。本病多发生于雏鸡。

（1）病因　维生素 B_1 主要参与糖代谢。它在动物体内合成焦磷酸硫胺素（TPP），作为 α-酮酸脱氢酶系中辅酶参与反应。缺乏维生素 B_1 时，丙酮酸不能氧化，造成神经组织中丙酮酸和乳酸的积累，同时能量供应减少，以致影响神经组织及心肌的代谢和机能，引起多发性神经炎。

造成家禽维生素 B_1 缺乏的主要原因是：饲料中缺乏维生素 B_1；慢性腹泻和急性下痢影响小肠吸收维生素 B_1；饲料中含维生素 B_1 酶或 B_1 的拮抗物；饲料中含碱，造成维生素 B_1 的分解。

（2）临床症状和病理变化　雏鸡发病较快，可在 2 周龄以前发病。病雏鸡发育不良食欲减退，体温降低，体重减轻，羽毛松乱无光泽，腿无力，步态不稳，行走困难。初期以飞节着地行走，两翅展开以维持平衡，进而两腿发生痉挛，向后伸直，倒地而不能站立；然后，向上蔓延，翅、颈部伸肌发生痉挛，头向背侧极度挛缩，发生所谓“观星”姿势，有的发生进行性麻痹，瘫痪倒地不起。成鸡发病较慢，可在 3 周时发病。病鸡的鸡冠呈蓝紫色，所产蛋的孵化率低，孵出的小雏亦呈现维生素 B_1 缺乏症，有的因无力破壳而夭折。病程为 5～10 天，不予救治的多取死亡转归。病程较急的，甚至可 2～3 天内死亡。病理剖检，胃肠有炎症，十二指肠发生溃疡并萎缩。右侧心脏常扩张，心房较心室明显，生殖器官也发生萎缩，睾丸比卵巢明显。小鸡皮下发生水肿，肾上腺肥大，母鸡比公鸡更明显。

对于病鸭，头部常偏向一侧，或团团打转，或漫无目的地奔跑，或抬头望天，或突然跳起，多为阵发性发作。在水中游泳时，常因此而被淹死。每次发作几分钟，一天发作几次，病情一次比一次严重，最后全身抽搐，呈角弓反张而死亡。

（3）诊断　一般依据是否缺乏米糠、麸皮等谷物饲料或青绿饲料的生活史，临床表现麻痹、运动障碍等神经症状，食欲减退但不废绝，维生素 B_1 治疗效果显著等，可建立诊断。测定血中丙酮酸和维生素 B_1 含量，有助于确定诊断。

（4）预防和控制　预防本病主要是加强饲养管理，增喂富含维生素 B_1 的饲料，如青饲料、谷物饲料及麸皮等。雏鸡补充维生素 B_1，每天 2 次，每次 0.1 毫克。用酵母代替亦可，但注意不要与其他碱性药物同用。肌肉注射维生素 B_1 针剂，每只鸡 5

毫克，疗效很好。对消化道疾病、发热等造成的维生素 B_1 缺乏，查准病因后，应对原发性疾病及时治疗。

2. 维生素 B_2 缺乏症 维生素 B_2 又名核黄素，是生物体内黄酶辅基 FAD 和 FMN 的组成成分，在生物氧化中起着递氢体的作用，对动物的生长发育和生产能力的提高非常重要。它的缺乏，会使体内生物氧化以及新陈代谢发生障碍。维生素 B_2 在禾谷类及其副产品中含量很少。因此，以禾谷类及其副产品为饲养的家禽，很容易发生维生素 B_2 缺乏症。雏鸡群发病时，发病率可达 30%～50%。如不及时诊治，病死率颇高。

（1）病因 家禽对维生素 B_2 的需要量较其他家畜要多，而能满足其需要量的饲料较少，体内细菌合成量又不能满足机体需要。因此，在缺乏青绿饲料的情况下，如不注意选择富含维生素 B_2 的饲料或不添加维生素 B_2 时，就很容易出现维生素 B_2 缺乏症。

（2）临床症状与病理变化 小鸡维生素 B_2 缺乏的特征症状是“趾卷曲”性瘫痪。根据病情的轻重可分为 3 种表现形式：第一种是患鸡以跄跗关节着地而蹲坐和趾稍弯曲；第二种是以腿的严重无力和一脚或两脚的趾明显弯曲为特征；第三种是以趾完全向内或向下弯曲和肢无力，甚至以跗关节拖地行进为特征的病鸡始终保持食欲，后因行走困难、吃不到饲料而消瘦，少数病雏可发生下痢。维生素 B_2 缺乏主要发生于雏鸡，成年鸡亦可患病，主要表现为产蛋率与孵化率下降，并与缺乏程度成正比。

小火鸡和小鸭维生素 B_2 缺乏的症状与小鸡不同。小火鸡约在 8 日龄时发生皮炎，肛门有干痂附着、发炎和擦伤；约在 17 日龄时，发育迟滞或完全停止；约 21 日龄时开始发生死亡。小鸭常有腹泻和生长停止。小鹅症状与小鸡类似，表现为足趾内卷和瘫痪。

病理剖检主要见于坐骨神经和臂神经显著肿大和变软，严重者比正常粗大 4～5 倍；胃肠道黏膜萎缩，肠道变薄，肠道中有多量泡沫状内容物；心冠脂肪消失，肝肿大呈紫红色。

（3）诊断　依据所饲喂饲料的生活史和临床症状，可初步建立诊断。测定红细胞中维生素 B_2 的含量和血中谷胱甘肽还原酶，对该病的诊断有一定的价值。

（4）预防和控制　本病必须早期防治。对雏禽一开食时就应喂标准配合日粮，或在每吨饲料中添加 2～3 克维生素 B_2，即可预防本病发生。群体发病治疗时，每 500 千克饲料加 1 000 克复方多维，每天每只再补加维生素 B_2 粉 250 微克拌料，连用 5～7 天。个别严重病鸡可用维生素 B_2 进行注射，每只鸡 2.5 毫克，每天 1 次，连注 3 天。

3. 维生素 B_3 缺乏症　维生素 B_3，又称泛酸或遍多酸。它是 COA 的成分，对脂肪、蛋白质和碳化合物的代谢均有重要作用。它的缺乏，会使角膜血管增生变厚，出现神经症状，性功能也受到影响。

（1）病因　维生素 B_3 广泛分布于动植物界，一般情况下不易缺乏。但饲料经酸碱处理或烘干时，维生素 B_3 因被破坏而减少。饲喂大量肉屑及鱼粉所组成的饲料时，也能出现维生素 B_3 不足。

（2）临床症状与病理变化　病鸡表现为特征性皮炎症状：头部羽毛脱落，头部、趾间和脚底皮肤发炎，外层皮肤有脱落现象，并产生裂隙，以至行走困难。有时可见脚部皮肤增生角化，有的形成疣状隆凸物。幼鸡并发生发育迟滞，羽毛生长阻滞和松乱，眼睑常被渗出黏液黏着，口角、肛门周围有痂皮，口内有脓样物质。蛋鸡的产蛋率受影响较小，但孵化率下降，孵化的雏鸡发育迟缓，死亡率亦高。

幼火鸡维生素 B_3 缺乏症状与雏鸡相似，幼鸭除发育迟滞外，不呈现小鸡所见症状，但死亡率很高。

（3）诊断　依据鸡饲喂饲料的生活史、临床症状和维生素 B_3 治疗有效的试验，可确立诊断。种鸡产的蛋在孵化期的最后

2～3天时，胚胎死亡率高，胚短小，皮下有出血和严重水肿的表现，有助于确定种鸡维生素 B_3 缺乏。

（4）预防和控制　本病的预防，主要是加强日常饲养管理。雏鸡对维生素 B_3 的需要量为每千克饲料10毫克，蛋鸡为2.2毫克。鸡患病时，可添加干苜蓿草、花生饼和酵母等饲料，每千克饲料添加5.0～5.5毫克泛酸钙则更为经济。对缺乏维生素 B_3 的母鸡所孵出的雏鸡，虽极度衰弱，但立即腹腔注射200毫克的维生素 B_3，可收到良好的治疗效果。

4. 维生素 B_6 缺乏症　维生素 B_6 系吡哆醇、吡哆醛和吡哆胺的总称，其主要功能是在体内作为氨基酸转氨酶及脱羧酶辅酶的组成成分；含硫氨基酸和色氨酸的代谢及氨基酸进入细胞，也必须有维生素 B_6 的参与。谷物、酵母、豆类、肉类、种子外皮及禾本科植物都含有维生素 B_6，成年鸡很少发生单纯维生素 B_6 缺乏，本病主要见于雏鸡。

（1）病因　维生素 B_6 的缺乏，主要是饲料配比和加工不当，尤其是热加工往往引起 B_6 的破坏而引起绝对含量的不足。不同品种的鸡对维生素 B_6 的需求量不同，也可导致维生素 B_6 的相对含量不足。有人发现，洛岛红与芦花杂交种雏鸡的需要比白来航雏鸡需要量高得多。

（2）临床症状与病理变化　维生素 B_6 缺乏的主要症状是食欲下降、生长不良、贫血及特征性的神经症状，小鸡双腿神经性颤动，多以强烈痉挛抽搐而死亡。另有些病鸡则呈现骨短粗症。成年病鸡的产蛋量和孵化率明显下降，贫血，逐渐衰竭死亡。病理剖检可见皮下水肿，内脏器官肿大，脊髓和外周神经变性，有的可呈现肝变性。

（3）诊断　本病症状与其他维生素缺乏症有些类似，临床上主要根据饲料配方和加工方式，配合维生素 B_6 治疗有效建立诊断。

（4）预防和控制　预防本病应加强饲料搭配。雏鸡、肉仔鸡、产蛋鸡按每千克饲料 3.0 毫克，种母鸡按每千克饲料 4.5 毫克供给。对于不同品种的雏鸡，也应根据其需要量分别施予饲养。治疗本病可内服维生素 B_6 40～150 毫克/天，同时给予维生素 B_1、维生素 B_2、维生素 PP 等，可提高疗效。

5. 维生素 B_{11} 缺乏症　维生素 B_{11} 又称叶酸，广泛分布于动植物界，特别是在植物绿叶中含量丰富而得名。在体内转变为四氢叶酸形式，参与核酸、蛋白质的生物合成过程，并与红细胞、白细胞的成熟有关。它在中性、碱性中对热稳定，在酸性中加热易分解，易被光破坏。因此，当饲料加工、贮存不当时，易造成维生素 B_{11} 缺乏。

（1）病因　维生素 B_{11} 广泛分布于动植物界，动物肠道内细菌也可合成维生素 B_{11}，但长期服用磺胺或其他抗菌药，或长期单一饲喂谷物性饲料，或饲料加工、贮存不当引起维生素 B_{11} 的破坏，都可发生维生素 B_{11} 缺乏，尤其在小鸡和小火鸡中易发生。

（2）临床症状与病理变化　幼龄小鸡的主要症状是发育迟滞，羽毛形成不良或褪色，病死率高，常伴发大细胞高色素性贫血，红细胞巨大，成熟受阻。幼龄火鸡和部分病鸡生长速度减慢，呈特征性的颈麻痹：颈伸直，作注视地面状。产蛋母鸡则产蛋率和孵化率下降，孵化的胚胎常呈现胫跗骨弯曲，下颌缺损，并趾畸形和出血。病理剖检可见胃肠黏膜有点状出血，肝、脾、肾贫血。

（3）诊断　根据临床症状和病理变化及死亡鸡胚的病理特征，可建立诊断。

（4）预防和控制　家禽饲料中应搭配适量的苜蓿粉、槐叶粉、豆粕、酵母或肝粉，防止单一用玉米作饲料，以保证叶酸的供给。饲料中长期添加抗菌类药物而引起维生素 B_{11} 缺乏者，应根据发病原因适当减量。已发病鸡群可在饲料中按每千克饲料加入 0.5 毫克叶酸，也可用叶酸 0.5～100 微克，肌肉注射，连用 2～3 天。若配合应用维生素 B_{12}、维生素 C 进行治疗，效果更好。

种用火鸡以鱼粉或以溶剂抽提的大豆饼作为主要蛋白来源或饲喂颗粒饲料时，应添加人工合成的叶酸。火鸡的预防性添加量为每吨饲料 0.5～1.0 克。已发病的可将叶酸按每 4 000 毫升水 150～200 毫克的比例加入饮水中，几天内可望治愈。

6. 维生素 B_{12}缺乏症 维生素 B_{12}结构很复杂且有多种形式，含有钴，故又称为钴维生素或钴胺素。维生素 B_{12}在体内参与了许多代谢过程，其中最重要的是参与核酸和蛋白质的合成，促进红细胞的发育和成熟。当维生素 B_{12}缺乏时，可导致巨幼红细胞性贫血和神经系统的损害。

(1) 病因　在自然条件下，各种动物都不易发生维生素 B_{12}缺乏症。维生素 B_{12}的供应，几乎全依赖于胃肠道内微生物的合成，微生物合成维生素 B_{12}时必须有微量元素钴的存在。因此，钴缺乏地区的家禽可发生该病。由于鸡不能吸收利用下部肠道内细菌合成的维生素 B_{12}，日粮中添加钴对维持体内维生素 B_{12}的营养状态没有多大作用，易造成维生素 B_{12}的缺乏，因而主张在饲料中直接添加维生素 B_{12}。

(2) 临床症状和病理变化　病雏鸡生长缓慢，食欲降低，贫血种鸡产蛋量下降，蛋小而轻，蛋壳陈旧，孵化率降低，孵化到第 16～18 天时就出现胚胎死亡率的高峰。特征性的病变是鸡胚生长缓慢，鸡胚体形缩小，皮肤呈弥漫性水肿，肌肉萎缩，心脏扩张并形态异常，甲状腺肿大，肝脏脂肪变性，卵黄囊、心脏和肺等胚胎内脏均有广泛出血。有的还呈现骨短粗病等病理变化。

病鸡剖检，可发现肾、肝、心发生脂肪变性。

(3) 诊断　依据临床症状和病理变化以及鸡胚的特征性病变，可建立诊断。维生素 B_{12}缺乏时，尿中甲基丙二酸显著增加，测定尿中甲基丙二酸可作为维生素 B_{12}缺乏的指标。

(4) 预防和控制　对雏鸡、生长鸡群，在饲料中增补鱼粉、肉屑、肝粉和酵母等，可防止本病的发生。在种鸡日粮中，每吨加入 4 毫克维生素 B_{12}，可使其种蛋能保持较高的孵化率，并使孵出的雏鸡体内储备足够的维生素 B_{12}，以致出壳后数周内有预防维生素 B_{12} 缺乏的能力。治疗可用维生素 B_{12} 制剂，每只鸡注射 0.002 毫克。

7. 维生素 PP 缺乏症　维生素 PP 又称维生素 B_5，包括烟酸和烟酰胺，在维生素中是结构最简单、性质最稳定的一种。它是体内许多脱氢酶的辅酶（COⅠ，COⅡ）的组成成分，参与体内生物氧化。当维生素 PP 缺乏时，辅酶合成受到影响，使生物氧化受阻，新陈代谢发生障碍，导致畜禽癞皮病、角膜炎、神经和消化系统功能障碍。

（1）病因　维生素 PP 在谷物种皮、胚芽、花生饼、苜蓿中含量丰富。家禽体内也可由色氨酸合成一部分，但不能满足机体需要，玉米中色氨酸及维生素 PP 含量极低，且含有抗烟酰胺作用的乙酰嘧啶。因此，长期单用玉米作饲料，便可能发生维生素 PP 缺乏。低蛋白日粮可加剧 PP 的缺乏。鸡患有热性病、寄生虫病、腹泻症、肝和胰脏等机能障碍皆可能致病。

（2）临床症状与病理变化　病鸡口腔黏膜发炎，并有溃疡，外观黑色，唾液黏稠，呼气恶臭，火鸡尤为典型，特称“黑舌病”。病鸡皮肤发炎有化脓性结节，下痢。幼鸡和小火鸡生长停滞，羽毛稀少，跗骨节肿胀和腿弯曲。小鹅和小鸭的腿发生异常，在小鹅则称骨短粗病，小鸭则称为弯腿病。

病理剖检所见的主要病变为皮肤肥厚，有褶和痂；肝萎缩并呈脂肪变性；胃和小肠黏膜萎缩；结肠与盲肠壁增厚，易碎，肠内容物黏附，呈豆腐渣样覆盖物，难以洗脱。

（3）诊断　根据饲喂的饲料、临床症状和病理变化，可建立诊断。但维生素 PP 缺乏症与锰缺乏或胆碱缺乏所致的骨短粗症（滑腱症）有区别，鸡患维生素 PP 缺乏症时跟腱极少从踝骨滑落。

（4）预防与控制　调整日粮中玉米比例，配合富含维生素

PP的大麦、麸皮、豆类、鱼粉、肝粉等，或添加维生素PP、色氨酸、啤酒酵母等，可防止本病的发生。病鸡可在每千克饲料中加维生素PP 10毫克，病雏鸡则加15～20毫克。若有肝病存在时，可配合应用胆碱或蛋氨酸进行治疗。

8. 生物素缺乏症 生物素又称维生素H或维生素B_7，广泛分布于动植物界。性质较为稳定，但在高温及氧化剂下能被破坏。生物素为羧化酶的辅酶，参与固定CO_2。当其缺乏时，可导致蛋白质、糖和脂肪代谢障碍，引起家禽皮炎、贫血和脱毛症。

（1）病因 生物素在自然界存在较广，肠内细菌也可以合成，一般不易缺乏，仅雏鸡和小火鸡有可能发生缺乏症。生物素缺乏的原因可能是：某些疾病使生物素的需要量增加；大麦和小麦等所含生物素的可利用性低；谷类、肉粉和鱼粉等饲料的生物素含量低；某些天然饲料中生物素是结合型，不易被家禽利用；生蛋白含抗生物素蛋白，阻碍生物素的吸收利用；饲料酸败导致生物素的破坏；连续服用磺胺或其他抗生素。凡此种种，都可导致家禽生物素缺乏。

（2）临床症状与病理变化 雏鸡和雏火鸡的典型症状为食欲不振，羽毛干燥变脆，翼羽易被破坏，跖骨弯曲，趾爪、喙底和眼睑边缘发生皮炎，骨短粗。成年鸡和火鸡蛋的孵化率降低，胚胎发生先天性骨短粗症；营养不良、体型小，显现“鹦鹉嘴”，肢小，畸形和并趾。胚胎死亡率在孵化第一周最高，最后3天其次。

（3）诊断 依据特征性临床症状及饲料供给，结合鸡胚发育情况和特征，可建立诊断。

（4）预防和控制 消除日粮中陈旧玉米、麦类过多以及较长时间喂给抗生素添加剂而引起生物素缺乏的病因。雏鸡、种鸡的每千克饲料添加150毫克生物素，种火鸡为200～250毫克，可收到良好的预防效果。病鸡治疗，可口服或注射生物素3～5毫克。

9. 胆碱缺乏症 胆碱具有多种重要的生理功能，它构成神经介质乙酰胆碱及结构磷脂、卵磷脂和神经磷脂，并在一碳基团转移过程中提供甲基。当胆碱缺乏时，易引起脂肪代谢障碍，使大量的脂肪在家禽肝内沉积导致脂肪肝或称脂肪综合征。

（1）病因 胆碱在动物肝脏、小麦胚、大豆饼、花生饼、肉骨粉和鱼粉中含量丰富，玉米中含量很少。因此，以玉米为主配合日粮饲养的家禽易患此病；由于维生素 B_{12}、叶酸、维生素 C 和蛋氨酸都可参与胆碱的合成，它们的缺乏也易影响胆碱的合成；日粮中维生素 B_1 和胱氨酸与胆碱有拮抗作用，它们增多时能促进胆碱缺乏的发生；日粮中长期应用抗生素和磺胺类药物，能抑制胆碱在体内的合成。

（2）临床症状与病理变化 雏鸡和幼火鸡表现为生长停滞，腿关节肿大，病理变化为胫骨和跗骨变形，跟腱滑脱。成年鸡表现为产蛋量下降，蛋的孵化率降低。肝中脂肪酸增高，母鸡明显高于公鸡。有的肝破裂而发生急性内出血，突然死亡。有些生长期的鸡也易出现脂肪肝。剖检可见肝肿大，色泽变黄，表面有出血点，质地很脆弱。肾脏及其他器官也有脂肪浸润和变性。

（3）诊断 根据临床症状和病理变化，结合饲料配比和饲养生活史，可初步建立诊断。测定肝中脂肪酸含量可作为诊断的必要参考。

（4）预防和控制 本病以预防为主，只要针对调查出的病因采取有力措施，就可以预防本病的发生。治疗本病可在每千克日粮中加氯化胆碱 1 克，维生素 E10 国际单位，肌醇 1 克，连续饲喂；或每只鸡每天喂氯化胆碱 0.1～0.2 克，连用 10 天。

三、矿物质及微量元素缺乏症

矿物元素（常量元素和微量元素）是家禽饲料中不可缺少的成分。每种元素都有其特定的生理效应，并不为有机物或激素所能完全取代。饲料中微量元素缺乏或其比例失调，可引起一系列代谢障碍、功能紊乱、生长发育迟缓和繁殖功能减退等症状。轻者导致畜产品减产，重者可酿成疾病，甚至大批死亡。随着传染性疾病和寄生虫病的扑灭与控制，本病越来越显得突出。

（一）常量元素缺乏症

一般认为，凡占动物总重量1/10 000以上的矿物元素，称之为常量元素，包括碳、氢、氧、硫、磷、钾、钠、钙、镁、氯等。它们是构成动物骨架、组成组织细胞和进行新陈代谢最基本的物质，机体的需求量较大。其中的几种元素极易造成缺乏，从而导致机体产生各种生理和病理变化。

1. 钠缺乏症　钠是机体必需的常量元素，在维持机体渗透压和酸碱平衡方面具有重要作用。机体内钠的代谢较快，储存量有限，必须经常由饲料中供给。如长期缺乏，家禽生长发育停滞，生产能力下降，严重者可引起死亡。

植物性饲料中含钠较少，动物性饲料含钠较多。家禽体内的钠主要来源于食盐。食盐或饲料中的钠被摄入体内后，很容易被吸收并迅速分布于全身，且主要经肾脏随尿排出体外。肾脏依据机体对氯化钠的需要量调节氯化钠的排泄，即摄入多排泄多、摄入少排泄也少。

（1）病因　钠缺乏的原因可归纳为摄入减少和排泄增加两个方面。摄入减少主要是由于饲料中含钠较少，不添加食盐或给量不足。排泄增多常由于剧烈下痢或出汗所致。

（2）临床症状与病理变化　家禽缺钠时，食欲减退，消化不良，饲料消化利用率降低，雏鸡和青年鸡生长发育缓慢，产蛋鸡体重、蛋重减轻，产蛋率下降，容易出现啄肛、食血等恶癖。钠的缺乏也可引起骨质软化，角膜角化，生殖腺功能停止，肾上腺肥大，血浆及体液容量下降，心输出量减少，动脉压下降，肾上腺功能损害而引起血中尿素增加，导致休克，如不及时调整，最后可导致死亡。

（3）诊断 本病诊断依据是饲喂的饲料中有含钠不足的生活史；是否有严重的下痢；临床症状和病理变化。为了确诊，可测定饲料中氯化钠含量和肝、脑中钠的含量。

（4）预防和控制 为了防止钠缺乏症的发生，在家禽日粮中要注意补充其需要量的氯化钠。在一般情况下，家禽日粮中添加食盐量以 0.37%最为适宜（0.25%～0.5%），最高不超过 0.5%。但应视所用鱼粉量和鱼粉含盐量而定，切不可使饲料中食盐过高，否则引起食盐中毒。

当钠缺乏病发生后，在日粮中加入 1%～2%的氯化钠喂 2～3 天，有良好的治疗作用。但饲喂时间不可过长，并给予充足的饮水。

2. 氯缺乏症 氯和钠在家禽生理上起着重要作用，他们协同维持细胞外液和渗透压相对稳定，调节水的代谢和酸碱平衡。氯可生成胃液中的盐酸，保持胃液的酸性。家禽对氯和钠的需要量基本相同，各日龄鸡对氯的需要量为每千克饲料 800 毫克。在一般植物性饲料中，氯含量较少，动物性饲料中含量较高，家禽对氯的摄入一般由食盐供给。

（1）病因 家禽氯缺乏一般与钠缺乏有关。主要是饲料中含氯较少，不添加食盐或给量不足。

（2）临床症状与病理变化 家禽缺氯时一般表现为血液浓缩、脱水、生长极度不良，小鸡死亡率高。病鸡还表现出特征性的神经症状，当受惊吓时，突然倒地，身体前翻，两腿后伸，不能站立，经几分钟麻痹后可恢复正常，但再受惊吓时又会重新出现上述症状，有的休克死亡。

（3）诊断 本病诊断的依据是饲喂的饲料中含氯不足的生活史；临床症状和病理变化；一般与钠的缺乏同时发生。为了确诊，可测定饲料中氯化钠的含量和肝、脑中氯、钠含量。

（4）预防和控制 防治本病主要应注意饲料中的含盐量。一般家禽对食盐的需要量占饲料的 0.25%～0.5%，以 0.37%左右量为适宜。同时，应视饲料中动物性饲料的含量而调整。食盐切忌过高，否则会引起中毒。

发现缺氯后，在日粮中加 1%～2%的氯化钠喂 2～3 天，但饲喂时间不易过长，并给予充足的饮水。

3. 镁缺乏症 镁是家禽必需的常量元素之一。家禽体内的镁约有 70%与钙、磷共同构成骨骼，蛋壳中约含 0.4%的镁，其余的镁分布在体液中。镁对维持肌肉、神经的正常机能具有重要的作用。碳水化合物的代谢和许多酶的活化作用都需要有镁的参与，镁对钙、磷的平衡也有一定的作用。家禽常用饲料中均有一定量的镁，其中豆饼类、糠麸类、青饲料中含镁较丰富。鸡对镁的需要量一般为每千克饲料 400～600 毫克。

（1）病因 一般饲料中的镁基本上可以满足家禽的需要，所以镁缺乏症并不多见。有的地区土壤中镁含量少或缺镁，可引起镁的缺乏；长期饲喂含镁少的饲料（稻谷、玉米、血粉等），使镁供给不足；饲料中钙、磷含量过高、维生素 D 不足时，可影响镁的吸收利用。这些情况下均可能发生镁缺乏症。

（2）临床症状与病理变化 雏禽缺镁时一般表现为生长发育停滞，肌肉震颤，严重时呈昏迷状态，最后导致死亡。成年家禽则表现为产蛋量减少，蛋壳变薄，骨质疏松。

（3）诊断 依据饲料中镁的供给情况和临床症状，结合本地区缺镁和流行病学的调查，可做出诊断。测定饲料和血浆中镁含量可为诊断提供依据。

（4）预防和控制 防治本病主要在于加强饲养管理，给予富含镁的饲料，如糠麸类、油饼等；调整日粮中的钙、磷、镁的比例，保证饲料中含镁量不低于 0.04%；必要时，在饲料中添加硫酸镁、氧化镁、碳酸镁等镁制剂。

4. 钙缺乏症 钙是家禽体内无机盐中最多的一类物质。除构成骨骼外，还在维持神经与肌肉的兴奋性、参与凝血过程、降低毛细血管和膜的通透性方面起重要作用。钙缺乏时，可引起家禽颤抖、痉挛及神经传导障碍等精神症状，严重者可引起佝偻病和骨软病。

（1）病因　引起家禽钙缺乏的原因较多，主要有：①饲料中钙的绝对含量不足；②影响钙吸收的物质的作用：饲料中的草酸、植酸、脂肪酸等都可和钙结合成不溶或溶解性低的盐；③钙磷比例不合适；④维生素D的缺乏；⑤胃肠道消化机能障碍；⑥排泄较多，鸡每产1个蛋，约排出钙2克，几乎占鸡体总钙量的1/10；⑦日粮中蛋白质过高以及环境温度高、运动少、日照不足等管理不当，都可能成为致病因素。

（2）临床症状与病理变化　钙缺乏的早期即可见病禽喜欢蹲伏、不愿走动、食欲不振、异嗜、生长发育迟滞等症状。雏鸡呈八字腿姿势，折叠性骨折、胫跖骨弓形弯曲或扭曲，喙和爪变得较易弯曲，肋骨末端呈念珠状小结节，跗关节肿大，蹲卧或跛行。成年蛋鸡产蛋量下降或停产，蛋壳粗糙、变薄、易碎，蛋的孵化率也随之降低；钙、磷同时缺乏时，病鸡体重减轻、瘫痪，幼鸡发生佝偻病，成鸡发生骨软症。

病理剖检，可见全身骨骼都有不同程度的肿胀，骨体容易折断，骨密质变薄，骨髓腔变大。肋骨变形，胸骨呈S状弯曲，骨质软。关节面软骨肿胀，有的有较大的软骨缺损或纤维样附着物。肾肿大，输尿管、肝、脾、心脏沉积有大量白色尿酸盐。此点尤应注意与大肠杆菌病、痛风病相区别。

（3）诊断　钙缺乏症的症状和病理变化比较明显，依此可建立诊断。内脏器官的剖检应注意与鸡大肠杆菌病和痛风病相区别。测定血钙和X光检查，可为早期诊断提供依据。

（4）预防与控制　本病应以预防为主，以早期诊断或监测预报及适时控制为目标。首先，要保证饲料中钙的供给量，调整好钙磷比例；对舍饲笼养家禽，应使之得到足够的日光照。其次是做好监测预报，尽可能及早采取预防措施，避免造成损失。

一般日粮中补充骨粉或鱼粉进行防治本病，效果较好。同时，调整钙磷比例。病禽还应加喂鱼肝油或补充维生素D。

5. 磷缺乏症 磷和钙是家禽体内无机盐中最多的一类物质，除构成骨骼外，磷还在构成磷脂、参与氧化磷酸化反应以及脱氧核糖核酸、核糖核酸和许多辅酶（如焦磷酸、硫胺素、磷酸吡哆醛、辅酶Ⅰ及辅酶Ⅱ）等的构成方面起着重要作用。机体内磷和钙的代谢密切相关。既相互影响，又相互促进。因此，饲料中钙、磷必须保持适当的比例。磷缺乏时，机体的代谢发生障碍，钙的吸收和沉积受到影响，引起家禽异嗜、佝偻病和骨软病等。

（1）病因 现在认为，家禽体内的钙主要靠主动吸收，而磷则似乎是被动吸收的。饲料中的无机磷不必经消化就能被吸收，有机磷经酶水解后，在小肠后段被吸收。而饲料中的磷多数以化合物形式存在。因此，家禽磷缺乏主要是由于：①饲料中磷的绝对含量不足；②钙磷比例不适合；③饲料中磷的存在形式不适；④维生素D缺乏导致钙的吸收障碍，从而改变钙磷比而影响磷的吸收；⑤肠道消化机能障碍；⑥铁、镁、锰、铅、铝等与磷酸结合形成不溶性盐，影响磷的吸收。

（2）临床症状与病理变化 由于磷和钙在代谢上关系密切，家禽磷缺乏与钙缺乏症的症状与病理变化有许多相同或相似之处。幼禽腿无力，喙与爪变软易弯曲。采食困难，走路不稳，常以飞节着地，呈蹲状休息，骨骼变软肿胀。生长缓慢或停滞，有的发生腹泻。成鸡最初产薄壳蛋、软蛋，产蛋量急剧下降，腿变软无力，运动困难，站立时负重困难，常呈蹲伏状，甚至飞节着地，凭借尾力呈“三脚”状负重，最后骨组织增生，飞节不灵活，行走时挺胸，像鹅一样缓慢行进。剖检可见全身骨骼有不同程度的肿胀，骨体易折断，骨髓腔变大，骨质软。肾肿大，输尿管、肝、脾、心脏沉积有大量白色尿酸盐。

（3）诊断 根据家禽生长发育迟缓、关节肿大和骨变形，不难做出诊断。雏鸡患佝偻病时，腿无力，喙和爪变软乃至弯曲。

但需注意与传染性多发性关节炎鉴别。其鉴别要点在于佝偻病经过中，体温不高，无传染性，且肿胀关节无热无痛，无严重的跛行。

实验室测定血清无机磷浓度和血清碱性磷酸酶活性可为诊断提供依据。

（4）预防和控制　本病应以预防为主。首先，要保证日粮中磷的供给和钙磷比例。对舍饲笼养家禽，要使之得到充足的阳光照射。其次，做到早期诊断和实验室监测预报，尽早采取防治措施，以免造成巨大的经济损失。

一般日粮中补充骨粉或鱼粉进行防治，效果较好。若日粮中钙多磷少，则以磷酸氢钙、过磷酸钙添加较为适宜，同时加喂鱼肝油或维生素D。

（二）微量元素缺乏症

一般认为，凡占动物体重总量1/10 000以下的元素，称微量元素，主要包括铜、铁、锡、铅、锌、硼、砷、铝、汞等约40种。它们的生物学作用和生理功能是多种多样的，主要作为多种酶、辅酶、某些激素和维生素的构成成分发挥作用。因此，当微量元素缺乏时，所反映出的疾病也是相当复杂的。

1. 硒、维生素E缺乏综合征　硒缺乏症是以硒缺乏造成的骨骼肌、心肌及肝脏变质性病变为基本特征的营养代谢障碍综合征。其临床表现和病理改变极为复杂，包括多种疾病类型。鉴于硒缺乏同维生素E缺乏在病因、病理、症状及防治等诸多方面均存在着复杂而紧密的关联性，有人将二者合称硒、维生素E缺乏综合征。

（1）病因　本病的发生是世界性的，但仍有一定的地区性，即在缺硒的地带易发病。在土壤—植物—动物生态循环链上，任何一个环节缺硒，均可导致硒缺乏症的发生。①土壤中硒含量不足是硒缺乏症的根本原因；②饲料中硒含量不足是硒缺乏症的直接原因；③维生素E有助于硒以还原状态存在，利于硒的吸收，在一定程度上可补偿硒的不足，维生素E缺乏可促使硒缺乏症的发生；④应激可诱发硒缺乏；⑤硒拮抗元素（铜、银、锌及硫酸盐等）可使硒的吸收利用率降低，是硒缺乏的继发因素。

（2）临状症状与病理变化　硒缺乏时，组织损伤的程度和代谢障碍的环节不同，其病理变化和临床表现亦多种多样，且常因家禽的种类和年龄而异。成年鸡主要表现为白肌病、生殖紊乱（产蛋和孵化率降低）；雏鸡为白肌病，渗出性素质，胰纤维化；火鸡和鸭则为白肌病、嗉囊肌病或肠肌病。主要症状和病理变化为：①渗出性素质：常在2～6周龄发病较多，呈急性经过。病雏躯体低垂的胸腹部皮下出现淡蓝绿色水肿样变化，可扩展至全身。排稀便或水样便，最后衰竭死亡。剖检可见到水肿部位有淡黄绿色的胶冻样渗出物或淡黄绿色纤维蛋白凝结物；②白肌病：病禽表现食欲不振，精神委顿，羽毛蓬乱，翅下垂，互相堆挤在一起。两腿软弱无力，运步迟缓，跛行，有时呈现特殊的企鹅步样。病情严重的，则因两肢麻痹而卧地不起，完全丧失运动能力，最后死于衰竭。主要病变在肌肉，雏鸡多在胸肌，腿部肌肉的病变少见。雏火鸡病变多在平滑肌和肌胃，其次是心肌，骨骼肌病变少见。病变部位肌肉变性、色淡，呈灰黄色、黄白色的点状、条状、片状不等。心肌扩张变薄，多在乳头肌内膜有出血点。胰脏变性，体积小而有坚实感。火鸡肌胃变性，质软，颜色淡。

（3）诊断　本病的诊断依据是：①流行病学调查：发病有一定的地域性（低硒地区）、季节性（冬、春两季多发）和群发性，无传染性，以幼禽较易发生；②临床症状与病理变化；③实验室检验：血浆、血清中特异性酶（如肌酸磷酸激酶，CPK）活性升高；血液中谷胱甘肽过氧化物酶（GSH－PX）活性和酶含量降低；维生素E含量降低。

（4）预防和控制　本病以预防和预测并重为主。一般在鸡每千克饲料中添加0.1～0.2毫克亚硒酸钠和20毫克维生素E进行预防。有怀疑症状即进行实验室检测预报，做到及早防治。治疗时，用0.005%亚硒酸钠皮下或肌肉注射，雏禽0.1～0.3毫升，成年家禽1.0毫升，或用饮水法，配制成0.1～1毫克/千克的亚硒酸钠溶液给禽饮用，5～7天为一疗程。同时，配合维生素E进行治疗。

2. 锰缺乏症　锰是机体必需的微量元素，它是体内多种酶、酶激活剂、黏多糖、激素等的组成成分。锰缺乏时，动物糖和蛋白质代谢障碍，导致生长缓慢，黏多糖合成不足，骨营养障碍。在家禽，表现为跗关节肿大，胫骨和跖骨发生扭转或弯曲，腓肠肌腱从踝骨骨槽中滑出为特征的症状，曾称为滑腱病、踝病、跗关节病，多呈地区性流行。

（1）病因　原发性锰缺乏，起因于饲料锰含量不足。植物性饲料中锰含量与土壤中锰含量、尤其是活性锰含量密切相关。酸性土壤可诱发植物锰缺乏。在我国主要分布于北方地区。家禽日粮需锰量的参考值为：鸡45～60毫克/千克，火鸡70毫克/千克，鸭50毫克/千克。低于参考值的临界水平，则可引起家禽锰缺乏。继发性锰缺乏，是日粮中钙、磷、铁、钴等锰的拮抗元素过多，影响锰的吸收利用，造成锰的缺乏。

（2）临床症状与病理变化　骨骼畸形是锰缺乏的特征性症状。鸡多发生于运动场狭小的2～9周龄群饲雏鸡。主要表现为骨短粗症（滑腱症），跗关节外踝肿胀、平展，腓肠肌腱从侧方滑离跗关节，两腿弯曲，胫骨和跗跖骨向外扭曲，不能支撑机体，而蹲伏于跗关节上。成年鸡产蛋减少，胚胎畸形，鹦鹉嘴，球形头。有的还呈现惊厥和运动失调等神经症状。

缺锰雏鸭，一般在10日龄时出现跛行，随着日龄增长跛行更加严重。30日龄时出现和雏鸡类似的症状。

病禽剖检可发现骨骼短粗，管骨变形，骺肥厚。骨骼硬度良好。病母禽产蛋的孵化率降低，胚胎躯体短小，骨骼发育不良，翅短，腿短而粗，头呈圆球样，喙短弯呈特征性的“鹦鹉嘴”。

（3）诊断　目前还没有简易的诊断方法。根据临床症状和病理变化可初步确认，缺锰地区可通过补锰的阳性效应加以确诊。测定羽的锰含量，更能为诊断提供依据。

家禽缺锰的骨骼畸形与佝偻病十分相似。佝偻病时，血中碱性磷酸酶活性增高，而缺锰时则降低，鸡为正常对照组鸡的46.1%，且钙剂和维生素D对本病无效，可兹鉴别。血锰、肝锰和羽锰的测定，则更有助于诊断。

（4）预防和控制　日粮中可调整增加含锰丰富的糠麸，有良好的预防作用。缺锰的家禽，可在饲料中添加硫酸锰0.1～0.2克/千克，或用1∶3 000高锰酸钾溶液作饮水，每天更换2～3次，连用2天，以后再用2天。检测羽中锰含量，可达到监测预报和及早预防的目的。

3. 锌缺乏症　锌是体内约200多种酶的组成成分，参与蛋白质、核酸的合成及其他物质的代谢。缺锌时，各种含锌酶的活性降低，相应的氨基酸、蛋白质代谢紊乱，核酸合成减少，使细胞分裂、生长与再生受阻，导致动物生长发育停滞，细胞储水机制障碍，皮肤干燥。而且锌与味觉和激素的合成有关，可使家禽采食减少，消化和繁殖机能降低。

（1）病因　原发性锌缺乏是饲料中锌的绝对含量不足。一般低于40毫克/千克即可造成锌缺乏。继发性锌缺乏起因于饲料中存在干扰锌吸收利用的因素。钙、碘、铜、锡、镉、钼等都是锌的拮抗元素，这些成分含量过高就会影响到锌的吸收。另外，饲料中的植酸、纤维素含量过高也会影响锌的吸收，造成锌的相对不足。

（2）临床症状与病理变化　锌缺乏症是一种慢性、无热、非炎症性疾病。临床上，家禽以角化过度、生长停滞为特征。病禽采食量减少，采食速度减慢，生长停滞，羽毛发育不良，卷曲，蓬乱，折损或色素沉积异常。皮肤角化过度，表皮增厚，翅、腿、趾部尤为明显。长骨变短粗，跗关节肿大。产蛋减少，孵化率下降，胚胎畸形，表现为躯干和肢发育不全。有的血液浓缩，红细胞积压容量升高25%左右，单核细胞显著增多。边缘性缺锌时，临床上呈现增重缓慢，羽毛发育不良，易折损，开产日龄延迟，产蛋率、孵化率降低等。

（3）诊断　根据特征性临床表现、病史（慢性病程）和流行病学调查，结合羽、血清锌和碱性磷酸酶含量测定，锌缺乏症的诊断易于建立。

诊断上皮肤变化应注意与烟酸缺乏、维生素A缺乏等疾病的皮肤病变相区别。

（4）预防和控制　发现本病及时补锌，短期内即能奏效。补锌可采取调整日粮结构和在日粮中加锌，也可内服、注射锌制剂。

酵母、糠麸、油饼和动物性饲料含锌丰富，可适当增加比例。在饲料中加碳酸锌或硫酸锌，每吨干饲料加碳酸锌20～40克或硫酸锌50～100克亦可。添加锌的安全范围较宽，加锌达1 000毫克/千克亦无毒性反应。

4. 铁缺乏症　铁在家禽体内含量很少却非常重要，它是血红蛋白、肌红蛋白和细胞色素以及其他呼吸酶类的必需组成成分，其主要功能是把氧转运到组织中（血红蛋白）和在细胞氧化过程中转运电子。因此，铁是家禽的物质代谢、造血、形成羽毛色素等所必需的微量元素之一。此外，铁对机体的抗体产生也有密切的关系。

家禽常用饲料中均含一定量的铁，其中动物性饲料含量较多，油饼类次之。家禽对铁的需要量一般为每千克饲料80毫克。

（1）病因　一般配合饲料中含铁量基本可满足家禽的需要，但动物性饲料不足，雏禽生长迅速对铁的需要量较大，而补充不足，可造成铁的缺乏。此外，饲料中植酸含量过多及铜、维生素B_6含量不足时，也会影响铁的吸收利用。

（2）临床症状与病理变化　家禽缺铁主要表现为缺铁性小红细胞低色素型贫血，鸡冠和肉髯苍白、消瘦、生长发育不良、蛋鸡产蛋量下降、有色羽毛的鸡其羽毛色素形成不良而变淡。血液变化是血红蛋白含量减少，红细胞数量降低。缺铁能使机体的抗体产生减少，故对传染病的敏感性增强。

（3）诊断　根据所喂日粮情况和临床症状、实验室检验血红蛋白含量减少（正常平均值：公鸡 11.76 克/100 毫升，母鸡 9.11 克/100 毫升）、红细胞数量降低（正常平均值：公鸡 3.23 百万/毫米^3）可建立诊断。

（4）预防和控制　防治本病是保证日粮中满足不同家禽对铁的需要量，尤其对幼禽和种禽。保证提供适量动物性饲料，或在日粮中加含铁的添加剂，一般每千克饲料达 80 毫克即可。治疗时，可加硫酸亚铁，每千克饲料 130～200 毫克，也可用硫酸亚铁 100 克、硫酸铜 12 克、糖浆 500 毫升混合，每只滴服 1 滴，或加 3 倍水，让其自由饮用。

5. 碘缺乏症　碘是动物必需的微量元素，是合成甲状腺素的主要原料，后者具有调节代谢和促进生长发育的作用。当碘缺乏时，雏禽生长发育受阻。同时，由于甲状腺素合成减少，反馈性地引起垂体促甲状腺素分泌增多，刺激甲状腺使其功能加强，腺体增生，造成甲状腺肿大。

（1）病因　家禽体内的碘主要来自饲料和饮水。而植物性饲料中的碘，又是土壤中碘溶于水而来的。因此，环境缺碘，特别是土壤中缺碘是家禽碘摄入不足的根本原因。家禽日粮中碘含量要求：8 周龄雏鸡、种鸡，1～5 毫克/千克；8～18 周龄后备鸡及产蛋鸡，0.45 毫克/千克，低于临界值，则可造成碘缺乏。另外，某些药物和化合物也可影响碘的吸收利用。

（2）临床症状与病理变化　雏禽生长缓慢，羽毛蓬乱，易脱落，甲状腺肿大，压迫食管可引起吞咽障碍。气管因受压而移位，吸气时发出特异的笛音。剖检可见甲状腺肿大，一般比正常增大5～15倍。

(3) 诊断 本病的诊断基于病史调查、临床表现和必要的化验。低碘地区较易发生。同时，经测定血碘和甲状腺素T_3和T_4，可进行综合诊断。

(4) 预防和控制 补碘是防治本病的根本措施。用碘盐代替普通食盐，是预防本病的有效、简便、安全的方法。但应注意碘盐的保存，要保持干燥、严密、避光、低温。碘盐中有碘化钠、碘化钾和碘酸钾等，一般以碘化钾更为经济实用。这种预防方法用于治疗，同样有效。

四、痛 风

家禽痛风又称尿酸素质，是一种核蛋白营养过剩或嘌呤核苷酸代谢障碍，尿酸盐形成过多和/或排泄减少，在体内形成结晶并蓄积的一种代谢病。临床上以关节肿大、运动障碍和尿酸血症为特征。本病以鸡多见，其次是火鸡、水禽，偶见于鸽。

(一) 病因

本病的发生原因比较复杂，一般认为是饲喂大量富含核蛋白和嘌呤碱的蛋白质饲料所致。属于这类的饲料有动物内脏、肉屑、鱼粉、大豆粉等。按尿酸盐的沉积部位和病因，可分为内脏痛风和关节痛风2种病型。

1. 内脏型痛风 一般认为是肾脏衰竭的结果，是因近曲小管功能不全，分泌减少，造成高尿酸血症，以致尿酸盐结晶在心、肝、腹膜等器官的浆膜上沉着，即属于肾中毒型内脏痛风。另一种是由于维生素A缺乏、尿结石、实验性结扎输尿管所致的内脏浆膜面尿酸沉积，即退行性和阻塞型内脏痛风。

2. 关节型痛风 不常见。其原因尚不十分清楚，可能与饲喂高核蛋白饲料及与遗传有关。另外，禽舍潮湿、阴暗、密集，运动和光照不足，饲料中维生素缺乏，可促使本病的发生。

（二）临床症状与病理变化

本病通常取慢性经过，急性死亡者甚少。病禽食欲减退，逐渐消瘦，运动迟缓，肉冠苍白，羽毛蓬乱，脱毛，周期性体温升高，心跳加快，气喘，伴有神经症状及皮肤瘙痒，排白色尿酸盐，血液尿酸盐升高至150毫克/升以上。

关节型痛风：运动障碍，跛行，不能站立，腿和翅关节肿大，初期软而痛，界限不明显，以后肿胀逐渐变硬，微痛而形成樱桃大、核桃大乃至鸡蛋大的结节。病程稍久，则结节软化或破溃，排出灰黄色干酪样物，局部形成溃疡。尸体解剖，关节腔积有白色或淡黄色黏稠物。关节肿胀，关节、关节软骨、关节周围组织、滑膜、腱鞘、韧带等部位有尿酸盐沉着，形成大小不等的结节。结节切面中央为白色或淡黄白色团块。

内脏型痛风：临床上不易发现，多取慢性经过。主要表现为营养障碍，增重缓慢，产蛋减少，下痢及血液中尿酸水平增高。剖检可见胸腹膜、肠系膜、心包、肺、肝、肾、肠浆膜表面布满石灰样粟粒大尿酸盐结晶。肾脏肿大或萎缩，外观灰白或散在白色斑点，输尿管扩张，充满石灰样沉淀物。

（三）诊断

依据饲喂动物性蛋白饲料过多、关节肿大、关节腔或胸腹膜有尿酸盐沉积，可做出诊断。关节内容物化学检查呈紫尿酸铵阳性反应，镜检可见细针状或禾束状或放射状尿酸钠晶粒。或将粪便烤干，研成粉末，置于瓷皿中，加10%硝酸2～3滴，待蒸发干涸，呈橙红色，滴加氨水后，生成紫尿酸铵而显紫红色。

（四）预防和控制

预防要点在于减喂动物性蛋白饲料，控制在20%左右；调整日粮中钙磷比例，添加维生素A，也有一定的预防作用；笼养鸡适当增加运动，亦可降低本病的发病率。对本病的治疗，目前尚无有效的方法。关节型痛风，可手术摘除痛风石。为促进尿酸排泄，可试用阿托品或亚黄比拉宗，鸡0.2～0.5克内服，每天2次。

五、脂肪肝综合征

本病见于产蛋母鸡，为笼养鸡多见的一种营养代谢病。发病的特点是多出现在产蛋率高的鸡群或产蛋高峰期，产蛋量明显下降，鸡体况良好，有的突然死亡，多见肝破裂，肝脏发生异常脂肪变性。

(一) 病因

在正常情况下，新鲜肝中含脂肪约5%。由于某种原因或多种原因影响脂肪代谢过程，使脂肪在肝中沉积过多，均可导致脂肪肝。

脂肪肝形成是肝内脂肪来源过多或去路过少的结果。具体原因为：

1. 肝脂肪来源过多

(1) 从饲料中摄取过多的糖和脂肪，这些物质进入肝脏，使脂肪的合成增多。

(2) 脂肪组织中脂肪的动员增加，大量游离脂肪酸从脂肪组织中动员出来进入肝脏，在肝中合成过多脂肪。

2. 肝脏脂肪的利用减少　肝内游离脂肪酸氧化减少，使脂肪合成增加。

3. 肝脏输出脂肪障碍　肝内脂肪必须在肝中形成脂蛋白才能运出肝脏，脂蛋白合成过少可形成脂肪肝，多见于：

(1) 饲料中蛋白质缺乏使肝内氨基酸供应减少，影响脱脂脂蛋白的合成，进而影响脂蛋白的合成。

(2) 肝功能损害引起三酰甘油与脱脂肪蛋白的结合障碍。

(3) 胆碱和必需脂肪酸缺乏时，磷脂在肝内合成减少，以致影响脂蛋白的合成。

另外，笼养鸡体态过肥，运动不足，也可引起脂肪肝综合征。

(二) 临床症状与病理变化

发病和死亡的鸡大都是母鸡，多数过度肥胖。病鸡产蛋量下降，从高产率75%～85%降到40%～55%。

病鸡喜卧，腹大而软绵下垂，冠、髯苍白贫血。严重的嗜眠、瘫痪、消化紊乱，排粪迟滞或稀软。一般从出现明显症状到死亡约1～2天，有的在数小时内即死亡。

尸体剖检，可见腹腔及肠系膜均有多量的脂肪沉积。肝脏肿大，边缘钝圆，呈黄色油腻状，表面有出血点和白色坏死灶，质地极脆，易破碎如泥样，用刀切时，在刀的表面上有脂肪滴附着。

(三) 诊断

本病生前诊断困难。确诊依据是肝活体组织学检查和死后剖检。因一般为群体发生，参考长期饲喂高能饲料和高脂肪饲料及临床症状，可为病鸡群的诊断提供帮助。

肝功能检查，磺溴酞钠 (BSP) 清除时间延长。

(四) 预防和控制

本病的防治要点是去除病因，给予胆碱、蛋氨酸等抗脂肪肝药物。

1. 加强饲养管理，适当限制饲料的喂量，使体重适当。

2. 降低饲料代谢能的摄入量，以适应变化了的环境下鸡群的需要。

3. 调整饲料配方，增加富含亚油酸的饲料成分，并在每吨饲料中加氯化胆碱 100 克。

4. 已发病鸡群，日粮中加胆碱每千克饲料 22～110 毫克，治疗 1 周可见效。或每只鸡喂服氯化胆碱 0.1～0.2 克，连服 10 天。

六、笼养鸡产蛋综合征

笼养鸡产蛋综合征不是一种独立的疾病，而是由于鸡体内物质代谢紊乱，临床上表现喜卧、不能站立、骨骼变形、产蛋减少等一系列综合征状。

（一）病因

本病形成的主要原因是钙、磷及维生素 D 缺乏或其比例失调，特别是高产蛋鸡，由于形成蛋壳需要消耗大量的钙和磷，若此时不注意调整饲料，则很容易发生产蛋综合征。

（二）临床症状与病理变化

病初无明显的临床表现，由于骨骼中钙、磷的调节，血钙、磷含量也无明显变化。进一步发展，病鸡表现站立困难，精神委顿，腿软无力，常以飞节和尾部支撑身体，或因骨折、瘫痪而伏卧。初期鸡群产蛋总量减少不明显，但软壳蛋、薄壳蛋及无壳蛋增加，继而产蛋率迅速下降甚至停产，种蛋孵化率降低，剖检可见肋软骨处呈串珠状，骨骼变形，一般情况下本病死亡率较低。

（三）诊断

由于本病系钙、磷及维生素 D 缺乏或失调所致，临床上与钙、磷及维生素 D 缺乏症有诸多相同之处。在作饲料分析和临床表现判断后，本病多发于高产蛋鸡，可综合评判诊断。

（四）预防和控制

增加饲料中钙、磷及维生素D含量是防治本病的主要措施，如在饲料中补充骨粉、肉骨粉、贝壳粉、石灰粉等，并正确调配钙、磷比例，大多病鸡可自然恢复。另外，将鸡改为平养，同时增加光照，可加快病鸡的康复。

第九章　家禽中毒性疾病

某些物质在一定数量和条件下，不论以何种方式进入机体都能使动物机体发生一系列病理变化，如生理机能障碍、生物化学过程和免疫功能的改变、组织形态的损伤甚至死亡，这些物质称之为“毒物”，由毒物引起的病理状态称之为中毒。毒物是相对的，有时很难严格区分无毒物和毒物。一种物质只有达到中毒剂量时才能认为是毒物。毒物是一个相对的概念。一种物质是否有毒，取决于剂量、家禽的种类和进入机体的途径。

中毒性疾病无传染性、流行性，体温不高或有时稍高，呈群发的特征。在短期内大群鸡同时或相继发生相同的疾病。饲喂劣质饲料或过量药物均可引起。发病初期，病鸡多为身体健壮，饱食的个体。毒物或药物与饲料或水一同进入体内，停喂或改换饲料可停止或不再发展。

毒物或药物一般不能产生免疫反应，故不能用血清学方法诊断。中毒性疾病用抗菌药物治疗无效，但可防止继发感染。

一、食盐中毒

食盐中毒的毒性作用表现在两个方面：一是高渗氯化钠对胃肠道的局部刺激作用；二是钠离子潴留所造成的离子平衡失调和组织细胞损害，特别是阳离子之间的比例失调和脑组织的损害。因此，食盐中毒以脑组织水肿、变性乃至坏死和消化道炎症为病理特征，以突出的神经症状和一定的消化机能紊乱为其临床特征。鸡多发生急性食盐中毒。

（一）病因

食盐中毒可发生于多种情况，常见于家禽饲料配制时误加过量食盐或混合不均，而且饮水不足；误用碱泡水、油井附近水；某些地区不得已用咸水作家禽饮用水等。鸡食盐中毒量为每千克饲料1～1.5克，致死量为4.5克。

（二）临床症状与病理变化

幼鸡较成年鸡更易发病。患鸡饮水量增大，水样腹泻，食欲减退，精神极度兴奋、不安、易惊群。同时，表现有痉挛、头颈扭曲、运动失调、两腿无力、瘫痪等临床症状。

剖检可见口腔和鼻道黏液增多，嗉囊充满黏性液体；胃肠道黏膜脱落，小肠发生急性卡他性肠炎或出血性肠炎；肾肿大呈大理石样，肺水肿；胸腔和心包积水。

（三）诊断

本病诊断依据包括：过饲食盐和饮水不足的病史；临床症状及病理变化；为了确定诊断，可采取饮水、饲料、胃肠内容物及肝、脑等组织进行氯化钠含量测定。

（四）预防和控制

预防要点是加强饲养管理。本病无特效解毒药，治疗要点是促进食盐排泄，恢复阳离子平衡和对症治疗。

首先，应立即停止喂饮含盐饲料及咸水，而多次少量给予清水或葡萄糖水。治疗可用硫酸镁、溴化物等镇静解痉药。

二、亚硝酸盐中毒

亚硝酸盐中毒，是富含硝酸盐的饲料在饲喂前的调制或采食后在家禽嗉囊中经微生物作用产生大量亚硝酸盐，进入血液后使血红蛋白中的 Fe^{2+} 脱去电子而被氧化成 Fe^{3+}，造成高铁血红蛋白血症，导致组织缺氧而引起的中毒。

（一）病因

许多绿色植物都含有硝酸盐，特别是施用过硝酸盐化肥的植物，其含量更高。这些植物在堆积发酵、腐败变质或蒸煮不透的情况下，其中的硝酸盐可转变为亚硝酸盐；或富含硝酸盐的饲料在家禽采食后，在嗉囊中经微生物作用转变为亚硝酸盐。这些情况都可引起家禽中毒。

（二）临床症状与病理变化

中毒病禽主要表现为缺氧，呼吸困难，张口呼吸，口黏膜、冠髯紫，全身抽搐，不久卧地不起，很快因窒息而死亡。剖检主要可见血液呈酱油色，凝固不良，肝、脾、肾淤血。

（三）诊断

依据黏膜发绀、血液褐变、呼吸困难等主要临床症状与病理变化，以及发病的突然性、群体性与饲料调配的相关性分析，不难做出诊断。另外，注射美蓝后即缓解，可验证诊断。必要时，可作变性血红蛋白检查和亚硝酸盐简易检验以帮助诊断。

（四）预防和控制

预防中毒的关键是用新鲜青饲料饲喂，不喂腐败变质、水浸而加热不彻底的绿色植物。堆放青饲料时，应放在阴凉通风的地方并经常翻动。

发现中毒时，应立即静脉注射 1％美蓝溶液，每千克体重 0.1 毫升，并配合高渗葡萄糖及维生素 C 溶液注射。同时，立即更换饲料，改善饲养管理。

三、有机磷农药中毒

有机磷农药中毒是由于接触、吸入或误食某种有机磷农药所致。其中毒机制是抑制胆碱酯酶的活性，使机体内乙酰胆碱不能分解成乙酸和胆碱而引起胆碱能神经过度兴奋，出现毒蕈碱样和烟碱样症状。

有机磷农药的种类很多，主要有内吸磷、对硫磷、八甲磷、甲基对硫磷、敌敌畏、敌百虫、马拉硫磷、乐果等。家禽对这类农药特别敏感，稍不注意，就会引起中毒，尤其是水禽。

（一）病因

中毒的途径较多，误食喷洒过农药的青绿植物或饮用了被农药污染的水；误食拌过或浸过农药的植物种子或被农药污染的饲料；敌百虫等农药驱除禽体表寄生虫时使用的浓度过大；敌敌畏等农药在禽舍内驱虫灭蚊等，都有可能导致有机磷农药中毒。

（二）临床症状与病理变化

最急性中毒可未见任何先兆而突然死亡。急性中毒表现为运动失调、盲目奔跑或飞跃、瞳孔缩小、流泪、流鼻液和流涎，食欲下降或废绝，频频排粪，呼吸困难，冠和肉髯紫蓝色。病后期转为沉郁，不能站立，抽搐，昏迷，最终衰竭死亡。

尸体解剖主要表现在皮下或肌肉有出血点；嗉囊，腺胃，肌胃的内容物有大蒜味；胃肠黏膜充血、肿胀，易剥落；喉气管内充满带气泡的黏液；肺淤血、水肿、胀大，腹腔积液；心肌、心冠脂肪有点状出血；肝、肾变性呈土黄色。

（三）诊断

根据病史调查及临床症状和病理变化，一般可做出初步诊断。必要时，进行胆碱酯酶活性测定及有机磷农药的定性检验加以确诊。

(四) 预防和控制

为了预防本病的发生，应用有机磷农药杀灭禽舍或家禽体表的寄生虫时，应特别小心，剂量要准。农药喷洒过的禽舍和运动场，清扫后方可让禽进入。有机磷农药保存应远离饲料和水源。

发生中毒时，应立即清除含毒物料，同时进行治疗。

1. 对症治疗 肌肉注射硫酸阿托品，成鸡每只0.2～0.5毫升，对各种有机磷农药均有疗效。

2. 胆碱酯酶复活剂（如解磷定、氯磷定、双复磷等）**均有效** 解磷定，每只鸡肌肉注射0.2～0.5毫升；双复磷，每千克体重40～60毫克，肌肉或皮下注射。

3. 经消化道引起的有机磷农药中毒，可喂服1%～2%的石灰水，成鸡每只5～10毫升；或1%硫酸铜及0.1%高锰酸钾溶液灌服，可将残留在消化道内的毒物转化为无毒物质。

4. 在饲料中添加维生素C，有助于病禽的康复。

四、有机氯农药中毒

有机氯农药是人工合成的杀虫剂，多为固体或晶体，不溶或难溶于水，易溶于有机溶剂，化学性质稳定，在生物体内的残效期长，残毒量大，且许多害虫易产生抗药性。国内已明令禁止生产、使用这类农药，但没有杜绝。

有机氯农药主要有滴滴涕、六六六、氯丹、七氯、艾氏剂、开逢、氯化松节油、遍地克等。

(一) 病因

家禽误食被农药污染的饲料；水禽在刚施过农药的地域放

牧；禽舍除虫时，喷药不久或没有清扫即放入家禽；家禽体表驱虫时使用不当等，均可导致中毒的发生。

（二）临床症状与病理变化

有机氯农药属于神经毒和肝脏毒，可使神经组织的应激性增高，肝脏等实质器官变性。

当急性中毒时，毒物进入体内几分钟至几小时后就可出现中毒的症状，表现为中枢神经系统先兴奋后抑制，临床可见病禽最初常常不断鸣叫和奔走，扑动翅膀，角弓反张，然后即迅速死亡。如有不死，病禽很快转为沉郁，肌肉震颤，共济失调，不能站立，口、眼、鼻分泌物增多，呼吸急促，心跳加快。后期倒地不起，昏迷，最终衰竭死亡。

慢性中毒病例以消瘦和肌肉震颤为最常见的症状。肌肉震颤常从颈部开始，逐渐扩散到躯干和四肢的肌肉，最后可因衰弱死亡。

急性病例一般没有明显的病理变化，如经消化道摄入毒物时，嗉囊、腺胃、肌胃、肠黏膜可见充血、出血、坏死或溃疡。

慢性病例可见皮下和体内脂肪组织黄染，有时实质器官也黄染；肝脏明显肿大，呈土黄色；胆囊增大；肾肿大，黄褐色，显著出血。有时心肌、骨骼肌有坏死斑点和肺气肿等。

（三）诊断

根据现场调查资料，以中枢神经功能紊乱为特征的临床症状、脂肪组织以至全身各器官组织黄染等病理变化，可做出初步诊断。确诊必须对可疑物品进行有机氯的定性分析。

（四）预防和控制

预防本病须注意对农药的妥善保管，掌握有机氯农药的正常使用方法、浓度和时间；加强饲养管理，消除引起中毒的各种因素。

发现家禽有机氯农药中毒时，应立即清除含毒物的饲料或饮水等，并选择适当的方法抢救。

1. 毒物经消化道进入体内，可灌服1%石灰水，每只5～10毫升解毒；喂给葡萄糖水或蔗糖水，也有助于解毒作用。

2. 毒物经皮肤接触进入体内，可立即用肥皂水洗刷羽毛和皮肤，减少毒物继续吸收。

3. 灌服硫酸钠，每只1～2克，促进消化道内毒物排出。对症治疗，可注射强心剂、溴化钙等。

五、磷化锌中毒

磷化锌是经常使用的灭鼠药和熏蒸杀虫剂，带有闪光的暗灰色晶体，不溶于水，但在空气中易吸收水分，放出蒜臭味磷化氢气体，有剧毒，对家禽中毒量为20～30毫克/千克。

家禽误食磷化锌后，在胃内酸性环境下立即释放出剧毒的磷化氢和氯化锌，呈强烈的刺激和腐蚀作用，导致胃肠的炎症、溃疡和出血。吸收后主要损害实质器官和血管壁。

（一）病因

最常见的原因是家禽误食含磷化锌的毒饵或饲料被磷化锌污染而中毒。

（二）临床症状与病理变化

最急性的中毒病例往往不表现明显的症状即突然死亡；急性中毒在1小时内出现症状，最初表现为兴奋，肌肉震颤，后期则转为极度沉郁，呼吸困难，饮水增多，羽毛松乱，腹泻，运动失调，随后倒地，头向背后屈曲，两脚向两侧伸长，很快惊厥死亡；慢性中毒主要呈现消化机能紊乱，下痢，粪便呈绿色，暗处呈荧光，精神委顿，羽毛松乱，消瘦，虚弱。

剖检可见腺胃和小肠黏膜充血、出血、溃疡或糜烂，胃肠内容物有大蒜味，肝、肾、脾变性或局部性坏死，肺气肿，气管、支气管内有多量的黏性液体。心包积液，腹水较多，尸体呈暗红色。

（三）诊断

从现场调查、临床症状和病理变化进行综合分析，可做出初步诊断。确诊可采用双硫腙法等作磷化锌的定性分析。

（四）预防和控制

预防上，应注意不可在投放鼠药的田地上放养家禽；使用磷化锌进行毒鼠时，毒饵应由专人负责，晚上放、早上收，毒死的老鼠应深埋或烧毁。

发现中毒病禽，可灌服适量的0.1％～0.5％硫酸铜溶液，有一定的解毒作用；也可灌服适量的0.1％高锰酸钾溶液，每只5～20毫升。

六、砷中毒

砷是细胞毒或原浆毒。其毒理作用在于能与巯基酶或辅酶分子中的巯基结合，使之失去活性，使代谢过程发生障碍、组织细胞变性乃至坏死。其中，最突出的是胃肠道的损害和微血管通透性的增强。

（一）病因

砷制剂是用于灭鼠、杀虫的一类化合物，主要有亚砷酸钙、亚砷酸钠、砷酸钙、砷酸铅、三氧化二砷等。有时也用于农田防治病虫。家禽砷中毒主要是误食含砷制剂的毒饵或吃了被毒死的昆虫；或食用了被砷污染的饲料。

（二）临床症状与病理变化

家禽砷中毒主要表现为精神沉郁，食欲废绝，两翅下垂，口流臭水样液体，运动失调，行走不稳，头颈痉挛，并向一侧扭曲，冠髯呈青紫色。剖检可见嗉囊、肌胃、肠道出血，有黏性渗出物，肌胃角质层易剥脱，有时肌胃中有液体蓄积，肝脏质地变脆，呈黄棕色；鸭肝脏表面有时出现黄绿色不规则的坏死灶，胆囊扩张，肾肿大变性，心肌出血，脂肪组织变软、水肿、呈橘红色，血液呈深红色水样，不易凝固。

（三）诊断

依据临床症状和病理变化，结合接触砷的病史，不难做出诊断。必要时，可测定饲料、饮水、肝、肾、胃肠等砷的含量，即可确诊。

（四）预防和控制

预防中毒的关键是不让家禽接近刚施用过砷制剂的地域。施放毒饵应在家禽接触不到的地方，并及时清扫。发现砷中毒时，应及时排除毒源，同时给病禽注射适量的二巯基丙醇、二巯基丙磺酸钠、二巯基丁二酸钠等巯基类解毒物。此外，可口服氢氧化铁溶液，每只每次3～5毫升。

七、黄曲霉毒素中毒

黄曲霉毒素是黄曲霉等真菌特定菌株所产生的代谢产物，其分布范围很广，广泛污染粮食、食品和饲料。花生、玉米、黄豆、棉籽等作物及其副产品易感染黄曲酶，含黄曲霉毒素的量也较多，对家禽健康的危害极大。

黄曲霉毒素不仅抑制RNA、DNA和蛋白质的合成，还引起亚细胞结构的变化，包括肝细胞核仁分离、核糖核蛋白体减少和解聚、内质网增生、线粒体退化、溶酶体增加等。在临床上，表现为一种以其靶器官——肝脏损害而导致的全身出血、消化机能障碍和神经症状为主要特征的中毒病。

（一）病因

黄曲霉毒素中毒是由于家禽采食了发霉饲料中黄曲霉所产生的黄曲霉毒素而引起的。在家禽中以鸡、鸭为多见，其中，雏鸭最为敏感。

（二）临床症状与病理变化

鸭发生急性中毒时，雏鸭精神委顿，衰弱无力，步态不稳，离群呆立，下痢，粪便呈水样、带泡沫的黄绿色稀便，倒地后呈角弓反张而死。病程3～5天。幸存者转为慢性中毒，主要表现为生长受阻、发育迟缓。成年鸭中毒时，除有雏鸭的症状之外，主要表现为体弱消瘦、体重减轻、羽毛不洁、弓背呆立、产蛋量严重下降或完全停止，平均蛋重减轻。

2～4周龄火鸡发病后，表现嗜睡、食欲减退、体重减轻、羽翼下垂、脱毛、腹泻、颈肌痉挛和角弓反张。

雏鸡的症状与雏鸭和小火鸡近似，但冠色浅淡或苍白，腹泻的稀便中常混有血液。成年鸡多呈慢性中毒症状，主要呈现恶病质，蛋鸡的产蛋量下降，孵化率降低，伴发脂肪肝综合征。剖检可见的主要病变在肝脏。急性病例肝脏肿大，质地较软，颜色变淡，呈黄白色，有出血点。胆囊扩张，肾脏苍白，稍肿大。胸部皮下和肌肉有时有出血。慢性病例，肝脏变黄，逐渐硬化，体积缩小，常分布白色点状或结节状病灶，时间长的往往形成肝癌结节，心包和腹腔中常有积液，小腿和蹼的皮下有时有出血点。

（三）诊断

根据发病规律、临床表现、病理变化、饲料霉染及动物试验等可做出初步诊断。最后确诊要做霉菌分离、定型、提取和纯化毒素，进行毒素的定性和定量检测，亦可进行免疫化学法测定。

（四）预防和控制

黄曲霉毒素中毒的预防要点在于饲料防霉、去毒和解毒 3 个环节。

1. 防霉 作为饲料的农作物，要适时收割，尽快干燥处理；储存时，要保持干燥、通风、低温，防止发霉；适当加入防霉剂以防霉染；适时进行霉菌总数和霉菌种类的微生物学监测，以便及时控制霉变。

2. 去毒 已霉染的饲料原料，可碾压去皮，并用清水漂洗；或用活性白陶土、活性炭、彭润土等吸附；或用酒精、丙酮等有机溶剂抽提去毒。

3. 解毒 用甲胺、乙胺、甲醛、氢氧化钠等化学制剂与高温结合处理霉败的饲料，可得到较好的解毒效果。

对已发生中毒的家禽，目前还没有切实有效的治疗方法。一般采用即刻更换饲料，及早服用硫酸镁，促使肠道内毒素排出。同时，喂给青绿饲料和维生素 A、维生素 B 和维生素 D 等，以缓解中毒现象；及时清除家禽排泄物，鸡舍、仓库可用福尔马林熏蒸或过氧乙酸喷雾消毒。

八、硫酸铜中毒

硫酸铜在养禽业中主要用于抑制霉菌病，在饲料中添加以防止饲料发酶变质或在家禽发生曲霉菌病时作为治疗药物。一般应为 1/2 000～1/3 000，连用不超过 10 天。如浓度达 1/1 500，即能引起中毒。

（一）病因

家禽一次摄入大量硫酸铜，或长期食入含过量铜的饲料或饮水，抑或饲料中添加常量硫酸铜但搅拌不均匀时，均可引起家禽中毒。

（二）临床症状与病理变化

轻度中毒禽表现为精神不振，生长受阻，肌肉营养不良；严重中毒禽先表现短暂的兴奋，然后萎靡、衰弱、麻痹、惊厥、昏迷、死亡。剖检可见，食道、嗉囊黏膜因硫酸铜的腐蚀作用而出现凝固性坏死，胃肠黏膜有轻度炎症，肝、肾变性。

（三）诊断

急性中毒可根据病史、临床症状和病理变化做出初步诊断。饲料、饮水中铜含量的测定对本病的确诊有一定的意义。慢性铜中毒主要依肝、肾、血浆中铜浓度及酶活性测定而定。

（四）预防和控制

本病的预防在于加强日常的饲养管理。饲料配制加铜应适量和均匀，饮水注意浓度不要过大。对已中毒的病禽，目前尚无特效疗法。一般可内服氧化镁 1 克，混以少量的鸡蛋蛋白。随后，灌服硫酸镁或硫酸钠 2 克；或灌服牛奶，每只禽 3～5 毫升。

九、一氧化碳中毒

一氧化碳主要是由煤炭在氧气供应不足的状态下不完全燃烧而产生的一种无色、无味、无刺激性的窒息性毒气。当吸入一定量的一氧化碳后，导致家禽全身组织缺氧性中毒。主要见于育雏期的雏禽。

（一）病因

在冬季，育雏室门窗密闭而用煤、煤气等燃烧保温时，因燃烧不全和通风不良，使一氧化碳浓度过高而引起中毒。

（二）临床症状与病理变化

轻度中毒家禽主要表现为精神委顿，不活跃，羽毛松乱，食欲减退，生长发育不良；严重中毒的家禽，先表现为烦躁不安，不久变为呼吸困难，运动失调，呆立、昏睡、头向后仰，临死前常发生痉挛、惊厥。剖检可见肺淤血、肺气肿，血液和脏器呈樱桃红色，血液凝固不良。

（三）诊断

以现场调查、临床症状及剖检血液呈樱桃红色，可做出诊断。必要时，可进行实验室诊断，以检出血液中的碳氧血红蛋白浓度。

（四）预防和控制

发现中毒时，如有条件，最好迅速将雏禽移到另一间空气新鲜、温度适宜的育雏室内。无此条件，可迅速打开门窗，换进新鲜空气。同时，抢修煤炉，安装排气管，解决供暖问题。中毒严重的，也可皮下注射少量的生理盐水或5%葡萄糖溶液及强心剂。

十、高锰酸钾中毒

高锰酸钾具有抑菌、防腐、除臭等功能，在家禽中常作饮水消毒剂。同时，也能提供微量元素锰。但使用不当，也会引起中毒。

（一）病因

当饮水中高锰酸钾的浓度高于0.2%时，极易引起中毒。饮水中高锰酸钾溶解不彻底，浓度不均匀或有粒状高锰酸钾被误食，均能引起中毒。

（二）临床症状与病理变化

高锰酸钾主要是对消化道有腐蚀和刺激作用。主要症状是口腔、咽喉呈紫红色或深褐色，呼吸困难，精神沉郁，肌肉震颤，常有腹泻。病理变化是食道、嗉囊、胃肠黏膜呈深褐色，受腐蚀后呈溃疡或糜烂状，有时也可见到斑点状出血。

（三）诊断

根据饮水调查和临床症状及病理变化，可做出诊断。

（四）预防和控制

预防要点是加强饲养管理。高锰酸钾使用时用量要准，配制要全溶、均匀。用于消毒器具和饮水的高锰酸钾浓度应严加区分。

发现中毒，无特殊的解毒药，应立即更换清水。必要时，可用3%的双氧水10毫升，加水100毫升稀释后清洗嗉囊，灌服植物油或蛋清，并于饮水中酌加鲜牛奶或奶粉。

十一、磺胺类药物中毒

磺胺类药物广泛应用于家禽某些传染病、球虫病、卡氏白细胞虫病的防治。但它在发挥治疗作用的同时，对家禽也有伤害作用，并可能引起急性或慢性中毒。

磺胺类药物可分为两类：一类在肠道中容易被吸收，另一类不易被吸收。其中，易被吸收的磺胺类药物较易引起家禽的中毒。目前较常用的这一类磺胺药物有磺胺噻唑，磺胺嘧啶、磺胺二甲基嘧啶、磺胺甲氧嗪、周效磺胺、磺胺-6-甲氧嘧啶、酞磺胺噻唑、磺胺喹啉、磺胺-5-甲氧嘧啶等。

不同种类、不同品种、不同日龄的家禽对磺胺类药物的敏感性差异很大。一般而言，纯种比杂种敏感，雏禽较成年禽敏感。

（一）病因

一般由以下几种情况引起中毒：①饲料或饮水中药物搅拌不均引起部分禽中毒；②1月龄以下的雏禽饲料，按正常量加入，饲喂时间较长引起中毒；③产蛋鸡按正常剂量服用药物时间过长；④各日龄鸡如果磺胺类药物用量过大，连用时间过长，都能引起急性中毒。

（二）临床症状与病理变化

较为急性的病例，冠和肉髯十分苍白，从体表上细心观察可见皮下广泛出血，有时眼睑和肉髯也有出血点。有些病鸡也可能有下痢。死亡多因出血过多所致。

较为慢性中毒的病禽精神沉郁，食欲减退，生长减慢，羽毛松乱，冠和肉髯苍白，产蛋量下降、软壳蛋、薄壳蛋增多等。

典型的病理变化是皮下、肌肉广泛出血，尤其是胸肌和腿肌更明显，可呈点状或斑状出血。血液稀薄如水样，凝固时间长或完全不凝固，胸腔、腹腔、胃肠道内均可见到血液或血凝块，骨髓变黄，肝苍白、肿大，肝、脾、肾、肺等器官也有出血点，有时可见肝、脾、心、肺有灰色小结节。

（三）诊断

依据病史调查，结合临床症状及病理变化，一般不难做出诊断。

(四)预防和控制

预防上应做到:①使用磺胺类药物时,计算、称量要准确,搅拌应均匀,使用时间不宜过长,尤其对雏鸡更应注意;②使用磺胺类药物时,应适当提高饲料中的维生素 K、B 族维生素的含量;③将 2~3 种磺胺类药物联合使用,可减少彼此剂量,药物的毒性反应较轻,而且可提高防治效果。

一旦发现磺胺类药物中毒,应立即停止使用含有磺胺类的饲料或饮水。治疗上,目前尚无特效药物。轻度中毒可用 0.1%碳酸氢钠、5%葡萄糖水代替饮水 1~2 天,并加大饲料中维生素 K、B 族维生素的含量,有一定的治疗作用。

十二、恩诺沙星中毒

恩诺沙星属氟喹诺酮类人工合成新型杀菌性抗菌药,具有广谱抗菌、杀菌力强、作用迅速等特点,是目前防治细菌性疾病常用的药物。雏鸡饮水中规定剂量为 20 千克水中加原药粉 1 克,超量使用易发生中毒。

(一)病因

随意加大剂量用药。恩诺沙星毒性小,多数养鸡专业户掉以轻心,主观地认为药品标签上规定的剂量不管用或以为用药剂量越大治疗效果较好,盲目加大用药量而造成中毒。

(二)临床症状与病理变化

雏鸡中毒后数小时发病,精神委顿,呈现明显的神经症状,头颈扭曲,站立不稳,侧卧瘫痪,两腿向后伸直。排褐色稀粪,挣扎而死。

肠黏膜出血，肝周边有淤血、出血。肾脏肿胀，呈暗红色，并有出血点、出血斑。肺脏呈红色，有出血点。

（三）诊断

恩诺沙星毒性较小，因此必须依据药物添加量，结合主要临床症状和病理变化综合做出诊断。

（四）预防和治疗

临床应用时，不可盲目加大用药剂量。中毒后，立即停止饮用恩诺沙星溶液，同时全群鸡用5%葡萄糖、0.1%维生素C饮水，每天2次，病鸡经口滴服，3天可痊愈。

十三、马杜拉霉素中毒

马杜拉霉素是一种新型的聚醚类离子载体抗球虫药。该药对球虫病具有良好的预防和治疗作用，用于预防和治疗鸡的球虫病。该药毒性较大，安全域值比较小，超量使用易引起禽中毒。

（一）病因

用量过大导致中毒。一般规定，马杜拉霉素肉鸡混饲浓度为每千克饲料5毫克，蛋鸡禁用。连续使用不得超过7天，否则较易引起中毒。

同类药物同时应用或与其他药物混合使用不当导致中毒。市场上聚醚类抗球虫药较多，常以不同商品名出现。如含马杜拉霉素常用商品名有“杀球王”、“加福”、“杜球”、“抗球王”等，一次同时使用多种聚醚类抗球虫药，甚至同一药物多种制剂同时使用均极易发生中毒。另外，聚醚类抗球虫药不能与某些抗生素和某些磺胺类联合使用，如马杜拉霉素与泰妙菌素合用，即使在常温下也可引起中毒。

（二）临床症状与病理变化

食入过量的马杜拉霉素，轻者食欲减少，沉郁，互相啄羽。鸡群先后出现口流黏液，站立不稳，有的拉稀，排出黄色或绿色水样粪便。有的侧卧，头部尾部震颤，严重者歪头斜颈，角弓反张，倒地不起，呼吸喘促，数小时内死亡。如及时救治，可于10～20小时症状消失，少数重病例可遗留后遗症，如站立不稳，头尾震颤呈间歇发作。

腺胃、十二指肠黏膜肿胀，出血。肝肿大，呈鲜红色，有出血斑，切面多汁。心肌出血，胸肌及腿肌有条状、点状出血。

（三）预防和控制

临床应用时，一定要严格控制药物剂量。同时，药物混料时一定要搅拌均匀。目前，该药中毒机理尚未阐明，对临诊中毒尚无特效解毒药。治疗原则为缓解症状和增加抵抗能力。用5%葡萄糖、维生素C及10%小苏打溶液饮水或灌服，同时补充复合维生素和亚硒酸钠－维生素E，可使病情得到控制。

十四、呋喃类药物中毒

呋喃类药物是一类人工合成的抗菌药，用于某些传染病和球虫病的防治。因其毒性较大，治疗剂量稍微过量就可引起中毒。目前，该类药物已禁止在食用动物上应用。

常引起中毒的呋喃类药物主要有呋喃西林、呋喃唑酮（痢特灵）和呋喃妥因。其中，以呋喃西林毒性最大，呋喃唑酮毒性最小。

（一）病因

各种家禽对呋喃类药物的敏感性是不一样的。其中，以鸡和鸭较为敏感，尤其是雏鸡和雏鸭。

发病的主要原因有：用呋喃类药物拌料或混水喂养家禽时，搅拌不均匀，个别家禽一次食入过量而发生急性中毒；用呋喃类药物防治禽病时，由于剂量太大或连续使用时间太长，药物在体内积蓄而导致中毒。

（二）临床症状与病理变化

中毒病禽先是兴奋，不断鸣叫，盲目奔走，继而转为极度沉郁，羽毛蓬松，两翅下垂，食欲减退或废绝，呼吸缓慢，站立不稳，行走蹒跚。有的头颈伸直，以喙尖触地。个别禽像有异物卡喉，不时地摇头，最后倒地不起，两脚抽搐，角弓反张而死。

剖检可见口腔、食道、嗉囊、胃肠道的黏膜或内容物黄染；肌胃角质膜易被剥落，胃肠黏膜充血、出血；脑膜显著充血；心肌变性，心腔扩张，体躯水肿，胆囊常肿大。

（三）诊断

依据呋喃类药物的用药史，结合主要症状和病理变化可做出诊断。

（四）预防和控制

预防上，应禁止对雏禽使用呋喃西林。

一经发现家禽呋喃类药物中毒，应立即停止用药，并灌服0.01%～0.05%的高锰酸钾溶液，对早期病例可减轻中毒的程度。

治疗上，可用0.5%～1.0%的百毒解饮水，连用3～5天，直到康复；或饮5%葡萄糖水，必要时可注射维生素C和维生素B_1的混合液（每毫升含维生素C 70毫克，维生素B_1 1.5毫克），每只肌肉注射0.2毫升，每天2次。

十五、喹乙醇中毒

喹乙醇又名倍育诺，常作为肉仔鸡的饲料添加剂。既有抗菌助长、促进增重的作用，同时又能防治禽霍乱和大肠杆菌病及沙门氏菌病等。但喹乙醇的安全范围较小，使用不当会发生中毒，一般多见于鸡。

（一）病因

喹乙醇中毒的原因主要是由于添加量过大、连续使用时间过长或拌料不均匀。

（二）临床症状与病理变化

病禽精神沉郁，冠和肉髯紫黑色，排稀便，食欲不振或废绝，消瘦；母禽产蛋量急剧下降，受精率和孵化率也明显降低。病鸡逐渐衰竭而死亡，在应激时死亡更多。对喹乙醇中毒，雏禽比成禽敏感，雄性也比雌性敏感得多。

主要病理变化是血液凝固不良，口腔和腭裂有较多的黏液，腺胃和肌胃角膜下出血和溃疡，小肠黏膜出血，肝淤血、呈暗褐色、有灰白色坏死点，心冠沟脂肪、心肌出血等。

（三）诊断

依据喹乙醇添加量和饲喂生活史，结合主要症状和病理变化，综合做出诊断。

（四）预防和控制

预防中毒应注意喹乙醇的添加量与连续使用的时间，同时要注意混料均匀，保证充足的饮水。特别是在气温较高的情况下，更应注意。

对中毒的病鸡，目前尚无有效的解救方法。一般用0.5%的苏打溶液饮用1天后，再以5%的葡萄糖水饮用；在充足供水的前提下，也可于500毫升饮水中加入8万单位的庆大霉素，连用几天，防止并发症，可大大减少死亡数。

十六、棉籽饼中毒

棉籽饼是棉籽去纤维榨油后的副产品，含粗蛋白36%～45%，可消化养料73.6%，是具有高营养价值的精饲料。但其中的棉酚是一种毒素，长期大量使用，家禽体内会积蓄过多，引起慢性中毒。

（一）病因

家禽棉籽饼中毒主要有以下几种原因：①带壳的土榨棉籽饼棉酚含量较高，如直接作为饲料，易引起中毒；②用棉籽饼配制禽饲料，比例过大，一般超过8%～10%就易中毒；③发热变质的棉籽饼中游离棉酚增多，饲喂后中毒可能性增加；④配合饲料中维生素A、钙、铁及蛋白质不足，也会促使中毒的发生。

（二）临床症状与病理变化

棉籽饼中的棉酚是一种细胞毒素，还含有环丙烯酸等有害物质。其综合引起的症状和病理变化主要是：刺激胃肠黏膜，引起出血性炎症，病禽食欲减退，排黑褐色稀粪，常混有黏液、血液和脱落的肠黏膜；公鸡精液中精子减少、活力减弱，种蛋的受精率和孵化率降低；商品蛋的品质下降，储存稍久，蛋黄和蛋白即出现粉红等异常颜色，煮熟的蛋黄较坚韧并稍有弹性，被称为“橡皮蛋”。严重中毒时，病禽心肌松软无力，血管壁的通透性增高，引起腹腔积水，肝脏肿大、色黄质硬，肺充血水肿，呼吸困难，有时还发生抽搐等神经症状。有的重病禽死亡。

（三）诊断

依据饲料中棉籽饼的品质和配合比例，结合临床症状和病理变化做出诊断。

（四）预防和控制

为了防止棉籽饼中毒，应禁用带壳棉籽饼，且使用要合理。

1. 去毒处理 饲料中每配入100千克棉籽饼，同时拌入1千克硫酸亚铁，饲喂后棉酚与铁结合而失去毒性。

2. 限量使用 棉籽饼在蛋禽饲料中以5%～6%比例为宜；肉仔鸡饲料中不超过10%。

3. 间歇使用 棉酚在体内排出慢，积蓄作用较强，一般每使用1～2个月停用10～15天。

4. 雏禽饲料最好不加棉籽饼，青年禽可适当多喂。

5. 增加青饲料，增强家禽对棉酚的解毒能力 发现中毒，应立即停止饲喂含有棉籽饼的饲料，多喂一些青绿饲料，经1～3周可逐渐康复。

十七、菜籽饼中毒

菜籽饼一般含粗蛋白33%～37%，与棉籽饼相仿，但其氨基酸组成优于棉籽饼，是一种营养价值较高的精饲料。家禽饲料中配合一些菜籽饼，不但可以降低成本，也有利用营养成分的平衡。但菜籽饼中的硫葡糖苷，能分解产生多种有毒物质，使用不当，可引起家禽中毒。

（一）病因

引起中毒的原因是菜籽饼在配合饲料中所占比例过大，一般蛋鸡饲料中超过8%，肉仔鸡饲料中超过10%，就会引起中毒。

此外，菜籽饼变质、发热或饲料中缺碘时，会加重毒性反应。

（二）临床症状与病理变化

家禽菜籽饼中毒是一个慢性过程。病鸡最初表现为采食缓慢，采食量减少，粪便出现干硬、稀薄、带血等不同的异常变化，逐渐出现生长停滞、产蛋量减少、蛋形变小、软壳蛋增多，有时蛋带有一种鱼腥味，种蛋的孵化率降低。剖检可见甲状腺肿大，肠黏膜充血、出血，肝中沉积大量的脂肪，并有出血，肾肿大。

（三）诊断

调查饲料中菜籽饼的配合比例和品质状况，结合临床特征和病理变化做出诊断。

（四）预防和控制

预防中毒的发生，主要通过对菜籽饼采取限量、合理使用。一般 6 周龄以下的蛋鸡和 4 周龄以下的肉用仔鸡不采用菜籽饼配料，成年鸡保持菜籽饼在饲料中所占的比例不超过 5%，长期饲喂一般没有不良反应。

对中毒的病鸡，目前尚无特效的治疗药物。但应立即停止饲喂含菜籽饼的饲料，逐渐好转，直到康复。

第十章　其他常见家禽疾病

一、肉鸡腹水综合征

腹水综合征，又称腹水症，是由多种致病因素引起的以腹腔内潴留大量积液为主要特征的一种疾病。本病是20世纪80年代以来，在世界范围内流行较快的新的肉鸡疾病。其发病率和死亡率均较高，是威胁肉鸡业发展的一种常见疾病。

本病主要发生于肉仔鸡，蛋鸡偶尔也可发生，尤以3～6周龄的肉仔鸡和生长速度快的肉雄性鸡更易感染。一般常年均可发生，但以冬春低温季节多见。其发病率随致病因子不同而有高有低。死亡率较高，可达60%以上。

（一）病因

本病的发生主要是由于多种致病因素造成鸡慢性缺氧、代谢机能紊乱等造成的。致病因素非常繁多和复杂，概括起来主要有以下几个方面：

1. 饲养环境和管理不善　鸡舍通风换气不良，空气中缺氧，氨气、一氧化碳、二氧化碳以及灰尘等有害物质浓度过高，可导致肺脏受损害，进而危及心脏、肝脏，引起整个循环、呼吸系统机能障碍而发生腹水症。

2. 饲料质量和营养失调　在日粮饲料中，能量和食盐含量过高（如油脂补加量超过2%～3%），极易导致腹水症的发生。另外，饲料中维生素E、硒或磷元素的缺乏、霉菌毒素及有毒脂肪等的存在，均可提高腹水症的发病率。

3. 用药和疾患影响　长期连续投服或过量用药，尤其是磺胺类、呋喃类或离子载体抗球虫剂，常会损害鸡的心脏、肝脏等器官，使血清渗透压降低而诱发腹水症。另外，肉鸡患某些疾病，如慢性呼吸道病、大肠杆菌病、慢性中毒等，都可发生程度不同的腹水现象。

4. 与遗传因素有关　肉鸡生长速度过快，摄食量大，对能量及氧的需要量比蛋鸡高。因此，携氧和运送营养物质的红细胞比蛋鸡明显增多，尤其是4～5周龄的肉仔鸡对饲料的转换率最佳。快速生长使体内红细胞不能在肺毛细血管内通畅流动，影响肺部的血液灌注，导致动脉高血压及右心衰竭、代谢机能紊乱，从而导致腹水症的发生。这也是肉鸡腹水症发生率明显高于蛋鸡的遗传因素。

（二）症状

病初表现精神不振，呼吸困难，减食或不食，个别可见拉白色稀粪，以后迅速发展为腹水症。可见腹部明显膨大、发紫，外观呈水袋状，手触有明显的波动感。病雏常以腹部着地，行动困难，多于出现腹水后1～2天死亡，一般死亡率为10%～30%，高者可达60%以上。

（三）病理变化

剖检可见腹腔内含有大量腹水，呈淡黄色、透明、内有大小不等的半透明胶冻样物质；肝、脾肿大，有时有出血，表面有黄白相间的斑块，有的肝脏萎缩、硬化；心脏肿大，右心扩张、柔软、心壁变薄，心包内积有多量液体；肺脏呈弥漫性水肿、充血；肾脏常有肿大、充血、尿酸盐沉着。

（四）防治

本病目前尚无特效治疗和预防方法，只能尽量去消除一切可能诱发腹水症的各种不利环境因素。主要应做好以下几个方面的工作：

1. 努力改善饲养环境和加强科学管理 保持鸡舍空气新鲜，通风良好。鸡舍温度、湿度及饲养密度要适宜，防止供氧不足和二氧化碳及氨气等有害气体在舍内过量蓄积。用煤炉供暖的鸡舍，更应保持良好的通风。舍内饮食（水）器具布局适当，垫料保持清洁干燥，粪便及时清扫，以减少氨气等有害气体的产生。

2. 适当调整日粮营养，合理使用药物 可适当延长粉状饲料饲喂时间，限制前期快速生长，一般2～3周龄给予粉料，4周龄至出栏给予颗粒料为宜；适当降低日粮粗蛋白与能量水平，添加油脂量在6周龄前应保持1%左右，7周龄至出栏不超过2%；饲料中食盐含量不应超过0.5%；对于磺胺类药物不宜长期连续投服，可采用交替用药的办法。

3. 减轻各种应激反应 不断提高鸡的抗病能力，以降低本病的发生。

4. 一旦发生腹水症，应尽快查出和消除引起腹水发生的因素 要使用利尿剂消除或减少腹水，加喂维生素C、维生素E及含硒生长素等，限制饮水及调整饲料的钠盐平衡。一般对鸡群可用双氢克尿噻片100毫克，加葡萄糖125克，维生素C 1克，混合后加水20千克（或拌料10千克），每天2次，连用3天，对本病有一定疗效。也可试用下列中草药：大黄50克、莱服子80克、茯苓60克、猪苓80克、青皮60克、陈皮60克、泽泻50克、木通40克、苍术30克、白术60克、槟榔40克、茵陈60克，以上药物粉碎后拌料可供250只鸡服用1天，连用3天，可排出大量腹水，逐渐恢复。

二、啄　　癖

啄癖又称异食癖、恶食癖，是鸡彼此互相啄食身体个别部位的一种恶癖。有各种各样的表现形式，常见的有啄肛、啄毛、啄头、啄尾、啄翅、啄蛋等恶癖，被啄破的部位一旦有出血，鸡群则争抢啄食，能迅速导致被啄鸡的死亡。即使不死，也对被啄鸡的发育、生产性能产生极大影响。

（一）病因及症状

引起啄癖的原因很多，大致可分为以下3个方面：

1. 管理方面的原因

（1）鸡群密度过大、舍内及运动场拥挤、通风换气不良、温度及湿度过高等原因，容易造成鸡只烦躁，导致相互蚕食。这种情况在较大的雏鸡和青年鸡群中容易发生。

（2）不同日龄的鸡混群饲养，或由具有恶癖鸡群引进新鸡，或向笼内补充新鸡以取代淘汰鸡时，常容易由于打斗受伤而导致啄癖的发生。

（3）舍内光线过强，蛋鸡产蛋后不能很好地休息，使泄殖腔难以复常，日久造成脱肛，引发啄肛。尤其在产蛋初期，由于初产鸡肛门括约肌紧张，有时微血管破裂、出血，在强烈的光照下，易引起其他鸡的注意，从而发生啄癖。

2. 饲料营养不全　饲料中食盐、某些微量元素、维生素、含硫氨基酸（蛋氨酸、胱氨酸）、蛋白质等的不足，易导致啄癖的发生。尤其是啄羽最为常见，因为在羽毛中含硫氨基酸最为丰富。另外，在限量饲养时鸡群处于饥饿状况或两次给料的间隔时间过长，均易造成啄癖的发生。

3. 寄生虫方面的因素　一些外寄生虫病引起局部发痒，致使禽只不断啄叨患部，甚至啄破出血，引起啄癖。

（二）防治

1. 隔离饲养　发现被啄鸡，应立即挑出，隔离饲养，尽快查出病因，及时治疗，控制蔓延。

2. 断喙　断喙是防止啄癖最有效的办法。一般在雏鸡5～8

日龄时进行，70 日龄再修喙一次。

3. 加强饲养管理

(1) 光线要适当　若光线过强，可将红色玻璃纸黏在玻璃窗上或用红色灯泡照明，均可避免啄癖。

(2) 饲养密度要适宜　鸡舍保持通风良好，以排出氨气、硫化氢、二氧化碳等有害气体。这些气体浓度过大，易引起啄癖。

(3) 提供营养全面的饲料　保证微量元素、维生素、食盐、氨基酸等的供给。

4. 治疗发生啄癖时，应根据病因进行治疗

(1) 若因蛋白质不足，应马上添加动物性饲料（鱼粉），减少谷物饲料，增加粗纤维含量，多喂些糠麸及氨基酸等。

(2) 如因矿物质不足，应适当补喂矿物质、骨粉、贝壳粉等，提高饲料中食盐含量（0.2%），连喂 2～3 天，并保证足够的饮水。切不可将食盐加入饮水，因为鸡的饮水量比采食量大，易引起中毒，而且会越饮越渴，越渴越饮。

(3) 可加喂蛋氨酸、羽毛粉、啄肛灵、啄羽毛灵、核黄素、生石膏等。其中，以生石膏最有效，按 2%～3%加入饲料饲喂 10～15 天即可。

三、中　暑

中暑是日射病和热射病的总称，是禽在炎热的夏季常见的疾病，尤以雏禽多见。

（一）病因及症状

发生中暑的主要原因是由于夏季禽舍过分拥挤、通风不良、潮湿、饮水不足，造成环境温度较高、湿度较大，热量难以散发，水禽则多由于在烈日下放牧或长时间在灼热的地面上活动而造成中暑。

患禽一般最初表现为呼吸急促，张口呼吸，两翅张开下垂，口渴，大量饮水，体温升高，随后出现晕眩、走路不稳或不能站立，很快发生惊厥而死亡。剖检可见脏器实质及脑膜出血或充血。

（二）诊断

根据发病季节、气候及环境条件、发病情况及症状等综合分析，一般不难做出诊断。

（三）防治

1. 炎热的夏季要注意禽舍的通风、供给充足的饮水、减小饲养密度和设法降低禽舍内的温度，同时加喂抗热应激的药物如0.5%的小苏打。运动场要有树阴或凉棚；水禽放牧要避开中午。

2. 发现中暑，应立即将其转移到阴凉通风处，水禽可全部赶下水。病轻的禽可逐渐恢复，病重的禽可将其放在凉水中浸泡一会或向其身上喷洒冷水，以降低体温，促进恢复。

四、感　　冒

感冒是雏禽的一种常见疾病，尤以水禽多见，成禽也可发生。主要是由于雏禽对外界环境的抵抗力较低，若饲养管理不当，育雏室温度过低或闷热、室温或高或低、垫料潮湿、水禽放牧时受风雨侵袭、天气忽冷忽热等，都会引起本病的发生。

（一）症状

患禽表现为精神委顿、缩颈，食欲减退，羽毛蓬乱，鼻流清涕，眼结膜发红、流泪，有的伴发气管炎，呼吸粗厉，夜间尤为明显，继发肺炎则体温升高。剖检可见鼻腔内有黏液，喉部有炎症变化，并有多量黏液。

（二）防治

1. 育雏室温度要适宜，密度适中，通风良好；严防冷风直吹和暴雨侵袭；饲料中要保持适量的维生素。

2. 对患禽可在饲料中拌入阿司匹林。一般按每天每只 0.03 克的用量加入，连用 2～3 天，同时加喂抗菌药物，以预防并发病。也有人应用白糖、绿豆煮水饮用，对本病有一定的疗效。

五、硬 嗉 病

硬嗉病又称嗉囊阻塞，大小禽均会发生此病，尤以雏禽多发。

（一）病因

多由于吞食了大量含羽毛、绳头、破布等异物的饲料或采食了大块硬玉米谷等而造成。另外，当日粮突然更换或长时间饥饿后，往往因过食也会引起阻塞。

（二）症状

病禽嗉囊明显膨大，触摸时感觉坚硬，充满了硬固的内容物，采食停止或少食。严重时病禽呼吸困难，冠髯发紫，翅膀下垂。如不及时治疗，往往会导致死亡。

（三）防治

1. 加强饲养管理 注意饲料中的纤维含量，要求雏禽不超过 3%，成禽不超过 5%，块根饲料要切碎。同时，要坚持定时、定量、定质饲喂，供给足够的饮水，加强运动。

2. 治疗

（1）软化泻下法 即灌喂或往嗉囊内注射植物油或温水，再轻轻捏揉嗉囊，使内容物软化，然后将其倒提，使内容物经食道、口腔排出。一次排不净的，可重复进行，待嗉囊排空后，再灌服或注入植物油适量，2天内给予少量易消化的食物和充足的饮水。

(2) 手术法　当积食坚硬，上述方法不能奏效时，可施行手术切开。在术部拔毛消毒，在嗉囊的上中部切开，取出所积食物，用0.1%高锰酸钾溶液或清洁温开水冲洗；然后，用针线将嗉囊及皮肤分别缝合好，术部消毒，涂上鱼石脂软膏即可。术后1～2天内给予少量易消化的饲料，约经1周左右，刀口即可愈合。

六、软嗉病

软嗉病是指嗉囊黏膜发生炎症的一种疾病，多见于雏鸡，有时也可见于成年鸡。

(一) 病因

引起本病的原因主要是由于采食了发霉变质的、容易发酵的饲料，饲料在嗉囊内发酵腐败，产生有害液体和气体，并刺激黏膜而引起。

(二) 症状

嗉囊膨大柔软，内充大量气体和液体，挤压时口腔流出黄色酸臭液体，并混有气泡。同时，病禽精神沉郁，食欲废绝。严重的病例表现为不断伸颈，频频张嘴，呼吸困难，叫声微弱，不及时消除病因进行治疗，常引起中毒，最后麻痹窒息而死亡。

(三) 防治

1. 加强饲养管理，防止喂给发霉变质的、容易发酵的饲料。

2. 发生本病时，可将病禽倒提，轻轻挤压嗉囊，使酸臭液体经口排出，再灌入 0.01%～0.02%高锰酸钾溶液或 1.5%的小苏打溶液，灌至嗉囊膨大时，揉捏嗉囊 1～2 分钟，再倒提排出药液。此后，口服土霉素 0.5～1 片，大黄苏打 1/6～1/3 片，大蒜瓣 1 小片。此法可隔日再进行一次。

幼雏用上述方法不好处理，除更换饲料外，可饮用0.01%～0.02%高锰酸钾溶液，口服少许土霉素片或加 10 倍水稀释的大蒜汁。另外，于每千克饲料中拌入 20～30 克木炭末、3～6 片复合维生素 B、4 片大黄苏打片，连喂 3 天，有较好疗效。

七、脱　肛

脱肛，又称肛门垂脱，是泄殖腔向外翻出的一种疾病，易发生于初产或高产的鸡群。

（一）病因及症状

产生脱肛的原因很多。但多是由于饲养管理不当而造成的。如饲料营养水平过高，突然增加饲喂量或突然增加光照，刺激蛋鸡产大蛋和双黄蛋，使蛋在输卵管中通过困难或因产蛋过多，输卵管油脂分泌不足而失去润滑性；或因维生素 A 缺乏，致使输卵管及泄殖腔黏膜角质化而失去弹性等，这些均引起产道不畅、产蛋时用力过度，从而使泄殖腔外翻垂附于外，造成脱肛。往往被其他鸡追逐啄食，最后导致死亡。

另外，输卵管及泄殖腔的一些疾病，如有炎症时，病鸡排粪困难、肛门收缩障碍也可出现脱肛。

（二）防治

1. 加强蛋鸡的饲养管理　开产母鸡应逐渐增加光照和蛋白质含量；饲料中维生素含量要充足；鸡群密度适中；舍内地面干

燥；通风良好；勤换垫料等。

2. 对患鸡要及时整复　先用温水洗净外垂部分，再用0.1%高锰酸钾溶液消毒，然后用手轻轻将脱出部分推入体内，使泄殖腔还原复位。将整复的鸡单独饲喂于安静、阴暗处，停食1天。只给饮水，使其暂停产蛋，减少排粪。对顽固性脱肛，可将肛门处进行袋口状缝合。

八、肌胃溃疡

肌胃溃疡是发生于雏鸡和青年鸡的一种消化道疾病。主要特征是病鸡的肌胃角质膜发生糜烂和溃疡，严重的病例可引起肌胃穿孔。

（一）病因

引起本病的因素比较复杂，但一般认为是饲喂了高比例的鱼粉和变质或劣质的鱼粉而造成的。因为变质鱼粉中组氨酸含量较高，可与蛋白质发生反应产生一种叫做肌胃糜烂素的有毒物质，从而刺激胃黏膜引起糜烂和溃疡。另外，饲料中硫酸铜、半胱氨酸、氧化锌等成分的过量以及维生素B、维生素K、维生素E的缺乏和某些霉菌毒素的存在等因素，均可引起本病的发生。

（二）症状与病变

病禽表现精神倦怠，食欲下降或消失，闭眼缩颈，消瘦贫血，严重者口吐黑色样液体。嗉囊外观多呈淡褐色至淡黑色，故俗称本病为“黑嗉子病”。倒提病禽或手捏嗉囊，可从口中流出黑褐样物质。病禽排稀便，重者拉黑褐色软便，发病率可达20%左右。有些病禽翅下血管干瘪，刺破血管见血液稀薄，呈淡红色或粉红色，不易凝固。喙脱色，冠苍白、萎缩，腿、脚黄色素消失。

剖检可见嗉囊、腺胃、肌胃及整个肠道均充满棕黑色液体，肌胃角质层初期肿胀、增厚，失去正常色泽，外观呈橡皮样。后期在皱襞深处出现小点出血，以后出血点增多、扩大，逐渐形成糜烂和溃疡，重者可造成胃穿孔；腺胃、肠道黏膜脱落，出血。

（三）防治

1. 预防

（1）改善饲养管理，严格控制日粮中鱼粉的含量，一般优质鱼粉最好不超过5%。同时，坚决不用劣质的或变质的鱼粉，饲料随拌随喂，不宜久放。

（2）保证饲料中有适量的维生素K、维生素E、维生素B_6等成分，加锌、铜等物质时不要过量。

（3）在饲料中，添加适量的碳酸氢钠（在3%鱼粉日粮中，每千克加入10克碳酸氢钠），可预防本病的发生。

2. 治疗

（1）发现本病后，应立即更换鱼粉或降低鱼粉含量，改用其他蛋白质饲料。

（2）在病初有食欲、嗉囊内容物不变成褐色时，可在饲料或饮水中投入0.2%～0.4%的碳酸氢钠，早、晚各1次，连喂2天。

（3）维生素K_3注射液0.5～1毫克/只，止血敏50～100毫克/只，肌肉注射，每天2次，连用4天。

（4）大群禽可在每千克饲料中添加维生素K_3 2～3毫克、维生素C 30～50毫克、维生素B_6 3～7毫克。

（5）发生严重的肌胃糜烂时，可选用西咪替丁（又叫甲氰咪胍片）治疗。每片0.2克，可拌饲料3千克，连用3～5天，有明显疗效。

（6）为了防止继发感染，可选用庆大霉素、卡那霉素、氟苯尼考、恩诺沙星等抗菌药物混料或饮水。

第十一章　家禽胚胎病

在日常的禽病防治工作中，人们常着重研究禽类本身的疾病，而对禽体的前身——胚胎的疾病研究则较少。禽的胚胎病是指禽在胚胎发育过程中所表现的疾病。其危害主要有 3 个方面：一是导致部分胚胎死亡，受精蛋孵化率下降；二是病胚孵出的病雏、弱雏生长发育迟滞、成活率低；三是种禽某些传染病的病原微生物可通过种蛋带菌—病胚—病雏的途径广为扩散而造成病胚。蛋源性传染病的存在，所孵出的幼雏常常是养禽场中重要的传染源。统计资料表明，由于胚胎发育期间所表现的各种疾病，死胚或幼雏生长发育迟滞，给养禽业造成巨大的经济损失。已证实，经胚胎传递的禽病有近 20 种之多，如果因此孵出的雏禽带有病原体，即可成为传染源，使某些传染病在养禽场中绵延不断，变成一种灾难。随着集约化养禽的不断深入，提高家禽人工孵化的数量和质量，对持续发展养禽业有着重要的意义。因此，对禽类胚胎病的防制必须给予足够的重视。

家禽胚胎病这方面的资料目前还不十分丰富。因为胚胎传染病有其本身的特殊性，母源性原因占有主导地位，加上胚胎本身的抗病能力、免疫能力和调控能力都十分薄弱，看来并不十分严重的原因，也可导致胚胎死亡。引起禽胚胎病的因素很多，根据其性质，可将其分为营养缺乏性胚胎病、中毒性胚胎病、传染性胚胎病、理化因素性（孵化条件控制不当性）胚胎病和遗传性胚胎病 5 种类型。其中，营养性胚胎死亡占废弃胚 70%，传染性胚胎病占 15%，孵化条件控制不当占 10%，中毒性和遗传因子占 5%。其中，有相当一部分雏禽可以出壳，但却表现为弱雏、畸形雏或出壳后不久即死亡，或初期发育迟滞，被迫淘汰。

一、营养缺乏性胚胎病

当母禽饲养不当，如饲料中缺乏一种或多种营养物质或各种营养物质配比不当，就会使种蛋内的营养成分失调而引起营养性胚胎病。一般来说，以全价饲料饲养的健康母禽，其所产蛋的营养成分均符合标准并适于孵化，而以非全价或劣质饲料饲养的母禽，其所产蛋的孵化率、健雏率一般很低，并常出现胚胎病。营养性胚胎病很多时候是由于多种营养成分同时缺乏或不足所引起，属于此类的称为综合性营养不良胚胎病；在另外一些情况下，则可由于某种营养物质的缺乏或不足所致，如某种维生素缺乏所引起的胚胎病。

营养缺乏性胚胎病（胚胎营养不良）是最常见的胚胎病，除了一部分因遗传因子缺陷所致的营养不良外，大部分是由于亲代不合理的饲养因素所致。病因主要有以下 4 种情况：

一是维生素缺乏症，特别是维生素 A、维生素 B_1、维生素 B_2、维生素 B_{12}、维生素 D 和维生素 E 的不足或缺乏；二是蛋白质和某些鸡胚生长发育有关氨基酸的缺乏，特别是含硫氨基酸不足；三是矿物质和微量元素不足；四是某些营养成分过多干扰了一些营养成分摄入；五是蛋内含有抗生素，可使禽胚的生物素（一种辅酶）失去生理作用，扰乱了某些物质的正常代谢，影响胚胎发育。

营养性胚胎病主要特征为胚胎不能充分发育，骨骼端软骨早期发生变性，骨骼生长发育受阻，因而产生胚胎肢体短缩，呈现所谓“骨短粗症”特征，足趾和颈弯曲，喙部呈“鹦鹉喙”。大部分蛋白未被完全吸收，蛋黄高度黏稠，同时其他组织器官也相应发生营养不良现象。相当多的这种胚胎于出壳前已告死亡。常见的营养性胚胎病有如下几种：

(一) 维生素缺乏引起的胚胎病

1. 维生素A缺乏症　本病因母禽饲料维生素A含量不足所致，可使种蛋受精率降低，特征是孵化初期死胚多，能继续发育者生长缓慢。闷死或出壳的幼雏，皮肤与被毛有色素沉着。易发生干眼病，表现为眼干燥、无光泽，眼睑中有干酪样物。循环系统的形成和分化时期，胚胎死亡数量约为20%。剖检死胚可见畸形胚较多，禽胚皮下水肿，眼部常肿胀，胚胎生长发育受阻，呼吸道、消化道和泌尿生殖器官的上皮可能角化。幼雏对传染病的抵抗力明显下降，卵黄囊中尿酸盐沉积，特别是末期在尿囊中有大量的尿酸盐。其次，死胚肾脏肿胀，胸膜、心包膜、肠管、肠系膜及卵黄囊内有结晶盐类沉着，以肾脏最为明显。在孵化末期发育不全的死亡胚胎，其羽毛、脚的皮肤有色素沉着，但是喙缺乏色素沉淀，尤其鸭胚易引起痛风样病变。

判断种蛋维生素A含量是否足够，除分析母禽饲料外，最准确的方法是取种蛋的蛋黄、胚胎或1日龄幼雏的肝组织进行测定，而不能凭种蛋蛋黄颜色的深浅做出判断。

2. 维生素B_1缺乏症　直接原因是产蛋禽饲料中谷类及其加工产物米糠、麦麸等的供给不足，复合维生素B供给不足，可引起种禽维生素B_1缺乏，导致蛋中维生素B_1含量不足；母鸭放牧时，因采食大量鱼虾、白蚬或澎蜞，同时谷类饲料供给不足时，因新鲜鱼虾内含有硫胺素酶，能破坏硫胺素，造成母鸭维生素B_1缺乏，导致鸭胚维生素B_1缺乏。主要表现为死胚，有些孵化期满，但因无法啄破蛋壳而闷死或刚孵出即出现维生素B_1缺乏病特有的神经症状。死于本病的尸体一般无明显的病变；有些则延长孵化期，无法出壳，可陆续表现维生素B_1缺乏症。故有些地区称此病为“白蚬病”，即与鸭大量觅食白蚬有关。

3. 维生素B_2缺乏症　维生素B_2（核黄素）在产蛋鸡体内不能大量和长期贮留，故当饲料内一旦缺乏这种维生素时，所产蛋

的维生素 B_2 含量即迅速下降，产蛋禽对维生素 B_2 的需要量比较大，且在气候寒冷时需要量要更大一些。此时，如果饲料中添加不足或质量低劣，就会造成维生素 B_2 缺乏。维生素 B_2 缺乏时，胚胎多在第 12 或第 13 天至出雏时发生死亡，在第 9～14 天死亡最高。孵化率仅为 60%～70%。死胚主要特征是胚胎发育受阻，胚体短小，足肢缩短，尿囊生长不良，闭合迟滞，蛋白质利用不足，颈部弯曲，皮肤增厚并有典型的发育不全的结节状绒毛，即所谓“绳结”外观。这是胚胎的皮肤生理机能障碍，绒毛不能从毛鞘突出，因而呈现蜷曲状成团集结在一起。此外，尚可见胚胎发生水肿、贫血、肾脏变性等变化。至孵化后期，胚体仅相当于 14～15 日胚龄的正常胚体大小，具有上述病理表现的胚胎有时也能照常孵出，但多数带有瘫痪或先天性麻痹等症状。

4. 维生素 B_{12} 缺乏症 维生素 B_{12} 缺乏常引起肌肉收缩，胚体生长速度减慢，于孵化第 16～18 天出现死亡高峰，高达 40%～50%。特征病变是胚胎生长缓慢，短喙，弯趾，皮肤弥漫性水肿，肌肉收缩，心脏扩大及形态异常。剖检死胚可见部分或完全缺少骨骼肌，破坏四肢的匀称性，并且可见尿囊膜、内脏器官（心脏和肝脏）和卵黄有出血等症状，心脏扩大及形态异常，甲状腺肿大，肝脏脂肪变性。

5. 维生素 D 缺乏症 蛋母禽饲料中维生素 D 含量不足，钙磷不足或钙磷比例不当，或产蛋母禽缺乏形成维生素 D 所必需的光照条件，种蛋内维生素 D 即会缺乏。种蛋缺乏维生素 D 的特征是种蛋壳薄脆而易破，蛋白较稀，新鲜蛋内的蛋黄可动性大。以此种蛋孵化时，入孵 10 天后胚体皮肤出现水泡、大囊泡黏液性水肿，泡内有透明无色或淡黄色液体，皮下结缔组织呈弥漫性增生。水肿现象的广泛发生，使胚胎发育受阻，胚体短小，有时腿爪短小变曲，肝脏脂肪浸润变性。多于孵化后第 8～10 天。在形成骨骼和利用蛋壳物质时期，胚胎死亡达到高峰。有的胚胎在孵化的第 10～16 天内死亡。孵出的雏禽体弱，水肿现象广泛发生，骨质不良，10 日龄可发生佝偻病，雨季发生较多。

6. 维生素 E 缺乏症　维生素 E 缺乏所引起的胚胎病较为罕见，仅见于种鸡日粮配合不合理的情况下。蛋内维生素 E 缺乏时，孵化的第 1 周内胚胎死亡率最高。胚体的病变主要是蛋黄中的胚层肿胀，因而使胎盘的血管受压迫，出现胚体淤血甚至出血情况。此外，尚可见胚胎眼睛晶体浑浊和角膜淤斑等变化。

7. 生物素缺乏症　胚胎多于孵化第 15～16 天死亡，胚胎躯体短小，腿短而弯屈，关节增大，头圆如球，喙短且弯如“鹦鹉嘴”，脊柱短缩并弯曲，肾血管网和肾小球充血，输尿管上皮组织营养不良，原始肾退化加速；尿囊膜过早萎缩，导致较早啄壳和胚胎死亡；在蛋壳尖端蓄积大量没有被利用的蛋白。

发生该病的原因与母禽食用大量非全价蛋白性饲料有关，如腐肉、油渣、杂鱼等。有些蛋白内含有抗生素因子，它与食物中生物素紧密结合，成为不能被机体吸收的物质。成年母禽可不表现出临床症状，但其所生的蛋孵化率很低，而且表现胚胎畸形。第 3 趾与第 4 趾之间出现较大的蹼状物，鹦鹉喙，胫骨严重弯曲，胚胎死亡率在孵化第 1 周最高，其次则为孵化最后 3 天。

（二）微量元素缺乏引起的胚胎病

1. 铜缺乏　缺铜雏禽较易出现主动脉瘤、主动脉破裂和骨畸形，但一般无贫血。母禽给予高度缺铜饲料（0.7～0.9 毫克/千克）达 20 周，不仅产蛋的胚胎呈现贫血，发育受阻，孵化 72～96 小时，同时还分别可见有胚胎出血和单胺氧化酶活性降低，并有早期死亡。

2. 锰缺乏　母禽饲料中缺乏锰，不仅蛋壳强度低，容易破碎，使孵化率下降，而且所产蛋中锰的含量明显减少，蛋受精率低。死胚呈现软骨发育不良，腿、翅缩短，肢体短粗，胚体小，绒毛生长迟滞，喙弯曲，下腭变短呈“鹦鹉嘴”，球形头，腹部膨大突出，有75%的胚胎呈现水肿。

3. 硒和维生素E缺乏 母禽缺硒，不仅产蛋减少，孵化率低。即使出壳后也表现为先天性白肌病，不能站立，并很快死亡，产生胰腺坏死。维生素E缺乏可加速胚胎死亡，常在胚胎形成第七天出现死亡高峰。死胚表现胚盘分裂破坏，边缘窦中淤血，卵黄囊出血，水晶体浑浊，肢体弯曲，皮下结缔组织积聚渗出液，腹腔积水等症状。鹌鹑缺硒，其蛋的孵化率降低，幼雏成活率下降。

但当种禽日粮硒含量高于5毫克/千克，可使禽胚出现弯趾、水肿和高死亡率；日粮硒高于10毫克/千克时，可使孵化率降低甚至为零。

4. 锌缺乏 母禽缺锌时，蛋的孵化率下降，许多胚胎死亡或出壳不久即死亡。骨骼异常，可能无翼和无腿，绒羽呈簇状。胚胎脊柱弯曲，缩短，肋骨发育不全。早期，胚胎内脊柱显得模糊，四肢骨变短，有时还缺脚趾、缺腿、缺眼。能出壳雏禽十分虚弱，不能采食和饮水，呼吸急促和困难，幸存雏禽羽毛生长不良，易断。

5. 碘缺乏 母禽用缺碘的日粮饲喂，所产蛋孵化出的雏禽会出现先天性甲状腺肿。Rogler等（1959）观察到孵化至晚期，胚胎死亡，孵化时间延长，孵化率降低，胚胎变小，卵黄囊的再吸收迟滞，皮下积液，渗出性素质。

近年来，由于种禽添加了不适当的微量元素或维生素，还可干扰其他营养元素的吸收。如添加过量的铜，干扰了锌的吸收利用，以致胚胎因缺锌引起骨骼发育障碍。给母禽补充组氨酸或组织胺，可缓解骨发育异常，但对其他缺锌的症状无缓解作用。因添加过量的维生素D而造成维生素D中毒，过量核蛋白或某些氨基酸过多，也可造成胚胎死亡和尿酸盐素质（痛风）。目前，营养性胚胎病的研究还处于初期，许多资料还有待充实。

二、传染性胚胎病

传染性胚胎病是指由于病原微生物感染而引起的胚胎疾病。按病原可分为病毒性胚胎病、细菌性胚胎病、支原体及霉菌性胚胎病三类。近年来，关于寄生虫侵袭性胚胎病亦有报道。

病原微生物对胚胎的感染分为内源性感染和外源性感染。

内源性感染，即由母体直接传递的胚胎感染。健康母禽的生殖器官一般不含病原微生物，故所产蛋中亦不含病原微生物。当母禽患某种传染性疾病或禽体长期带菌，这些病原体侵入卵巢和输卵管，可在禽蛋形成过程中进入蛋白和卵黄导致胚胎发生各种病理变化，甚至引起死亡。有些胚胎亦可带病孵出，成为下一代的传染源，使疾病持续发生。这一类传染病称为胚蛋传染性疾病。已知可经胚蛋传递的病原微生物主要有鼠伤寒沙门氏菌、白痢沙门氏菌、鸡沙门氏菌、禽结核杆菌、亚利桑那菌、链球菌、禽传染性脑脊髓炎病毒、包涵体肝炎病毒、禽白血病病毒、减蛋综合征腺病毒、禽呼肠孤病毒、火鸡病毒性肝炎病毒、鸡败血支原体、滑液囊支原体等。

外源性感染，即外界环境中微生物侵入蛋内所引起的感染。禽蛋有天然的屏障，如蛋壳表面的黏液膜、蛋壳、蛋膜、蛋白中各种抗微生物因素如溶菌酶、伴清蛋白、亲和素、卵抑制物及两层稀蛋白中的高 pH（9.1～9.6），均能有效地防御和抑制微生物的侵入和繁殖，保护胚胎正常发育。但当蛋壳表面受到严重污染或温度和湿度适于微生物迅速大量繁殖等情况下，微生物可以迅速穿透蛋壳，克服或避开蛋白内的抗微生物因素，在蛋内繁殖，使蛋腐败或感染疾病。尤其是贮存较久，溶菌酶活性下降，蛋白收缩，卵黄变稀，卵黄膜与壳内不含上述抗微生物因素，侵入的微生物便可大量繁殖使蛋腐败。革兰氏阴性菌对蛋白中抑菌因素有抵抗作用，进入蛋内后容易繁殖。从外界进入蛋内的微生物常见的引起蛋腐败的微生物有变形杆菌、假单胞菌、产气杆菌、产碱类杆菌、液化链球菌、葡萄球菌、大肠杆菌、沙门氏菌、枯草杆菌、梭状芽孢菌、褐霉菌、曲霉菌、青霉菌、白霉菌和毛霉菌等。

种蛋内部带有某种病原微生物但不引起胚胎病的情况主要有3种：①数量少，致病力较弱；②同时存在相应的母源抗体；③有些传染病潜伏期很长，要在孵出后并生长到十几至几十周龄后才发病。

病原微生物亦可从蛋壳的气孔侵入种蛋，一般细菌的大小仅2～3微米，通过气孔并无阻碍。但蛋壳厚度平均0.3毫米，即300微米，相当于细菌大小的百余倍，细菌要通过这段“路程”也不太容易。有鞭毛的细菌，如大肠杆菌，沙门氏菌等，能够运动，易于通过气孔进入蛋内；没有鞭毛的细菌如葡萄球菌等，就必须借助外力才能进去。主要外力是在照蛋、落盘等时期，蛋温降低，蛋的内容物收缩，形成负压，会将气孔外口的细菌吸进去。新鲜蛋的蛋壳上有一层胶质膜，具有阻挡细菌的作用，蛋白对入侵的细菌也有一定的杀灭力，但存放较久及入孵以后的蛋，这种保护力便逐渐失去。现介绍几种常见的传染性胚胎病。

（一）细菌性胚胎病

1. 鸡白痢沙门氏菌 鸡白痢沙门氏菌是发生最多的细菌性胚胎病。受鸡白痢沙门氏杆菌感染的公禽，其生殖器带菌，患本病的母鸡的卵巢和输卵管亦带菌。鸡白痢沙门氏杆菌主要在蛋黄中大量存在和繁殖。因此，胚胎发育早期蛋黄即发生变性和凝结，胚胎发育明显受阻。其造成的病胚，在孵化中期开始发生死亡，后期常发生大量死亡。早期死亡的鸡胚剖检可见卵黄囊、胚体和蛋黄膜上常有尿酸盐沉积，输尿管、肾、直肠和泄殖腔则更为多见，孵化到19天为死亡高峰，死胚的肝、脾肿大，其心、肺、肝、脾等器官有许多细小的点状坏死病灶，蛋黄膜、卵黄囊和直肠末端蓄积白色尿酸盐。多数病胚可以出壳，在10日龄之内陆续发生白痢病，再在同群雏鸡中传播扩散。预防本病的根本措施是培育无白痢病种鸡。在尚未做到这一点之前，对雏鸡要搞好药物预防。感染鸡白痢的种禽所产蛋有一部分早在卵黄形成过程中就被鸡白痢杆菌污染，这种种蛋孵化时常发本病。

2. 副伤寒 除了鸡白痢沙门氏菌和鸡伤寒沙门氏菌外，由其他沙门氏菌引起的疾病均称副伤寒。鸭、鹅、鸡和火鸡的副伤寒主要由鼠伤寒沙门氏菌所引起。沙门氏菌是一种有鞭毛、能运动的杆菌，在自然界分布很广。该菌能通过种蛋垂直传播，常有少量种蛋带菌。通常发生于水禽和火鸡。当母禽患本病时，卵巢是主要受感染器官，病原体早已存在于蛋黄之内；另一种情况是由附着于种蛋表面的病原菌侵入蛋内。蛋内的病原菌首先在蛋黄中迅速繁殖，进而侵入发育中的胚胎，使其发病或死亡。本病可使胚胎的死亡率高达90%。大量死胚常发生于孵化的头2周内，尤以孵化第6～10天死亡为多。病变主要是被感染的胚胎尿囊膜充血肿胀，肝有灰白色或灰黄色小坏死点，脾肿大，胆囊肿大、充满胆汁，心脏和肠管偶有小点状出血。从肝、脾、心、蛋黄或胆囊等处容易分离到本病原体。出雏前死亡较多，并孵出一些带菌、带病的雏禽。鸭对本病的易感性高，鸭胚被侵害时，出雏前大批死亡。预防措施主要是防止种蛋蛋壳被污染，产蛋箱要保持清洁，种蛋产出后要尽早入孵，最好在产出后1.5小时内和入孵前进行二次消毒，并搞好孵化器的消毒。

3. 卵黄囊炎和脐炎 本病是由胚胎期延续到出壳后的一种常见的细菌疾病，病原菌主要是大肠杆菌、葡萄球菌、沙门氏菌、变形杆菌等。大多是由蛋壳入侵的，大肠杆菌和沙门氏菌可来源于种禽。孵化程度不当或高低不均，种蛋中某些营养成分不足，会促使本病发生。病胚卵黄囊囊膜变厚，血管充血，卵黄呈青绿色或污褐色，吸收不良，脐部发炎肿胀。胚体各器官发生广泛的坏死灶。出雏时，死雏及残弱雏较多，其后腹部肿大，皮肤很薄，颜色青紫，脐孔破溃污秽。1/3 的雏禽有纤维素性肝周炎和心包炎的病变。鸭胚病变为心和肝出血，卵黄炎，泄殖腔内有尿酸盐沉积。健康胚胎出壳时，脐孔被上述病菌侵入，也会引起脐炎和卵黄囊炎，此则属于雏禽的疾病。挑出可以喂养的轻病雏，要及时用抗菌素治疗。预防措施主要是防止种蛋蛋壳污染，搞好种蛋及孵化器的消毒，提高孵化技术水平。

（二）病毒性胚胎病

1. 禽脑脊髓炎 带有本病毒的种蛋在孵化的第 1 周，死亡较多，而在出壳前 2～3 天又出现死亡高峰，能出壳的很快出现本病特有的头颈震颤和共济失调的特征性症状。死胚可见胚体出血，肾脏和尿囊内沉积有尿酸盐。肌肉变性、肿胀、断裂、横纹消失和发生坏死。脑组织发生软化、水肿，并有胶质细胞增生。

2. 鸭病毒性肝炎 成年母鸭患本病无临诊症状而所产种蛋可有 10%～60%带有本病毒。病毒经卵感染后，可引起胚胎死亡率大于 50%。死于胚龄第 10～15 天的胚胎，有点状出血和水肿，出血多见于头部和肢部，卵黄囊血管充血。死于孵化 15 天以后的胚胎，尿囊液呈浅绿色或乳白色，黏稠而透明。有时可见两腿肌肉萎缩，头部淤血，死胚肝脏呈灰黄色或暗灰色，并被有青绿色和淡黄色的纤维蛋白性条状物，以至病变部位呈现网状结构，色泽不均匀而呈斑驳状。心脏为淡玫瑰色，尿囊和卵黄囊血管充血，胚外膜水肿。

鹅胚对本病毒也有易感性，通常在尿囊腔接种本病毒后 2～3 天便发生死亡。

3. 包涵体性肝炎 本病是一种由腺病毒引起的经蛋传递的传染病。种鸡受感染后无明显的临诊症状，但种蛋的孵化率明显下降，雏鸡死亡率增高。将本病毒接种于鸡胚的卵黄后 5～10 天，鸡胚即告死亡，鸡胚的肝细胞中常可发现核内包涵体。如将病毒接种于鸡胚的绒毛尿囊膜上，则可形成坏死性病灶。死胚的皮肤出血。

4. 减蛋综合征 减蛋综合征也是一种由腺病毒引起的经蛋传递的传染病。患病鸡群可能出现轻微呼吸道症状，感染后2周内产蛋率和蛋壳质量下降，种蛋孵化率下降。将本病毒人工感染鸡胚，胚胎发育不良，胚体蜷缩，死胚充血和出血。

5. 病毒性关节炎 本病是由呼肠孤病毒引起的经蛋传递的传染病。本病可使鸡群的产蛋量下降10%～15%，种蛋受精率也下降。如将本病毒接种于鸡胚的卵黄囊，可使鸡胚3～5天内死亡，胚体充血，出血。较迟死亡者，发育不良，胚体暗黄色。肝、脾、心肿大，并有小的坏死点。若接种于绒毛尿囊膜，可引起尿囊膜水肿、增厚，有白色或淡黄色的痘斑，若将其做成组织切片，则可见胞浆内包涵体。

6. 禽白血病 本病是由禽白血病/肉瘤病毒群的病毒引起的禽类肿瘤性病毒的统称。可经蛋传递，其中的一些病毒可在鸡胚的绒毛尿囊膜上繁殖，并形成痘斑。若将病毒接种于卵黄囊内，鸡胚的一些组织器官会出现肿瘤，胚胎发育不良，肝、脾极度肿大，而且死亡率很高。

（三）支原体及霉菌性胚胎病

1. 鸡败血支原体感染 鸡败血支原体感染又称鸡慢性呼吸道病，感染本病种禽的输卵管及精液中均带菌，因而可经蛋传递而引起胚胎病。胚胎发育不良，关节发炎、肿大，关节腔积液。孵化末期的死胚，其气囊、肺和气管均受感染。在第18～19天的鸡胚有明显的气囊炎。已啄壳的幼雏常见有肺炎，气囊膜增厚，其上常有浆液性或纤维素性渗出物。呼吸道有干酪样物，并常因此而造成气管堵塞，使幼雏于啄壳时窒息死亡。即使孵出1日龄的幼雏，也会立即出现呼吸道症状，如呼吸困难、声音嘶哑等。

2. 滑液囊支原体感染 将支原体接种于5～7天龄鸡胚卵黄

囊、绒毛尿囊膜或尿囊腔，胚胎于4～10天内死亡。死胚的绒毛尿囊膜上有小点出血，胚体轻度出血，肝、脾、肾肿大，肝有小坏死灶。

3. 火鸡支原体感染 经蛋传递率在初产母禽前2～3周内不高，而在盛产期则较高，产蛋后期则很低。患本病的种火鸡群所产种蛋孵出的雏火鸡中，有10%～20%发生气囊炎，受感染的胚胎发生的病变与鸡败血支原体感染基本相同。

4. 曲霉菌病 本病是种蛋在保存和孵化期间被霉菌污染而引起的一种胚胎病，水禽的蛋特别容易感染。本病在鸭胚种较常见，鸡胚发生的较少，孵化器内湿度过大会增加发病率。霉菌可由气孔侵入蛋内，导致胚体水肿，许多内脏器官的表面有灰色霉点，眼、耳、鼻孔等部位也有霉菌繁殖，造成一部分胚胎死亡、发臭。霉菌还能使蛋发生腐败，并使壳膜出现黑点状菌落，蛋内容物出现蓝绿色的斑点。病胚水肿，有时出血，内脏器官表面有浅灰色霉菌结节。耳管、鼻孔、眼角膜表面亦可见霉菌繁殖。霉菌能引起蛋和死胚的腐败，这些腐败的种蛋在孵化后期爆裂，发出恶臭气体并能污染邻近的蛋造成传染，污染孵化器和其他种蛋。

三、孵化条件控制不当引起的胚胎病

在孵化过程中，由于孵化温度调节、湿度控制、气体代谢、种蛋放置方法不正确等均可引起胚胎死亡或胚胎发育障碍。

(一) 温度

在生产现场检查各种原因造成的孵化率低下及其他胚胎疾病时，必须了解和掌握各种禽类正常的孵化期以及正常的孵化温度，并以此判断异常情况，追查其原因，提出解决的办法。下面介绍的是各种禽类正常的孵化期及孵化温度（表11-1）。

表 11-1　各种禽类的孵化期

禽　种	孵化期（天）	禽　种	孵化期（天）
鸡	21	东北玫瑰鹦鹉	23～25
鸭、孔雀	28	爪哇禾雀	16～17
瘤头鸭、丹顶鹤	33～35	金丝雀、双斑草雀	14
鹅	30～31	鸵鸟	42
火鸡、珠鸡	26～28	天鹅	35～40
鸽、虎皮鹦鹉	18	灰斑鸠	15～16
日本鹌鹑	14～17	红腹锦鸡	21～23
美洲鹌鹑、雉鸡	23～24	山麻雀	12
鹧鸪	24～25	榛鸟	24～27
凤头鹦鹉	28～30	大白鹭	25～30

上述各种禽类孵化期的数据，是在适宜的温度、湿度等条件下获得的。当这些条件改变时，孵化期会延长或缩短。

温度是胚胎生长发育最重要的条件，不同的禽类，其胚胎生长发育要求不同的温度条件。一般来说，温度偏高会加速胚胎发育，提早出雏，但雏禽软弱细小，如果温度超过 42℃(107.6°F)，可使胚胎在几小时内死亡；反之，若温度偏低则胚胎发育迟缓，出雏推迟，雏禽品质差，如低于胚胎发育的临界温度[23.9℃(75°F)]，胚胎可在 30 小时左右死亡。

表 11-2 推荐使用的温度适用于整批入孵的变温孵化。若是同机多批入孵，应采用恒温孵化。即除出雏期外，整个孵化阶段均采用同一温度，一般使用变温孵化的中期温度或平均温度。实际上，上述温度变动幅度并非绝对，应灵活应变。最根本的方法是“看胚施温”，即根据胚胎的发育进程、发育阶段的发育特点来调节温度。在生产实践中，尚应考虑孵化机的类型、孵化季节及地理环境、禽蛋类型等的不同，去判定施温正确与否。此外，入孵前种蛋的贮存、通风，以及孵化过程中的湿度、翻蛋、凉蛋等因素对孵化均会产生影响。临诊时，应对诸多因素作全面考

虑，找出主要矛盾，才能使问题得到解决。

表 11-2 推荐使用的各种禽类的孵化温度（℃）

禽种	孵化期			
	前期	中期	后期	出雏期
鸡	38.3～38.6	38.0～38.3	37.5～37.8	37.0～37.2
鸭、瘤头鸡	38.3～38.6	37.8～38.0	37.0～37.2	36.7～37.0
鹅	38.0～38.9	37.5～37.8	37.0～37.2	36.4～36.7
火鸡	38.9～39.1	38.0～38.6	37.5～38.0	37.0～38.0
鸽、日本鹌鹑	38.0～38.6	37.8～38.0	37.5～37.8	37.2～37.5
雉	37.5～38.0	37.0～37.5	37.0～37.5	37
珠鸡、鹧鸪、美洲鹌鹑	37.8～38.3	37.5～37.8	37.2～37.5	37.0～37.5

注：前期通常是指前 6 天；中期各有不同，一般是第 7 天开始，至第 10～16 天；出雏期一般是最后 2～4 天；其余的为后期。

胚胎发育的各个阶段要求温度应相对恒定，温度过高可分为一时性和长时间性，较高于或过高于孵化温度及低温等 5 种不同情况。短时间温度较高，可引起胚胎血管破裂而死亡；长时间较热可加速胚胎发育，缩短胚胎发育期限，造成卵黄吸收不良，脐环不愈合和弱雏；早期温度较高可发生无脑、无眼畸形；温度过高，胚胎死亡率剧增；低温则可延长孵化期，且尿囊不能完全闭合，腹部膨大，蛋壳内常有红色水肿液。有的幼雏不能啄壳，闷死于壳内。

温度方面常见的几个问题如下：

1. 二照（10～11 天）**以后温度偏高** 此种情况会造成蛋白变质，使其不能全部进入羊膜腔被胚体吞食，有少部分残留在蛋的小头。在正常情况下，17 天蛋白应当全部耗尽，蛋的小头因为已经没有蛋白，原先照蛋可以见到的发亮的部分便消失，完全是阴影，称为“封门”。当蛋的小头残留蛋白时，仍然发亮，就不能封门，俗称“白屁股”。残留的蛋白往后一直不能吸收利用，使胚体营养欠缺，体质较差。而且，出壳时残留的蛋白黏湿似胶水，使绒毛与蛋壳黏结，俗称“胶毛”，影响出壳。

2. 出雏期（落盘后）**温度偏高**　迫使雏禽提早啄壳，出现血嘌、叮脐、拖黄、吐清、吐黄、穿嘌等现象。

血嘌：啄壳时，尿囊血管尚未枯萎，啄破出血。

叮脐：啄壳时，尿囊血管虽已枯萎，尿囊柄尚未断开。出壳时拉断，残留一小段，干后缩在脐部，状似小黑钉。

拖黄：卵黄囊尚未完全进入腹腔即出壳，拖在外面。

吐清：快出雏时闷热反胃，将以前吞进的蛋白吐出，有时堵塞啄孔。

吐黄：快出壳时闷热难受，挣扎乱蹬，将卵黄囊蹬破，卵黄流出，并非自口中吐出卵黄，但习惯上称为吐黄。

穿嘌：当发生以上血嘌现象时，雏禽往往只能将蛋壳啄破一个小孔，露出喙尖，以后挣扎、喘息、尖叫，终于无力破壳，死于壳内。如情况较轻，能将蛋壳啄破半圈，可以助产，剥掉头背部半个蛋壳，其余等其自然脱落。营养性胚胎病在出壳时，也常有啄一小孔不能破壳的现象，所不同的是，啄壳不是提前而是推迟，无血嘌、叮脐、吐清、吐黄等现象，啄出小孔后连挣扎或尖叫的力气也没有，偶尔叫几声即死于壳内。

3. 短期严重超温　死胚多，死后干燥黏于蛋壳上，尿囊血液呈暗黑色并凝滞，内脏有出血点，有时出现异位胚，如头弯在左翅下或夹在两腿中间等。

4. 整个孵化期或相当长的时间温度偏低　出雏推迟，死胚较多，雏禽体软肚大，腹腔内剩余卵黄呈暗绿色，脐孔愈合不良。

下面介绍几种常见由于温度引起的胚胎病。

（1）胚胎发育早期过热引起的胚胎病　胚胎在孵化早期缺乏体温调节能力，故对孵化器内温度的变动、承受能力有限。试验证明，孵化的头 5 天，鸡胚致死温度的上限为 42.2℃，至第 8 天，致死温度的上限增加到 45.6～47.8℃，这样的水平一直维持到整个孵化的末期。胚胎对外界高温的这种由小而大的忍受能力，与其体温调节机能不断完善有关。

禽胚孵化的头一天过热，即孵化的温度高于标准的范围，但尚未达到42℃以上时，胚胎会变为一个无定形的团块或血管网发育缓慢，严重时直接使胚胎死亡。

如果在孵化的第2～3天过热，则出现胚膜皱缩，并常与脑膜互相黏连，结果常导致头部畸形，如无颅畸形、无眼畸形等。这些畸形胚胎常可活至孵化的后期，甚至孵化出壳，但不能成活。

在孵化的第3～5天过热，胚胎常发生异位，胚胎在腰腔未接合前沉入卵黄的内部。

过热常使孵化的第一周内的胚胎死亡率升高。如果胚胎整个发育过程温度过高，局部组织可发生充血、出血，羊膜与尿囊膜囊肿，这些都是血液循环紊乱的表现。

(2) 短时间急剧过热引起的胚胎病　孵化器内的温度由于某些原因而在短时间内突然急剧过热，常导致灾难性结果。胚胎对急剧受热比缓慢受热更难以适应，此时胚胎常因血管破裂而死亡。其特征性表现是尿囊血管高度充血，皮肤充血，皮肤、脑和肝脏有点状乃至弥漫性出血。

(3) 长时间过热引起的胚胎病　如果孵化过程中温度长期过高，常给胚胎发育造成种种不良影响，其中主要是胚胎发育加速，使尿囊早期萎缩，出现过早啄壳现象。孵出的雏禽通常是弱小的，绒毛发育不良以及卵黄吸收不良。有时尚见脐部出血，脐环未闭合。幼雏孵出后，蛋壳内常留有蛋白残渣。

有部分幼雏虽能啄壳，但因瘦弱不能站立而死于壳内。此种死雏常可发现体位不正，蛋白和蛋黄吸收不良，内脏器官充血。

如果温度过高仅发生于孵化后期，则胚胎的生长受抑制，影响了对蛋内营养物质的吸收利用，高温尚可降低多种酶的活性，因而影响胚胎的物质代谢。高温还可增强心脏的搏动，可导致心脏麻痹和心肌出血。

（4）低温引起的胚胎病 禽类胚胎对低温的忍受能力比对高温强。这是禽类在进化过程中形成的一种适应能力，因为成年的禽类在孵化中常离开蛋窝。故孵化过程中短时间低温不会造成胚胎发育异常。

低温主要使胚胎生长发育停滞，但在孵化初期与中期一般不会造成大量死胚。温度偏低情况下孵至第 11 天时检查的鸡胚，可见尿囊尚未完全包围蛋壳的内部表面，尿囊不能闭合，蛋白利用减慢。

低温常使雏禽的出壳时间延迟，甚者达几天之久。幼雏瘦弱，常不能站立，腹部膨大，有时腹泻。雏禽出壳后，蛋壳内常留有污秽的血性液体。

一些发育差的弱雏则不能出壳，其病变为颈部黏液性水肿，肝脏肿大，胆囊胀大，心脏扩张，有时可见肾水肿或胚体畸形。卵黄黏稠，呈暗绿色。

（二）湿度

胚胎发育过程中，在孵化箱内要保持一定湿度。掌握好湿度有利于胚胎的健康发育，提高出雏率和雏鸡素质。试验表明，正常孵化的头 10 天中，鸡胚通过蒸发水分散热的量超过了其产热量。如果孵化内的湿度过大，妨碍了蛋内水分的蒸发，胚胎即可受热。又因尿囊的液体蒸发缓慢，水分占据蛋内的空隙，妨碍了胚胎的生长发育。

湿度过大，妨碍蛋内水分蒸发，致使水分占据蛋内空隙，妨碍胚胎的生长和发育。幼雏出壳时间不一致，出壳时嗉囊、胃和肠充满羊水，孵出的幼雏软弱，体表常为黏性液体所污染，腹部肿胀。许多幼雏体弱不能啄壳而闷死于蛋内。这种死胚可见尿囊湿润，胚胎的液体黏稠呈冻胶样。当幼雏啄破壳膜时，尿囊液会黏附于其体表并迅速凝固而形成一层薄膜，妨碍了幼雏的呼吸和运动，会使幼雏窒息而死。湿度过高，有利于各种霉菌的繁殖，使胚胎的曲霉菌病发病率升高；湿度过低，蛋内水分蒸发过多、过快，不仅幼雏体重下降，而且蛋壳膜干涸，黏在幼雏的绒毛上，致使出雏困难，破壳时间延长，孵化的雏小，生活力下降。

（三）气体代谢

胚胎在生长发育过程中需要进行气体交换，在孵化的中期尤其是后期，胚胎发育需要大量的氧气，良好的通风是为保证孵化器内空气新鲜、氧气充足。外源性缺氧或内源性二氧化碳、氨气排泄不畅等均可导致氧气缺乏，引起胚胎窒息死亡，以致蛋内胎位不正，胚体足肢朝向蛋的钝端或头部朝向蛋的中央，对气室产生不同程度的压迫，均可使胚胎窒息死亡。足肢朝向蛋的钝端。头朝向蛋的锐端，幼雏啄壳亦在锐端。或被污物或包裹物堵塞了蛋壳蛋孔，此外，孵化箱内或孵坊内灰尘较大，当孵化蛋的表面细孔被破蛋的碎块、蛋白性液体或尘埃所堵塞时，也可造成胚胎窒息。有些可见尿囊出血，胚胎皮肤、内脏充血，出血，心脏结构残缺。尤其是在孵化中期（俗称上滩）后，其危险性更大。

（四）孵蛋不当或孵蛋不及时

除孵化后期外，胚胎在蛋内总是上浮，不注意翻蛋，蛋钝端朝下或倾斜度不够等，均会引起黏壳，导致胚胎死亡。为了防止这种情况，在孵化过程中，必须定时将蛋从一侧翻向另一侧，一般每2～3天翻蛋1次，角度以45°～50°为宜。按常规，从入孵至落盘，都要翻蛋。如果孵化过程中不翻蛋，翻蛋次数太少，或将蛋以垂直位置进行孵化完全不翻蛋，蛋黄和胚胎偏向蛋壳时间较长，朝向蛋壳的蛋黄与胚体发生干涸，就易黏附在蛋壳上而变干引起胚胎大批死亡。尿囊沿蛋壳内表面生长，蛋白不能完全被包住也能引起胚胎死亡。

四、中毒性胚胎病与遗传性胚胎病

（一）中毒性胚胎病

家禽有阻止有毒物质向卵内转移、减少有毒物质对后代毒害的本能。但是，长期慢性中毒时，免不了有毒物质对睾丸、精子、卵和卵细胞的毒害作用。有些毒素可直接与DNA作用产生DNA序列的紊乱或基因片段的缺失；有些毒素的代谢次生物质，也可在亲体内或胚内于胚胎发育过程中对受精卵和胚体作用，其结果可造成基因突变和畸变，并产生免疫抑制作用，甚至引起胚胎死亡。

有关资料表明，引起中毒性胚胎病的原因有霉菌毒素及其代谢产物、有机农药尤其是有机氯农药以及棉酚、芥子毒、硒和某些重金属毒物慢性中毒。临床用药不当时，药物对胚胎亦有影响。

1. 霉菌毒素 有些真菌毒素可产生致畸作用，如黄曲霉毒素B_1、棕曲霉素A、柠檬色霉素和细胞松弛素。例如，用含0.05微克/毫升黄曲霉素B_1注入鸡胚气室，可抑制鸡胚分裂，并导致死亡，部分鸡胚畸变，如四肢和颈部短缩、扭曲，小眼畸形，颅骨覆盖不全，内脏外露，体型缩小。柠檬色霉素，可引起四肢发育不良，头颅发育不全，腿骨变形，喙错位，偶尔可见头、颈左侧扭转。此外，红青霉素、T_{-2}毒素对鸡胚的发育都有不良影响。然而，机体对其后代的保护是通过一定的屏障作用进行的，从亲代移到蛋内的真菌毒素的量是很少的。

2. 农药残留 滴滴涕及其代谢产物（如DDD）可引起鸡、鸭和某些野生禽类蛋壳变薄，不仅运输过程中易碎，而且影响蛋的孵化率及雏禽的发育。这一现象已在鸡、山鸡、野鸡、鹌鹑、鸭、食雀鹰等品种中证实。即使在它们日粮中供给足量的钙、磷，若其中有机氯农药残留量过高，也会影响蛋壳变薄。试验证明，饲料中的滴滴涕浓度为10～30毫克/千克，可使壳厚度减少15%～25%。我国鸡蛋内有机氯农药滴滴涕含量有时可达0.33毫克/千克，农药对胚胎发育的影响是显而易见的。

某些除草剂，如2，4-滴及四氯二苯二氧化磷（TCDD）等，在鸡体内和鸡蛋内的残留也可造成鸡胚发育缺陷或畸形。

3. 其他有毒物质 禽饲料中含棉酚时，蛋中棉酚含量增加，贮存时蛋白质变成淡红色，这可能是蛋黄中铁扩散到蛋白中，与蛋白的伴白蛋白螯合。种蛋的孵化率下降，卵黄颜色变淡。成年母禽喂菜籽饼过多，可干扰体内碘的吸收和利用，缺碘可引起胚胎死亡。汞、镉在母禽体内半衰期长，可干扰实质器官和性器官的发育，造成精子和卵细胞发育的畸形，包括胚胎发育出现无眼、脑水肿、腹壁闭合不全等症状。乙胺嘧啶、苯丙胺、利眠宁和苯巴比妥等在胚胎内的残留物也可致畸。

（二）遗传性胚胎病

由于蛋贮存时间过长或某些遗传缺陷，造成的胚胎畸形或胚胎死亡，亦占有一定的比例。特别是在集约化家禽生产中，畸形与缺陷的数量有所增加，最常见于孵化第19～20天，出现喙变短、上下喙不能咬合、眼球增大、脑疝、四肢变短、翅缩短、跖骨加长、缺少羽毛、神经麻痹等畸形特征。鸭、鹅也可以出现脑疝—肌肉震颤。在孵化后期，幼雏生命早期，死亡率增加。

五、胚胎病的诊断研究方法

禽的胚胎病往往不具有明显的症状区别，也没有多少典型的病理变化。而且，在大规模生产的情况下，只有孵化率低下才能引起注意。对禽类胚胎病要做出正确的诊断，有赖于对种蛋的生成过程、胚胎生长发育、孵化条件、各种病原微生物引起胚胎不同的病理形态学变化等知识的全面了解和掌握。只有对上述诸多因素和条件作深入的调查研究，在此基础上才能做出切实的结论。诊断是采取防治措施的前提，没有诊断就没有措施，诊断错误一定会导致措施错误，这样必然耽误问题的解决，使生产蒙受不必要的损失。因此，胚胎病的诊断和研究应遵循一定的方法和程序进行。只有掌握禽胚胎发育的规律，熟悉孵化生产过程，充分系统地调查研究，才能最后做出正确诊断。

（一）生产现场调查

主要了解禽场的概况、防疫卫生、种禽群生产记录、公母比例、营养及光照、配种及种蛋质量、孵化记录、孵化厅及孵化设备，必要时对孵化机的性能进行检测。现场调查时，应对受精率和孵化率作重点了解。

受精率是指受精蛋数占入孵蛋数的百分比。受精率反映了种蛋的质量、种群的配种情况等，但与孵化条件无关。但在生产实践中，人们常将第一次照蛋检出的早期死亡的胚蛋也作不受精蛋，致使受精率偏低。种蛋的受精率正常应在90%以上。如果种禽群饲养管理不完善，存有某些营养缺乏病或某些传染病，均有可能使受精率下降。

孵化率又可分为入孵蛋的孵化率和受精蛋的孵化率两项。入孵蛋的孵化率是指孵出的雏禽数占入孵种蛋数的百分比。受精蛋的孵化率是指孵出的雏禽数占入孵受精蛋数的百分比。孵化率可充分说明种蛋的质量及孵化条件是否合适。孵化率的高低主要取决于种蛋的质量、种蛋贮运和孵化过程的各种因素。调查的内容包括种禽的饲养管理状况、健康状态、种蛋贮运和孵化的各个环节。孵化生产中的一些记录常常可以反映出这些情况。在考虑种蛋质量时，应上溯种禽场的产蛋率、种蛋合格率、再结合受精率、死胚率、孵化率综合考虑。最具诊断意义的是它们的变化曲线，将这些曲线对照起来进行分析。在实际生产中，如果种蛋的贮运、孵化工作正确无误，产蛋率、种蛋合格率、受精率、出雏率之间存在一定的相关性，它们的变化是一致的。在正常情况下，入孵蛋的孵化率应在80%以上，而受精蛋的孵化率则应在90%以上。引起孵化率下降的原因相当复杂，常需逐项检查、全面分析，才能加以确定。

（二）照蛋

在孵化过程中，可以通过定期照蛋检查胚胎发育状况，及时剔除死胚。胚胎发育迟缓，常出现在很多营养性胚胎病和孵化温度偏低的情况下；胚胎发育过快，主要是由于孵化温度过高所致；发育不整齐，常出现在营养性胚胎病和种蛋存放不当时；而孵化器内各个方位之间、盘与盘之间发育不平衡，则可能是孵化器内温度不均匀。检出死胚，并做好记录，计算各胚龄段死胚的发生率。通常鸡胚在孵化第3～5天和第24～27天。鹅胚是孵化第2～4天和第26～30天。如果蛋内维生素和其他营养物质缺乏时，孵化中期死亡率也会增高。如种鸡维生素 B_2 缺乏时，胚胎死亡高峰集中在第9～14天。

鸡胚的第一次照蛋时间，常于孵化的第6天进行。发育正常的胚胎，此时可以清楚地看到卵黄囊内的胚眼，卵黄的血管网发育良好，色泽暗红；若胚胎位置靠近蛋的外壳边缘，血管网不发育或模糊不清，色泽淡白，表明胚胎不发育或发育停滞，此类胚胎应及时剔出。

鸡胚的第二次照蛋时间，为孵化的第11天。发育正常的胚胎，此时可清晰地看到尿囊。它包围了整个蛋白部分，并在蛋的尖端呈密闭状态；尿囊未闭合或未将蛋白包围，均是胚胎发育缓慢的现象。

鸡胚的第三次照蛋，可于孵化的第19天进行。发育良好的和即将出壳的雏鸡占据了整个蛋的所有空隙，能够看到幼雏头部的活动，此时尿囊的血管网不明显；如胚胎发育缓慢，则血管网仍相当明显，胚胎未占据所有蛋内的空隙，蛋内尚有未被充分利用而剩下的蛋白。

不同种类的禽胚，应根据其内部发育状况选择适宜的照蛋时间（表11-3），其他禽胚发育情况可参照上述鸡胚的指征做出判断。

表11-3 各种禽胚适宜的照蛋时间

禽胚种类	入孵后适宜的照蛋时间		
	第一次	第二次	第三次
鸡胚	第6天	第11天	第19天
鸭胚	第6～7天	第15天	第25天
鹅胚	第7～8天	第13天	第28天
火鸡胚	第7～8天	第13天	第25天

（三）称重

种蛋入孵后，随着胚胎的发育特别是水分的蒸发，胚蛋的重量会发生规律性的减轻。因此，对胚蛋称重有助于检出病胚和死胚。但精确度不如照蛋法，除应与照蛋法配合使用外、称重胚蛋不应少于100枚，所得平均值才有代表性。

一般情况下，鸡蛋在21天的孵化期间的总失重率为12%～13%，平均每天约0.6%，而番鸭蛋在30天内总失重率为10%～12%，雉鸡蛋为19.4%～21.0%，火鸡蛋为11%～13%。有资料报道，18日龄鸡胚蛋的重量约为入孵前的87%～89%，24日龄的鸭、火鸡和鹅的胚蛋，重量分别为入孵前的85%～89%、87%～89.5%以及88%～89.5%。当孵化温度偏高和/或湿度不足时，胚蛋减重的比例会超过正常值。在胚胎发育异常时，胚蛋重量的变化与上述规律性变化明显不同，故此这也是胚胎病的征兆之一。

（四）病理剖检

用病理剖检的方法对在照蛋和称重过程中发现的病胚或死胚进行细致检查，以确定病性，及时采取对策。

剖检时，可随机取50个左右的病胚或死胚作样品。先察看胚蛋的外壳，有无破裂、黑斑或其他异常。其后检查胚蛋内部情况，重点检查：①气室（大小）、胚膜（透明度）、霉斑（有无）；②血管（完好或溶解）、胚胎（有无异味、色泽及姿势是否正常）、羊水或尿囊液（澄明或浑浊）；③判断胚胎死亡的日龄；④后期死亡的胚胎，重点检查各组织器官生长发育是否正常，有无充血、出血、坏死等病变，有无畸形及其种类、特征。

每次出雏检查死胚时，可能会发现下述情况：①胚胎被窒息而死，这是孵化时湿度过高或蛋黄破裂的结果，如果胚胎已转身，喙部向着蛋的粗端或已啄壳而死，则是出雏器或孵化器湿度过高所致；②臭蛋是种蛋在禽场或孵坊受细菌感染所致；③胚位异常，通常因种蛋存放过久或孵化器翻蛋有问题引起；④雏禽绒毛呈结节状或黏贴成束，是因种蛋存放过久或维生素 B_2 缺乏所致；⑤出血是胚蛋受出雏器机械性损伤所致；⑥足关节红肿一般是种蛋存放过久或生物素缺乏所致。

（五）微生物学检查

怀疑由某些病原微生物所致胚胎病时，可进行此项检查。其程序包括病料采集，涂片染色镜检，病原微生物的分离、培养和鉴定，实验动物接种及必要时进行免疫学诊断试验等。

（六）雏禽检查

对雏禽的检查和评定，宜于出壳后12～24小时内进行。因为某些传染病、营养缺乏病或孵化条件不当等，常可从新生雏中反映出来。应检查雏禽均匀度、体重、精神、活力、叫声、对声和光刺激的反应、体表整洁度，绒毛的干湿度、长度及光泽，腹部大小，脐部收缩状况，站立与行走时姿势，有无各种畸形等。

（七）死亡曲线分析

死亡曲线指胚胎死亡的日龄分布图。在正常情况下，孵化期间胚胎死亡的分布是不均匀的。胚胎死亡率增高期称为胚胎发育的危险期。以鸡胚为例，孵化过程中有3个危险期。

第一个危险期（0～4天）胚胎死亡的主要原因是：①带有致死基因；②处理种蛋时操作粗放，运送时剧烈摇动、蛋壳破裂未被捡出；③种蛋存放过久或曾受过热或过冷的影响；④种蛋入孵后升温太慢；⑤熏烟不当，尤其是药物过量、熏烟时间过久或在孵化后第12～96小时内熏烟；⑥通风不足导致胚胎死亡；⑦孵化早期温度异常；⑧种蛋受精异常，2个以上的精子同时进入一个卵子；⑨种蛋存放于含有有毒气体或有毒物质之中。

第二个危险期（5～17天）胚胎死亡的主要原因是：①细菌感染、种母鸡下痢、蛋箱垫料较脏、操作人员或蛋托盘带有能致胚胎病的细菌、熏烟欠佳或在孵坊里受污染；②种蛋所含营养缺乏，如种鸡饲料存放过久使养分损失或鸡群健康欠佳影响养分的吸收，均使种蛋养分不足；③孵化器温度太高或湿度不合适；④通风换气不足，因为胚胎发育需要大量的氧气，同时排出大量的废气，如果新鲜空气不足，胚胎就会死亡；⑤机械性损伤。如果死胎还没有嫩毛，死亡常发生于第5～10天，表明上述原因致死的程度严重；如已被覆嫩毛，则其死亡多发生于第11～17天。例如，营养缺乏越严重或细菌感染越严重，其胚胎死亡就越早。

第三个危险期（18～21天）胚胎死亡的原因主要是：①营养缺乏和细菌感染，严重者多在第二个危险期内死亡，如比较轻微，则在该期才死亡，程度更轻者，则可延至出壳而成为弱雏；②胚胎位置异常，头部转不到气室，这可能是翻蛋故障所引起；③孵化器或出雏器的温度和湿度有问题，如死胚的头部已转向气室或啄壳，即表示问题出在出雏器，否则是孵化器有毛病；④蛋壳过厚，气孔不足，蛋壳表面曾涂上蜡质或油质，蛋壳太薄，气孔太多；⑤种蛋存放过久；⑥通风换气不足，出雏器内二氧化碳含量过高；⑦湿度过低，通风不良或过分熏烟，短暂高温，持续低温，使啄壳后不能破壳而死亡；⑧啄壳后死亡或未死但不能出壳，与孵化时种蛋尖端向上、翻蛋不正确、湿度太低、通风不足、出壳时熏烟过度、短暂高温或长期低温等有关。其他的禽胚也存在着类似的危险期。例如，鸭胚在孵化的第 4～6 天和第 24～27 天，鹅胚在第 2～4 天和第 26～30 天，火鸡胚在第 5 天和第 25 天，都会出现较多的胚胎死亡。

六、胚胎病的防治

由于对胚胎疾病的病因学诊断尚缺乏系统研究，仅凭病理学特征很难实现对症治疗。对胚胎病的防制，应贯彻“预防为主”的方针和采取综合性措施。例如，搞好种禽群的饲养管理工作，使种蛋不缺乏任何营养成分；清除种禽群中的蛋传递性疾病；做好种蛋的保管工作和健全孵化制度，避免因这些工作的失误而带来的胚胎病。只有采取综合性的防制措施，才能降低胚胎病的发病率，提高孵化率和健雏率。

（一）一些原则性的防治措施

1. 加强种禽的饲养管理，提高种蛋的内在质量　根据种禽营养需要的特点，合理配制日粮。注意防止饲料加工、贮存过程中营养因子的损失和饲料的霉变，确保种禽获得足够的营养，特别应注意添加维生素和矿物质。同时，必须加强饲养管理，饲喂全价饲料，减少各种应激因素，促进种禽对营养物质的利用和转化。另外，应提高种禽的遗传育种水平，预防遗传性胚胎病的发生。给亲代种禽以全价饲料，剔除不适合孵化用的次品蛋。种禽尤其是种母禽的营养状况好与差，直接决定一个胚胎的发育乃至幼雏的生长。因此，必须给种禽供给适合于生长、繁殖需要的蛋白质，能量和各种必需的氨基酸、脂肪酸、足量维生素、足量矿物质以及必要的微量元素。任何一种营养物质的较长时期缺乏，都可以导致种蛋质量下降。若出现沙壳蛋、软壳蛋甚至无壳蛋、蛋黄色泽变淡、蛋白含量减少等情况，均不能用作种蛋，因为母禽营养缺乏或食物源性有毒物质或药物影响，均可引起胚胎发育障碍。提高母禽合理营养水平和饲养管理水平是预防胚胎病的关键措施。

2. 做好种禽的防疫卫生工作，减少内源性胚胎传染病的发生 做好种禽的防疫卫生工作，加强入孵前的卫生，杜绝大的传染病的发生，净化种鸡群，特别建立无白痢、无支原体的鸡群。禁止用急性疾病痊愈不久或有慢性传染病的家禽所产蛋进行孵化。对于母禽需加强对某些传染病，特别是可以垂直传染的疾病的防疫措施。对有慢性传染病或急性传染病康复不久的家禽，其所产的蛋禁止做孵化用。入孵前，要对种蛋做好消毒措施，以防因泄殖腔感染而导致胚胎感染。

3. 做好种蛋的卫生消毒工作，减少外源性胚胎传染病的发生 在集蛋、运输、贮存和孵化过程中做好清洁消毒工作，避免蛋壳污染。产蛋箱必须保持清洁干燥，增加每天的集蛋次数，严重污染的蛋不做孵化用。收集起来的种蛋应及时消毒，贮蛋库必须清洁，温湿度适宜，通风透气良好。种蛋在入孵前必须严格消毒，孵化厂的场地、孵化设备和工具必须清洁，做到批批消毒。另外，还可以用抗生素采取特殊方法对种蛋进行处理，杀灭种蛋内部的病原微生物，如败血支原体。

4. 提高孵化技术 调节好孵箱温度控制器及相对湿度，加强孵化人员的技术培训，在照蛋中及时发现病胚，对可能存在的病因和病原的诊断，是预防胚胎病的重要环节。合理制定育种措施，培养良种体系，防止因遗传关系而产生的畸形和变异。保证种禽间的雌雄配比。维持公禽旺盛的性欲和精子活力，是提高受精率、出壳率的重要措施。

（二）胚胎病重在预防

1. 种蛋的选择 种蛋应来自健康种禽群，最好来自无蛋传递性疾病的种群，以避免传染性胚胎病的发生。只有采用全价饲料喂饲和科学方法管理的种禽群，其种蛋的品质才有保证。对各种畸形蛋如巨型蛋、小蛋、异形蛋、水蛋、软壳蛋、沙壳蛋和无壳蛋，以及久贮、受热、受潮的种蛋，均应加以剔除，不应入孵。

2. 种蛋的消毒灭菌 通过种蛋传染的病原菌很多，经外源性途径感染蛋壳的病原菌有大肠杆菌、副伤寒杆菌、球菌、绿脓杆菌、霉菌等；经内源性途径进入种蛋内，引起胚胎以及禽体发生多种传染病的有副伤寒、白痢杆菌病、结核病、马立克病、传染性喉气管炎、白血病、禽支原体、禽流感等。因而种蛋在孵化前只有进行严格的消毒灭菌，才能保证健康鸡群的成长。

种蛋产出后应尽快收集，以防被外界环境污染，导致病原微生物的入侵。每天收集蛋 4 次较为理想。如蛋壳沾有脏物，应用干净细河沙加以刷拭，最忌用湿布揩抹或水洗。产蛋箱应保持清洁。

目前，生产场常用福尔马林熏蒸法消毒种蛋。此法是利用高锰酸钾来氧化甲醛溶液使其产生甲醛蒸汽，以杀灭存留于蛋壳表面的多种微生物。方法是，将种蛋安放在塑料蛋盘内，再一盘盘置于蛋架上，在大型熏蒸箱中进行消毒。一般配比为高锰酸钾∶甲醛溶液量为 1∶0.75，但国产化工用高锰酸钾应与甲醛溶液等量即 1∶1，认为这种比例消毒效果最好。1 米^3 空间可用 30～40 毫升的福尔马林，再据上法算出高锰酸钾的用量即可。如将湿度增至 90%，密闭熏蒸 30 分钟后即行通风换气。如能在种蛋产出后即熏蒸一次，入孵时再消毒一次，效果更佳。

水禽种蛋的消毒，可用碘液浸蛋法或漂白粉浸蛋法。碘液浸蛋法用结晶碘5克、碘化钾8克，溶于1 000毫升水中配成的溶液，用以浸没种蛋1分。因为碘是一种常用的消毒药物，能使微生物的菌体蛋白变性，并在水中与氢化合，释放出新生态氧，从而有良好的灭菌作用。漂白粉浸蛋法用于种蛋消毒的是含有效氯1.2%～1.5%的新配漂白粉水溶液，大约每1 000枚水禽蛋用50升这种药液。药液温度为16～30℃，浸蛋时间3分钟。漂白粉一般含有效氯约25%，在空气中缓慢分解。新配的水溶液杀菌作用显著。

还可以用紫外线消毒法进行种蛋的消毒灭菌。将装好种蛋盘置于25瓦的紫外灯管下，距离50～60厘米（平均58厘米），开灯消毒3分钟，可杀灭种蛋内外的病原菌，且引起蛋白质液化和酸碱度改变，改善胚胎的发育和存活，提高孵化率和成活率。

此外，尚有抗生素消毒法。目前，较常使用的是红霉素溶液（1毫克/毫升）或庆大霉素溶液（0.5毫克/毫升），浸蛋时间均为20～30分钟。

3. 防止孵化场地和孵化器具的污染 孵化场所和器具如孵化机、出雏机、蛋盘等的污染，除影响胚胎的生长发育外，还常造成细菌性或病毒性疾病感染新生雏禽，进而带到各生产场。

孵化场所和一切器具首先要彻底清扫，再用热水或消毒药液洗刷。必要时，蛋盘等可浸泡消毒。在实际工作中，可据各生产场条件选用福尔马林熏蒸消毒法、漂白粉消毒法、碱液消毒法（1%氢氧化钠溶液）或紫外线消毒法等。

育雏室或鸡舍在严冬为了保温而紧闭，常导致鸡粪发酵，产生氨气等恶臭气体，使空气浑浊，影响人禽健康，常引起呼吸道患病和眼疾。常用的化学除臭法有以下几种：①“环保安”除臭剂，可消除有害气体；②7份硫酸亚铁（绿矾）研成粗粉，与过筛的干燥煤灰或沸石粉1份充分拌和，按占鸡粪量的7%～10%撒在鸡粪上即可除臭；③消除鸡粪时，按每10米^{2}撒0.35千克过磷酸钙除臭。

4. 应急处理

(1) 在孵化过程中，一旦发现大批胚胎患营养不良性疾病时，应稍微提高孵化温度，并迅速减低湿度，会有助于雏禽的孵出。此外，应及时地有针对性地改善种禽群的饲料，加大所缺营养成分的用量，并加强饲养管理。

(2) 某些胚胎病可以实施治疗，从而大大减少发病和死亡。例如，从某场或某地区来的种鸭蛋孵出的雏鸭发生维生素 B_1 或维生素 B_2 缺乏病（此种病不难诊断），除可对雏鸭进行治疗外，对以后同一来源的种蛋，孵化后期可在气室开一小孔，每胚注入注射用维生素 B_1 或维生素 B_2 溶液 0.1 毫升。小孔用胶布封固、涂蜡后继续孵化。作者曾用此法处理大批种蛋，成功地预防了这类胚胎病的发生。禽类支原体病可经蛋传递，阳性种禽所产的蛋，入孵前将蛋内温度升至 37℃，浸入 4℃抗生素溶液中（如 8×10^4 的利高霉素或支原净、高力米先等）30 分钟，抹干后才入孵。此外，亦可在种蛋孵至 7～11 天期间，通过气室注入抗生素，以消灭胚内的支原体。

关于对胚胎病的治疗，还有待进一步的积累资料，验证与完善。若缺乏硫胺素或核黄素，可将孵化蛋从气室孔将硫胺素或核黄素注入 1～2 滴（50 毫克/毫升），可有助于幼雏顺利孵化。对某些传染病，如鸡败血支原体病，用泰乐菌素 0.2 毫升于孵化第 7～11 天期间透过气室注入；或孵化前用红霉素浸蛋，都可消灭病原体，达到防治的目的。

第十二章　常用禽病检测诊断技术

一、实验室诊断的基本方法

在禽病诊断中，根据流行病学分析、临床症状及病理剖检变化，一般只能做出初步诊断或确定出疫病的大致范围，确切诊断必须依赖实验室诊断方法的进行。常用的实验室诊断方法分为病理组织学检查、微生物学检查和血清学试验三大类。

（一）病理组织学检查

采取病死禽的典型组织器官，将其剪成1.5～3毫米×5毫米大小，浸泡在10%福尔马林溶液或95%酒精中进行固定。将固定好的病料切片染色，在显微镜下检查病理组织学变化及其他病变。家禽疫病诊断中作病理组织学检查的主要有马立克氏病和淋巴细胞性白血病检查肿瘤；传染性喉气管炎、包涵体肝炎、禽痘等检查包涵体；禽脑脊髓炎、新城疫等检查脑、脊髓病变等。

（二）微生物学诊断

用微生物学的方法进行病原体检查是确诊禽类传染病的重要依据。但其检验结果的正确与否与被检材料的采取、保存和运送是否正确有很大关系。故正确采取病料是微生物学诊断的基本环节。

1. 病料的采取

（1）注意事项　病料应新鲜、有代表性；死亡禽夏季不应超过6小时、冬季不应超过12小时；在取材时应无菌操作，尽可能减少污染，所用的器械和容器必须事先灭菌；剖开腹腔后，首先应采取微生物学检验材料，之后再进行病理学检查；病料采取后，如不能立刻进行检验，应马上存放于冰箱中。

(2) 采取方法

实质脏器：肝、脾、肾等实质脏器可直接采取适当大小置于灭菌的容器内。如有细菌分离培养条件，首先以烧红的铁片烫烙脏器表面，用接种环自烫烙的部位插入组织中缓缓转动，钓取少量组织做涂片镜检或接种在培养基上。

液体材料：血液、胆汁、渗出液和脓汁等，可用灭菌吸管或注射器经烫烙部位插入，吸取内部液体材料，然后注入灭菌试管中，塞好棉塞或胶塞送检。

全血：无菌采取心脏血液或翅下静脉血液，置于试管或三角瓶内，加入适量的抗凝剂（每毫升血液加 0.1 毫升 4%柠檬酸钠液）。

血清：无菌采取血液注入灭菌试管中，摆成斜面，待血液凝固析出血清后，吸出血清。若血清用量小，可用塑料管引流采血法，即用针头刺破翅下静脉，随即用塑料管置于刺破处引流血液至 6～8 厘米长度，在酒精灯火焰上将管一端或两端封闭，置 37℃温箱中 2 小时，待凝固析出血清后，以 1 000 转/分离心 5 分钟，剪断塑料管，弃去血凝块端，血清端可重新封口保存。

肠道及肠内容物：肠道只需选择病变最明显的部分，将其中的内容物去掉，用灭菌水轻轻冲洗，然后放入盛有灭菌的 30%甘油磷酸缓冲液瓶中送检。采取肠内容物，可先将肠管表面烧烙消毒，用吸管扎穿肠壁，从肠腔内吸取内容物；或者将带有粪便的肠管两端结扎，从结扎处剪断送检。

皮肤及羽毛：皮肤病料要选择病变最明显区的边缘部分，采取少许放入容器中；羽毛也应在病变明显部分采取，用刀将羽毛及其根部皮屑刮取少许置于容器中送检。

2. 常用的方法　微生物学诊断常用的方法有以下几种：

（1）涂片镜检　采取病料进行涂片，经染色后镜检。该法对一些具有特征性形态和染色特性的病原微生物，如巴氏杆菌、葡萄球菌、链球菌等具有较为重要的诊断意义。但对大多数传染病来说，只能提供进一步检查的依据或参考。

（2）分离培养和鉴定　用人工培养的方法将病原微生物从病料中分离出来，再根据形态学、染色特性、培养特性、生化试验、动物接种试验及血清学试验的结果进一步进行鉴定。

（3）动物接种试验　选择对该种传染病病原微生物最敏感的易感动物进行人工感染试验。根据被接种实验动物的临床症状、病理变化以及病原微生物的分离与鉴定进一步确定诊断。

（三）血清学试验

利用抗原和抗体特异性结合的血清学反应进行诊断的一种方法。因其具有严格的特异性和较高的敏感性，可应用已知的抗原来测定被检血清中的特异性抗体；也可用已知的血清来测定被检材料中的抗原。

由于抗原的性质不同，再加上参与反应的其他成分也不一样，可呈现多种不同的血清学反应现象。因此，血清学试验也有多种，常用的有凝集试验、琼脂扩散试验、血凝和血凝抑制试验、中和试验、免疫荧光试验、酶联免疫吸附试验（ELISA）等。

二、细菌的分离培养与鉴定

无论是应用细菌学方法诊断传染病，还是利用细菌材料进行有关的试验研究，都必须首先获得细菌的纯培养物并鉴定之。因此，细菌的分离培养及鉴定技术是一般实验室人员必须掌握的一项重要的基本操作技能。

（一）分离培养的注意事项

1. 严格的无菌操作 为了得到正确的分离培养结果，无论是被检材料的采取，还是培养基的制备及接种，都必须严格遵守无菌操作的要求。

2. 选择适合细菌生长发育的条件 应根据待检病料中所分离细菌的特性或根据推测在待检材料中可能存在的细菌的特性来考虑和准备细菌生长发育所需要的条件。

（1）选择适宜的培养基 根据所估计的细菌种类选择适合其生长发育的培养基与鉴别培养基。如巴氏杆菌、葡萄球菌或鸡副嗜血杆菌，可选择血清琼脂培养基；沙门氏菌和大肠杆菌，应选用普通培养基、SS琼脂培养基、麦康凯或远藤氏培养基。对性质不明的细菌初次分离培养时，一般尽可能多接种几种培养基，包括普通培养基和特殊培养基（如含有特殊营养物质的培养基、适合厌氧菌生长的培养基等）。

（2）要考虑细菌生长所需的大气条件 对于性质不明的细菌材料应多接种几份培养基，分别置于普通大气、无氧环境或含有5%～10% CO_2 培养箱中培养。

（3）要考虑培养温度和时间 一般于37℃培养24～72小时，大多数病原菌都可以生长出来；少数需长时间（1～2周）培养后，方可见其生长，如鸡支原体需在特殊培养基于37℃下培养5～7天，方可见生长，且不明显。

（二）分离培养的方法

1. 细菌的分离法 分离细菌最常应用的方法是固体培养基分离法。即取少量待检病料在普琼、血琼平板上或其他特殊固体培养基表面，逐渐稀释分散，使成单个细菌细胞，经培养后形成单个菌落，从而得到细菌的纯培养物，以便观察菌落性状及进一步鉴定。具体操作方法有多种，如平板划浅法、平板倾注法、斜面分离法等，其中，平板划线法最为简便、实用。

平板划线法的基本操作为：以接种环钓取待检病料少许，左手打开平皿盖，使盖与底约成30°角，将病料先涂以培养基平板上的一边，作为第一阶段划线。然后，将接种环置于酒精灯火焰上灭菌；待冷却后，再以该接种环于平板的第一阶段划线处相交接，划线数次为第二阶段划线；再如上法灭菌，接种划线，依次划至最后一段（图12-1）。这样每一段划线内的细菌数逐渐减少，即能获得单个菌落。划线间的距离宽窄要适宜，一般相距0.3～0.5厘米，最后一段线不能与第一段线相交。接种完毕，盖好平皿盖，倒置于37℃温箱中培养。

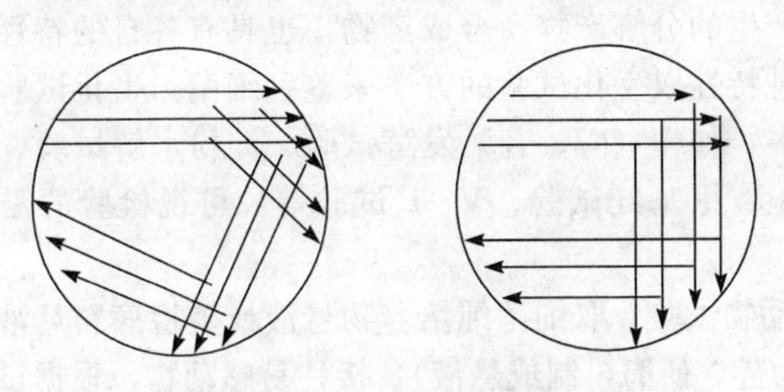

图12-1　平板划线示意图

2. 细菌的培养　根据被检材料和培养目的的不同，采取不同的培养方法。一般来说，引起禽类细菌性传染病的病原体大多为需氧或兼性厌氧菌，37℃、24小时均可生长。但难生长的病原体需培养较长时间，厌氧菌需在厌氧条件下才能生长。

（三）细菌的鉴定

对得到的细菌纯培养物，可应用多种方法进行鉴定。

1. 菌落性状的观察　各种细菌的菌落在不同培养基上均有

不同的生长特性。观察时，可用肉眼或放大镜朝向光亮处观察。应注意菌落的大小、形状、边缘、表面构造、隆起度、透明度及颜色。

2. 涂片镜检 先于载玻片上滴加少量灭菌生理盐水，再钓取纯培养物少许与生理盐水混匀，涂抹适当大小的面积，晾干，用火焰固定（将涂有材料的一面向上，在火焰上来回通过数次，手触摸之稍有热烫感）或用甲醇固定（滴加适量甲醇，作用1～2分钟）。根据情况可选用革兰氏染色法、美蓝或瑞氏染色法及其他特殊染色法进行染色、镜检，以观察细菌的形态、大小、染色特性及排列方式。如巴氏杆菌呈明显的两极浓染，葡萄球菌常堆积成葡萄串样等。

3. 生化试验 各种细菌均含有自己独特的酶系统，在代谢过程中产生的分解产物及合成产物，也具有各自的特性。故可利用此种特性以生化试验的方法来鉴别细菌。生化试验的检查项目较多，如糖（醇、苷）发酵试验、淀粉水解试验、靛基质形成试验、甲基红试验、V-P试验等，可视检验的需要选择进行。

4. 动物试验 取细菌纯培养物悬液或被检病料悬液（实质脏器可剪碎、研磨，制成悬液），接种易感动物，根据试验动物的发病情况、病理变化情况，采取病料用其他方法进一步进行鉴定。

5. 因子血清试验 常见的细菌，如大肠杆菌、巴氏杆菌、沙门氏菌等都有众多的血清型。因此，在鉴定细菌时，应利用已知血清型的血清或多价血清与细菌纯培养物进行平板凝集试验。根据凝集现象发生与否，来确定细菌所属群别。

（四）禽类常见菌的分离、培养与鉴定程序

1. 巴氏杆菌 怀疑禽患巴氏杆菌病时，可采取心血、脾、肝、淋巴结等作检查。

- 病料
  - 涂片镜检
    - 革兰氏染色
    - 美蓝染色
  - 培养检查
    - 分离培养（血琼平板）
      - 菌落性状
      - 革兰氏染色特性
      - → 选可疑菌落 → 纯培养
    - 增菌培养（血清肉汤）
  - 动物试验（小白鼠皮下注射0.2毫升病料悬液）
    - 死亡剖检
    - 镜检
    - 分离培养
    - → 选可疑菌落 → 纯培养

- 纯培养
  - ①形态：两极浓染小杆菌
  - ②革兰氏染色：阴性
  - ③血琼：不溶血、露滴样小菌落
  - ④血清肉汤：轻度浑浊有沉淀，有菌膜
  - ⑤靛基质反应：阴性
  - ⑥明胶试验：不液化
  - ⑦H_2S试验：阴性
  - ⑧糖发酵：葡萄糖＋、蔗糖＋、乳糖－、鼠李糖－、麦芽糖－、果糖＋、半乳糖＋、肌醇－
  - ⑨动物试验：小白鼠败血症死亡

2. 大肠杆菌检查程序

- 病料
  - 涂片镜检（革兰氏染色）
  - 培养检查
    - 分离培养
      - S.S琼脂
      - 麦康凯琼脂
      - → 取可疑菌落纯培养
        - ①形态：中等稍大的杆菌
        - ②革兰氏染色：阴性
        - ③普通肉汤：强浑浊
        - ④普琼平板：中等稍大菌落
        - ⑤远藤氏琼脂：红色菌落
        - ⑥S.S琼脂：一般不生长
        - ⑦靛基质反应：阳性
        - ⑧甲基红试验：阳性
        - ⑨H_2S试验：阴性
        - ⑩发酵试验：葡萄糖＋、乳糖＋、麦芽糖＋、甘露糖＋
        - ⑪动物试验：小白鼠败血症死亡
        - ⑫血清学试验（因子血清进一步鉴定）
    - 增菌培养（普通肉汤）
  - 动物实验

3. 沙门氏菌检查程序

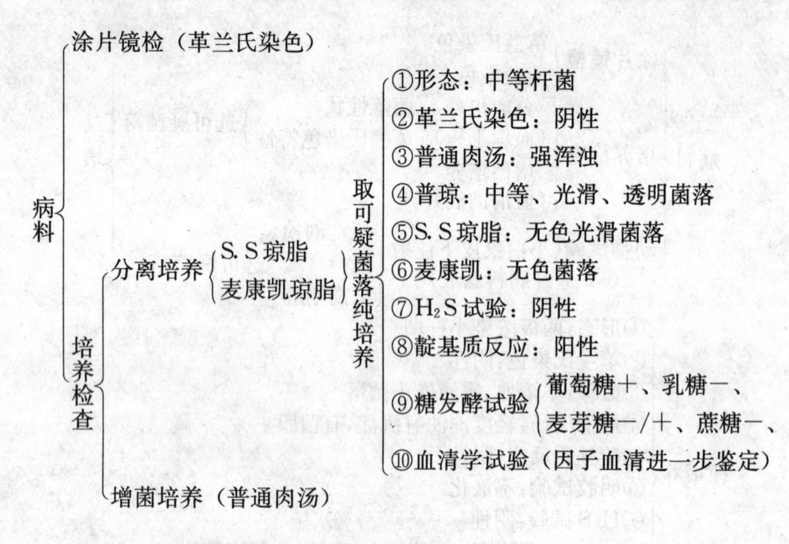

附：常用细菌培养基的制备

1. 普通肉汤

（1）成分　牛肉膏2.5克，蛋白冻5克，氯化钠2.5克，蒸馏水500毫升。

（2）制法　取上述各成分混合并加热溶解，用2摩尔/升NaOH溶液校正pH至7.4～7.6，再加热10分钟。用滤纸过滤，滤过后的肉汤必须完全透明，分装于试管或三角瓶内，包装灭菌，15磅压力下灭菌30分钟。

（3）用途　肉汤为基础培养基，可做其他固体及特殊培养基的原料。大多数细菌均可在此培养基内生长。

2. 普通琼脂

（1）成分　琼脂7.5～10克，肉汤500毫升。

（2）制法　琼脂加入肉汤内，水浴溶解，分装于试管内或三角瓶中，高压灭菌（15磅，20～30分钟）。如作菌种传代、纯培养时，可将试管放成斜面；如用其分离培养时，可倒入无菌平皿内做平板。

（3）用途　①细菌的分离培养、纯培养、观察菌落的性状及保存菌种用；②制造特殊培养基的基础。

3. 血液（清）琼脂

（1）成分　无菌脱纤血液或血清5～10毫升，普通琼脂100毫升。

（2）制法　取已灭菌的普通琼脂，溶解后冷却至55℃，按以上数量加入无菌的脱纤维血液或血清，混合后做成斜面或平板即可。使用前须做无菌鉴定。

（3）用途　①某些病原菌（链球菌、巴氏杆菌等）的分离培养；②血液琼脂可用于观察细菌的溶血现象。

三、药敏试验

在禽类传染病的治疗中，各类抗菌药物（包括抗生素、磺胺类药物、氟喹诺酮类药物和中草药等）均发挥着极其重要的作用。但是，如果应用不当，不仅可导致耐药菌株的产生，而且会干扰机体内正常菌群的有益作用，给机体带来种种不良影响。因此，通过药敏试验来判定细菌对抗菌药物的敏感性，以选择最有效的药物进行治疗，对于防治禽病、减少无效药物的应用均具有非常重要的实践意义。

常用的药敏试验有纸片法、试管法、挖洞法等。现分别介绍如下：

（一）纸片法

纸片法是将含有药物的纸片置于已接种待测菌的固体培养基上，抗菌药物通过向培养基内的扩散，抑制敏感菌的生长，从而出现抑菌环。由于药物扩散的距离越远，达到该距离的药物浓度越低，故可根据抑菌环的大小，判断细菌对药物的敏感度。该法是生产中最常应用的药敏试验，它操作简便，容易掌握，但只用于定性。

1. 试验材料

（1）普通琼脂培养基或特殊培养基。

（2）药敏纸片：各类药敏纸片可由市场购买或自制（药敏纸片的制备见附页）。

（3）被试细菌：从待检病料中分离出细菌作为被试细菌菌株。

2. 试验方法

（1）用灭菌接种环挑取持试细菌的纯培养物，以划线接种方式将挑取的细菌涂布到普通琼脂平板上或其他特殊培养基平板上（越密越好，且浓度要均匀）；或者挑取待试细菌于少量灭菌生理盐水中制成细菌混悬液，用灭菌棉拭子蘸取菌液涂布到培养基平板上，尽可能涂布得致密而均匀。

（2）用尖头镊子，镊取已制备好的各种药敏纸片分别贴到上述已接种好细菌的培养基表面。为了使药敏试片与培养基表面密贴，可用镊子轻轻按压纸片。纸片在培养基上的分布一般可为中央贴一种纸片，外周以等距离贴若干种纸片。一个直径 90 毫米的平皿可贴 5～6 个药敏纸片。每一个药敏纸片上应有标记；或每贴一种纸片后，在平皿底背面标记上其药物的种类。

（3）将贴好药敏纸片的平皿底部朝下，置于 37℃温箱中培养 24 小时，取出观察结果。

3. 观察结果与判定标准

（1）经培养后，凡对被试细菌有抑制作用的药物，在其纸片周围出现一个无菌生长区，称为抑菌圈（环）。可用直尺测量抑菌圈的大小。抑菌圈越大，说明该药物对被试菌的抑制杀灭作用越强；反之越弱。若无抑菌圈，则说明该菌对此药具有较强的耐药性。

（2）判定结果时，应按抑菌圈直径大小作为判定敏感度高低的标准。一般常用药物对细菌的敏感度高低标准见表 12－1。

表 12 - 1　药敏试验判定标准

药物名称	纸片含药量（微克/片）	抑菌圈直径（毫米）		
		低敏	中敏	高敏
红霉素	15	≤13	14～22	≥23
杆菌肽	10 国际单位	≤8	9～12	≥13
多黏菌素	300 国际单位	≤8	9～11	≥12
利复平	5	≤16	17～19	≥20
多西环素	30	≤10	11～13	≥14
氟哌酸	10	≤12	13～16	≥17
环丙沙星	5	≤15	16～20	≥21
恩诺沙星	5	≤14	15～17	≥20
氧氟沙星	5	≤12	13～15	≥16
左旋氧氟沙星	5	≤13	14～16	≥17
丁胺卡那霉素	30	≤14	15～16	≥17
卡那霉素	30	≤13	14～17	≥18
链霉素	10	≤11	12～14	≥15
新霉素	30	≤12	13～16	≥17
氨苄青霉素	10	≤13	14～16	≥17
磺胺类	250	≤12	13～16	≥17
阿米卡星	30	≤14	15～16	≥17
四环素	30	≤14	15～18	≥19
庆大霉素	10	≤12	13～14	≥15
克林霉素	2	≤14	15～20	≥21
青霉素	10 国际单位	≤28	—	≥29
头孢唑啉	30	≤14	15～17	≥18
头孢它啶	30	≤14	15～17	≥18
米诺环素	30	≤12	13～15	≥16
阿奇霉素	15	≤14	15～20	≥21
甲氧苄啶	5	≤10	11～16	≥16
万古霉素	30	≤9	10～11	≥12

（3）经药敏试验后，应首先选择高敏药物进行治疗；也可选用两种药物协助应用，以提高疗效，减少耐药菌株的产生。

（二）试管法

试管法比纸片法操作复杂，但试验结果准确可靠。因此，不仅用于药物对细菌敏感性的测定，也用于定量测定。

1. 试验材料 普通营养肉汤、各类药物原液、被试细菌、试管和吸管等。

2. 试验方法

（1）取灭菌试管 10 支排于试管架上。

（2）用吸管吸取营养肉汤 1.9 毫升于试管中，其余 9 管各 1 毫升。

（3）吸取配好的药物原液 0.1 毫升加入第一试管，混匀后，吸取 1 毫升移入第二试管，混合后，再由第二管吸取 1 毫升于第三管中，以此类推，直至第九试管，吸取 1 毫升弃掉，第十管药液做对照。

（4）然后于各管内加入幼龄被试菌液 0.05 毫升（培养 18 毫升的菌液作 1∶1 000 稀释），于 37℃下培养 18～24 小时，观察结果。

3. 结果观察与判定标准

（1）培养 18～24 小时后，凡无菌生长的药物最高稀释管的浓度，即为该菌对此药物的最低抑菌浓度（minimal inhibitory concentration，MIC）。若由于药物本身浑浊、肉眼不易观察时，可将各稀释管再接种到新的培养基或涂片镜检。

（2）判定结果时，应以每毫升肉汤中所含药物的微克数（微克/毫升）作为判定敏感度高低的标准（表 12－2）。

表 12-2　药敏试验（试管法）判定标准

药物名称	MIC值（微克/毫升）		
	高敏	中敏	耐药
四环素	≤4	8	≥16
红霉素	≤2	4	≥8
杆菌肽	≤8	16	≥32
多黏菌素	≤2	4	≥8
利复平	≤1	2	≥4
多西环素	≤4	8	≥16
环丙沙星	≤1	2	≥4
恩诺沙星	≤2	4	≥8
氧氟沙星	≤2	4	≥8
氧氟沙星	≤2	4	≥8
卡那霉素	≤16	32	≥64
大观霉素	≤32	64	≥128
氨苄青霉素	≤8	16	≥32
磺胺类	≤100	—	≥350
阿米卡星	≤16	32	≥64
庆大霉素	≤4	8	≥16
克林霉素	≤1	—	≥2
头孢唑啉	≤8	16	≥32
头孢它定	≤8	16	≥32
米诺环素	≤4	8	≥16
阿奇霉素	≤4	8	≥16
甲氧苄啶	≤8	—	≥16
万古霉素	≤2	4~8	≥16

（三）平板挖洞法

挖洞法也称琼脂孔法，是在接种的琼脂平板上打孔，然后把药液放在孔内。该法适用于中草药煎剂、浸剂或不易溶解的药物。

1. 试验材料　普通琼脂平板或特殊琼脂平板、中草药原药和被试细菌。

2. 试验方法

（1）药物的准备　有水煎剂和粉剂 2 种，均配成 1 克/毫升的溶液，即取一定量的原药，加 5～10 倍量的水。若体积较大时，水量以浸没药物为准。煮沸 1 小时，滤渣，再加同量水煮沸 1 小时，过滤，将两次药液混合，加热浓缩至每毫升 1 克生药的浓度经 8 磅压力灭 15 分钟，即为中草药原液，置冰箱中备用。

（2）取被试菌的幼龄培养物均匀地涂布在琼平板上。

（3）以打孔器在培养基上打孔（直径 90 毫米的平板打孔5～6 个），用针头挑去孔内琼脂，并于孔底加一滴溶化的灭菌琼脂，以密封孔底。

（4）加药液于孔内，加满为止。

（5）将平皿置 37℃温箱中，培养 24～48 小时。

（6）观察结果时，可按纸片法测量抑菌圈的大小。

附：简易药敏纸片的制备

1. 滤纸片　选用定性滤纸，用打孔机打成直径为 6 毫米的小圆纸片。根据需要将所需纸片装入小瓶内，瓶口用棉塞塞紧或用牛皮纸包扎。高压灭菌后，置 37℃温箱中数天，使其完全干燥。

2. 药液的配制　常用药物的配制方法及药物原液浓度见表 12－3。

表 12-3 常用药敏纸片的制备及含药浓度

药物	剂型	溶剂	药物原液浓度（微克/毫升）	纸片含量（微克）
氨苄青霉素	注射用粉剂	pH6.0 的磷酸盐缓冲液	1 920	10
链霉素	注射用粉剂	pH7.8 的磷酸盐缓冲液	1 920	10
氟苯尼考	注射用粉剂	pH 6.0 的磷酸盐缓冲液	1 920	30
	口服粉剂	以无菌蒸馏水稀释	1 920	30
土霉素	口服粉剂或片剂	25 毫克 2.5 摩尔/升 HCl15 毫升溶解后，以水稀释	1 920	10
多西环素	注射用粉剂	以无菌蒸馏水稀释	1 920	30
新霉素	口服片剂	以 pH8.2 的 PB 液溶解后，以水稀释	1 920	10
红霉素	注射用粉剂	以 95%乙醇或冰醋酸溶解后，以 pH7.8 的磷酸盐缓冲液稀释	1 920	15
金霉素	口服粉剂	以 pH3.0 溶解后，以 pH6.0PB 液稀释	1 920	10
卡那霉素	注射用针剂	以 pH7.8 的 PB 液稀释	1 920	30
庆大霉素	注射用针剂	以 pH7.8 的磷酸盐缓冲液稀释	1 920	10
大观霉素	粉剂或针剂	以水稀释	1 920	30
各种磺胺药	粉剂或针剂	1/2 体积水，加至少 2.5 摩尔/升 NaOH 溶解后，以无菌蒸馏水稀释	25 600	250
头孢菌素类	片剂	pH6.0 的磷酸盐缓冲液	1 920	30
环丙沙星	针剂或口服剂	pH7.8 的磷酸盐缓冲液	1 920	5
阿米卡星	注射用粉剂	pH7.8 的磷酸盐缓冲液	1 920	30
阿奇霉素	粉剂或针剂	以 95%乙醇或冰醋酸溶解后，以肉汤培养基稀释	1 920	15
克拉霉素	注射用粉剂	pH6.0 的磷酸盐缓冲液	1 920	15

（续）

药　物	剂　型	溶　剂	药物原液浓度（微克/毫升）	纸片含量（微克）
克林沙星	注射用针剂	pH7.8的磷酸盐缓冲液	1 920	5
克林霉素	注射用粉剂	pH7.8的磷酸盐缓冲液	1 920	2
万古霉素	粉剂或针剂	pH7.8的磷酸盐缓冲液	1 920	30
诺氟沙星	注射用针剂	1/2体积水，加至少2.5摩尔/升NaOH溶解后，以无菌蒸馏水稀释	1 920	10
氧氟沙星	注射用粉剂	1/2体积水，加至少2.5摩尔/升NaOH溶解后，以无菌蒸馏水稀释	1 920	10
多黏菌素	粉剂或针剂	以无菌蒸馏水稀释	1 920	10
米诺环素	注射用粉剂	pH7.8的磷酸盐缓冲液	1 920	30
利福平	注射用粉剂	以甲醇溶解后以水稀释	1 920	5

3. 含药纸片的制备　将灭菌滤纸片装入无菌的抗生素西林瓶内，以每张滤纸片饱和吸水量0.01毫升计，每50张滤纸片需加药液0.5毫升，翻动纸片使其充分浸透药液。然后，将滤纸片摊于37℃温箱中烘干，或者将瓶放入加有干燥剂的玻璃真空干燥器内，以真空泵抽气，使瓶内纸片迅速干燥。干燥后的纸片，应立即装入无菌的抗生素西林瓶内加塞，置干燥器内或－20℃冰箱保存备用。

四、鸡胚的接种与培养技术

来自禽类的病毒一般均能适应鸡胚生长繁殖，故常应用鸡胚进行病毒的分离与培养。也可利用鸡胚制造抗原、疫苗、进行中和试验及观察两种病病毒间的干扰现象等。因此，鸡胚的接种与培养是病毒研究工作中的最基本方法。

（一）鸡胚培养的注意事项

1. 无菌技术　鸡胚一旦污染，即迅速死亡或影响病毒的培养。故种蛋、一切用品及操作时，均应严格遵守无菌手续，搞好消毒工作，以减少污染。

2. 细心谨慎的操作　鸡胚培养是在活的鸡胚中进行操作。故必须不影响其生理活动，才能在接种后继续发育。严禁错误和粗鲁操作，引起损伤死亡。

3. 无菌试验　用于接种的病料液或毒种在接种前及收获后，必须先做无菌试验，确定无菌后方能使用或保存。

（二）鸡胚培养的操作技术

1. 鸡胚　根据被接种材料与接种途径的不同，可选用不同日龄的健康鸡胚（最好是 SPF 鸡胚）。一般常应用 9～11 日龄的鸡胚进行病毒的分离与培养（鸡减蛋综合征病毒、鸭瘟病毒等需应用 9～11 日龄的鸭胚）。

2. 被接种材料的处理

（1）自然病料　无菌采取适当病料剪碎、研磨，以生理盐水制成 1∶5～10 的乳剂。于每毫升中加入青、链霉素各 2 000 单位，置于 4℃冰箱中作用 2～4 小时，以抑制可能污染的细菌。然后离心沉淀，取上清液进行无菌检验，合格后即可作为接种材料。

（2）标准种毒　一般以无菌生理盐水做 1∶100 稀释，无菌检验合格后即可应用。

3. 接种途径及收毒

（1）尿囊腔接种法　该法操作简单，易于掌握，且可获取高产量的病毒收获物，是最常应用的一种接种方法。常见的禽类病毒如 NDV、EDSV、IBV、IBDV 等均可通过此途径进行接种培养。

接种步骤：取9～10日龄鸡胚，照蛋，划出气室和胚位。在气室接近胚位处以碘酊和酒精消毒，并钻一小孔（注意避开血管），针头由小孔插入0.5～1.0厘米，注入0.1～0.2毫升病毒液。用石蜡或白乳胶封孔后，置35～37℃温箱中继续孵育。每天翻蛋2次，检视一次，24小时内死亡者弃去不用。

收毒：收获时间视接种病毒的种类而定。如新城疫强毒及其他强毒一般在接种后24～48小时收毒，此时鸡胚多死亡，而Lasota毒株则于接种后96～120小时收毒。其他的禽类鸡胚适应毒株大多于接种后48～72小时收毒。收获时，先将鸡胚置4℃冰箱中冷却4小时以上或过夜，以免鸡胚收毒时流血过多。将待收获的胚直立于卵盘上，经消毒后，用镊子除去气室部卵壳。另用无菌镊子撕去气室壳膜及绒毛尿囊膜，用无菌吸管吸取清亮的尿囊液及羊水，浑浊者弃去不用。同时，将鸡胚倾入平皿内，以观察鸡胚病变。鸡胚的构造示意图见图12-2。

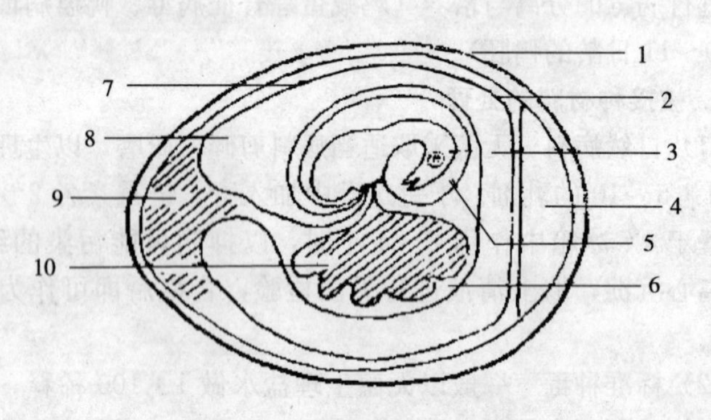

图12-2 鸡胚的构造示意图

1. 卵壳 2. 壳膜 3. 胚胎 4. 气室 5. 羊膜腔 6. 胚内腔
7. 绒毛尿囊膜 8. 尿囊腔 9. 卵白 10. 卵黄囊

鸡胚的各种接种途径见图12-3。

（2）绒毛尿囊膜接种法 该法多用于病毒的初次分离及某些病毒的鉴定。如马立克氏病等病毒经该途径接种培养后，可在绒

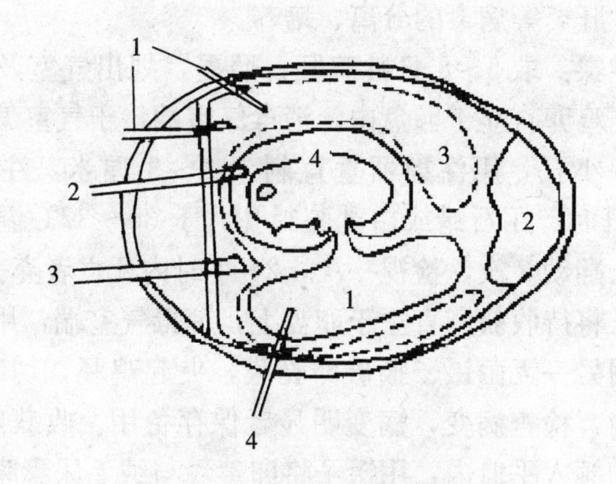

图 12-3　鸡胚的各种接种途径

1. 尿囊腔接种　2. 羊膜腔接种

3. 绒毛尿囊膜接种　4. 卵黄囊接种

毛膜上形成典型的痘斑。

接种步骤：取 10～11 日龄鸡胚，照蛋，划出气室及绒毛尿囊膜发育面，用碘酊、酒精消毒。在绒毛尿囊膜发育面及气室中心各钻一孔，前者孔径要大（长约 1 厘米左右），用镊子除去卵壳，但不伤及壳膜，造成卵窗。将胚横卧于卵盘上，在壳膜窗上滴无菌生理盐水 1 滴，以针尖沿壳膜纤维方向划破一隙（不可伤及下面绒毛尿囊膜）。以橡皮吸球紧贴气室小孔，向外吸气，如盐水滴自裂隙处渗入，则促使人工气室的形成。除去裂隙附近的壳膜，以注射器注入 0.2～0.5 毫升病毒液，使其散布于绒毛膜尿囊膜表面。取透明胶布覆盖于 2 个卵窗上，再用白乳胶或石蜡封固。横卧于卵盘上置温箱内继续孵育，不能翻动，否则人工气室将移位，每天检视一次。

收毒及剖检：接种后 48～96 小时，即可出现明显病变。将待收获卵消毒，用无菌镊子扩大卵窗，除去卵壳及壳膜，轻轻夹起绒毛尿囊膜，用小剪沿人工气室周围将接种的绒毛尿囊膜全部剪下，置于平皿内观察病变。病变明显的膜，可放入小瓶保存。

（3）卵黄囊接种法　该法多用于鸡病毒性关节炎、脑脊髓炎及包涵体性肝炎等病毒的分离、培养。

接种步骤：取5～8日龄鸡胚，照蛋，划出气室及胚位，将气室向上，鸡卵直立于卵盘内。消毒气室端，于气室偏于胚位的对侧处打一小孔，用注射器垂直刺入2～3厘米，注入接种液0.2～1毫升时，用石蜡或白乳胶封孔，于35～37℃温箱内继续孵育。每天翻动2次，检视一次，24小时内死亡者弃去。

收毒：将待收获卵直立于卵盘上，消毒气室端，用镊子除去卵壳。再用另一无菌镊子撕破卵壳膜，夹起鸡胚，切断卵黄囊，置于平皿内，检查病变，病变明显者保存备用。收获卵黄囊时，将卵内容物倾入平皿内，用镊子将卵黄囊与绒毛尿囊膜分开，用无菌盐水冲去卵黄，贮于小瓶中冻存。

五、鸡胚成纤维细胞培养技术

鸡胚成纤维单层（CEF）细胞培养技术是禽类病毒较为常用的一种培养方法，可用于病毒的分离、保存、诊断用抗原和疫苗的制造，并根据病毒引起的细胞病变鉴定病毒、测定毒价和中和抗体。

（一）细胞培养用主要溶液

1. 汉克斯（Hank's）液 用以洗涤组织和细胞及配制胰酶等分散剂和营养液，具有等渗和一定的酸碱缓冲作用。其配制如下：

原液甲	NaCl	160克	加入800毫升双馏水
	HCl	8克	
	$MgSO_4 \cdot 7H_2O$	2克	
	$MgCl_2 \cdot 6H_2O$	2克	
	$CaCl_2$	2.8克	溶于100毫升双馏水

将上述两液混合后，加双馏水至1 000毫升，加入2毫升氯

仿作为防腐剂，保存于4℃备用。

原液乙			
	$Na_2HPO_4 \cdot 12H_2O$	3.04克	加入800毫升双馏水
	KH_2PO_4	1.2克	
	葡萄糖	20克	

加入双馏水使成1 000毫升，加入2毫升氯仿，保存于4℃备用。使用时，按下述比例配成使用液：

成分	用量	
原液甲	1份	以10磅灭菌10分钟，保存于4℃备用
原液乙	1份	
双馏水	18份	

用前，在100毫升Hank' s液中加灭菌的3.5% $NaHCO_3$ 1毫升。

2. 0.5%水解乳蛋白液（LH液）

成分	用量	
水解乳蛋白	5克	10磅灭菌15分钟
Hank's液	1 000毫升	

3. 0.25%胰酶液

成分	用量	
NaCl	8克	PBS液
KCl	0.2克	
Na_2HPO_4	1.15克	
KH_2PO_4	0.2克	
双馏水	1 000毫升	
胰蛋白酶	2.5克	

配制时，先将PBS液高压灭菌（10磅、20分钟），然后加入胰酶，溶解后用蔡氏滤器过滤除菌，分装冻存备用。

4. 细胞营养液　含5%～10%小牛血清的LH液。

5. 细胞维持液　含2%小牛血清的LH液。

（二）鸡胚成纤维（CEF）细胞的制备及单层细胞的培养

1. 取9日龄健康鸡胚，用棉球将蛋壳充分消毒，用镊子敲破气室端，小心取出胚体于灭菌平皿中，加入10～20毫升

Hank's 液充分冲洗，去除羊膜等杂物，再移入到另一个平皿内，去除脑、眼、内脏及爪，用 Hank's 液充分冲洗。

2. 把处理好的胚体放入一硬质大口玻管中，用弯剪把胚体充分剪碎，加入 Hank's 液之后移入一三角烧瓶中，待胚组织沉下后，倒掉 Hank's 液，再加入 Hank's 液冲洗 2～3 次，最后弃去 Hank's 液。

3. 于组织块中加入 4 倍体积的 0.25%胰酶溶液，振荡、混匀，于 38～40℃水浴锅中消化 13 分钟之后吸弃上层胰酶液，用 Hank's 液充分冲洗 2～3 次，再用吸管吹打数次以分散细胞。

4. 加入 LH 液（50 毫升/胚），用 5 层灭菌纱布过滤于方瓶中，再加入 5%小牛血清和 1% SP 溶液，吹吸混匀，即制成约 80 万/毫升的 CEF 细胞悬液，分装于各培养瓶中（1/10 量）。

5. 于 38℃下静置培养，前 8 小时不要翻动，以后置显微镜下观察细胞生长情况，至长成单层时，即可备用。发现液体浑浊者，弃去不用。

（三）接毒及培养

取生长良好的单层细胞，弃去营养液。将欲接种培养的病毒适当稀释，取 1/10 细胞营养液的量接种于单层细胞上，38℃感作 2 小时，再加入维持液继续培养。之后，经常检查细胞生长情况。一般禽类病毒在接种后 48～72 小时，即可收毒。

（四）收毒

将培养瓶内的营养液吸出，加入 0.25%胰酶溶液（3～4 毫升），轻轻使其浸没细胞单层进行消化。注意观察，发现细胞单层有清亮的小麻点，即可弃去胰酶，再加入适量的营养液，用吸管吹打细胞单层使其脱落，最后收取病毒培养液。

六、血凝和血凝抑制试验

（一）血凝和血凝抑制试验的原理

许多禽类病毒，如鸡新城疫病毒、减蛋综合征病毒、禽流感病毒均具有凝集鸡红细胞的特征，根据这一特性可进行红细胞凝集（HA）试验，以检测被检病料中是否含有病毒及所含病毒的效价。病毒的这种凝集红细胞的能力能够被特异性的抗体所抑制（HI），以此可以鉴别病毒的种类及检测血清、卵黄中血凝抑制抗体的含量。

由于HA和HI试验较其他试验简单、方便，且HI抗体水平与攻毒保护有密切关系，故HA、HI试验是目前国内诊断鸡新城疫、减蛋综合征等疫病及评价鸡群免疫状态最常应用的血清学方法。

（二）HA、HI试验的方法

HA和HI试验有试管全量法和β-微量法2种，其中以β-微量法最简便、快速，故在实际工作中应用最广。现以新城疫（ND）病毒为例，将β-微量法HA、HI试验介绍如下。

1. 试验准备

（1）器械　96孔V形反应板、定量稀释器、微量混合器、塑料采血管等。

（2）磷酸缓冲盐水（PBS）　用作稀释液，pH 7.0～7.2，配方如下：

氯化钠	170.0克
磷酸二氢钾	13.6克
氢氧化钠	3.0克
蒸馏水	1 000毫升

振荡，使其溶解，高压蒸汽灭菌，4℃冰箱保存备用，用时作20倍稀释。

（3）浓缩抗原　以含有Lasota系病毒的尿囊液经福尔马林灭活，用聚乙二醇浓缩制成。其血凝价为5 000～16 000。用聚乙烯塑料管小剂量分装，至4℃冰箱保存备用（可在4℃下保存10个月以上，效价不变）。

（4）0.5%鸡红细胞悬液　采取健康成年鸡全血加于盛有抗凝剂的试管中或等量阿氏液中（后者可在4℃下保存2周）。用20倍量的PBS液洗涤红血球，反复洗涤3～4次，每次以2 000转/分离心5分钟，最后一次离心10分钟。吸取压积红血球，用PBS液配成0.5%悬液或先配成10%浓悬液（可在4℃下保存3～5天），用时再进行20倍稀释。

（5）标准阳性血清　采自高度免疫的公鸡，经效价测定后分装于小瓶中，标明HI效价，冻存备用。

（6）被检血清　用注射器抽取被检鸡血液或塑料管引流采血，待凝固析出血清后，留取血清备用。监测鸡群免疫水平时，每群可随机采取30份血样进行检测。

2. 操作方法

（1）β-微量HA试验 该试验可作为HI试验的辅助试验，用以测定试验中所用抗原的HA效价，根据测得的HA效价来配制HI试验所需要的8单位、4单位抗原液；也可用于鉴定病料中是否含有该类病毒。试验时，可直接应用病料液进行HA试验，或将病料悬液经尿囊腔途径接种9～11日龄鸡胚，培养后收取尿囊液和羊水，以此作为待检液进行HA试验。其操作术式见表12-4。

①用定量稀释器于96孔V形反应板的每孔中加PBS液0.05毫升，共加4排孔。

②用稀释器吸取1∶5稀释抗原液或待检液0.05毫升于第一列孔，挤压4～6次混匀后，吸至第二列孔。依次作倍比稀释，

至第十一列孔，混匀后各吸取 0.05 毫升弃去。最后一列孔不加抗原作为对照。

③更换稀释器前端塑料滴头，吸取 0.5%红细胞悬液按从后至前的顺序依次加入各孔，每孔 0.05 毫升。

④置微量混合器上振荡混匀，或手持血凝板于实验台上绕圆圈 0.5 分钟以混匀。

⑤置室温下或 37℃下 30～40 分钟。根据血球凝集图像判定结果。

HA 效价：以出现完全凝集的抗原最大稀释度为该抗原的 HA 效价。根据测得的 HA 效价，计算出含 4 个血凝单位的抗原浓度，计算公式为：

抗原应稀释倍数＝HA 效价/4

（2）β-微量 HI 试验　在 96 孔 V 形反应板上进行，用定量稀释器加样稀释，一次可同时检测 4 个样品。操作术式见表 12-5。

①先取 PBS 液 0.05 毫升加于第一孔，再取 4 单位抗原依次加入 3～12 孔，每孔 0.05 毫升。第二孔加 8 单位的抗原 0.05 毫升。

②更换稀释器前端管头，吸取待检血清 0.05 毫升于第一孔中（血清对照），挤压 4～6 次混匀后，吸取 0.05 毫升于第二孔，依次倍比稀释至第十二孔，最后弃去 0.05 毫升。

③置室温下作用 20 分钟。

④用稀释器吸取 0.5%红细胞液 0.05 毫升于各孔中，振荡混合后，室温下静置 30～40 分钟，判定结果。

HI 效价：以完全抑制红细胞凝集的血清最大稀释度为该血清的 HI 效价。如以 2 为底的对数（log2）表示，其 HI 效价恰与反应板上的孔号一致。为精确比较不同样品的 HI 效价，可将最高抑制孔后一孔的不完全抑制状态，25%、50%、75%的抑制分别以对数 0.25、0.5、0.75 表示，作为前面整数的尾数。

3. 注意事项

第一，本法具有简易、快速、重复性好等优点，测得的 HI 值比标准全量法平均高 0.65 log2。

第二，本法虽简便、快速，但影响因素甚多。因此，必须严格控制试验条件，如配制红血球悬液和 4 单位浓度的抗原。每次测定应有严格的温度范围和作用时间等。鉴于影响因素广泛可变，每次测定应设已知效价的标准阳性血清做对照。

第三，攻毒试验表明，平均效价在 4 log2 以上的鸡群，其保护率达 90%～100%；在 4 log2 以下的免疫鸡群，保护率 50% 左右；在 4 log2 以下的非免疫鸡群，其保护率仅有 9%左右。故当鸡群平均 HI 效价低于 4 log2 时，则提示鸡群应马上进行免疫接种。

第四，当鸡群受到新城疫野毒侵袭时，总有一些个体耐过感染，且产生极高的抗体水平。因此，在检测时若有较高的（11 log2 以上）抗体出现，且鸡群 HI 抗体水平参差不齐、高低悬殊较大，则说明鸡群受新城疫强毒感染。

4. 卵黄 HI 试验　试验表明，卵黄中的 HI 抗体与产蛋时种鸡血清抗体一致，与同一时期入孵的 1 日龄雏鸡 HI 抗体相比，平均高 1 个滴度。因此，可用卵黄液代替血清进行 HI 抗体的测定。这样不仅避免了捉鸡采血对鸡群所造成的不良影响，而且通过测定可同时了解种鸡和出壳雏鸡的抗体水平，以预测雏鸡初次免疫的最适时间。另外，本法可利用破壳蛋、畸形蛋或无精蛋，故尤适合蛋鸡场、种鸡场应用。

操作时，在气室端打一孔，放尽蛋清，用注射器（不带针头）插入卵黄中吸取 0.5 毫升卵黄液于等量中性磷酸盐缓冲液或 16% NaCl 液中，混合后即可按 β-微量法测定 HI 滴度。判定时，为避免卵黄液的影响，可在反应板反面观察凝集图形。

表 12-4 微量血凝（HA）试验

孔号 / 滴度 / 材料（微升）	1	2	3	4	5	6	7	8	9	10	11	12
	5×2^{1}	5×2^{2}	5×2^{3}	5×2^{4}	5×2^{5}	5×2^{6}	5×2^{7}	5×2^{8}	5×2^{9}	5×2^{10}	5×2^{11}	对照
PBS 液	50	50	50	50	50	50	50	50	50	50	50	50
抗原（1∶5）	50	50	50	50	50	50	50	50	50	50	50	50 弃去
0.5%红细胞悬液	50	50	50	50	50	50	50	50	50	50	50	50

表 12-5 微量血凝抑制（HI）试验

孔号 / 滴度 / 材料（微升）	1	2	3	4	5	6	7	8	9	10	11	12	
	对照	log2	log3	log4	log5	log6	log7	log8	log9	log10	log11	log12	
PBS 液	50												
8 单位抗原		50											
4 单位抗原			50	50	50	50	50	50	50	50	50	50	
待检血清	50	50	50	50	50	50	50	50	50	50	50	50	50 弃去
作用时间与温度	室温下 20 分钟												
0.05%红细胞悬液	50	50	50	50	50	50	50	50	50	50	50	50	
作用时间与温度	室温下静置 30～40 分钟												

七、琼脂扩散试验

（一）基本原理

抗原、抗体在含有电解质的琼脂凝胶中可以向四周自由扩散，当相互扩散至适合的部位相遇时，则会发生反应形成抗原—抗体特异性结合物，在琼脂板上出现肉眼可见的沉淀线。故此，可利用已知的抗原去检测未知的抗体，也可用已知的抗体去检测未知的抗原，此即双向琼脂扩散试验。

双向琼脂扩散试验简便易行，是应用最广的一种实验室诊断方法。大多数的传染病，如鸡马立克氏病、白血病、传染性法氏囊病、传支、传喉、白痢等，均可应用该法进行诊断和监测。

（二）基本方法

禽各种传染病的双向琼脂扩散试验，方法基本相同。现以传染性法氏囊病为例，将其介绍如下。

1. 试验准备

（1）抗原　标准抗原可从生物制品厂购买。自制抗原可取已确诊为鸡传染性法氏囊病的、具有典型病变的法氏囊组织，剪碎、研磨，以 PBS 液稀释成 1∶5 的乳剂，－20℃反复冻融 3 次，经 2 000 转/分离心沉淀后，取上清液，冻存备用。

（2）阳性血清　标准阳性血清由生物制品厂提供。也可用已知的标准抗原与耐过鸡的血清做琼扩试验，若出现清晰的沉淀线，则为法氏囊病阳性血清。无菌采血，分离血清，加入 0.01％硫柳汞防腐，冻结备用。

（3）药械　培养皿、打孔器、加样滴管、琼脂、氯化钠和蒸馏水等。

2. 操作方法

（1）琼脂板的制备　将琼脂 1.2～1.5 克，氯化钠 8 克，加入到 100 毫升蒸馏水中，水浴溶化后调至 pH7.0～7.2。将溶化均匀的琼脂液倒入平皿中，制成厚度约 3 毫米的琼脂板，冷却后放入冰箱保存备用。

（2）打孔　用打孔器在琼脂板上打 7 个孔（图 12-4），中间孔孔径为 3 毫米，外周 6 个孔孔径均为 2 毫米，孔距 3 毫米。用针头将切下的琼脂挑出。

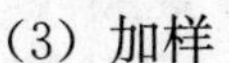

（3）加样

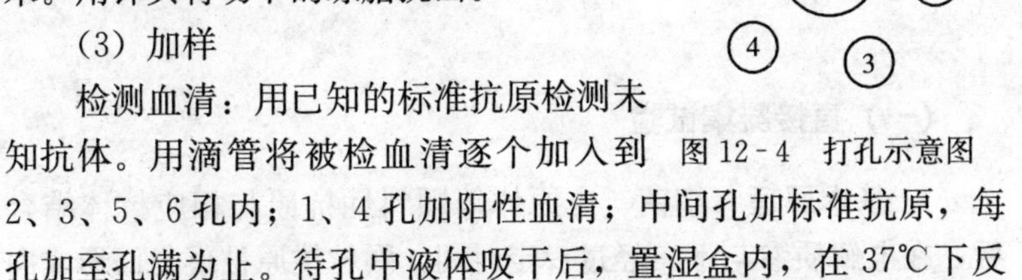

图 12-4　打孔示意图

检测血清：用已知的标准抗原检测未知抗体。用滴管将被检血清逐个加入到 2、3、5、6 孔内；1、4 孔加阳性血清；中间孔加标准抗原，每孔加至孔满为止。待孔中液体吸干后，置湿盒内，在 37℃下反应，24 小时后观察。必要时连续观察 3 天，并记录结果。

检测抗原：用已知的标准阳性血清检测未知抗原。取可疑患鸡的法氏囊，剪碎、研磨，以 PBS 液稀释成 1∶5 的乳剂，－20℃反复冻融 3 次，经 2 000 转/分离心沉淀后，取其上清液作为待检抗原。将待检抗原分别加入到 2、3、5、6 孔内；1、4 孔加阳性血清；中间孔加标准抗原，每孔加至孔满为止，待孔中液体吸干后，置湿盒内，在 37℃下反应，24 小时后观察。必要时连续观察 3 天，并记录结果。

3. 结果判定　标准抗原孔与标准血清孔之间形成明显致密的白色沉淀线。

阳性：被检材料孔与标准试剂孔之间出现明显的沉淀线，或标准阳性试剂间的沉淀线末端向毗邻的被检材料孔内侧弯曲，则判为阳性。

阴性：被检材料与标准试剂间不出现沉淀线，则判为阴性。

另外，在鸡马立克氏病、白血病的诊断中，其待检抗原一般都是从可疑患鸡的羽髓中提取的羽髓抗原。其制备方法是：从受检鸡含羽髓丰满的翅羽或其他部位的大羽拔取数根，将羽根部羽毛囊部位剪下置于已编号的小试管中，并向试管内加入 3～5 滴蒸馏水（羽髓丰满时可不加），置 4℃冰箱 1～2 小时。取出后，用玻璃棒挤压羽髓根部，使羽髓浸液流出，即为待检抗原。也可将含羽髓丰满的大羽根部直接插于琼脂板上抗原孔的位置进行检测。

八、凝集试验

（一）直接凝集试验

1. 基本原理 细菌、支原体等颗料性抗原与相应抗体结合后，在电解质参与下，经过一定时间，颗粒抗原被凝集而形成肉眼可见的小团块，故可以测定抗原或抗体，此称为直接凝集试验。试验中的抗原称凝集原，抗体称凝集素。该试验常用于禽沙门氏菌病、支原体病、大肠杆菌病等传染病的诊断和监测。

2. 基本方法 按其操作方法可分为玻片法、玻板法和试管法 3 种。其中，玻片法和玻板法最为常用。

（1）玻片法 该法是一种定性试验。将已知的诊断血清（或诊断抗原）与待检菌液（或待检血清）各一滴，滴于载玻片上，充分混合，数分钟后，如出现肉眼可见的凝集现象，则为阳性。此法多用于新分离的大肠杆菌、沙门氏菌等细菌的鉴定或分型。

（2）玻板法 该法是一种定量试验。将已知的诊断抗原分别与不同量的待检血清于玻板上充分混合，数分钟后，根据凝集反应的强度来进行判定。

（3）试管法 该法是一种定量试验。可用于测定待检血清中有无某种抗体及其滴度。操作时，先将待检血清用生理盐水作不同倍数的稀释，然后加入已知抗原，在 37℃下感作一定时间后，呈现明显凝集现象的血清最高稀释倍数，即为待检血清的抗体滴度或效价。

（二）间接凝集试验

1. 基本原理　将可溶性抗原或抗体结合在一种与免疫无关的惰性微粒表面（微载体），然后与相应抗体（抗原）作用。在有电解质存在的适宜条件下，微载体即可发生明显凝集，从而可显著地提高检测的敏感性。试验中的微载体起着“放大器”的作用，通过这种微载体所进行的凝集试验称间接凝集试验。将已知抗原吸附在载体上制成诊断液，用于检测相应抗体，此称正向间接凝集试验；反之，将已知抗体吸附在载体上制成诊断液，用于检测相应抗原，此称反向间接凝集试验。常用的载体有红细胞、乳胶颗粒和炭粉等。

2. 基本方法　根据所用载体的不同，间接凝集试验又可分为间接红细胞凝集试验、间接乳胶凝集试验、间接炭凝集试验等。现将三者简要介绍如下：

（1）间接红细胞凝集试验　将可溶性抗原吸附在比其大千万倍的红细胞表面上，制成所谓的致敏血细胞。只要与少量相应抗体相遇，红细胞则通过抗原抗体反应，被动地被凝集在一起，呈现肉眼可见的凝集现象。试验时，首先将被检血清于96孔V形反应板上进行倍比稀释，然后于各试验孔中加入已知的致敏红细胞，混合均匀，37℃下感作一定时间。根据红细胞凝集与否及凝集的程度来判定待检血清中有无相应的抗体存在及抗体的效价。

（2）间接乳胶凝集试验　一般常将一定量的已知抗体球蛋白加入用胰酶处理过的聚苯乙烯乳胶悬液（呈乳状）中，在一定温度下作用一定时间，制成致敏乳胶诊断血清。试验时，将被检抗原液和已知的致敏乳胶诊断血清依次滴加于玻板上，混合均匀。如果被检材料为阳性，则在几分钟内，可见乳胶被凝集，液滴清朗，上面漂浮着好似粉笔末样的凝集物；如液滴仍呈乳状浑浊，则为阴性反应。

（3）间接炭凝集试验　将已知抗体在一定温度和浓度下吸附在细炭粉表面，形成抗体炭粉结合物，即所谓的炭粉诊断血清。试验时，将被检材料和炭粉诊断血清分别滴加于玻板上，二者混合后，如果炭粉被凝集，倾斜玻板检查时，则看到好似无数个黑色带闪光的细沙粒在液滴中滚动，即为阳性反应；如果液滴仍呈浓墨汁状，即为阴性反应。

（三）凝集试验在禽病诊断及监测中的应用

以鸡支原体病为例，详述平板凝集试验及试管凝集试验的操作方法及判定标准。

1. 平板凝集试验

（1）试验准备

抗原：由兽医生物制品厂提供，系用牛心汤培养基制成的凝集反应平板染色抗原，呈紫色。应在4～10℃冷暗处保存，防止冻结。

标准阳、阴性血清：由兽医生物制品厂提供。

器材：玻板或白瓷反应板、针头和搅拌牙签等。

（2）操作方法

全血平板凝集试验：先在清洁的反应板上滴加染色抗原1滴（约0.05毫升），然后以无菌操作于鸡翅下静脉采血1滴，与抗原混合，用牙签充分混匀，涂成直径约1.5厘米左右的涂面，静置1～2分钟，即可判定结果。

血清平板凝集试验：先用塑料管于鸡翅下静脉处引流采血，分离血清。然后，取血清滴于反应板上，再滴加支原体染色抗原1滴与之混合，用牙签充分搅拌混匀，静置1～2分钟后，即可判定结果。

卵黄平板凝集试验：先将鸡蛋消毒、打孔、去净蛋清，用1毫升注射器插入卵黄中吸取适量卵黄液于等量生理盐水中，混匀后吸取1滴于反应板上，再滴加有色抗原1滴，充分混合，静置1～2分钟，即可判定结果。

（3）结果判定

“＋＋＋”表示在2分钟内呈现絮状的大凝集块。

“＋＋”表示凝集块稍小，但清晰可见。

“＋”表示有颗粒状凝集，但仅在边缘部分出现。

“－”表示无任何凝集，液滴呈紫色浑浊。

阳性：全血、血清或卵黄平板凝集试验，均以在1～2分钟内呈“＋＋”以上反应者为阳性。

可疑：2分钟后出现凝集或2分钟内出现“＋”反应者，均为可疑。呈可疑反应者，应在2周后重检。

2. 试管凝集反应

（1）试验准备

抗原：将平板凝集抗原用含0.25％石炭酸的磷酸缓冲生理盐水（pH 7.0）稀释20倍，作为试管凝集试验用抗原；待检血清；器材有试管、吸管等。

（2）操作方法（表12-6）　取4支小试管，吸取已稀释好的抗原1毫升于第一管中，其他3管各0.5毫升。另取被检血清0.08毫升于第一管中，充分混匀后吸取0.5毫升于第二管中，以此倍比稀释，至第四管弃去0.5毫升。各试验管于37℃温箱中作用20～24小时，取出观察结果。

（3）结果判定　凝集价在1∶25或以上发生凝集时，可判为阳性；1∶25以下者为阴性。

表12-6　支原体试管凝集操作术式

试管号	1	2	3	4	
稀释倍数	1∶12.5	1∶25	1∶50	1∶100	
抗原（毫升）	1	0.5	0.5	0.5	
血清（毫升）	0.08	0.5	0.5	0.5	弃去0.5

九、补体结合试验

补体结合试验（complement fixation test，CFT）是用免疫溶血机制做指示系统，来检测另一反应系统抗原或抗体的试验。早在 1906 年，Wasermann 就将其应用于梅毒的诊断，即著名的华氏反应。这一传统的试验经不断改进，除了用于传染病诊断和流行病学调查以外，在一些自身抗体、肿瘤相关抗原以及 HLA 的检测和分析中也有应用。

（一）类型及原理

该试验中有 5 种成分参与反应，分属于 3 个系统：①反应系统，即已知的抗原（或抗体）与待测的抗体（或抗原）；②补体系统；③指示系统，即 SRBC 与相应溶血素。试验时，常将其预先结合在一起，形成致敏红细胞。反应系统与指示系统争夺补体系统，先加入反应系统，给其以优先结合补体的机会。

如果反应系统中存在待测的抗体（或抗原），则抗原抗体发生反应后可结合补体；再加入指示系统时，由于反应液中已没有游离的补体而不出现溶血，是为补体结合试验阳性。如果反应系统中不存在待检的抗体（或抗原），则在液体中仍有游离的补体存在。当加入指示系统时会出现溶血，是为补体结合试验阴性。因此，补体结合试验可用已知抗原来检测相应抗体，或用已知抗体来检测相应抗原。

（二）试验方法

补体结合试验的改良方法较多，较常用的有全量法（3 毫升）、半量法（1.5 毫升）、小量法（0.6 毫升）和微量法（塑板法）等。目前以后两种方法应用较为广泛，因为可以节省抗原，血清标本用量较少，特异性也较好。以下叙述以小量法为例，即抗原、抗体、溶血素、羊红细胞各加 0.1 毫升，补体加 0.2 毫升，总量为 0.6 毫升。

1. 试剂

①抗原试验中用于检测抗体的抗原应适当提纯，纯度愈高，特异性愈强。如使用粗制抗原时，须经同样处理的正常组织作抗原对照，以识别待检血清中可能存在的、对正常组织成分的非特异性反应。

②在抗原和抗体滴定补体的结合试验中，抗原与抗体按一定比例结合，因而应通过试验选择适宜的浓度比例。多采用方阵法进行滴定，选择抗原与抗体两者都呈强阳性反应（100%不溶血）的最高稀释度作为抗原和抗体的效价（单价）。滴定方法举例如表 12-7。在试管中加入不同稀释度的抗原，配加不同稀释度的抗血清，另作不加抗原的抗体对照管和不加抗血清的抗原对照管。按照试验方法加补体和指示系统，温育后观察结果。在表 12-7 中可见 1∶64 抗原和 1∶32 抗体各作为 1 个单位。在正式试验中，抗原一般采用 2～4 个单位（1∶64～1∶32），抗体采用 4 个单位（1∶8）。

表 12-7　抗原和抗体的方阵滴定

抗原	抗血清稀释倍数								抗原对照
	1∶4	1∶8	1∶16	1∶32	1∶64	1∶128	1∶256	1∶512	
1∶4	4	4	4	4	4	4	3	2	0
1∶8	4	4	4	4	4	3	2	1	0
1∶16	4	4	4	4	3	2	2	±	0
1∶32	4	4	4	4	3	1	±	0	0
1∶64	4	4	4	4	2	±	0	0	0
1∶128	4	2	1	0	0	0	0	0	0
1∶256	3	1	0	0	0	0	0	0	0
1∶512	0	0	0	0	0	0	0	0	0
抗体对照	0	0	0	0	0	0	0	0	

注：1、2、3、4 分别表示溶血反应强度+、++、+++、++++；0 为不溶血。

③补体滴定按表12-8逐步加入各试剂，温育后观察最少量补体能产生完全溶血者，确定为1个实用单位，正式试验中使用2个实用单位。如表12-8中的结果为1∶60的补体0.12毫升可产生完全溶血，按比例公式0.12×2/60=0.2/X计算，X=50；即实际应用中的2个补体实用单位应为1∶50稀释的补体0.2毫升。

2. 血清标本 采集血液标本后及时分离血清，及时检验或将血清保存于－20℃。血清在试验前应先加热56℃ 30分钟（或60℃3分钟）以破坏补体和除去一些非特异因素。血清标本遇有抗补体现象时可做下列处理之一：①加热提高12℃；②－20℃冻融后离心去沉淀；③以3毫摩尔/升盐酸处理；④加入少量补体后再加热灭活；⑤以白陶土处理；⑥通入二氧化碳；⑦以小鼠肝粉处理；⑧用含10%新鲜鸡蛋清的生理盐水稀释补体。

表12-8 补体的滴定

管号	1∶60补体（毫升）	缓冲液（毫升）	稀释抗原（毫升）	致敏SRBC（毫升）	结果	
1	0.04	0.26	0.1	0.2	放置37℃水浴30分钟	不溶血
2	0.06	0.24	0.1	0.2		不溶血
3	0.08	0.22	0.1	0.2		微溶血
4	0.10	0.20	0.1	0.2		微溶血
5	0.12	0.18	0.1	0.2		全溶血
6	0.14	0.16	0.1	0.2		全溶血

3. 正式试验 以小量法测定抗体的补体结合试验为例。逐步加入各种试剂，温育后先观察各类对照管，应与预期的结果吻合。阴性、阳性对照管中应分别为明确的溶血与不溶血；抗体或抗原对照管、待检血清对照管、阳性和阴性对照的对照管都应完全溶血。绵羊红细胞对照管不应出现自发性溶血。补体对照管应呈现2U为全溶，1U为全溶略带有少许红细胞，0.5U应不溶。

如 0.5U 补体对照出现全溶表明补体用量过多；如 2U 对照管不出现溶血，说明补体用量不够，对结果都有影响，应重复进行试验（表 12-9）。补体结合试验结果，受检血清不溶血为阳性，溶血为阴性。

表 12-9　测定抗体的补体结合试验操作程序

反应物（毫升）	待检血清管		阳性对照管		阴性对照管		抗原对照管	补体对照管			红细胞管
测定	对照	测定	对照	测定	对照	2单位		1单位	0.5单位		
稀释血清	0.1	0.1	0.1	0.1	0.1	0.1	—	—	—	—	—
抗原	0.1	—	0.1	—	0.1	—	0.1	0.1	0.1	0.1	—
缓冲液	—	0.1	—	0.1	—	0.1	0.1	0.1	0.1	0.1	0.4
2 单位补体	0.2	0.2	0.2	0.2	0.2	0.2	0.2	0.2	—	—	—
1 单位补体	—	—	—	—	—	—	—	—	0.2	—	—
0.5 单位补体	—	—	—	—	—	—	—	—	—	0.2	—
混匀，置 37℃ 1 小时或 4℃ 16～18 小时											
致敏红细胞	0.2	0.2	0.2	0.2	0.2	0.2	0.2	0.2	0.2	0.2	0.2

混匀，置 37℃30 分钟后观察结果。

（三）应用和评价

补体结合试验是一种传统的免疫学技术，能够沿用至今说明它本身有一定的优点：①灵敏度高。补体活化过程有放大作用，比沉淀反应和凝集反应的灵敏度高得多，能测定 0.05 微克/毫升的抗体，可与间接凝集法的灵敏度相当。②特异性强。各种反应成分事先都经过滴定，选择了最佳比例，出现交叉反应的几率较小，尤其用小量法或微量法时。③应用面广，可用于检测多种类型的抗原或抗体。④易于普及，试验结果显而易见；试验条件要求低，不需要特殊仪器或只用光电比色计即可。

补体结合试验可应用在以下几方面：①传染病诊断。病原性抗原及相应抗体的检测。②其他抗原的检测。例如，肿瘤相关抗原、血迹中的蛋白质鉴定、HLA分型等。③自身抗体检测。

但是，补体结合试验参与反应的成分多，影响因素复杂，操作步骤繁琐并且要求十分严格，稍有疏忽便会得出不正确的结果。所以，在多种测定中已被其他更易被接受的方法所取代。但对于免疫学技术的基本训练仍是一个很好的试验。

十、中和试验

病毒或毒素与相应的抗体结合，抗体中和了病毒或毒素，失去了对易感动物的致病力，这种试验称中和试验。抗体中和病毒示意图见图12-5。

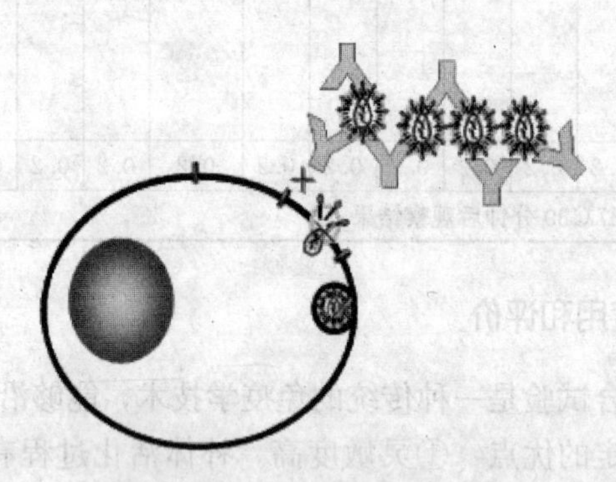

图12-5　抗体中和病毒示意图

（一）简单定性中和试验——毒价滴定

主要用于鉴定病料中病毒及其类型，亦可用于毒素的鉴定。

1. 试验方法　根据病毒的易感性选定试验动物（鸡胚或细

胞）及接种途径。将动物分为对照组与实验组。试验组：取待检病料磨碎，加生理盐水稀释，加双抗，在冰箱中作用1小时或经过滤器过滤，与已知的抗血清等量混合，置于37℃中作用1小时后接种动物。对照组则用正常血清加入稀释病料，作用后，接种另一种动物。对照组动物发病死亡，而试验组动物不死，即证实病料中含有与已知抗血清相应的病毒。

2. 毒价单位　最小致死量LD；半数致死量LD_{50}是鸡胚半数致死量LD_{50}或组织培养半数感染量ID_{50}；半数反应量RD_{50}；半数免疫量IMD_{50}、半数保护量PD_{50}。

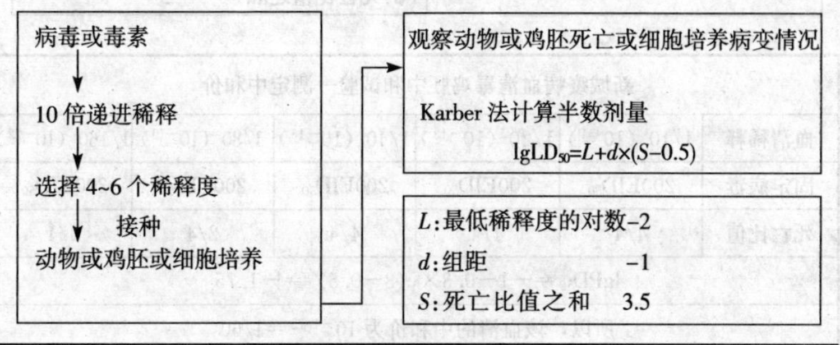

新城疫病毒鸡胚毒价滴定					
病毒稀释	10^{-2}	10^{-3}	10^{-4}	10^{-5}	10^{-6}
死亡比值	4/4	4/4	4/4	2/4	0/4
$EID_{50}=10^{-5}$　0.5毫升					
$200EID_{50}=2\times10^{-3}$　0.2毫升（加等量血清后，每一接种剂量含$100EID_{50}$）					

（二）终点法中和试验

1. 固定血清稀释病毒法　将病毒用2倍递增稀释，分置二列试管：第一列加入正常血清（对照组）；第二列加入待检血清（试验组）。二列试管分别振荡均匀，置37℃中作用1小时，将各管混合液分别接种于动物，每管用3～5只动物。接种后观察数目，并记录死亡数。观察结束后，计算其 LD_{50} 及中和指数。

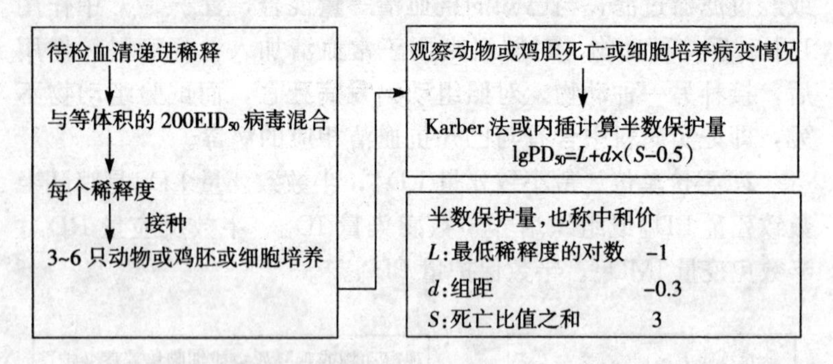

新城疫病血清毒鸡胚中和试验—测定中和价					
血清稀释	1/10（10^{-1}）	1/20（10^{-13}）	1/40（10^{-16}）	1/80（10^{-19}）	1/160（10^{-22}）
固定病毒	$200EID_{50}$	$200EID_{50}$	$200EID_{50}$	$200EID_{50}$	$200EID_{50}$
死亡比值	4/4	4/4	4/4	2/4	0/4
$lgPD_{50}=-1-0.3\times(3-0.5)=-1.75$					
所以，该血清的中和价为 $10^{-1.75}=1/60$					

2. 固定病毒稀释血清法 本法用以测定抗病毒的血清中和效价。将待检血清稀释，加等量已知毒价的病毒液，在试管内中和后接种动物，观察动物发病及死亡情况，计算其只能中和效价。

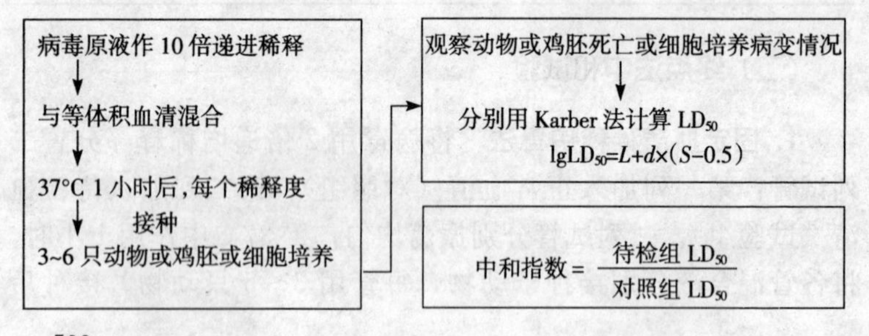

抗新城疫病毒血清鸡胚中和试验—测定中和指数								
病毒稀释	10^{-1}	10^{-2}	10^{-3}	10^{-4}	10^{-5}	10^{-6}	10^{-7}	LD_{50}
阴性血清组	4/4	4/4	4/4	4/4	3/4	1/4	0/4	10^{-55}
待检血清组	4/4	2/4	1/4	0/4	0/4	0/4	0/4	10^{-22}
中和指数$=10^{-22}/10^{-55}=10^{-22+55}=1\ 995$ 说明该待检血清中和病毒的能力比阴性血清大 1 995 倍						通常：$>$50 阳性 10～49 可疑 $<$10 阴性		

（三）空斑减少试验

在细胞培养时，做中和试验可采用空斑减少法。一种能使细胞致病变的病毒，在细胞上培养生长后，因其致病变作用使细胞单层脱落。pH 与无病变地方也不一样，该处与周围明显不同的、一个局限性的变性细胞区称为空斑。一个空斑可以当作一个病毒生长的集落，一个单位内空斑数多，病毒就多，故可测出病毒空斑形成单位。这样，加抗血清与不加抗血清的病毒空斑形成单位之差，就称为空斑减少试验（图 12 - 6）。使空斑减少 50% 的血清稀释度，就是该血清的中和价。

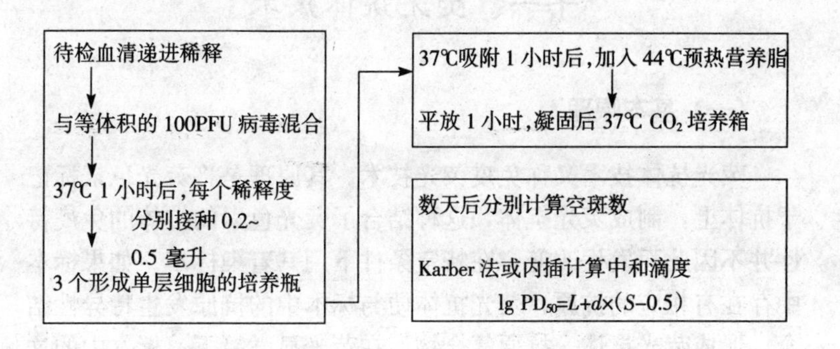

空斑减少试验举例						
病毒稀释　100 PFU/0.5 毫升						
病毒＋Hank's 液空斑数（平均）　55PFU/0.5 毫升						
血清稀释	1/10 （10^{-1}）	1/20 （10^{-13}）	1/40 （10^{-16}）	1/80 （10^{-19}）	1/160 （10^{-22}）	1/320 （10^{-25}）
中和后空斑	5	11	15	29	40	50
中和比值	55－5/55	55－11/55	55－15/55	55－29/55	55－40/55	55－50/55
比值和（S）＝50/55＋44/55＋40/55＋26/55＋15/55＋5/55＝3.4						
该血清的中和价（1克）＝－1－0.3×（3.4－0.5）＝1.87 所以该血清的中和价＝$10^{-1.87}$＝1/74						

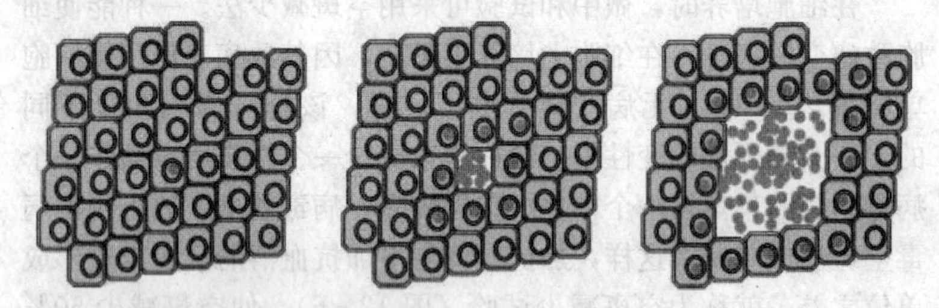

图 12－6　空斑减少试验示意图

十一、荧光抗体技术

（一）基本原理

荧光抗体技术又称免疫荧光技术。其原理是将荧光色素标记于抗体上，制成荧光抗体，这种结合了荧光色素的抗体的免疫特性并不因此而发生改变，在特定条件下用其着染标本。如果标本中存在有相应的抗原，荧光抗体便与标本中的抗原发生特异性结合，形成荧光抗体—抗原复合物。在荧光显微镜下，标本中的这种抗原抗体复合物便激发出特异的荧光，荧光的出现表明被检标本中特异抗原的存在；如果标本中不存在相应抗原，两者便不能结合，冲洗时，荧光抗体便被洗掉。因此，标本在荧光显微镜下不呈现特异性荧光。

荧光抗体技术具有快速、敏感、特异，并与形态相结合等特点，故除可用以检查纯粹的微生物标本外，还可用其对抗原或抗体进行组织或细胞内定位。因此，国内外现已将这一技术广泛应用于禽类传染病（如新城疫、法氏囊、马立克、流感等）的诊断中。

（二）基本方法

在禽病诊断中，应用的荧光抗体技术主要有直接染色法和间接染色法 2 种。

1. 直接染色法　这是荧光抗体技术中最简单、最基本的方法。当某种荧光抗体直接与相应抗原相遇时，则发生特异性反应，所形成的荧光抗体—抗原特异性结合物在荧光显微镜照射下便发生荧光。该法的优点是特异性高、操作简便、比较快速；缺点是一种标记抗体只能检测一种抗原。其操作程序为：

（1）标本的制备　标本的制备应力求保持抗原的完整性，并在染色、洗涤及封固过程中不发生溶解或变性，也不会扩散到邻近细胞或组织间隙中去。此外，为了便于抗原和抗体接触，形成抗原—抗体复合物以及有利于观察和记录，要求制备的标本尽量薄。

①涂片或压印。标本在一般诊断工作中最常用。适用于检查细菌培养物、血液、脓汁、粪便、穿刺液以及脏器器官组织等。涂片方法先将玻片通过火焰 3 次，冷却后，以铂金耳挑选待检材料均匀涂布成约 1 厘米的圆形涂片。如材料太浓，则应预先加适量灭菌生理盐水于另一玻片上，用铂金耳取待检材料与其混合稀释，待均匀后钓取适量于另一玻片上制成涂片。涂好后，晾干备用。

压印片方法用无菌剪刀将待检组织剪开，用清洁干净的棉球或滤纸将切面的血液吸干，然后以玻片轻压切面，使之沾上1～2层细胞。然后，再在玻片另一处以切面涂拭，得一较厚抹片标本，晾干备用。

②组织培养标本。利用荧光抗体技术研究禽病病毒时，多用感染病毒的鸡胚成纤维细胞。一般是将盖玻片放入培养瓶内，然后加入制备好的鸡胚细胞悬液，使成纤维细胞在盖玻片上生长成单层细胞，当细胞占盖玻片50%时即可接毒。接种病毒后分别于不同时间进行观察，确定细胞已被病毒感染后，倒出培养液并取出盖玻片。先用pH7.2的磷酸缓冲液冲洗一下，然后置于滤纸上，待玻片干燥后即可应用。

（2）标本的固定　被检标本的固定是荧光抗体技术中的重要环节，常常对荧光染色效果产生明显的影响。固定的目的不仅是为了防止被检材料从玻片上脱落，而且也可以除去妨碍抗原抗体结合的类脂，使抗原—抗体结合物易于获得良好的染色效果。另外，固定的标本也易于保存，如组织切片标本固定后，在－20℃下可保存一年而不改变其染色性。

①细菌及真菌标本的固定。以火焰固定最为方便实用。将干燥的玻片涂抹面向上，迅速通过火焰数次，使固定后的标本触及皮肤时，稍感烧烫为度。

②病毒标本的固定。固定组织培养物、涂片标本及冰冻切片内的病毒，一般在室温下于丙酮内固定10～15分钟，或在4℃下固定30～60分钟即可。

（3）标本的染色　取适量经适当稀释的荧光抗体加于已固定好的玻片上，将玻片置于湿盒内，于37℃温箱内作用10～30分钟后，取出用蒸馏水或PBS液充分冲洗，去掉未结合的荧光抗体，晾干、镜检。同时，应设以下对照：

①标本自发荧光对照。已知抗原标本滴加PBS液或不加，应无荧光出现。

②抗原对照：已知抗原加正常鸡的荧光抗体进行染色，应无荧光出现。

③阳性对照：已知抗原加相应的特异性荧光抗体进行染色，应呈强荧光反应。

2. 间接染色法　本法系利用抗球蛋白试验的原理，以荧光色素标记抗球蛋白抗体（二抗），鉴定未知抗原。染色程序分为两步：第一步，用已知抗体加到未知抗原上，作用一定时间后，水洗；第二步，加上荧光色素标记的抗球蛋白抗体（二抗）。如果第一步中的抗原抗体相对应，互相发生了反应，则抗体被固定，并与二抗结合，发生荧光。在间接染色法中，第一步中使用的已知抗体起着双重作用。它对抗原来说，起抗体的作用；对第二步中的二抗来说法，又起着抗原的作用。间接染色法的优点是用一种标记的鸡抗球蛋白抗体，能检查鸡的各种未知抗原或抗体。另外，本法的敏感性较高，一般比直接染色法高5～10倍。缺点是操作比直接法繁琐，需要的时间也较长。

间接染色法所用标本的制备、干燥和固定同直接染色法的完全相同。在染色时，如用于检测抗原，则用已知的未标记抗体（免疫血清）去处理未知的抗原；如检测抗体，则用未知的被检血清去处理已知的抗原。具体染色方法如下：

（1）吸取经适当稀释的已知免疫血清滴加于固定好的标本上（如测定待检血清，则将适当稀释的待检血清滴加于已知的抗原标本上），置于衬有湿纱布的有盖瓷盘中，在37℃温箱中作用30分钟。

（2）取出后，用PBS液轻轻冲洗，然后顺次浸泡于三缸PBS中，每缸3分钟，时时振荡。

（3）取出玻片，用滤纸吸干水分。

（4）滴加抗鸡球蛋白荧光抗体液，置于湿盒内，37℃下作用30分钟。

（5）取出，如上以PBS液浸泡3次，最后用蒸馏水冲洗一次以脱盐，用缓冲甘油封片后镜检。在染色时，应设以下对照：①被检标本加抗鸡球蛋白荧光抗体，应无荧光出现；②以正常鸡的血清代替已知血清对标本进行处理 30 分钟，水洗后再以抗鸡球蛋白荧光抗体染色，应无荧光出现；③阳性对照，即已知阳性标本滴加相应的特异免疫血清进行处理，然后再以抗鸡球蛋白荧光抗体染色，应出现特异的明亮荧光。

十二、免疫酶技术

免疫酶技术是继免疫荧光技术之后发展起来的又一项免疫标记技术，它是把抗原抗体的特异性反应和酶的高效催化作用相结合而建立的一种诊断方法。通过化学方法将酶与抗原或抗体结合，这些酶的标记物仍保持其免疫学活性和酶活性。然后，将它与相应的抗体或抗原起反应，形成酶标记的抗原抗体复合物。结合在免疫复合物上的酶，在遇到相应的底物时，可催化底物产生水解、氧化或还原反应而生成有色物质，从而可以鉴定、检测抗原或抗体。在众多的免疫酶技术中，以酶联免疫吸附试验和由其发展起来的斑点酶联免疫吸附试验应用最多。

（一）酶联免疫吸附试验（enzyme-linked icmunosorbentesesy，ELISA）

1. 原理 在合适的载体（如聚苯乙烯塑料板）上，酶标抗体或抗原与相应的抗原或抗体形成酶—抗原—抗体复合物。在一定的底物参与下，复合物上的酶催化底物使其水解、氧化或还原成另一种带色物质。由于在一定的条件下，酶的降解底物和呈现色泽是成正比的。因此，可以应用分光光度计进行测定，从而计算出参与反应的抗原和抗体的含量。

2. 种类 ELISA 试验一般可分为以下几种类型：

（1）间接法 用于检测抗体，也可检测抗原（图 12-7）。

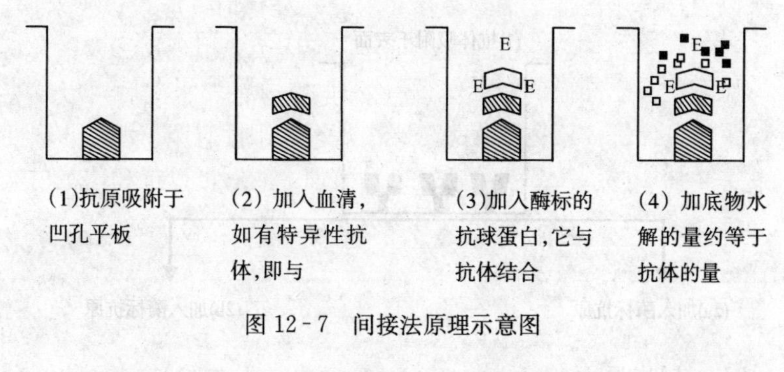

图 12－7　间接法原理示意图

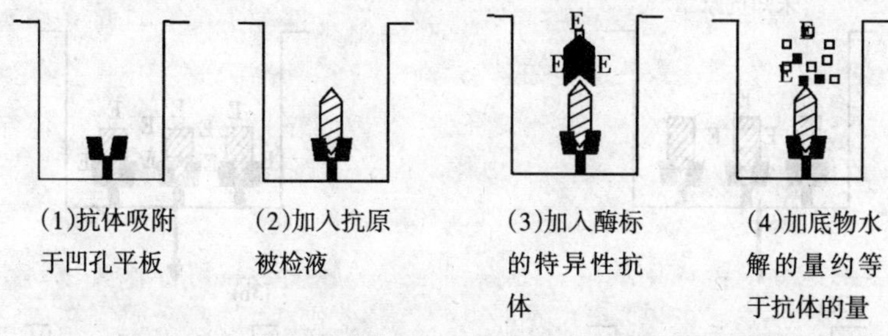

图 12－8　双抗夹心法原理示意图

（2）双抗夹心法　用于检测大分子抗原（图 12－8）。

（3）竞争法　又称竞争性抑制法，用于测定小分子抗原（图 12－9）。

此外，还有直接法（检测抗原）、非标记抗体酶法（检测抗原或抗体）等。

3. 应用实例　以检测鸡大肠杆菌菌毛抗原为例，简述双抗体夹心 ELISA 法。

（1）材料

①聚苯乙烯塑料微量组织培养板 4×10 孔，上海塑料三厂生产。

②包被液（pH 9.6）：$NaHCO_3$ 2.93 克、Na_2CO_3 1.95 克，加蒸馏水至 1 000 毫升，置于 4℃保存。

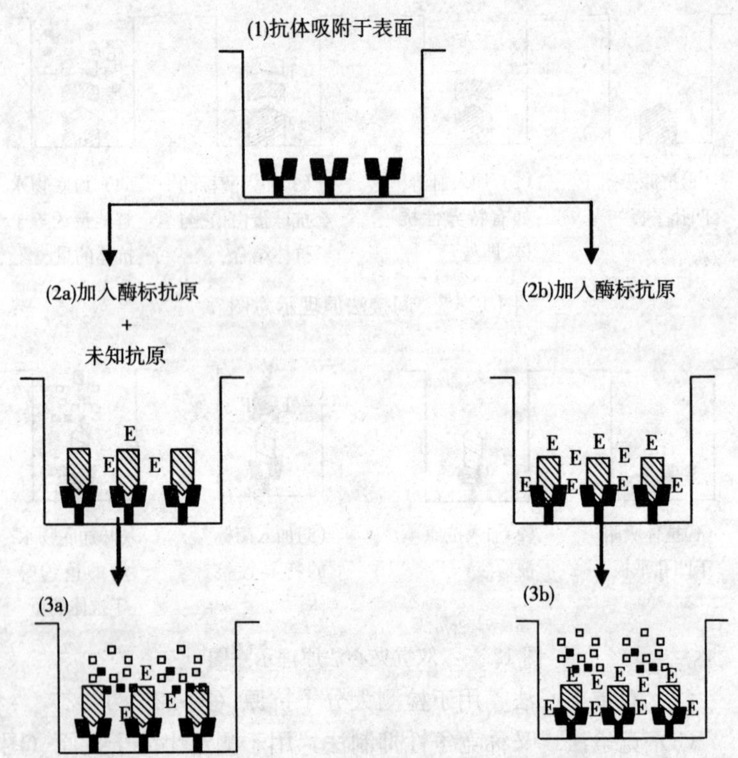

图12-9 竞争法原理示意图

③洗涤液（0.01摩尔/升、pH7.4 PBS）：NaCl 8克、KH_2PO_4 0.2克、$Na_2HPO_4 \cdot 12H_2O$ 2.9克，KCl 0.2克，吐温-20 0.5毫升，加蒸馏水至1 000毫升。

④底物溶液（OPD-H_2O_2）：磷酸盐－柠檬酸缓冲液（pH5.0）100毫升，邻苯二胺（OPD）40毫克，30% H_2O_2 0.15毫升，现用现配。

⑤终止液（2摩尔/升 H_2SO_4）：浓硫酸22.2毫升、蒸馏水

177.8 毫升。

⑥阳性血清：为抗大肠杆菌菌毛抗原的血清，琼扩效价在 1∶64～128。

⑦提纯的 IgG：用阳性血清按常规方法提纯 IgG，琼扩效价为 1∶80。

⑧酶标抗体（HRP-IgG）：采用改良过碘酸钠法，用过氧化物酶（HRP）标记抗大肠杆菌菌毛抗原的 IgG 所得的酶—抗体结合物。

⑨待检菌液和标准阳\阴性大肠杆菌均为 37℃ 20 小时液体培养物。

⑩酶联免疫吸附试验检测仪。

（2）双抗体夹心法操作程序

①包被抗体：包被抗体为提纯的 IgG。用包被液将其稀释至最佳工作浓度，每孔加 0.1 毫升，4℃过夜。

②洗涤：取出反应板，用洗涤液洗 3 次，每次 3 分钟。

③加待检菌液和标准阴、阳性菌液，每孔 0.1 毫升，37℃孵育 2.5 小时。

④洗涤：方法同上。

⑤加酶标抗体：加工作浓度的酶标抗体，每孔 0.1 毫升，37℃孵育 2.5 小时。

⑥洗涤：方法同上。

⑦加底物溶液：每孔 0.1 毫升，置暗盒内室温显色 20 小时。

⑧加终止液，每孔 0.05 毫升。

⑨结果判定：用检测仪于 492 纳米处测定各孔 OD 值，其 $P/N \geqslant 3$（即待检标本孔 OD 值/阴性对照孔 OD 值），判定为阳性。

（二）斑点酶联免疫吸附试验（Dot-ELISA）

Dot-ELISA 是近几年创建的一项免疫酶新技术，它不仅保留了常规 ELISA 的优点，而且还弥补了抗原和抗体对载体包被不牢等不足，具有敏感性高、特异性强、被检样品量少、节省材料、不需特殊材料、结果容易判定和便于长期保存等优点。因此，该法自问世以来，以其独特优势，广泛应用于抗原、抗体的检测等工作中。

1. 原理 Dot-ELISA 的基本原理同 ELISA 相似，即将抗原或抗体首先吸附在纤维素薄膜（硝酸或醋酸纤维素膜）表面，通过与相应的抗体或抗原和酶结合物的一系列免疫反应，形成酶—抗原—抗体复合物。加入底物后，结合物上的酶催化底物使其反应生成另一种带色物质，沉着于抗原抗体复合物吸附的部位，呈现肉眼可见的颜色斑点。通过颜色斑点的出现与否和色泽深浅来判定被检样品中是否有抗原或抗体存在及粗略地比较其含量的多少。

2. 种类 Dot-ELISA 常用的检测法同 ELISA 相同，也有直接法、间接法、双抗体夹心法和竞争法等。

3. 应用实例 以鸡传染性法氏囊病（IBD）为例，简述双抗体夹心 Dot - ELISA 诊断法（检测抗原）。

（1）材料

①醋酸纤维素膜。

②包被液：0.05 摩尔/升、pH9.6 的碳酸盐缓冲液。

③洗涤液：含 0.05％吐温—80 的 0.02 摩尔/升、pH7.2 的 PBS 液。

④封闭液：含 0.2％明胶的洗涤液。

⑤IBD-IgG 高免血清：琼扩效价 1∶128～256。

⑥IBD-IgG 采用饱和硫酸铵沉淀法、葡聚糖凝胶和 DEAE 纤维素层析法从 IBD 高免血清中提取 IgG。

⑦酶标抗体：采用改良过碘酸钠法，用过氧化物酶标记免抗鸡 IgG 抗体。

⑧待检样品的处理：取待检法氏囊剪碎、研磨，制成 5～10

倍稀释的悬液，反复冻融 3 次，低速离心，取上清液作为待检样品。

（2）双抗体夹心 Dot-ELISA 操作程序

①压迹：在醋酸纤维素膜的光滑面，用铅笔分成 7 毫米×7 毫米的小格。

②包被：用 0.05 摩尔/升碳酸缓冲液将 IBD - IgG 行 50×稀释，用微量稀样器吸取 2 微升滴于每个小格中，自然晾干。

③封闭：将包被好的膜片浸入封闭液中，37℃下封闭 30 分钟。

④洗涤：用洗涤液充分冲洗 3 次，每次 2 分钟，室温晾干。

⑤将反应膜按压迹剪下，光滑面向上置于 20 孔反应板孔内，每孔加入待检液 100 微升，37℃下感作 30 分钟。

⑥洗涤：同④。

⑦酶标抗体感作：吸取稀释好的酶标抗体 100 微升于每个反应孔中，37℃作用 30 分钟。

⑧洗涤：同④。

⑨显色：每孔加入显色液 100 分钟，室温下避光显色约 5 分钟，蒸馏水冲洗，终止反应。

③判定：用肉眼观察，在阴性对照无可见斑点的条件下判定，并依反应色泽深浅记录试验结果：＋＋＋表示斑点为致密深蓝色（强阳性）；＋＋表示斑点呈蓝色（阳性）；＋表示斑点呈淡蓝色（弱阳性）；－表示无可见斑点（阴性）。

十三、电镜负染观察病毒方法

利用电子显微镜负染标本检测病毒，其优点为：可直接检测标本，简便易行；反差好，能提高分辨率；直观地显示组织或细胞内的病毒，染色后病毒仍保持活性。缺点是：机器价格昂贵，技术要求高，不太适用于常规病毒学诊断试验或大量标本的检测；病毒量较大时才易得到阳性结果，应用范围有限，且不能鉴别病毒的血清型。

1. 原理 负染方法是利用染液里的重金属离子为“染料”，由于病毒标本较重金属离子电子密度低，电子束对重金属离子和病毒标本穿透能力不同，从而使病毒呈现明亮清晰的结构。

2. 材料

①20 克/升磷钨酸（PTA）。用双蒸馏水配制 20 克/升磷钨酸溶液，用 1 摩尔/升 NaOH 校正，pH 为 6.8。

②涂有炭及聚乙烯醇缩甲醛的铜网。

③平皿、滤纸、游丝镊子和微量毛细管。

3. 操作方法

（1）标本制备

①血清：血清 0.2～1.0 毫升，用等量蒸馏水稀释，1 500 转/分离心，弃上清。沉淀重新悬浮，以肉眼可见折光为宜。

②粪便：取粪便，制成 1%悬液，3 000 转/分离心 15～30 分钟，弃沉淀。取上清 1 500 转/分离心 30～60 分钟。取沉淀负染或免疫电镜观察。

③尿液：取尿液 5～10 毫升，3 000 转/分离心 30～60 分钟，弃沉淀。取上清液 1 500 转/分离心 60 分钟，沉淀稀释后负染电镜检查。

④痰液：痰液标本制备较困难，因为痰液中黏液扰乱背景。必要时，用磷酸盐缓冲液（PBS）1∶4 稀释。用匀浆器匀化后 1 500转/分离心 60 分钟，沉淀负染电镜观察。

⑤脑脊液：蒸馏水等量稀释，负染电镜观察。

⑥绒毛尿囊液：接种病毒培养的尿囊液 1 500 转/分离心 60 分钟，沉淀负染电镜观察。

⑦细胞培养：疑似病毒感染的细胞培养连同培养液一起收获，冻融数次或超声波破碎后，1 500 转/分离心 60 分钟，沉淀负染电镜观察。

⑧组织块：用匀浆器或乳钵研磨，1 500 转/分离心 60 分钟，沉淀负染电镜观察。

（2）PTA 染色　处理后的标本滴在铜网上，滤纸吸去多余标本，滴加 PTA 染液，滤纸吸去多余染料，干燥后电镜观察。

4. 结果　显现病毒形态、结构。

5. 注意事项

①超速离心后上清液必须充分吸干再用双蒸馏水制成悬液，否则，残留的蛋白质干扰病毒颗粒的观察。

②磷钨酸不能杀灭病毒，故标本制备后应在火焰上或沸水中消毒，用过的镊子、铜网也应消毒。

③用过的铜网应用滤纸充分吸干残留标本，以免污染其他标本出现假阳性。

④对未知病毒应将标本稀释不同倍数，选用清晰的悬液。

十四、禽寄生虫病病原学诊断技术

在禽寄生虫病诊断中，常需要通过病原学检查为疾病的确诊提供依据。对于常见的、较为重要的禽类寄生虫病来说，最常应用的病原学方法即虫卵或虫体检查法。

（一）虫卵检查法

寄生于禽体内的寄生虫，基本上都可以通过粪便排出虫卵、卵囊、滋养体等。因此，粪便是检查虫卵最常采取的病料。其次是病变部的肠黏膜及内容物。常用的方法有以下几种：

1. 直接涂片法　首先于载玻片上滴数滴 50%甘油水溶液或常水，再采取病禽的粪便或病变部的肠黏膜及内容物少许，将其混匀，去掉粪渣，涂成薄膜（薄膜厚度以能透视书报上的字迹为度），然后加盖玻片置显微镜下镜检。

该法简便易行，但检出率低。在虫卵数量不多时，每次必须做3～5张片进行检查，才能收到比较好的效果。

2. 水洗沉淀法 利用虫卵的比重大于水的特性，将较多粪便中的虫卵相对集中浓聚于小范围内，以提高其检出率。取粪便5～10克置于小烧杯内，加入少量清水，将其搅拌成糊状，再加入适量清水继续搅拌，并通过粪筛或双层纱布过滤到另一个容器内；然后，加满水，静置10～20分钟，倾去上清液。如此反复水洗沉淀数次，直到上清液透明为止；最后，倒去上清液，用滴管吸取沉渣一滴于载玻片上，加盖玻片镜检。此法可用于检查各种虫的虫卵和卵囊。

3. 饱和盐水漂浮法 漂浮法是利用比重大于虫卵的溶液与粪便混合，使粪便中的虫卵漂浮于液体表面，从而提高其检出率。在临床上，最常应用的漂浮液为饱和盐水（沸水100毫升中加氯化钠36克，使其充分搅匀溶化即成）。如禽球虫、蛔虫，均可利用此漂浮液进行浓聚。

试验时，取新鲜粪便5～10克于小烧杯内，然后加少量饱和盐水混匀，用双层纱布将粪液过滤到另一容器内。滤液静置15～20分钟，使虫卵集中于液面，再用直径在5毫米以内的铁丝环平行接触液面，蘸取一层水膜于载玻片上；或静置前即以载玻片置容器口与液面接触（容器用饱和盐水加满），静置后取下载玻片，加盖玻片镜检。容器要求深而口小，容积不可过大，漂浮液的量约为粪量的10倍。

以上沉淀法或漂浮法，均为使粪液静置等其自然下沉或上浮。如欲节省时间，可将上述粪液置离心管内，低速离心，可加强和加速其沉浮的过程。

4. 虫卵及卵囊计数 虫卵计数法可以用来粗略推断机体体内某些寄生虫的感染程度，也可用以判断药物驱虫的效果。虫卵计数的结果，常以每克粪便中虫卵数来表示（简称e. p. g）。常用的计数方法如下：

（1）斯陶尔氏法 该法适用于吸虫、球虫、线虫等寄生虫卵囊的计数。在 56 毫升和 60 毫升处有刻度的小三角烧瓶或大试管内，先加 0.4%氢氧化钠溶液至 56 刻度处，再加入 4 克粪便，使液面上升到 60 毫升处，再放入若干玻璃珠，塞紧容器口，用力振荡，使粪便完全散开。然后，立即吸取 0.15 毫升粪便液，滴于 2～3 张载玻片上，加盖玻片，在显微镜下统计虫卵数。因 0.15 毫升粪液中实际含粪便量为 0.15×4/60＝0.01 克，因此，数得的虫卵数乘以 100，即为每克粪中的虫卵数。

(2) 麦克马斯特氏法　此法比较方便，但是仅能用于球虫卵囊和线虫卵的计数。计数时，取粪便 2 克置于研钵中，先加入 10 毫升水，搅匀，再加饱和食盐水溶液 50 毫升，混匀后立即吸取粪液于虫卵计数器（即在一较窄的载玻片上刻长宽各 1 厘米的方格 2 个，每一方格内再刻平行线数条，两载片间填上 1.5 毫米厚的玻片条，并以黏合剂黏合上），使粪液充满两个 1×1×0.15 毫升＝0.15 毫升，0.15 毫升内含 0.15×2/（10＋50）＝0.005（克），两个计数室则为 0.01 克，故数得的虫卵数乘以 100 即为每克粪中虫卵数。

（二）虫体检查法

对于禽的几种主要的寄生虫病，常常需要通过粪便、肠内容物及血液进行虫体检查。

1. 黏膜及类便检查： 禽绦虫、蛔虫、异刺线虫等寄生虫病，一般均可从粪便中直接检出虫体。检查时，取新鲜粪便，轻轻拨开进行检查，看是否有虫体或节片存在。较小的虫体或节片，可将粪便置于较大的容器内，加入 5～10 倍清水，彻底搅拌后静置 10 分钟，然后倾去上层粪液，再重新加水搅拌静置。如此反复数次，直至上层液体透明为止。最后，倾去上层透明液，将少量沉淀物放在衬以黑色背景的平皿内进行检查。必要时，可用放大镜或解剖显微镜检查。发现的虫体用镊子取出，以便进行鉴定。

对于组织滴虫病及隐孢子虫病等，在检查时，应取肠内容物（盲肠）及肠黏膜，用温生理盐水（40℃）进行适当稀释，然后制成悬滴标本或直接涂片，在高倍镜下进行检查。

2. 血液检查 对禽来说，血液检查法一般常用于住白细胞虫病的检查。

（1）取血液1滴，滴于载玻片一端，按常规制成血片（血片要尽量薄）、晾干，用瑞氏染液或姬姆萨氏染掖进行染色、镜检（高倍镜或油镜）。

（2）离心浓集法 采取血液，置于已加有柠檬酸钠的离心管内，混合后静置30分钟，以1 500转/分离心3～5分钟，使血细胞沉淀。弃去上层液，用吸管吸取细作胞层压滴标本或染色镜检。

十五、病原体特异性核酸片段的 PCR 检测技术

PCR（polymerase chain reaction，聚合酶链反应）技术是一种选择性体外扩增DNA或RNA的技术，即根据已知病原微生物的特异性核苷酸序列，设计合成与目的基因5′端同源、3′端互补的两条引物，在体外反应管中加入待检的病原微生物核酸（模板DNA）、引物、dNTP和具有热稳定性的DNA Taq聚合酶。在适当条件下，经过变性、复性、延伸三种反应温度为一个循环，经过n次（20～35次）循环后，如果待检的病原微生物与已知的引物互补的话，合成的核酸产物就会以2^n次呈指数增加，扩增产物可通过凝胶电泳、序列测定、特异DNA探针杂交分析、限制性内切酶图谱分析等进行进一步的检测。该技术具有高度的敏感性和特异性，自1985年诞生以来就以惊人的速度得到发展，并已渗透到各生物学分支学科。目前，PCR已广泛应用于病原微生物的检测、遗传性疾病的诊断、活化癌基因的研究等

许多方面。

每种病原微生物都有其特异性的核酸序列，人们可根据已知的某种病原菌核酸序列设计两条与目标核酸片段两端相匹配的引物，应用 PCR 技术在体外从微量的病原体中扩增出所需要的目标核酸片段，进而经琼脂糖凝胶电泳后可观察到预期大小的 DNA 片段出现，从而可对目标核酸片段做出初步诊断，再通过序列测定等方法即可对其进行进一步的检测。

PCR 实验的基本内容可概括为：

1. 引物的设计与合成　PCR 扩增的特异性依赖于 2 条寡核苷酸引物。该引物位于目标 DNA 的两侧，并分别和相对的 DNA 链互补。在设计时，应根据已知的病原体目标核酸片段基因序列（从文献或核酸数据库中检索获取），按照引物设计的原则人工或借助计算机完成设计。引物序列确定之后，一般由专门的生物技术公司用核苷酸合成仪进行合成。

设计引物和选择目的 DNA 序列区域时，可遵循下列原则：

（1）引物长度为 16～30bp。太短会降低退火温度，影响引物与模板配对，从而使非特异性增高；太长则比较浪费，且难以合成。

（2）引物中 G+C 含量通常为 40%～60%。可按下式粗略估计引物的解链温度 $Tm=4\ (G+C)\ +2\ (A+T)$。

（3）4 种碱基应随机分布，在 3′端不存在连续 3 个 G 或 C，因这样易导致错误引发。

（4）引物 3′端最好与目的序列阅读框架中密码子第一或第二位核苷酸对应，以减少由于密码子摆动产生的不配对。

（5）在引物内，尤其在 3′端应不存在二级结构。两引物之间尤其在 3′端不能互补，以防出现引物二聚体，减少产量。两引物间最好不存在 4 个连续碱基的同源性或互补性。

（6）引物 5′端对扩增特异性影响不大，可在引物设计时加上限制酶位点、核糖体结合位点、起始密码子、缺失或插入突变位点以及标记生物素、荧光素、地高辛等。通常应在5′端限制酶位点外再加1～2个保护碱基。

2. 待扩增样品（模板DNA）的制备 虽然PCR具有高度的敏感性，即使单一细胞也可获得阳性结果，因而似乎没有必要为进行PCR而专门制备DNA。但一般情况下仍希望通过首先制备DNA以保证其扩增效果，因为反应体系中可利用的DNA模板分子越多，则样品间的交叉污染机会越少。此外，如果PCR扩增专一性或效率不高以及大批细胞中的靶序列含量较低，那么，若没有足够的启动DNA，则扩增产物量不足。最为重要的是，许多样品中可能含有抑制Taq DNA聚合酶活性的杂质。因此，须经过适当的处理来消除这种不利的影响因素，以获得有效的待扩增的DNA模板。

3. PCR扩增 在体外反应管中，加入适量的特异性引物、4种三磷酸脱氧核苷酸（dNTP）、Mg^{2+}、模板DNA、Taq DNA聚合酶、反应缓冲液，于PCR扩增仪上进行扩增。扩增过程包括以下3个步骤：

（1）变性 模板DNA经加热（90～95℃）处理后发生变性，由双链变成单链变性。

（2）退火 温度变低时（37～60℃），两条引物分别结合到模板DNA两条链的3′-末端。

（3）延伸 在Taq DNA聚合酶合成DNA的最适温度(70～75℃）下，引物沿着模板DNA链的3′-末端向5′-端延伸合成。

由这三个基本步骤组成一轮循环，每一轮循环将使目的DNA扩增一倍，这些经合成产生的DNA又可作为下一轮循环的模板。如此反复循环，使扩增产物以2^n指数增加。一般情况下需进行25～40个循环。

4. PCR产物的检测 将扩增产物经琼脂糖凝胶电泳分析、序列测定、特异DNA探针杂交分析、限制性内切酶图谱分析等，可获得明确的扩增结果，并验证其特异性。

十六、核酸探针技术和基因芯片技术在禽病诊断中的应用

核酸探针已被广泛应用于筛选重组克隆、检测感染性疾病的致病因子和诊断遗传疾病。其原理为双链核酸分子在溶液中若经高温或高 pH 处理时，即变性解开为两条互补的单链。当逐步使溶液的温度或 pH 恢复正常时，两条碱基互补的单链便会复性形成双链。所以，核酸探针是按核酸碱基互补的原理建立起来的。因此，核酸杂交的方式可在 DNA 与 DNA 之间、DNA 与 RNA 以及 RNA 与 RNA 之间发生。当我们标记一条链时，便可通过核酸分子杂交方法检测待查样品中有无与标记的核酸分子同源或部分同源的碱基序列，或“钩出”同源核酸序列。这种被标记的核酸分子称之为探针。

自从探针方法建立以来，已经对许多禽类病毒和细菌进行了检测，目前已报道了包括 NDV、MDV、IBV、ILTV、EDS-76、CAA、IBDV、GPV、DPV、DHV、E. coli、Sal 等多个病毒和细菌的探针检测方法。由于探针与常规检测方法相比，具有高度的敏感性、特异性及可重复性，因而容易在禽病诊断时推广。从总体上来看，放射性同位素标记探针将逐渐为非放射性标记探针（如生物素—亲和素标记）所取代是一种发展趋势。随着时间的推移，核酸探针技术将为推动禽病诊断水平再上新台阶而发挥重大作用。

基因芯片也称作 DNA 芯片、DNA 微阵列（DNA microarray）、寡核苷酸阵列（oligonucleotide array），是指采用原位合成（in situ synthesis）或显微打印手段，将数以万计的 DNA 探针固化于支持物表面，产生二维 DNA 探针阵列；然后，与标记的样品进行杂交，通过检测杂交信号来实现对生物样品快速、高效的检测或医学诊断。由于常用硅芯片作为固相支持物，且其制

备过程运用了计算机芯片的制备技术，所以称之为基因芯片技术。

基因芯片的工作原理与经典的核酸分子杂交方法（southern blot、northern blot）是一致的，都是应用已知核酸序列作为探针与互补的靶核苷酸序列杂交，通过随后的信号检测进行定性与定量分析。基因芯片在一微小的基片（硅片、玻片、塑料片等）表面集成了大量的分子识别探针，能够在同一时间内平行分析大量的基因，进行大信息量的筛选与检测分析。基因芯片主要技术流程包括芯片的设计与制备、靶基因的标记、芯片杂交与杂交信号检测。

核酸探针技术和基因芯片技术在基因表达水平的检测、基因诊断、快速测序、药物筛选、新基因发现、药物基因组图、中药物种鉴定、DNA 计算机研究等方面都有巨大的应用价值。目前，国内外已经研制出用于动物传染病诊断和研究的多种基因芯片，如禽流感病毒基因芯片。

随着现代分子生物学技术的发展，应用序列分析对禽病做出诊断已经不是一件太遥远的事情了。由于商业化的克隆及测序试剂盒很多，在发达国家中，如果分离到了病毒，则在一天之内就能完成病毒基因组的克隆及测序工作。而且，由于这些方法都可以自动进行，因此给工作人员带来了许多自由。序列分析可以说是最准确的确诊方法，但目前由于实验条件和经费问题，在普通禽病诊断室开展这一项工作和研究尚不够条件。但是，我们有理由相信，在不久的将来，核酸探针技术和基因芯片技术必将会在禽病的监测、诊断中逐渐得到普及和应用。

主要参考文献

[1] 甘孟侯主编．中国禽病学．北京：中国农业出版社，1999

[2] 宋华聪，林茂勇编著．禽病诊治．台北：艺轩图书出版社，1996

[3] 蔡宝祥主编．家畜传染病学．第四版．北京：中国农业大学出版社，2001

[4] 汪明主编．兽医寄生虫学．北京：中国农业出版社，2004

[5] 甘孟侯，李文刚，陈洪科主编．禽病诊断与防治．北京：中国农业科技出版社，1996

[6] 程相朝，吴志明，李银聚等．不同时期 NDV 地方株 F 基因的克隆及序列分析与基因型研究 [J]．中国兽医学报，2006，5

[7] 张春杰，赵德明，程相朝等．不同时期 IBDV 地方株 VP2 基因变异分析 [J]，畜牧兽医学报，2004，35（4）

[8] 李银聚，吴庭才，张春杰等．2003—2005 年河南省鸡传染性法氏囊病流行病学调查 [J]．中国家禽，2006，28（13）

[9] 阎继业主编．畜禽药物手册．北京：金盾出版社，1990

[10] 殷震，刘景华主编．动物病毒学．北京：科学技术出版社，1997

[11] 张春杰，郑祥海．鸡传染性法氏囊病双抗体夹心 Dot-ELISA 诊断法的建立及应用 [J]．中国兽医学报，1994，14（2）：164～167

[12]（美）L. 松佩拉克著，姜莉，李琦涵等译．病毒学概论．北京：化学工业出版社，2006

[13] 李增光．当前禽病发生的形势和特点以及主要疫病的防治 [J]．家禽科学，2007.09

[14] 徐军．高致病性禽流感与新城疫的鉴别和诊断 [J]．检验检疫科学，2007，3

图书在版编目（CIP）数据

家禽疫病防控/张春杰主编．—北京：中国农业出版社，2009.8

ISBN 978-7-109-14025-7

Ⅰ．家…　Ⅱ．张…　Ⅲ．禽病—防治　Ⅳ．S858.3

中国版本图书馆 CIP 数据核字（2009）第 114582 号

中国农业出版社出版
（北京市朝阳区农展馆北路 2 号）
（邮政编码 100125）
责任编辑　刘　炜

中国农业出版社印刷厂印刷　　新华书店北京发行所发行
2009 年 8 月第 1 版　　2009 年 8 月北京第 1 次印刷

开本：850mm×1168mm 1/32　　印张：16.75　　插页：4
字数：425 千字　　印数：1～6 000 册
定价：38.00 元

禽流感病鸡头面部肿胀

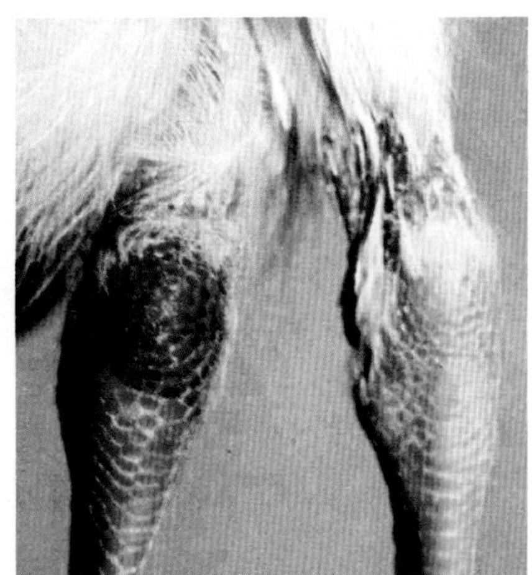

禽流感病鸡腿部出血、发绀

禽流感病禽产蛋量下降，多软壳蛋、畸形蛋

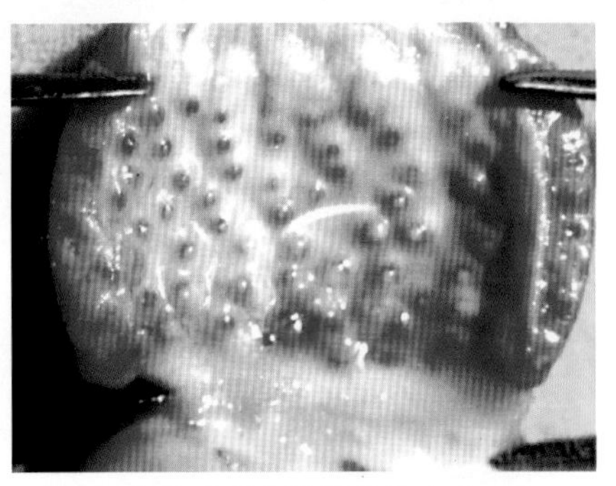

禽流感病禽腺胃乳头出血

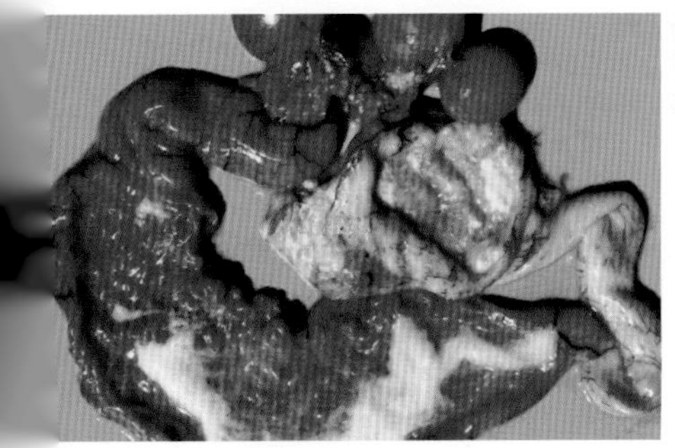

禽流感病鸡输卵管黏膜肿胀、出血，管腔内有灰白色黏液样或脓性渗出物

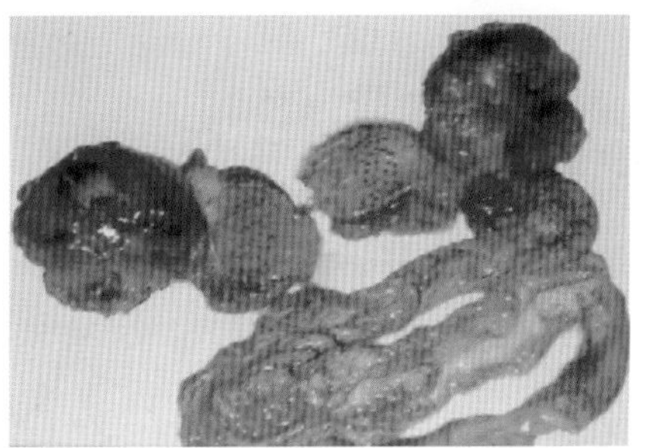

禽流感病禽腺胃乳头出血，输卵管内有白色分泌物

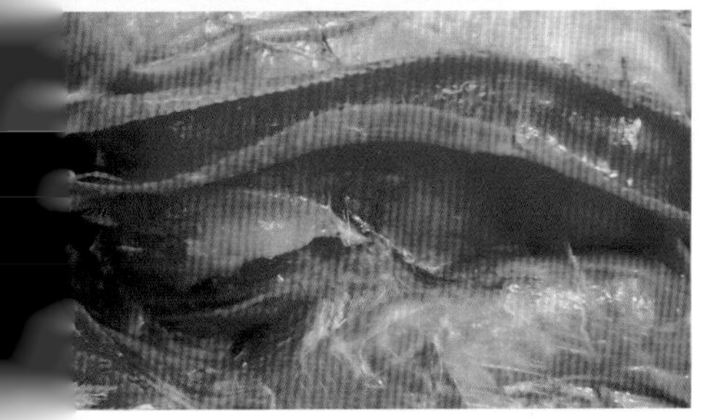

禽流感病禽气管充血、出血

新城疫病鸡神经症状，呈“观星”状

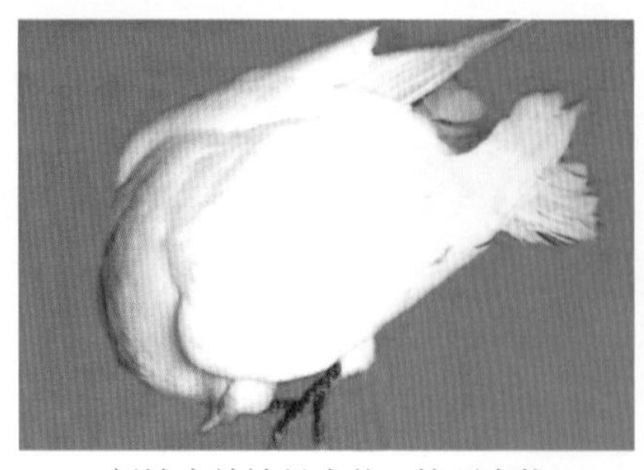
新城疫鸽神经症状，捩颈症状

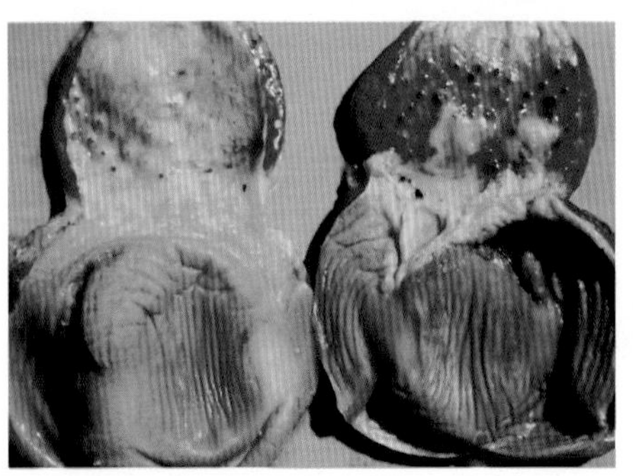
新城疫病禽腺胃乳头出血

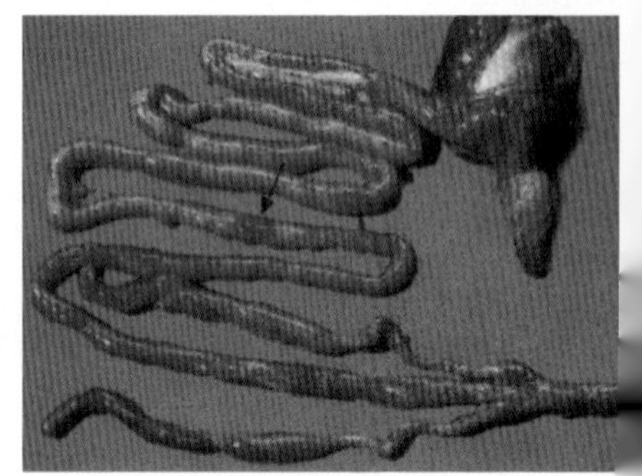
新城疫病禽肠道出血坏死

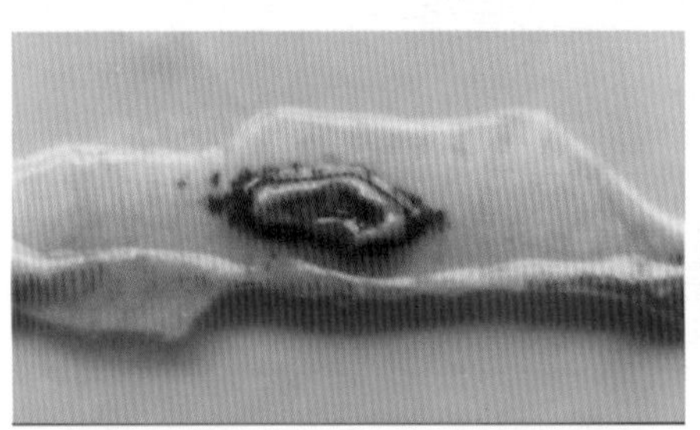
新城疫病禽肠黏膜上的局灶性“枣核”样坏死

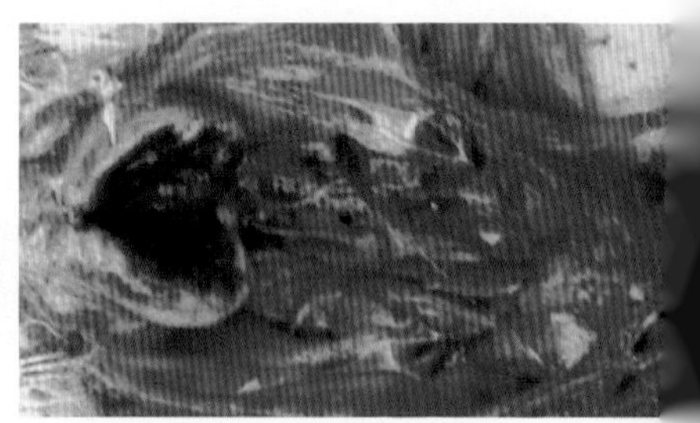
IBD 法氏囊肿大、出血

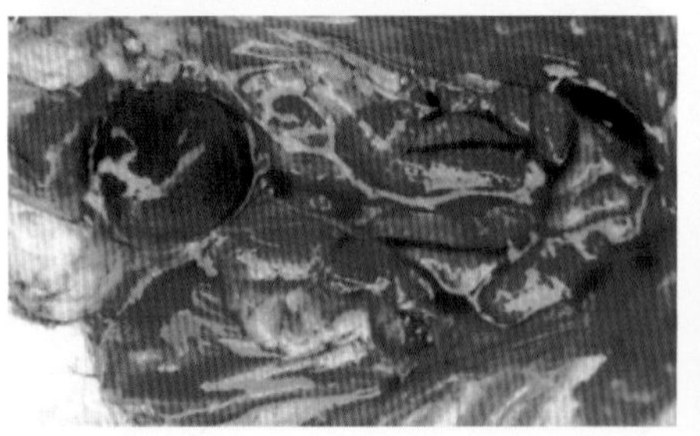
IBD 法氏囊肿大、出血，呈“紫葡萄”样

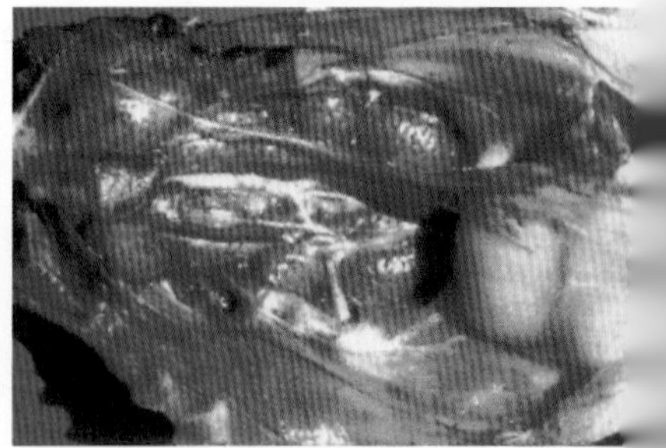
IBD 法氏囊肿大，外有胶冻样物质包裹

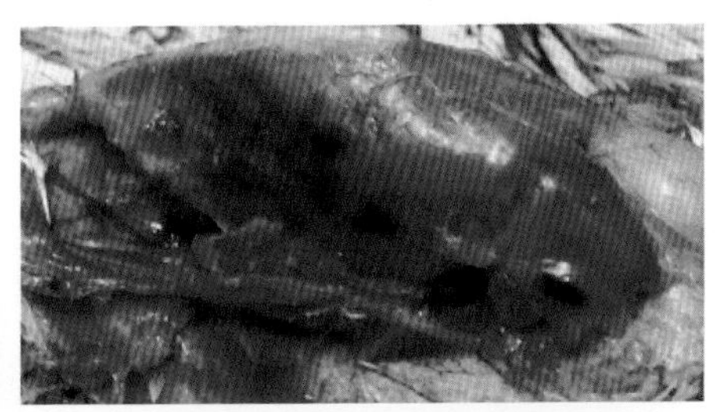

IBD 胸肌有条状或斑点状出血

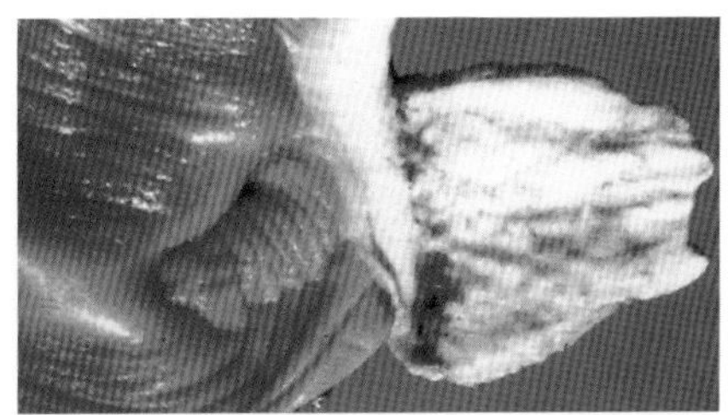

IBD 腺胃和肌胃交界处有横向出血斑点或溃疡

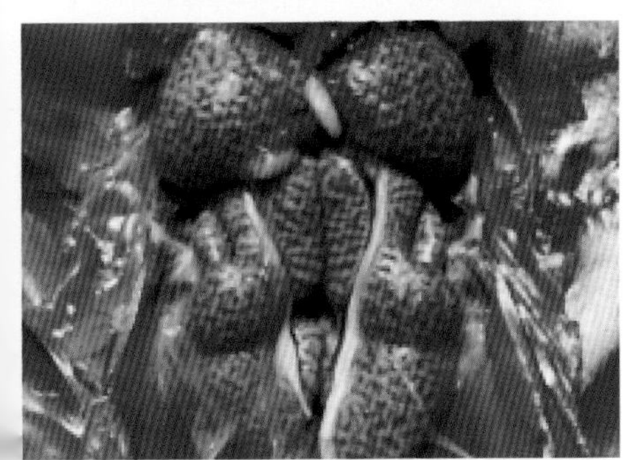

IBD 鸡肾脏肿大，小叶突出，肾小管充满尿酸盐包裹状出血

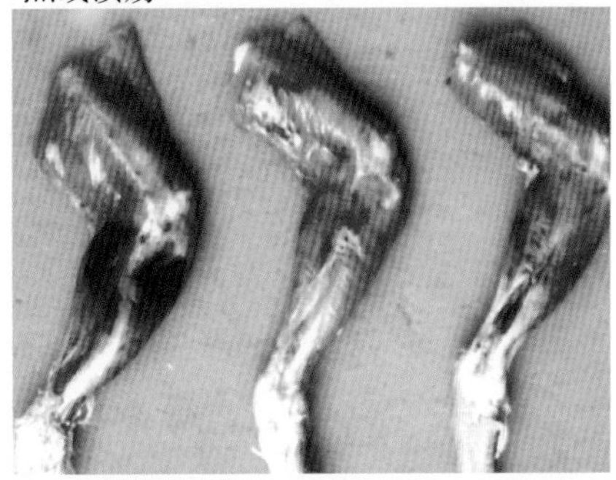

IBD 腿肌有条状或斑点状出血

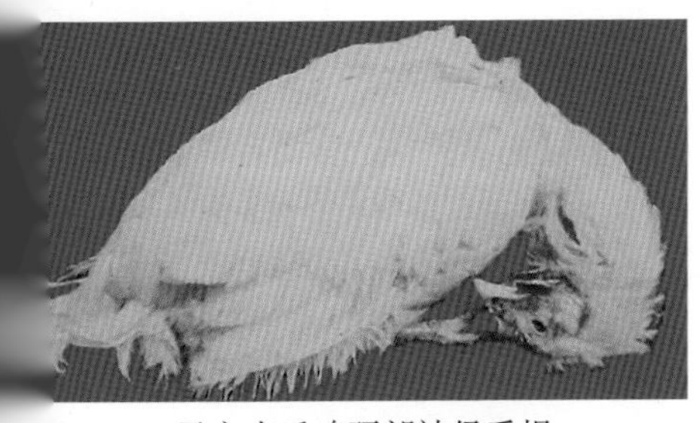

马立克氏鸡颈部神经受损

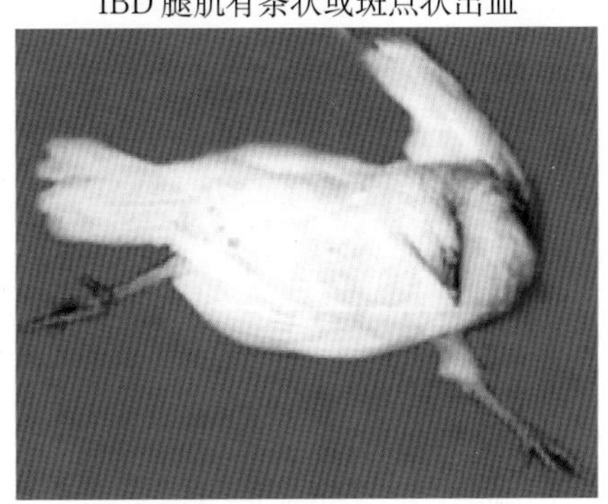

马立克氏鸡坐骨神经受损所致“劈叉”姿势

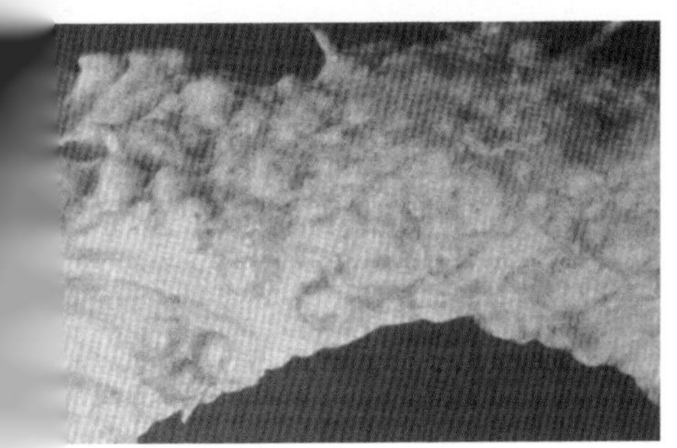

皮肤型马立克氏病

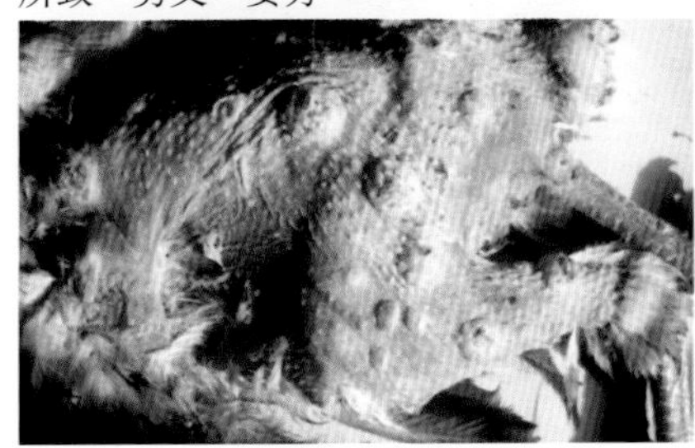

皮肤型马立克氏病

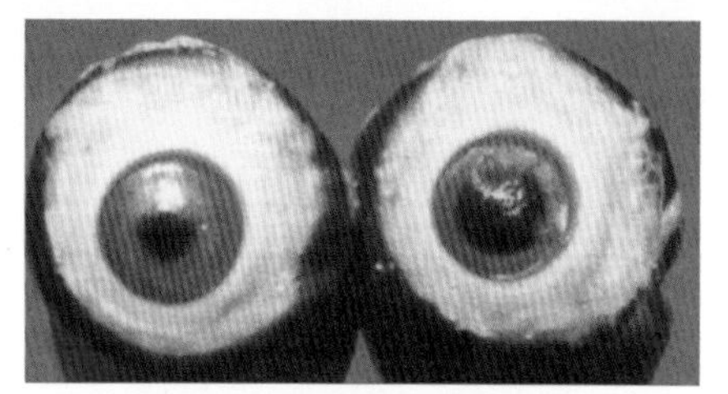

眼型马立克氏病，瞳孔收缩

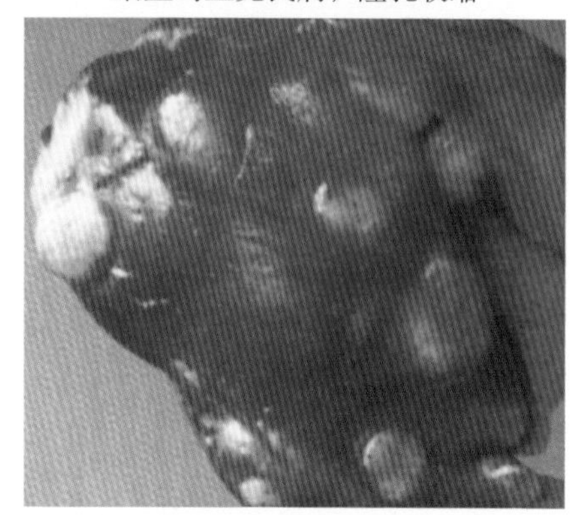

内脏型马立克氏病，肝脏结节状肿瘤

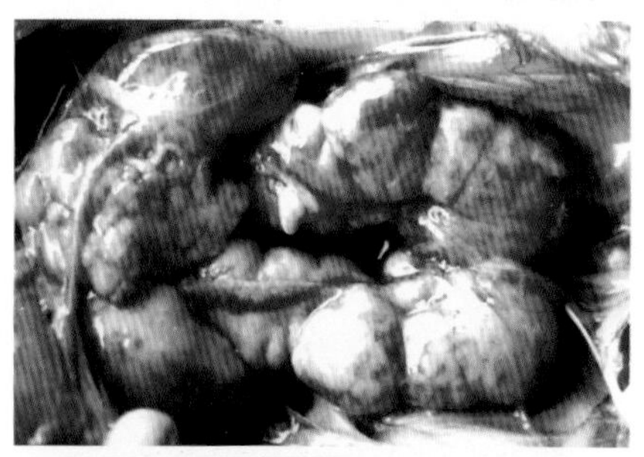

内脏型马立克氏病，肾脏肿瘤

马立克氏病鸡，一侧腰荐骨神经肿大，粗细不均，银白色纹理和光泽消失

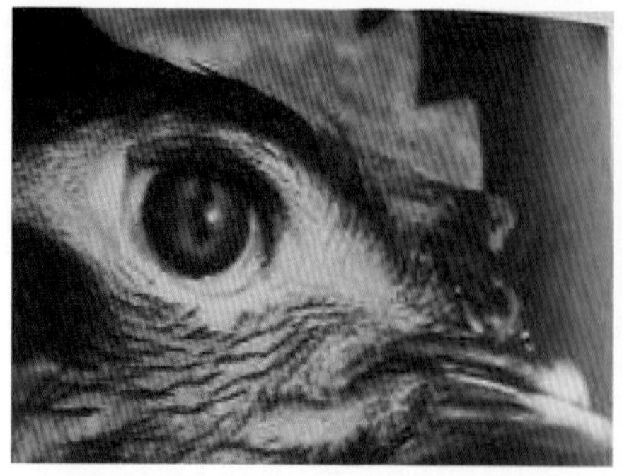

眼型马立克氏病，瞳孔边缘不整呈锯齿状，虹彩消失，晶状体浑浊

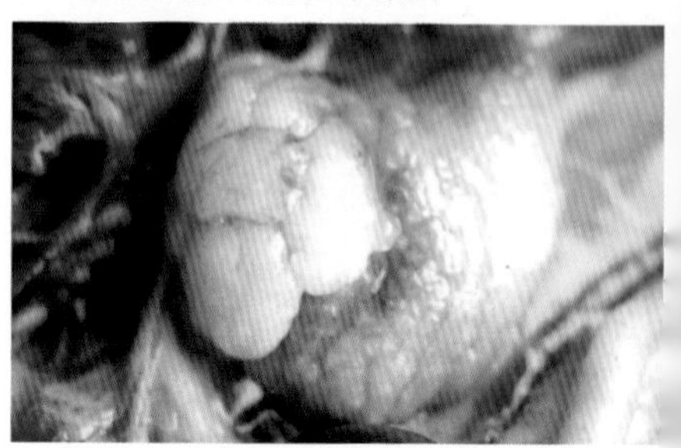

内脏型马立克氏病，卵巢肿瘤

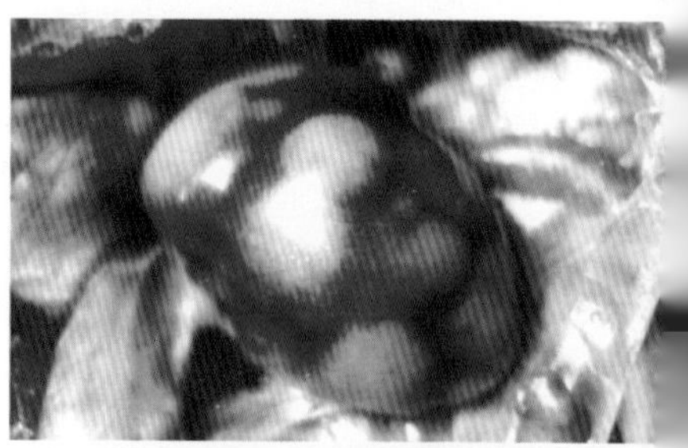

内脏型马立克氏病，脾脏结节状肿瘤

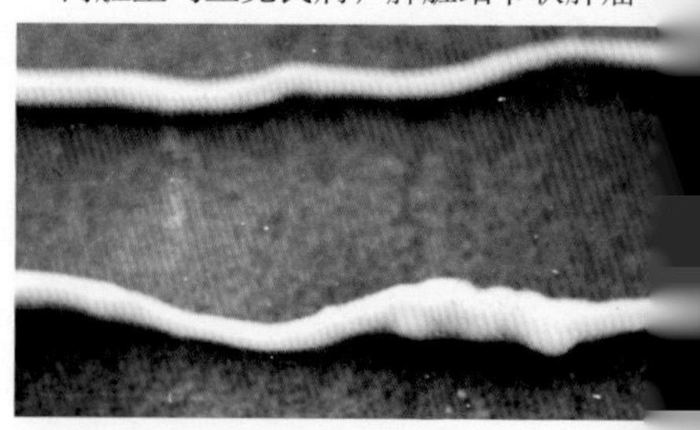

马立克氏病鸡，一侧坐骨神经肿大，粗细不均，银白色纹理和光泽消失

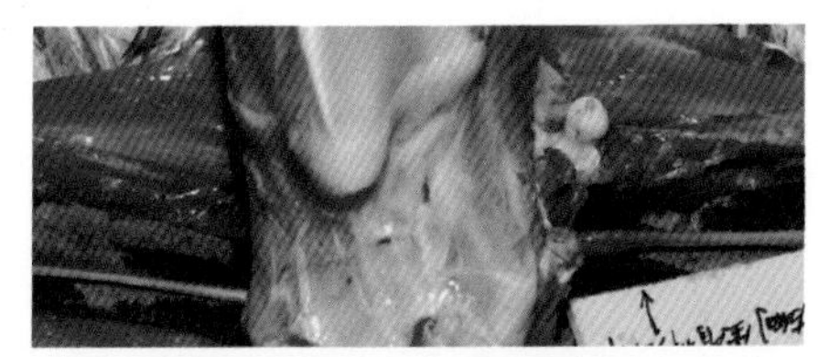

马立克氏病鸡，一侧坐骨神经肿大，粗细不均，银白色纹理和光泽消失

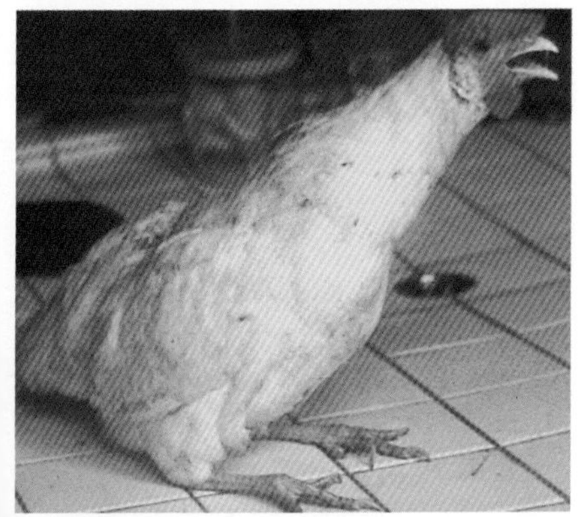

传染性喉气管炎病鸡呼吸困难，张口伸颈

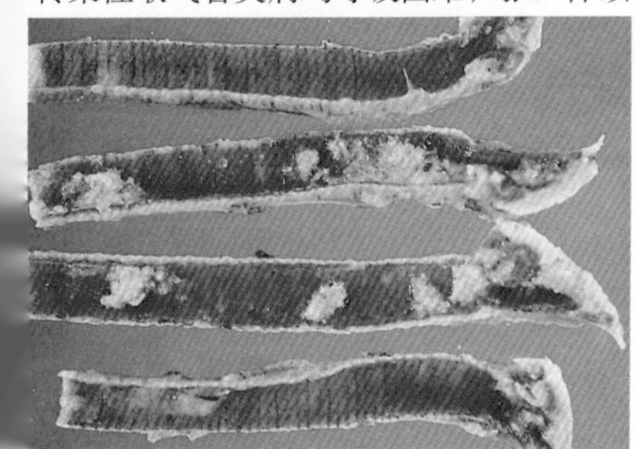

传染性喉气管炎病鸡气管、喉头黏膜有出血点和干酪样物

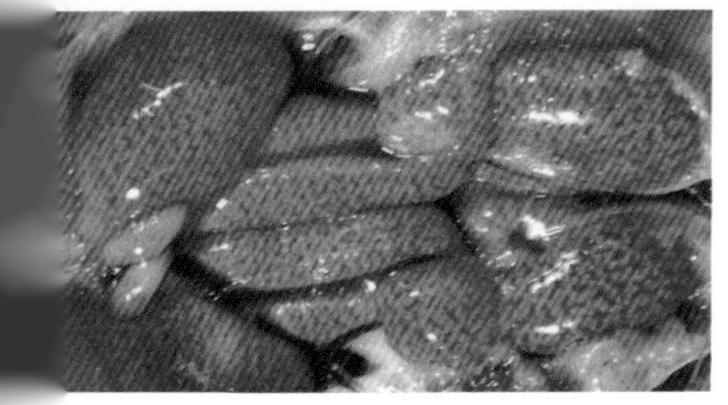

IB 鸡肾脏肿大，肾小管内充满尿酸，呈“花斑”肾包裹状出血

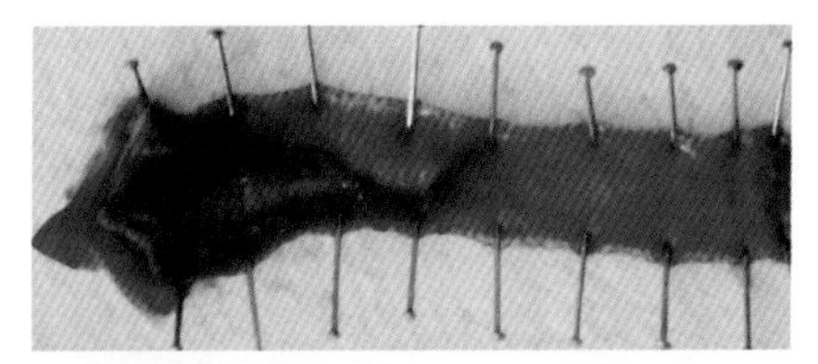

传染性喉气管炎病鸡气管黏膜充血、出血，内有血性分泌物

IB 鸡畸形蛋和粗壳蛋增多

IBV 感染所致“侏儒胚”
（上为同日龄正常鸡胚）

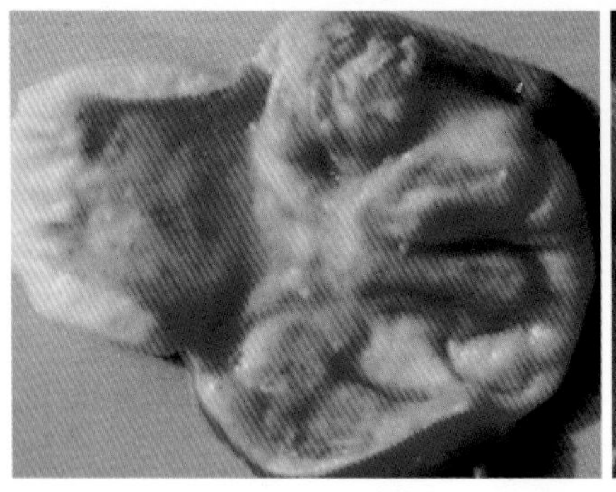

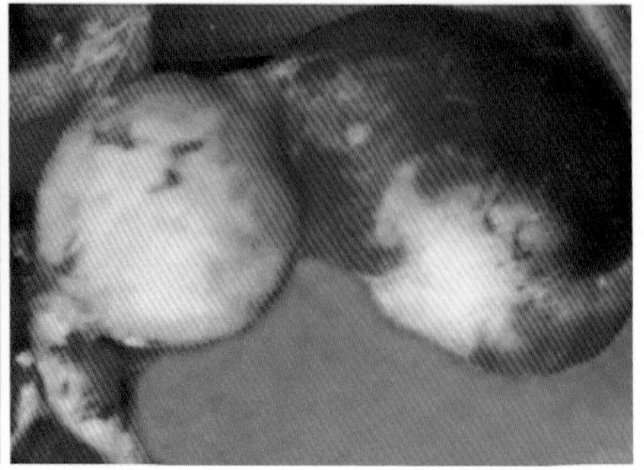

腺胃型 IB 腺胃肿大如球状，腺胃壁增厚，黏膜出血、溃疡

皮肤型禽痘，后期痘疮溃烂结痂

皮肤型禽痘，鸽眼部的痘疮

黏膜型禽痘，鸽喉头和食道黏膜上的痘斑

鸭瘟头部肿大，眼睑水肿——“大头瘟”

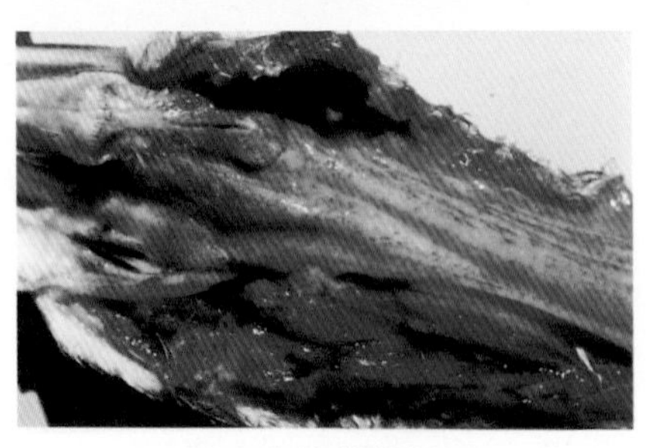

鸭瘟食管黏膜出血

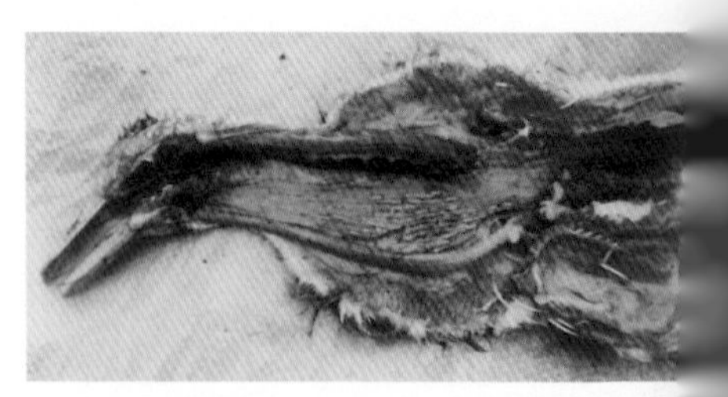

鸭瘟食道黏膜出血、坏死，有纵行排列的灰黄色假膜覆盖或小出血斑点，揭去伪膜后有溃疡

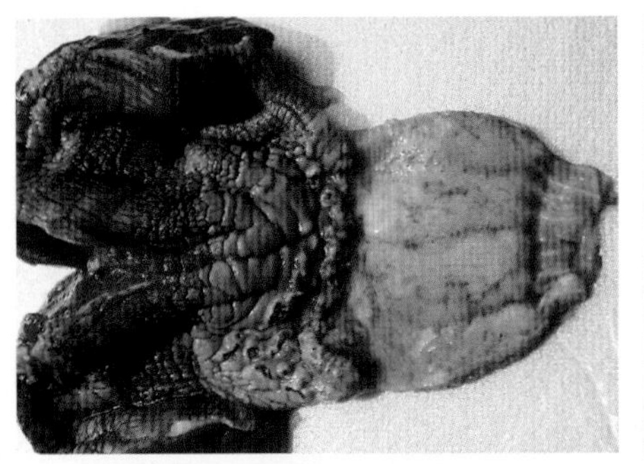

鸭瘟食道与腺胃交界处出血条带

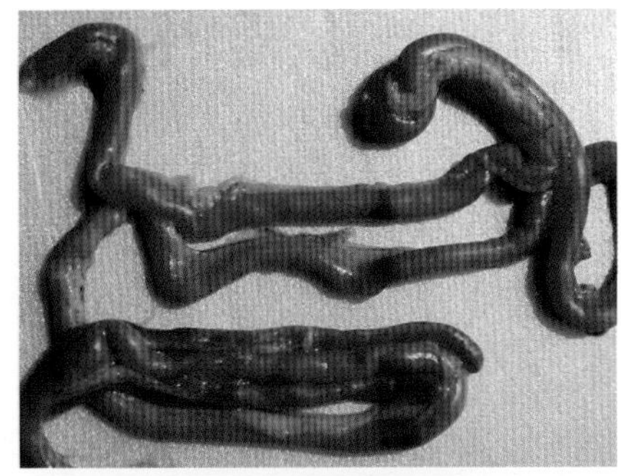

鸭瘟胰腺白色坏死

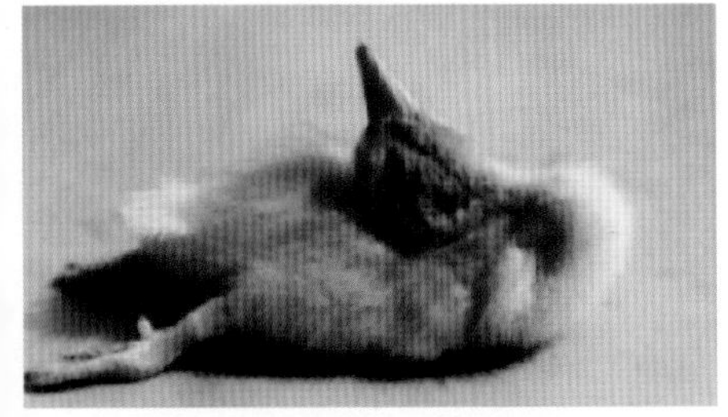

鸭肝炎角弓反张，背脖姿势

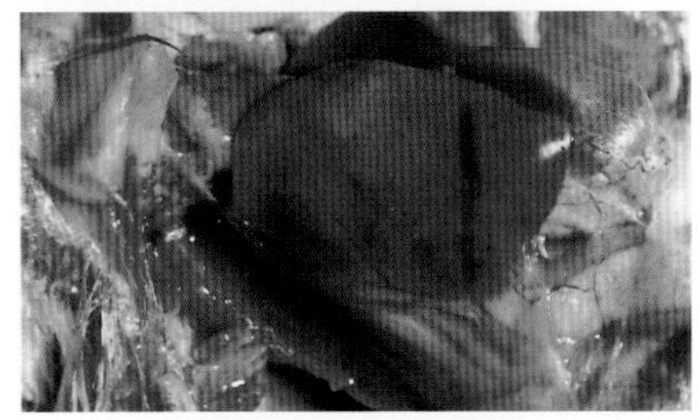

鸭肝肝脏斑点状或刷状出血

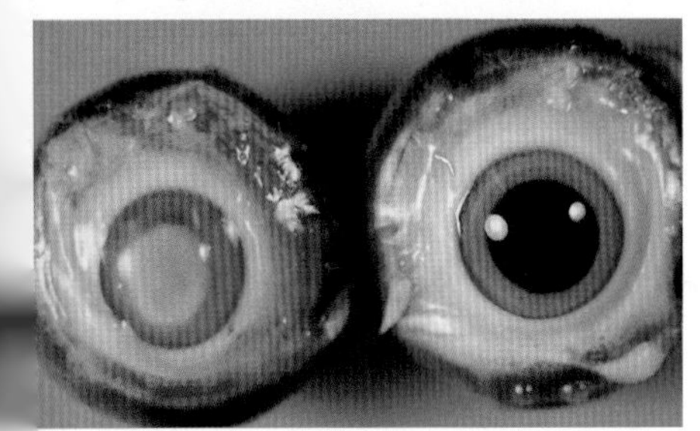

大肠杆菌感染所致全眼球炎，眼睛灰白色，角膜浑浊，眼前房积脓，常因全眼球炎而失明（右为正常对照）

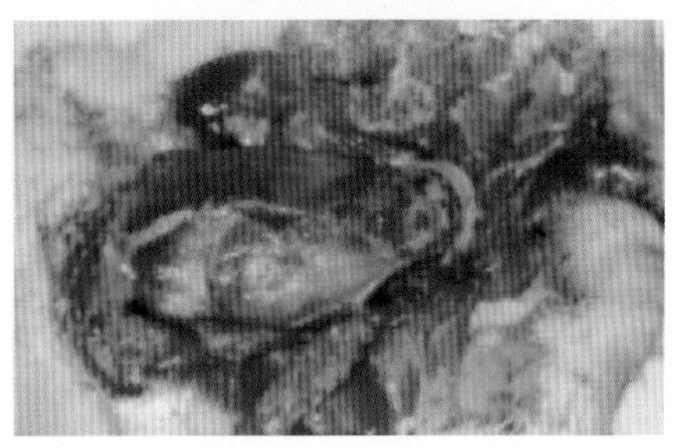

鸭传染性浆膜炎，心脏、肝脏表面有大量纤维素性渗出物附着

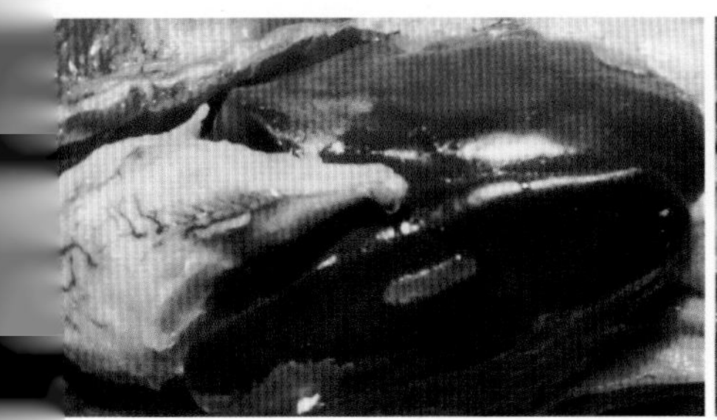

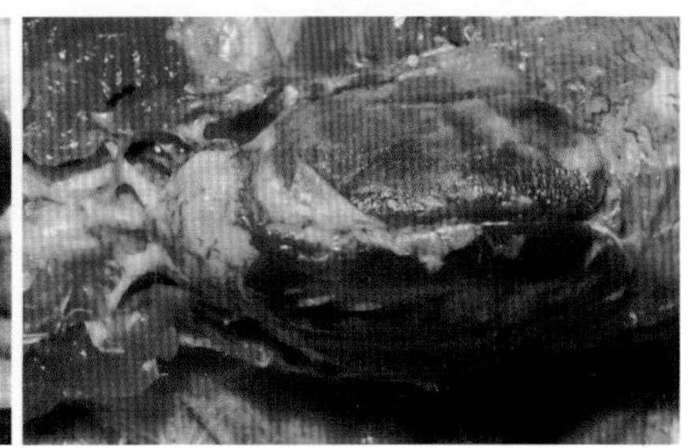

大肠杆菌感染所致纤维素性心包炎、肝周炎

鸡小肠球虫，肠管内充满大量血性物

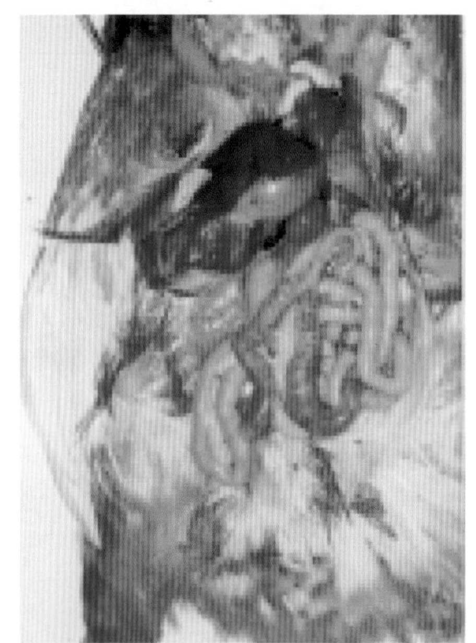

盲肠球虫，肠管外观呈紫黑色，内充满大量血性物

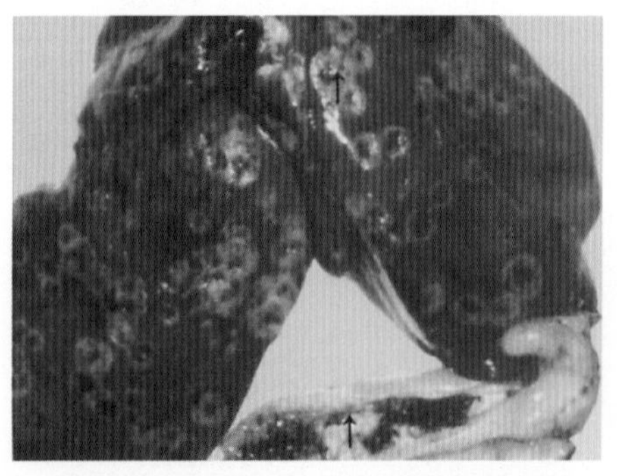

组织滴虫病，肝脏上布满纽扣状坏死灶，盲肠内多栓塞物

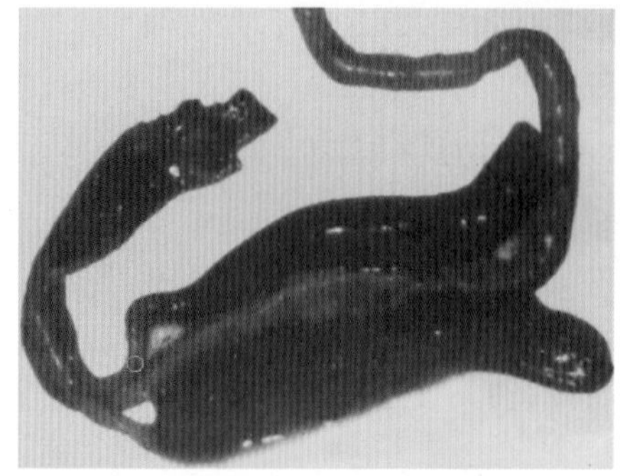

鸡盲肠球虫，肠管内充满大量血性物

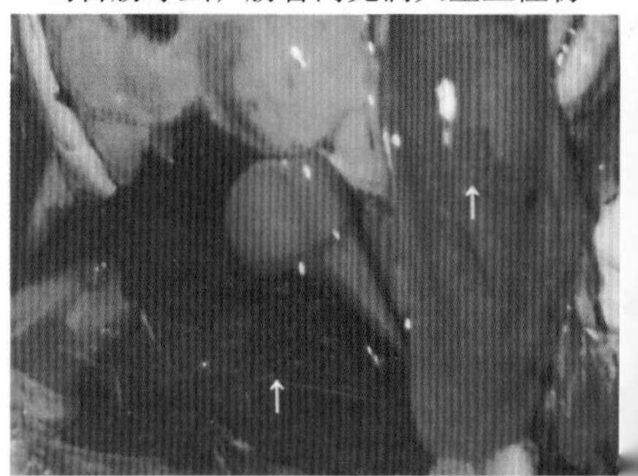

弧菌性肝炎，肝脏呈土黄色，布满出血点及血凝块

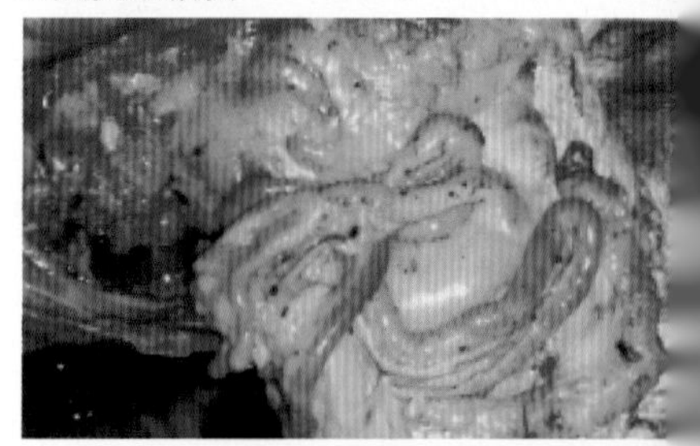

白冠病，脂肪出血点

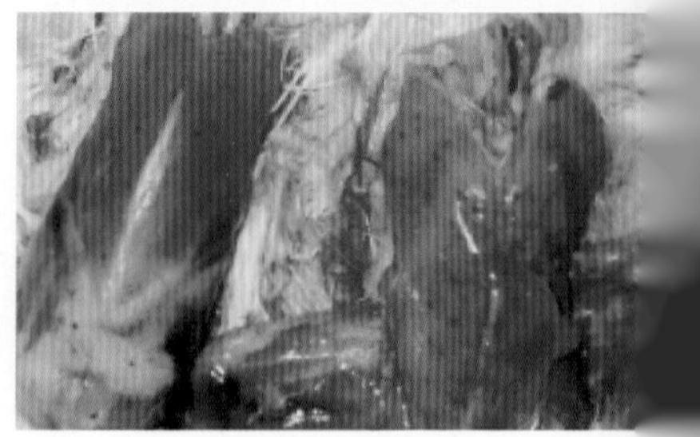

白冠病，肌肉出血